E. Hörbst · M. Nett · H. Schwärtzel

VENUS
Entwurf von VLSI-Schaltungen

Mit 192 Abbildungen

Springer-Verlag Berlin Heidelberg GmbH 1986

Dr. phil. Egon Hörbst
Leiter des CAD-Projekts VENUS, Hauptbereich Zentrale Aufgaben Informationstechnik,
Siemens AG, München

Dipl.-Ing. Martin Nett
Entwicklungsleiter im CAD-Projekt VENUS, Hauptbereich Zentrale Aufgaben Informationstechnik, Siemens AG, München

Dr. techn. Heinz Schwärtzel
Leiter des Hauptbereichs Zentrale Aufgaben Informationstechnik, Siemens AG, München

ISBN 978-3-662-10757-7

CIP-Kurztitelaufnahme der Deutschen Bibliothek
Hörbst, Egon:
VENUS : Entwurf von VLSI-Schaltungen / E. Hörbst ; M. Nett ; H. Schwärtzel. –
ISBN 978-3-662-10757-7   ISBN 978-3-662-10756-0 (eBook)
DOI 10.1007/978-3-662-10756-0
NE: Nett, Martin; Schwärtzel, Heinz G.

Das Werk ist urheberrechtlich geschützt. Die dadurch begründeten Rechte, insbesondere die der Übersetzung, des Nachdrucks, der Entnahme von Abbildungen, der Funksendung, der Wiedergabe auf photomechanischem oder ähnlichem Wege und der Speicherung in Datenverarbeitungsanlagen bleiben auch bei nur auszugsweiser Verwertung vorbehalten. Die Vergütungsansprüche des § 54, Abs. 2 UrhG werden durch die „Verwertungsgesellschaft Wort", München, wahrgenommen.

© by Springer-Verlag Berlin, Heidelberg 1986
Ursprünglich erschienen bei Springer-Verlag Berlin Heidelberg New York Tokyo 1986
Softcover reprint of the hardcover 1st edition 1986

Die Wiedergabe von Gebrauchsnamen, Handelsnamen, Warenbezeichnungen usw. in diesem Buche berechtigt auch ohne besondere Kennzeichnung nicht zu der Annahme, daß solche Namen im Sinne der Warenzeichen- und Markenschutz-Gesetzgebung als frei zu betrachten wären und daher von jedermann benutzt werden dürften.

Texterfassung: Springer Produktions-Gesellschaft, Berlin
Datenkonvertierung: Daten- und Lichtsatz-Service, Würzburg

Vorwort

> Wenige *entwickeln*, wie ein Architekt baut,
> der zuvor seinen Plan entworfen
> und bis ins einzelne durchdacht hat;
> vielmehr die meisten nur so, wie man Domino spielt.
> Kaum daß sie ungefähr wissen,
> welche Gestalt im ganzen herauskommen wird,
> und wo das alles hinaus soll.
> Viele wissen selbst dies nicht,
> sondern *entwickeln*, wie die Korallenpolypen bauen.
> Periode fügt sich an Periode,
> und es geht, wohin Gott will.
>
> *Frei nach Schopenhauer*

Die Mikroelektronik ist zweifellos eine der herausragenden Schlüsseltechniken unserer Zeit. Sie trägt entscheidend den technischen und wirtschaftlichen Fortschritt. Die Impulse, welche von ihr auf die Automatisierungs-, Informations- und Kommunikationstechnik ausgehen, führen zur Erschließung neuer Anwendungen und Märkte.

Drei Entwicklungsbereiche müssen gleichermaßen intensiv bearbeitet werden:

- die Prozeß- und Produktionstechnik,
- die Prüftechnik,
- die Designtechnik.

Gerade die Erschließung neuer Anwendungen erfordert, daß die Fähigkeit zum Entwurf integrierter Schaltungen nicht auf nur wenige hochspezialisierte Fachleute beschränkt bleibt. Vielmehr muß diese Fähigkeit als eine neue Anwendertechnik – ähnlich der Programmiertechnik für Software – allen Geräte- und Systemingenieuren zugänglich gemacht werden.

Dazu müssen Designverfahren entwickelt werden, welche durch entsprechende CAD-Systeme unterstützt dem Designingenieur ausdrucksstarke Darstellungsmittel, leistungsstarke Konstruktionswerkzeuge und zuverlässige Verifikationsinstrumente bieten und die einfache, formale und sicher beherrschbare Schnittstellen zum Produktionsprozeß und zum Prüffeld garantieren. Solche CAD-Systeme werden Standarddesignsysteme genannt. Sie eröffnen den Weg zum schnellen und sicheren Entwurf von integrierten Schaltungen in voller Anwendungsbreite.

Dieses Buch zeigt zunächst am Beispiel des Siemens-Designsystems VENUS die zugrundeliegenden Prinzipien auf, gibt eine allgemeine Einführung in die Methoden des Entwurfs integrierter Schaltungen, führt in die grundlegenden Halbleiter- und Schaltkreistechnologien ein, legt die verschiedenen Methoden des Layoutdesigns offen und stellt die notwendigen prüftechnischen Konzepte und Strategien vor.

Anschließend vermittelt das Buch alle Kenntnisse, die für den Entwurf integrierter Schaltungen mit einem Standarddesignsystem erforderlich sind, einschließlich der wichtigsten Benutzungsanweisungen für VENUS in einfacher Form. Dazu wird der gesamte Entwurfsprozeß für eine integrierte Schaltung an einem einfachen Schaltungsbeispiel als pädagogischem Vehikel durchlaufen. Darüber hinaus sind einige der mit VENUS verbundenen Zellenbibliotheken und Master aufgelistet und eine für eigene Entwürfe ausreichende Auswahl von Zellen in Form eines Zellenkatalogs ausreichend detailliert beschrieben. Auch wird die Methodik der Entwicklung von Zellenbibliotheken und ihrer Qualitätssicherung dargelegt.

Das Buch schließt mit dem Aufzeigen von Entwicklungstendenzen und den Möglichkeiten der Einbettung von CAD-Systemen für integrierte Schaltungen in die umfassendere Umgebung der CAD-Systeme für die Entwicklung von elektronischen Systemen aller Größenordnungen.

Der Anstoß zur Entwicklung von Standarddesignsystemen kommt aus der Systemtechnik. Sie hat auch deren Ausprägung zur heutigen Leistungsfähigkeit vorangetrieben. Auch die Entwicklung des Designsystems VENUS fußt auf der ganzen Breite der Systemtechnik der Elektronik, so auf der Computertechnik — deren Anforderungen wurde eingebracht durch Herrn Dr. Bräckelmann —, der Kommunikationstechnik — deren Anforderungen wurden eingebracht durch die Herren Dr. Pfrenger, Dr. v. Sichart, Dr. Stegmeier —, der Automatisierungstechnik — deren Anforderungen wurden eingebracht durch die Herren Schäff und Dittmann.

Standarddesignverfahren leben davon, daß der Hersteller die Garantie für Funktionstreue und Korrektheit der Zellenbibliotheken übernimmt. Dies ist nur möglich durch eine extensive Qualitätssicherung für die Bibliotheken und die Verfahrensabläufe. Sie wurde sichergestellt durch die Herren Sähn, Dr. Schrader und Dr. Zibert von der Bauelementetechnik.

Weitere Beiträge zu einzelnen Kapiteln des Buches haben geliefert: Frau M. Gonauser sowie die Herren Dr. A. Gilg, M. Hernandez und K. Forster. Für das oftmalige Umschreiben des Textes sorgten mit bewundernswerter Geduld Frau B. Frühauf und Frau K. Brosseder.

Ihnen allen gilt der Dank der Autoren. Ihr Dank gilt insbesondere Herrn Dr. C. Müller-Schloer, der wichtige Teile des Buches mitgestaltet und die Fertigstellung unermüdlich vorangetrieben hat.

München, im Januar 1986   E. Hörbst, M. Nett, H. Schwärtzel

Mitarbeiterverzeichnis

Paul Birzele	Kapitel 3	Karlheinz Horninger	Kapitel 2
Manfred Gerner	Kapitel 4	Christian Müller-Schloer	Kapitel 1, 3, 5 und 6
Ernst Göttler	Kapitel 5	Gerd Sandweg	Kapitel 7
Otto Grüter	Kapitel 6	Thomas Wecker	Kapitel 3

Sämtliche Mitarbeiter gehören dem Hauptbereich Zentrale Aufgaben Informationstechnik der Siemens AG in München an.

Inhaltsverzeichnis

1	**Einführung in die Designtechnik für integrierte Schaltungen**	1
1.1	Anwendertechniken der digitalen Elektronik	2
1.2	Der Prozeß der Problemlösung	6
	1.2.1 Phasenmodell des Problemlösungsprozesses	6
	1.2.2 CAD-Werkzeuge beim Problemlösungsprozeß	12
1.3	Entwicklungsbeispiel ADUS	12
1.4	HW-Methode versus SW-Methode	20
	1.4.1 Entwurfsebenen	21
	1.4.2 Vorgehen bei der Verifikation	22
	1.4.3 Testvorbereitung	23
	1.4.4 Produktion	23
1.5	Der IC-Designprozeß als Problemlösungsprozeß	25
	1.5.1 Allgemeiner IC-Designprozeß	26
	1.5.2 Modelle und Bibliotheken	31
	1.5.3 Technologieabhängigkeit	40
	1.5.4 Verifikation	43
	1.5.5 Standard-IC-Designprozeß	46
1.6	Einführung in die Standardmethoden des Layoutdesigns	54
	1.6.1 Zellenschema	54
	1.6.2 Anordnungs- und Verbindungsschema	57
	1.6.3 Nutzungsschema	58
	1.6.4 Verträglichkeit	60
	1.6.5 Anwenderspezifische Definition von ICs und Zellen: Begriffsübersicht	62
1.7	Begriffliche Interpretationen	63
	Literatur zu Kapitel 1	66
2	**Einführung in die Halbleitertechnologie für integrierte Schaltungen**	67
2.1	Überblick	68
2.2	Bauelemente und Technologie	74
	2.2.1 Der Bipolartransistor	74
	2.2.2 Der MOS-Transistor	78
2.3	Bipolare Halbleiterschaltungen	81
	2.3.1 Bipolare Logikschaltungen	81
	2.3.2 Bipolare Speicher	85

	2.4	MOS-Halbleiterschaltungen	87
		2.4.1 MOS-Logikschaltungen	87
		2.4.2 MOS-Halbleiterspeicher	93
	2.5	Analoge MOS-Schaltungen	99
		2.5.1 Analogzellen	99
		2.5.2 Analog-Digital-Mix	101
	2.6	Montage und Gehäuse	101
		Literatur zu Kapitel 2	103

3 Layoutdesignmethoden ... 105

	3.1	Zellenorientierte Designmethoden	105
		3.1.1 Standarddesignmethoden mit Bibliotheken	105
		3.1.2 Entflechtungsverfahren	108
	3.2	Die Gate-Array-Designmethode	109
		3.2.1 Grundzellen und ihre Anordnung auf dem Master	110
		3.2.2 Entflechtung eines Gate-Array-Entwurfs	112
		3.2.3 ECL-Gate-Arrays	112
	3.3	Zellenorientierte Designmethoden ohne Vorfertigung	115
	3.4	Standardzellen	115
		3.4.1 Ausprägung von Standardzellen	126
		3.4.2 Entflechtung eines Standardzellenentwurfs	127
	3.5	Makrozellen	127
		3.5.1 Ausprägung von Makrozellen	127
		3.5.2 Hierarchiebildung	129
		3.5.3 Entflechtung eines Makrozellenentwurfs	130
	3.6	Anwenderspezifische Zellen	131
		3.6.1 Einfache parametrisierbare Zellen	131
		3.6.2 Funktional parametrisierbare Zellen	132
	3.7	Freie Makrozellen und manuelles Layout	134
		3.7.1 Manuelles Layout	135
		3.7.2 Geometrische Designregeln	137
		3.7.3 Regulärer Entwurf	138
		3.7.4 Symbolisches Layout	138
		3.7.5 Layout nach dem Gate-Matrix-Verfahren	139
	3.8	Besonderheiten beim Layout mit analogen Zellen	142
		Literatur zu Kapitel 3	142

4 Prüftechnische Konzepte ... 144

	4.1	Einführung in die Prüfproblematik	144
		4.1.1 Prüfstrategie	145
		4.1.2 Fehler und Fehlermodelle	149
		4.1.3 Phasen der Prüftechnik im IC-Designprozeß	151
	4.2	Prüffreundlicher Entwurf	152
		4.2.1 Entwurf nach prüftechnischen Entwurfsregeln	152
		4.2.2 Ad-Hoc-Techniken	156

		4.2.3	Strukturierte Verfahren	160
			4.2.3.1 Scan Path	160
			4.2.3.2 Random Access-Scan	163
		4.2.4	Prüffreundlicher Entwurf mit VENUS	165
	4.3	Werkzeuge für den prüffreundlichen Entwurf		165
		4.3.1	Prüfbarkeitsanalyse mit VENUS	166
		4.3.2	Prüfregelkontrolle mit VENUS	167
	4.4	Erstellen der Prüfunterlagen		168
		4.4.1	Generierung der Eingangsstimuli	168
		4.4.2	Erstellen und Bewerten der Prüfmuster	169
		4.4.3	Prüfprogrammgenerierung	170
		4.4.4	Prüfvorbereitung mit VENUS	170
	4.5	Werkzeuge zur Prüfung		174
		4.5.1	Labormeßplatz	174
		4.5.2	Elektronenstrahlmeßgerät	175
		4.5.3	Testautomat	176
	4.6	Selbsttest		178
		4.6.1	Stimuligeneratoren	179
		4.6.2	Testantwortauswerter	180
	Literatur zu Kapitel 4			181
5	**Zellen und Bibliotheken**			**183**
	5.1	Einsatz der Zellenbibliothek		183
		5.1.1	Funktionaler Umfang	183
			5.1.1.1 CMOS-Bibliotheken	184
			5.1.1.2 ECL-Bibliothek	188
		5.1.2	Aufbau der Datenblätter	192
		5.1.3	Auszug aus dem Zellenkatalog der A/B-Familien	200
		5.1.4	Datenblatt G-Familie	233
		5.1.5	Datenblätter der K- und F-Familien	235
		5.1.6	Datenblatt Z-Familie	239
	5.2	Entwicklung der Zellenbibliotheken		243
		5.2.1	Zielvorgaben und Zellenkonzept	243
		5.2.2	Erstellung der Modellbibliotheken	246
		5.2.3	Entwicklungsablauf	250
		5.2.4	Besonderheiten bei der Entwicklung anwenderspezifischer Zellen	250
		5.2.5	Qualitätssicherung	253
		5.2.6	Qualitätsstand	256
	Literatur zu Kapitel 5			256
6	**Einsatz des Entwurfssystems VENUS**			**257**
	6.1	Überblick		257
	6.2	Kunden/Hersteller-Schnittstellen		260
	6.3	Organisatorische Vorbereitung des VENUS-Einsatzes		272

6.4	Technische Vorbereitung des VENUS-Einsatzes	276
6.5	Verfahrensschritte des rechnergestützten Bausteinentwurfs mit VENUS	280
	6.5.1 Auswahl von Zellenbibliothek und Master	280
	6.5.2 Systeminitialisierung	282
	6.5.3 Logikplanerfassung am Graphikterminal eines Arbeitsplatzrechners	283
	6.5.4 Netzlistenübertragung in den Zentralrechner, Errichten und Bearbeiten der projektbezogenen Datenhaltung	287
	6.5.5 Logikverifikation	289
	6.5.6 Prüfbarkeitsanalyse	293
	6.5.7 Chipkonstruktion	294
	6.5.8 Layoutanalyse und Resimulation	297
	6.5.9 Fertigungsdatenerstellung	303
	6.5.10 Prüfdatenerstellung	305
6.6	Musterherstellung	308
6.7	Test	311
Literatur zu Kapitel 6		312

7 Ausblick 313

7.1	Funktionsumfang	314
7.2	Aspekte zur Breitenanwendung	318
7.3	Einbettung in den Systementwurf	320
7.4	Einbettung in die Technologieentwicklung	324

Anhang: Glossar 328

Sachverzeichnis 331

1 Einführung in die Designtechnik für integrierte Schaltungen

Dieses Buch will im wesentlichen drei Ziele erreichen:

Zum ersten soll aufgezeigt werden, daß mit der Herausbildung moderner Designverfahren für integrierte Schaltungen, die einfache, formale Schnittstellen sowohl zum Designingenieur als auch zum Produktionsprozeß haben — solche Verfahren sollen Standard-Designverfahren heißen —, neue Lösungsmethoden für Anwenderprobleme entstanden sind: Eine neue Anwendertechnik hat sich herausgebildet. Sie kann eine ähnliche Breitenwirkung erfahren wie die Programmiertechnik für Software, die sich seit Anfang der 60er Jahre zu einer universellen Anwendertechnik entwickelt hat.

Zum zweiten soll eine allgemeine Einführung in die Methoden des Entwurfs integrierter Schaltungen gegeben werden. Dabei werden sowohl die grundlegenden Technologien behandelt als auch die verschiedenen Methoden des Layoutdesigns und die notwendigen Konzepte der Prüftechnik.

Zum dritten soll schließlich der Anwender in die vereinfachte Methodik des Entwurfs integrierter Schaltkreise mit Standarddesignverfahren eingeführt werden. Das Standarddesignsystem VENUS[1] dient dabei als das pädagogische Instrument, an dem beispielhaft der derzeitige Entwicklungsstand der Designautomatisierung erläutert wird. Das Buch ist aber kein Ersatz für eine ausführliche VENUS-Benutzeranleitung. Ebensowenig ist es nur ein Katalog von Funktionen und Zellen, wie sie jedes Benutzerhandbuch enthält.

Die Kapitel 1 bis 4 sind für den Leser gedacht, der sich einen Überblick über die Entwicklung der Designtechnik für integrierte Schaltkreise, über die Technologien der Mikroelektronik, über die unterschiedlichen Designmethoden, insbesondere für die Layoutkonstruktion, und über die Aspekte der Prüftechnik verschaffen will.

Die Kapitel 5 und 6 vermitteln praktische Kenntnisse, die für den Entwurf integrierter Schaltungen mit VENUS erforderlich sind. Sie umfassen auch eine einführende Benutzeranleitung für VENUS. Alle Maßnahmen, beginnend bei den vorbereitenden Überlegungen, welche für die einzelnen Abschnitte des Entwurfs bis hin zum Test erforderlich sind, werden beschrieben und an einem Beispiel als pädagogischem Vehikel veranschaulicht. Darüber hinaus beschreibt Kapitel 5 den vollen Umfang der in VENUS (Stand 1985) angebotenen Zellenbibliotheken und Master, geht auch auf die Problematik ihrer Entwicklung und ihrer Qualitätssicherung ein und bietet eine für eigene Entwürfe ausreichende Auswahl von Zellen in Form eines Zellenkatalogs an.

Kapitel 7 schließlich stellt das Entwurfssystem VENUS für elektronische Bausteine in den größeren Zusammenhang des Entwurfs elektronischer Systeme, indem

---

[1] Eingetragenes Warenzeichen der Siemens AG, München. Der Name ist das Akronym von „VLSI-Entwicklung und Simulation."

Ansätze einer Systementwurfsumgebung für Elektronik aufgegriffen werden. Auch schließt es mit dem Aufzeigen heute erkennbarer Trends den Rahmen des Buches ab.

1.1 Anwendertechniken der digitalen Elektronik

Die Digitaltechnik hat sich innerhalb der letzten 30 Jahre in unerhörter Breite als Lösungstechnik für Anwendungsprobleme der Elektrotechnik durchgesetzt. Das auffälligste und weitestverbreitete Beispiel der digitalen Elektrotechnik ist der Prozessor, die zentrale Verarbeitungseinheit eines Computers. Mit dem Entstehen des Computers hat sich aber auch − etwa seit Beginn der 60er Jahre − eine neue Anwendertechnik entwickelt, die es erlaubt, dieses leistungsfähige Instrument vielfältig und in voller Breite zu nutzen, nämlich die Programmiertechnik für Software. Pakete von Methoden und Werkzeugen entstanden: die *Software-(SW)-Programmiersysteme*.

Ihre wesentlichen Komponenten sind: die Programmiersprache, der Compiler (Übersetzer) und ein Werkzeugpaket zum Spezifizieren, Editieren, Testen und Dokumentieren. Neuere Entwicklungen führen alle diese Komponenten integrierend zu Programmierumgebungen zusammen.

Das Eindringen des Computers, ergänzt durch andere Schaltkreise der Digitaltechnik zu speziellen Systemlösungen, in viele andere Bereiche der Technik, wie Meßtechnik, Steuerungs- und Regelungstechnik, Nachrichtentechnik, Bürotechnik, Verkehrstechnik und viele andere mehr, hält ungebrochen an. Als Gründe zur Erklärung dieses Phänomens werden gewöhnlich die Vorteile der Digitaltechnik hinsichtlich Störsicherheit, Anpaßbarkeit und Wirtschaftlichkeit der Problemlösungen dank fortschreitender Integration der Schaltkreise genannt.

Ein entscheidender Faktor für die Verbreitung der digitalen Schaltkreise dürfte aber auch die normierende Wirkung gewesen sein, die die Digitaltechnik auf die Entwurfsmethodik ausübte. Die Elemente der SSI[2]-Schaltkreisfamilien in TTL[3]- oder auch CMOS[4]-Technologie prägten eine ganze Generation von Schaltkreisentwicklern. Nicht mehr die Ebene der diskreten Einzeltransistoren als der noch analogen kleinsten Einheiten bildete die Basis des Entwurfs, sondern die komplexe, rein digitale Ebene der Gatter, Flipflops, Zähler und Decoder. Unter Beachtung einiger elementarer Regeln, etwa bezüglich der Belastbarkeit der Ausgänge, war damit ein Baukastensystem geschaffen, das durch freies Konfigurieren von sich schnell herausbildenden Standardbausteinen die Lösung kundenspezifischer Probleme erlaubte.

Der Schaltungsentwickler hatte dazu, ausgehend von der Spezifikation, die Schaltung auf Gatterebene zu entwerfen. Zur Verfügung standen ihm die vom Hersteller der integrierten Schaltkreise (IS, IC: integrated circuit) angebotenen Standardschaltungen. Die auf Leiterplatten aufgebauten Subsysteme wurden schließlich zur kundenspezifischen Systemlösung zusammengeschaltet (Bild 1.1). Bei etwa 10 äquivalen-

---

[2] SSI: Small scale integration.
[3] TTL: Transistor transistor logic.
[4] CMOS: Complementary metal oxide semiconductor.

1.1 Anwendertechniken der digitalen Elektronik

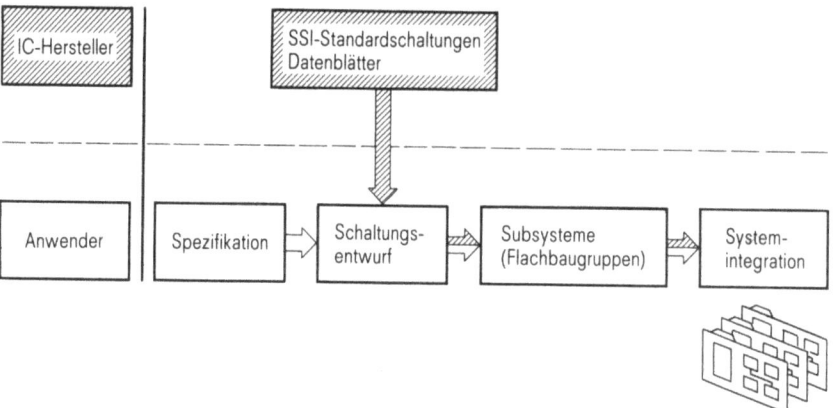

Bild 1.1. Problemlösung mit SSI-Bausteinen

ten Gatterfunktionen pro IC und 30 ICs pro Platine beansprucht eine Schaltung mit 1500 Gattern somit etwa 5 Platinen!

Mit steigender Integrationsdichte konnten zu Beginn der 70er Jahre ganze Subsysteme mit mehreren tausend Transistoren auf einem Baustein oder Chip untergebracht werden. Für die IC-Hersteller ergab sich damit die Problematik, daß sich die mit wachsender Komplexität notwendigerweise verbundene zunehmende Spezialisierung in kleineren Produktionsstückzahlen niederschlug. Sie war in Einklang zu bringen mit der Forderung der Produktionslinien nach hohen Stückzahlen. Die Lösung bestand darin, daß vielfach einsetzbare Standardbausteine entwickelt wurden, deren herausragender Vertreter schließlich der Mikroprozessor wurde. Mit dem Mikroprozessor konnte der anwendungs- oder kundenspezifische Teil einer Schaltung wieder in die Software verlagert werden.

Natürlich richtete sich von Anfang an die Nutzung des Mikroprozessors an einen anderen Kreis als die Nutzung des Computers. Der Nutzerkreis des Mikroprozessors besteht aus den Geräte- und Systementwicklern. Mit dem Mikroprozessor zusammen entwickelte sich ab etwa der ersten Hälfte der 70er Jahre eine zweite neue Anwendertechnik der Elektronik, deren Instrumente zu den *Mikroprozessor-(µP)-Entwicklungssystemen* zusammengefaßt wurden. Ihre wesentlichen Komponenten sind ein SW-Programmiersystem, wie zuvor beschrieben, und Werkzeuge für die Hardware/Software-Integration und für den Systemtest.

Mit dem Fortschreiten der Integrationstechnik fiel dem IC-Hersteller somit die weitere Aufgabe zu, das ganze Paket von Hilfsmitteln für den gesamten Entwicklungsprozeß, also für Softwareentwicklung, Hardwareaufbau, Systemintegration und Systemtest zu entwickeln, zu fertigen und anzubieten. Es ist das vorangehend charakterisierte Mikroprozessor-Entwicklungssystem.

Der Entwicklungsprozeß kann damit folgendermaßen gestaltet werden: Der Anwender wählt aus der Palette der Prozessor-, Peripherie- und Speicherbausteine die passenden aus, kombiniert sie in geeigneter Weise auf einer Platine und programmiert schließlich seinen Mikrocomputer, um die kundenspezifische Systemlösung zu erhalten (Bild 1.2). Werden die bereits fertig angebotenen Ein-Platinen-Computer (singleboard-computer) benützt, so beschränkt sich der Aufwand beim Anwender auf die

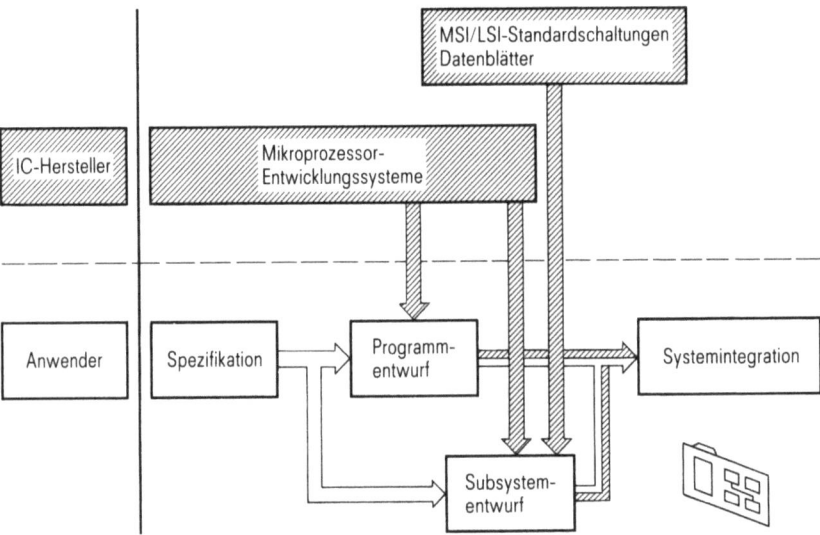

Bild 1.2. Problemlösung mit Mikroprozessor und MSI/LSI-Bausteinen

Erstellung der Software. Wir wollen im folgenden diesen Lösungsweg als *„Software-Methode"* (SW-Methode) in der Elektronik bezeichnen. Das Ergebnis ist ein Programm, ablauffähig in einem Computer.

Steigende Ansprüche an Kompaktheit, Zuverlässigkeit, Leistungsaufnahme und vor allem an Kostenverringerung führten schließlich dazu, daß eine wachsende Anzahl von Anwendern ihre Schaltungen auf einem eigenen Chip („custom chip") integrieren wollten. Dem standen allerdings zunächst die verhältnismäßig hohen Entwicklungskosten entgegen. Sie führten bei den gewöhnlich niedrigen Produktionsstückzahlen dieser Art von Chips zu unvertretbar hohen Stückkosten. Die Lösung bahnte sich an mit der weitgehenden Formalisierung und damit möglichen Automatisierung des Entwurfsverfahrens für integrierte Schaltungen. Obwohl ein IC-Designablauf eine Vielzahl zeitaufwendiger und vielfältig voneinander abhängiger Schritte erfordert, bietet ein modernes Designsystem dem Anwender ein einfaches, in kurzer Zeit sicher erlernbares Standardverfahren an. In solchen Designsystemen werden einerseits Entwurfswerkzeuge für die einzelnen Entwurfsschritte bereitgestellt. Andererseits wird auch der komplizierter gewordene organisatorische Ablauf überwacht und automatisch eingehalten. Für die Entwicklung kunden- oder anwendungsspezifischer (auch: problemspezifischer), also „personaler" Chips entstand damit etwa ab Anfang der 80er Jahre eine weitere, eine dritte Anwendertechnik der Mikroelektronik. Ihre Instrumente sind zu *IC-Designsystemen* zusammengefaßt.

Die Nutzung von IC-Designsystemen wird im folgenden als *„Hardware-Methode"* (HW-Methode) in der Mikroelektronik bezeichnet. Das Ergebnis eines Entwicklungsprozesses, der dieser Methode folgt, ist ein Hardware-Baustein, genauer: die Prodktions- und Prüfunterlagen für einen Hardware-Baustein, einen Chip. Die Hardware-Methode bildet den Inhalt dieses Buches. Den grundsätzlichen Lösungsweg, in Verbindung mit dem nun intensiver gewordenen Wechselspiel zwischen IC-Hersteller und Anwender, zeigt Bild 1.3.

1.1 Anwendertechniken der digitalen Elektronik

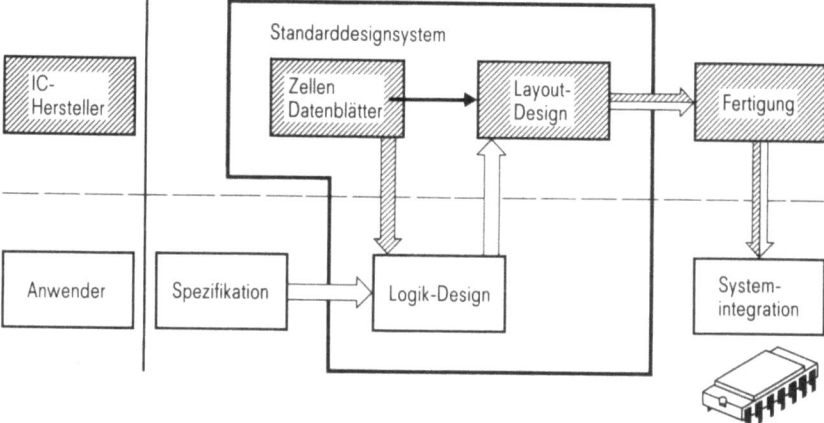

Bild 1.3. Problemlösung mit problemspezifischen VLSI-Bausteinen

Technisches Medium			Systemausprägung der Anwendertechnik	Entstehungs- zeit
Digi- taler Schalt- kreis	Prozessor		SW-Programmiersystem	ab 1963
	Inte- grier- ter Schalt- kreis	Mikro- pro- zessor	µP-Entwicklungssystem	ab 1973
		Spezifi- scher Schalt- kreis	IC-Designsystem	ab 1983

Bild 1.4. Anwendertechniken der digitalen Elektronik

Beim Vergleich der Bilder 1.1 bis 1.3 wird deutlich, daß mit wachsender Integrationsdichte, Anwendungsbreite und Leistungssteigerung integrierter Schaltkreise der Hersteller, also der Produzent von ICs, immer mehr in die Verpflichtung geriet, die notwendigen und geeigneten Anwendertechniken bereitzustellen.

Die drei typischen Anwendertechniken der digitalen Elektronik – geordnet nach Entstehungszeit – sind in Bild 1.4 zusammengefaßt.

Ein Vergleich der beiden neueren Anwendertechniken, die auf den Mikroprozessorentwicklungssystemen (SW-Methode) und den IC-Designsystemen (HW-Methode)

beruhen, zeigt interessante Parallelen. In den folgenden Abschnitten werden deshalb exemplarisch die Entwicklungsabläufe zur Lösung des gleichen Problems zunächst unter Verwendung eines Mikroprozessorentwicklungssystems und zum anderen eines IC-Designsystems verglichen. Dabei werden einige wichtige Ähnlichkeiten, aber auch eine Reihe von Unterschieden aufgezeigt mit dem Ziel, die Charakteristiken des entsprechenden Entwicklungsprozesses tiefer verstehen zu lernen.

Gemeinsam ist beiden Wegen die grundsätzliche Methodik des Problemlösungsprozesses. Diese Methodik wird im folgenden Abschnitt genauer behandelt. Im Anschluß daran werden SW-Methode und HW-Methode in ihren Einzelschritten skizziert und anhand eines Beispiels einander gegenübergestellt.

1.2 Der Prozeß der Problemlösung

Für die Geräte- und Systementwicklung entstanden, wie vorgehend dargelegt, zusammen mit der Entwicklung der Mikroelektronik zwei neue Anwendertechniken. Für die Problemlösung mit Mikroprozessoren wurden die Mikroprozessorentwicklungssysteme bereitgestellt. Problemlösungen auf diese Weise zu erhalten wird als „SW-Methode" bezeichnet. Für die Problemlösung mit „problemspezifischen" integrierten Schaltkreisen wurden die IC-Designsysteme bereitgesellt. Problemlösungen auf diese Weise zu erhalten wird als „HW-Methode" bezeichnet. Beim Vergleich zeigt sich, daß sich zumindest in dieser Grobdarstellung der Ablauf der SW-Methode von der der HW-Methode nicht grundsätzlich unterscheidet.

1.2.1 Phasenmodell des Problemlösungsprozesses

Die Beschreibung jedes komplexen Prozesses erfordert die Vereinbarung eines Basismodells. Deshalb soll im folgenden zunächst auf hoher abstrakter Ebene ein Basismodell des Problemlösungsprozesses skizziert werden.

Üblicherweise unterlegt man heute bei umfangreichen Systementwicklungen als Basismodell ein *Phasenmodell*. Aus Gründen der Organisation geschieht dies überwiegend mit dem Ziel, den Problemlösungsprozeß in kontrollierbare Abschnitte zu zerlegen, an deren Enden Ergebnisse einfach festgestellt und Verantwortungen zugewiesen werden können.

Aus Gründen der computergestützten Automatisierung geschieht dies überwiegend mit dem Ziel, klare Schnittstellenvereinbarungen für den Informationsfluß zu erhalten und die Konsistenz der Daten sicherzustellen. Das Phasenmodell ist in sechs Phasen zerlegt.

Den Ausgangspunkt des Problemlösungsprozesses bildet immer eine möglichst umfassende und genaue verbale Beschreibung der Anforderungen (Requirementkatalog und Pflichtenheft). Diese sind das Ergebnis einer Studie, also Abschluß einer *Studienphase* (1).

Aus ihr wird unter Nutzung der verfügbaren Lösungstechniken die Spezifikation oder Leistungsbeschreibung erarbeitet. Sie besteht aus zwei Komponenten, der Objektspezifikaton und der Testspezifikation. Die Objektspezifikation umfaßt das Lösungskonzept, welches wiederum aus dem Funktionskonzept, dem Leistungskonzept und dem Strukturkonzept besteht. Sie ist also die die Anforderungen erfüllende Entwicklungsvorgabe.

1.2 Der Prozeß der Problemlösung

Bei der Entwicklung von Teilsystemen spielt deren Einordnung in das Gesamtsystem eine wichtige Rolle. Die Schnittstelle zwischen Subsystem und Gesamtsystem wird definiert, z.B. Art, Format und Umfang des Daten- und Befehlsflusses. In der Objektspezifikation werden auch die Performanceanforderungen festgeschrieben. Dabei handelt es sich meist um die Festlegung kritischer Zeitbedingungen, aber auch von Maximalwerten, z.B. des maximalen Strombedarfs oder der Größe des notwendigen Arbeitsspeichers.

Die Testspezifikation, ein mit der wachsenden Komplexität der Problemlösungen der Elektronik immer wichtiger werdendes Instrument, beschreibt die Testmethoden, die Testwerkzeuge, die Testfälle und den Testprozeß.

Die Spezifikation ist Ergebnis der Projektierungs- oder *Spezifikationsphase* (2).

Nun beginnt die Realisierung oder die eigentliche Entwicklung mit der Designphase oder, bei den hier zu betrachtenden komplexen Problemlösungen, die *Systemdesignphase* (3). Ausgehend von der Spezifikation wird mit einer zunehmend formalisierten Beschreibung oder Darstellung begonnen. Üblicherweise folgt man einer Top-down-Methode. Bei ihr wird die Systemfunktion in hierarchischer Schichtung von oben nach unten detailliert. Dazu wird sie in Einzelfunktionen aufgelöst, die eingebettet werden in eine statische Zusammenhangsstruktur, und deren Wechselwirkungsverhalten durch eine zielsystemtreue, dynamische Zusammenwirkungsstruktur gesteuert wird. Zusammenhangs- und Zusammenwirkungsstruktur werden Funktionsstruktur genannt. Oft, sicher aber in autonomen, verarbeitenden Systemen, setzt sich die Zusammenhangsstruktur wiederum aus zwei Komponenten zusammen: nämlich der für den Informationsfluß und der für den Kontrollfluß.

Im weiteren werden in schrittweiser Verfeinerung, zur Erhöhung der Anschaulichkeit häufig in Blockdarstellungen, die Subfunktionen bis hin zu den Einzelfunktionen des Zielsystems genauer entworfen. Auf jeder Verfeinerungsstufe wird wiederum die Zielfunktion des Subsystems zerlegt in eine Menge von Unterfunktionen, die ihrerseits wieder durch Funktionsblöcke (Module) realisiert werden und durch eine Funktionsstruktur verbunden sind. Der Kontrollfluß, der diese Unterfunktionen entsprechend der Funktionsstruktur des Subsystems integriert, kann mit Ablaufplänen z.B. in der Form von Nassi-Schneidermann-Diagrammen (oder Struktogrammen) beschrieben werden. Die hierarchisch geschichtete Verfeinerung endet mit dem Erreichen von Elementarfunktionen.

Spätestens in dieser Phase der Entwicklung wird auch die Basis geschaffen für die häufig notwendige arbeitsteilige Organisation der weiteren Entwurfsschritte, also die Aufteilung von einzelnen Unterfunktionen oder Unterfunktionsgruppen auf parallel arbeitende Entwicklungsgruppen. In dieser Phase wird auch die vollständige Schnittstellenarchitektur entwickelt. Ebenso gehört zu ihr die Vorbereitung des Testsystems, welches sowohl den Einzeltest (Modultest) als auch den Gesamttest (Integrationstest, Systemtest) erlauben muß.

In der Systemdesignphase werden weitreichende Festlegungen getroffen: dazu gehören die formale Darstellung der Systemfunktion (Zielfunktion), Zerlegung in Unterfunktionen durch hierarchisch geschichtete Verfeinerungen, die Konstruktion der Schnittstellenarchitektur, der Zusammenhangsstruktur, der Struktur des Zusammenwirkens (Funktionsstruktur). In komplexen Problemlösungen sind solche Entscheidungen im allgemeinen nicht mehr eindeutig rekonstruierbar. Fehlentscheidungen und Designfehler in dieser Phase haben deshalb üblicherweise besonders große

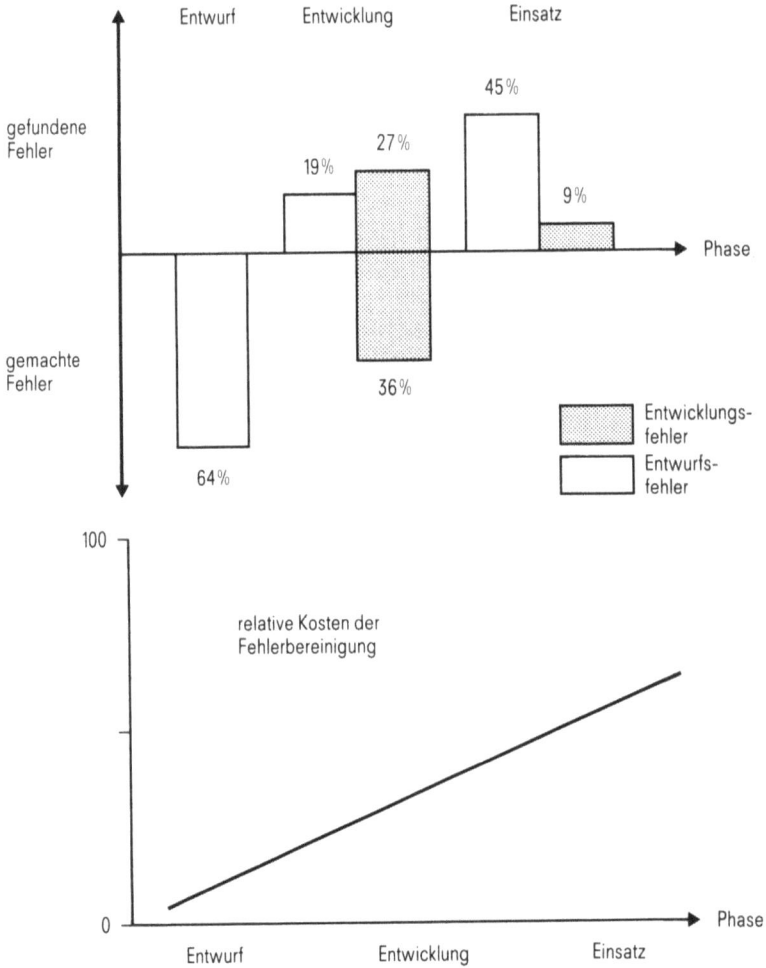

Bild 1.5. Programmfehler und Behebungsaufwand

Auswirkungen: Sie werden häufig sehr spät erkannt und erfordern dann einen unverhältnismäßig hohen Reparaturaufwand — wenn eine Reparatur überhaupt noch möglich ist. Systematische Beobachtungen bei der SW-Entwicklung führten zu der in Bild 1.5 wiedergegebenen Abhängigkeit von Fehlerentstehungshäufigkeit und Behebungsaufwand von der Phase des Problemlösungsprozesses.

Der Phase des Systemdesigns kommt bei jedem komplexen Entwicklungsprojekt eine entscheidende Bedeutung zu. Man kann davon ausgehen, daß die Entwicklung eines hochintegrierten Schaltkreises mit mehreren tausend oder zehntausend Gatterfunktionen ganz wie die Entwicklung eines umfangreichen SW-Programms ein aufwendiges Projekt ist. Deshalb ist die Bezeichnung Systemdesign auch bei Schaltkreisentwicklungen angebracht. Bei großen Systementwicklungen wird häufig die Phase des Systemdesigns in zwei unterscheidbare Teilphasen zerlegt, nämlich in die Phase des Architekturdesigns und in die Phase des Moduldesigns.

1.2 Der Prozeß der Problemlösung

Danach setzt die *Implementierungsphase* (4) ein. In dieser Phase werden die einzelnen Module konstruiert und anhand von vorbereiteten oder speziell erarbeiteten Testfällen mit entsprechend generierten oder vorgegebenen Testdaten geprüft. Bei Nutzung des Computers als Entwicklungsinstrument erfolgt die Konstruktion der Problemlösung durch Beschreibung in einer für den Computer verständilichen „Sprache". Dieser Schritt wird als *Codierung* bezeichnet. Sie kann einerseits graphisch-symbolisch, anderseits prozedural erfolgen. Die graphische Erfassung des Entwurfs war in der Vergangenheit vornehmlich üblich beim HW-Entwurf, die Codierung mit Programmiersprachen (High-level-Programmiersprachen, z.B. PASCAL, ADA etc.) war auf SW-Systeme beschränkt. Das Verschwimmen der Grenzen zwischen den beiden Entwicklungsmethoden hat sich jedoch auch beim HW-Entwurf durch verstärkten Einsatz prozeduraler Sprachen gezeigt. Begriffe wie „prozedurale Layoutsprachen", „Siliconcompiler", „Chipgenerator" deuten daraufhin.

Bei der SW-Methode hat bereits in den 60er Jahren der Trend weg von der maschinennahen Codierung hin zu Sprachmitteln höherer Darstellungsmächtigkeit eingesetzt. Kennzeichnend dafür war der Übergang von Maschinensprache und Assembler zu den „high level languages" wie PASCAL, ADA, etc. In ähnlicher Weise, jedoch mit einem gewissen Nachlauf zur SW-Methode, hat man auch bei der HW-Methode begonnen, nicht mehr ausschließlich auf der Layoutebene zu arbeiten, sondern Blöcke höherer Komplexität, wie z.B. Logikzellen und Funktionsblöcke, einzusetzen.

Auf die Codierung folgen die Entwicklungsschritte der *Compilation* oder automatischen Konstruktion. Sie umfassen die oft mehrstufige Übersetzung der Beschreibung des entworfenen Objekts, also des Programms oder der Logik, in eine exekutierbare Form. Unter Exekution kann dabei einerseits die Ausführung eines Programms im Computer verstanden werden, anderseits auch die Steuerung von Fertigungsmaschinen. Die Überprüfung auf formale Richtigkeit durch Syntaxcheck und Plausibilitätskontrolle ist Teil der Compilation.

In der *Integrations- und Testphase* (5) werden eventuell vorhandene Teilmodule zusammengebunden und auf funktionale, aber auch auf fertigungstechnische Korrektheit geprüft. Sichergestellt (d.h. verifiziert) wird, daß der so entstehende Prototyp die Spezifikation auch tatsächlich erfüllt. Ist, wie meist im Fall des HW-Entwurfs, immer öfter aber auch beim SW-Entwurf, eine Prototypanfertigung mit großen Kosten verbunden, so erfolgt eine Verifikation[5] bereits während der Entwicklung durch Simulationen mit zunehmender Detaillierungstiefe. Das Ergebnis der Integrations- und Testphase ist dann kein realisierter, sondern ein in einer Datenbank vollständig und korrekt beschriebener Prototyp.

Die *Produktionsphase* (6) beginnt mit der Überführung des Entwicklungsergebnisses aus der Entwicklungsumgebung heraus in die Produktionsumgebung. In beiden Fällen, also sowohl bei der SW-Entwicklung als auch bei der HW-Entwicklung, ist das Produktmanagement die aufnehmende Institution. Sie stellt sicher, daß die Einsatzreife erreicht wird.

---

[5] Für den Vorgang des Bewertens eines Entwurfs (Plausibelmachen der Korrektheit) sind in der Literatur unterschiedliche Begriffe gebräuchlich [1.2, 1.3]. Im industriellen Sprachgebrauch wird dafür meist der Ausdruck „Verifikation" verwendet.

Phase		Aktion	Ergebnis
1	Studie	Definition der Anforderungen als Zielvorgaben	Pflichtenheft
2	Spezifikation	Erarbeiten des Lösungskonzeptes und der Testmethodik	Spezifikation - Objektspezifikation - Testspezifikation
3	Systemdesign	Entwicklung von Architektur, Funktionsdiagramm, Modulstruktur, Testumgebung	Objektstruktur - Architektur - Funktionsstruktur - Modulstruktur Testrahmen - Testsystem - Testumgebung
4	Implementierung	Konstruktion der Moduln und Testprofile (Codierung, Compilation)	Getestete Moduln
5	Integration und Test	Integration der Module und Entwurfsverifikation des Gesamtobjekts	Prototyp
6	Produktion / HW	Überführung ins Produktmanagement und Fertigung	Freigegebenes Produkt
	Produktion / SW	Überführung ins Produktmanagement	

Bild 1.6. Phasenmodell des Problemlösungsprozesses

An dieser Stelle verzweigen sich aber offensichtlich die Wege der SW- und der HW-Methode.

Bei der Entwicklung von Software erfolgt im allgemeinen mit dem Abnahmetest die Freigabe. Das Ergebnis ist das einsatzfähige und freigegebene SW-Produkt. Die Überführung in die Anwendungsumgebung ist erreicht. Bei der Entwicklung von Hardware beginnt die Fertigung oder Produktion. Die Überführung in die Fertigungsumgebung steht an. Die Fertigung besteht in der Vervielfachung des verifizierten Prototyps zum Serienprodukt. Häufig ist damit auch die Einbettung in die endgül-

1.2 Der Prozeß der Problemlösung

tige Systemumgebung verbunden. Die Freigabe erfolgt durch die Fertigungsausgangsprüfung und die Abnahme, also die Qualifikation, durch den Produktmanager. Damit ist auch in diesem Fall die Überführung in die Anwendungs- und Einsatzumgebung abgeschlossen.

Der beschriebene Gesamtablauf ist im Bild 1.6 übersichtlich als Tabelle zusammengefaßt.

Dem skizzierten allgemeinen Problemlösungsprozeß ist aus Gründen der leichteren Verständlichkeit ein Vorgehen nach der idealen *Top-down-Methode* unterlegt. In der Praxis muß aber oft von der reinen Top-down-Methode abgewichen werden, da häufig einzelne (Schlüssel-)Funktionen eine extrem detaillierte Bearbeitung und Lösungskonstruktion erfordern. Erst danach kann der Entwicklungsprozeß sinnvoll fortgesetzt werden. In solchen Fällen folgt man stellenweise der *Bottom-up-Methode*, d.h. der schichtweise verdichtenden Konstruktion der Zielfunktion aus den zugelassenen Elementarfunktionen, bei der SW-Methode also aus den Programmierbefehlen, bei der HW-Methode aus booleschen Schaltelementen oder gar den Konstruktionselementen für Transistoren. Die Verknüpfung beider Methoden, also an der Spitze beginnend, systematisch verfeinernd, an mancher Stelle bis zur tiefsten Detaillierung absteigend, wieder verdichtend aufsteigend, wird auch als *Yo-Yo-Methode* bezeichnet. Sie dürfte die am weitesten verbreitete Methode sein. Sie besagt nichts weniger als daß ein Problemlösungsprozeß aus einer Folge von mehr oder weniger weitspannenden, iterierend über das Phasenmodell gelegten Zyklen besteht. Bild 1.7 verdeutlicht die der linearen Abfolge überlagerten Iterationszyklen. Im folgenden wird die „lineare Abfolge" auch als „idealer Verfahrensablauf" bezeichnet, da er für die Computerunterstützung besonders einfache Forderungen an Datenfluß und Datenkonsistenz stellt.

In der Darstellung von Bild 1.7 wird das Merkmal der Dynamik des Problemlösungsprozesses herausgestellt. Auf Darstellungen dieser Art wird in den nachfolgenden Kapiteln öfters zurückgegriffen, besonders bei der Ableitung von notwendigen Eigenschaften und Leistungsmerkmalen moderner IC-Designsysteme, aber auch bei der Betrachtung der Einbettung des Designprozesses in die arbeitsorganisatorische Umgebung. Gerade bei computerunterstützten Verfahrensabläufen werden üblicherweise wegen der sonst stark anwachsenden Schnittstellen- und Informationsflußvielfalt gewisse Iterationszyklen ausgeschlossen. Die dann noch möglichen Verfahrensabläufe werden als „zulässig" bezeichnet in dem Sinne, daß sie mit der Computerunterstützung verträglich sind (vgl. Abschnitt 1.5.5).

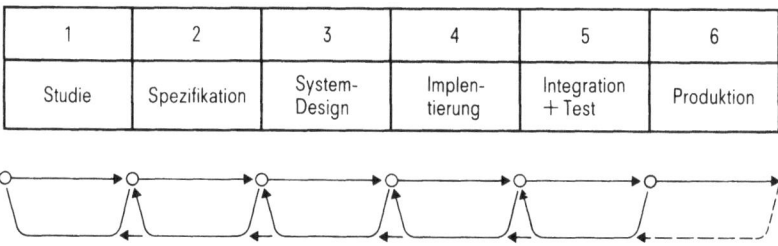

Bild 1.7. Iterationszyklen über dem Phasenmodell des Problemlösungsprozesses

1.2.2 CAD-Werkzeuge beim Problemlösungsprozeß

Der gesamte Problemlösungsprozeß wird unterstützt durch ein System von Computer-Aided-Design (CAD)-Werkzeugen[6], und zwar gleichermaßen bei der Entwicklung von Problemlösungen in SW wie in HW.

Im Falle der HW-Entwicklung existiert eine sehr enge Beziehung zwischen CAD und Computer-Aided-Manufacturing[7] (CAM). Der lückenlose, in sich konsistente Informationsfluß von der Spezifikation des Produkts bis zu seiner vielfachen oft jahrelang notwendigen, mit erheblichem Aufwand zu erbringenden Reproduktion und somit zur *garantierten* Reporduzierbarkeit machen eine enge Kopplung zwischen Entwicklung und Fertigung notwendig.

Das Ziel moderner CAD-Systeme ist aber auch, dem Entwickler eine Schnittstelle auf möglichst „hoher", also mächtiger Beschreibungsebene anzubieten und ihn freizuhalten von − für seine Problemlösung − nicht relevanten „technisch"-bedingten Informationen. Leistungsmerkmale eines modernen CAD-Systems für das IC-Design umfassen:

- Angebot einer interaktiv-graphischen Beschreibungsmethodik mit hierarchischer Verfeinerung und Abstraktion;
- Bereitstellung von mehrere Ebenen überspannenden Modellierungs-, Verifikations- und Simulationswerkzeugen;
- Sicherung der Testbarkeit und automatische Unterstützung der Testvorbereitung;
- Automatische Konstruktion der Fertigungsunterlagen mit interaktiver, vom System kontrollierter Nacharbeit;
- automatische Generierung der Testprofile und Testprogramme mit interaktivem, vom System kontrolliertem Eingriff;
- Gewährleistung einer konsistenten Informations- und Datenbank.

Freihalten von „technisch"-bedingten Informationen heißt vor allem das Verbergen von Informationen, die ausschließlich durch die Produktionstechnologie und Organisation des Produktionsprozesses bedingt sind. Ganz gelingt dies zur Zeit noch nicht. Zumindest aber wird gefordert, daß alle „technischen" Informationen, die zum Designingenieur aus den unteren Entwurfsebenen durchgereicht werden, in abstrakter Form als verbindliche Designregeln und als beherzigenswerte Designempfehlungen formuliert sind.

1.3 Entwicklungsbeispiel ADUS

Die oben grob skizzierten Schritte des Problemlösungsprozesses müssen bei Anwendung der HW-Methode, also bei der Nutzung von IC-Designsystemen, gelegentlich anders interpretiert werden als bei Anwendung der SW-Methode, also bei Nutzung von Mikroprozessor-Entwicklungssystemen.

Im folgenden wird mit dem Ziel, die Unterschiede deutlicher zu akzentuieren, für dieselbe Problemstellung, nämlich die Entwicklung der *A*nalog-*D*igital-*U*msetzer-

---

[6] Computerunterstützte Entwurfswerkzeuge.
[7] Computerunterstützte Fertigung.

1.3 Entwicklungsbeispiel ADUS

Entwurfsschritt	Ergebnis	
	HW-Methode	SW-Methode
Spezifikation	**Funktionsspezifikation:** Der ADUS-Baustein kommt zum Einsatz in der 16-kanaligen Analogeingabeplatine der SIMATIC-Prozeßsteuerung [1.1]. Die ADUS-Steuerung hat folgende Aufgaben: o Steuerung des Analog/Digital-(A/D)Wandlers o Koordination des Datenverkehrs zwischen A/D-Wandler und Zentralprozessor (ZP) o Zyklische Abtastung der 16 Meßkanäle durch Ansteuerung von Relais (Einschwingzeit 6 ms) o Hinterlegung der digitalisierten Werte in einen Umlaufspeicher (2 Bytes/Wert), von wo sie durch den Zentralprozessor ausgelesen werden. o Signalisierung des Drahtbruchfalles o Verhinderung des Kollisionsfalles (gleichzeitiger Zugriff von A/D-Wandler und Zentralprozessor auf den Umlaufspeicher) o Taktaufbereitung (hier nicht betrachtet) **Performanceanforderungen:** o Zeit für eine A/D-Wandlung: 60 ms o Takt für Steuerung: 1.2 MHz (Takt für Zusatzfunktionen: 9.8304 MHz) o Strombedarf I < 100 mA , Versorgungsspannung 5 V **Systemumgebung:** Bild 1.8 Vereinfachte Systemumgebung des ADUS-Bausteins. Die Zahlen in Klammern verweisen auf die entsprechenden Variablen in der Schnittstellendefinition.	

Tabelle 1.1 ADUS-Beispiel: Spezifikation

Entwurfsschritt	Ergebnis	
	HW-Methode	SW-Methode
Spezifikation (Fortsetzung)	**Funktionsbeschreibung:** ADUS wählt über die Adresse AKTIVER-KANAL (12) einen der 16 Meßkanäle aus. Die Anschaltung eines Meßkanals erfolgt über Relais, die eine Einschwingzeit von 6 ms haben. Falls ein Drahtbruch gemeldet wird (2), setzt er die ansonsten undefinierte Eingangsspannung des A/D-Wandlers auf 0V (6). Dann stößt er die eigentliche Wandlung an (4), deren Ende ihm durch das Signal A_D_AKTIV (1) angezeigt wird. Über die Low/High-Byte-Auswahl ((9), (10)) wird nacheinander das Lowbyte und dann das Highbyte auf den 8 bit breiten lokalen Datenbus geschaltet. Das 32 x 8 bit RAM ist als Umlaufspeicher organisiert, in den die Meßwerte, gesteuert durch die Schreibleitung (8) und den Adreßbus (11), eingeschrieben werden. Im Fall eines Drahtbruchs wird über (7) ein ansonsten unbenutztes Bit gesetzt. Der Zentralprozessor (ZP) signalisiert über ein (dekodiertes) Adreßbit (3) seine Leseanforderung und adressiert über (13) den gewünschten Meßwert. Im Kollisionsfall wird das Lesen über die Lesesperre (5) verhindert. **Schnittstellendefinition:** **Steuervariable (Input):** (1) A_D_AKTIV true, solange der A/D-Wandler aktiv ist, sonst false (2) DRAHTBRUCH true, falls ein Drahtbruch entdeckt wurde, sonst false. (3) ZP_LESEANFORDERUNG true, falls der Zentralprozessor Meßwerte aus dem Umlaufspeicher (RAM) lesen will. **Steuervariable (Output):** (4) A_D_START falls true, wird eine A/D-Wandlung initiiert (5) LESESPERRE verhindert, falls true, ein Zugreifen des Zentralprozessors auf den Umlaufspeicher (6) NULL_EINGANG erzwingt, falls true, eine Eingangsspannung von 0V am A/D-Wandler (7) DRAHTBRUCHMELDUNG meldet, falls true, über den Umlaufspeicher dem Zentralprozessor einen Drahtbruch (8) RAM_SCHREIBEN bewirkt, falls true, die Übernahme von Daten in das RAM (9) LOBYTE schaltet, falls true, das Low-order-Byte des A/D-Wandlers auf den Datenbus (10) HIBYTE schaltet, falls true, das High-order-Byte des A/D-Wandlers auf den Datenbus **Adressen (Output):** (11) RAM_ADR 5 bit breite Adresse zur Auswahl eines aus 32 RAM-Speicherplätzen (12) AKTIVER_KANAL 4 bit breite Adresse zur Auswahl eines von 16 Meßkanälen **Adressen (Input):** (13) ZP_ADRESSE 5 bit breite Adresse vom Zentralprozessor	

Tabelle 1.2   ADUS-Beispiel: Spezifikation (Fortsetzung)

1.3 Entwicklungsbeispiel ADUS

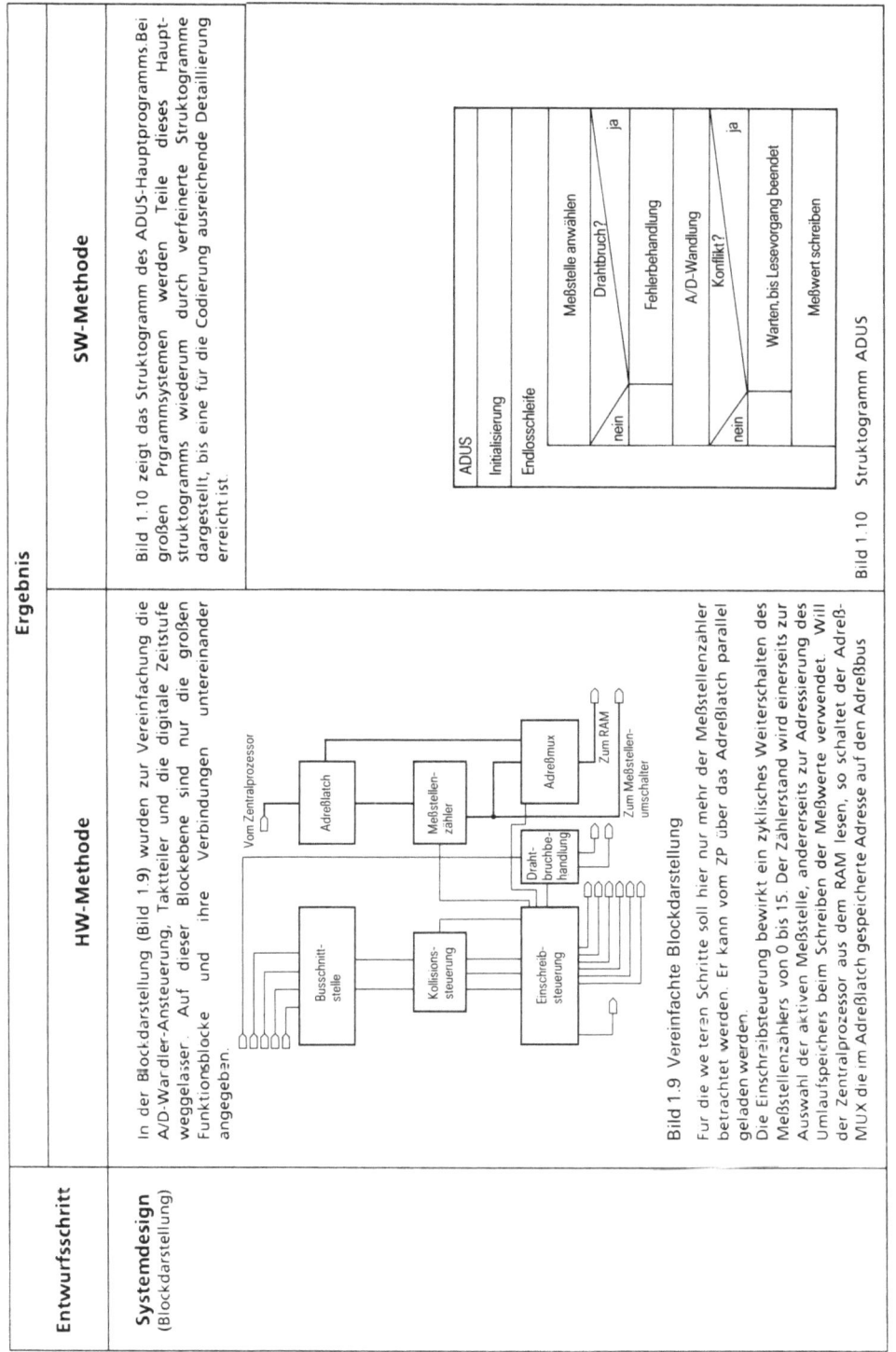

Entwurfsschritt	Ergebnis	
	HW-Methode	SW-Methode
Systemdesign (Blockdarstellung)	In der Blockdarstellung (Bild 1.9) wurden zur Vereinfachung die A/D-Wandler-Ansteuerung, Taktteiler und die digitale Zeitstufe weggelassen. Auf dieser Blockebene sind nur die großen Funktionsblöcke und ihre Verbindungen untereinander angegeben. Bild 1.9 Vereinfachte Blockdarstellung Für die weiteren Schritte soll hier nur mehr der Meßstellenzähler betrachtet werden. Er kann vom ZP über das Adreßlatch parallel geladen werden. Die Einschreibsteuerung bewirkt ein zyklisches Weiterschalten des Meßstellenzählers von 0 bis 15. Der Zählerstand wird einerseits zur Auswahl der aktiven Meßstelle, andererseits zur Adressierung des Umlaufspeichers beim Schreiben der Meßwerte verwendet. Will der Zentralprozessor aus dem RAM lesen, so schaltet der Adreß-MUX die im Adreßlatch gespeicherte Adresse auf den Adreßbus.	Bild 1.10 zeigt das Struktogramm des ADUS-Hauptprogramms. Bei großen Prgrammsystemen werden Teile dieses Struktogramms wiederum durch verfeinerte Struktogramme dargestellt, bis eine für die Codierung ausreichende Detaillierung erreicht ist. Bild 1.10 Struktogramm ADUS

Tabelle 1.3 ADUS-Beispiel: Systemdesign

Entwurfsschritt	Ergebnis	
	HW-Methode	SW-Methode

Implementierung (Codierung)	Bild 1.11 zeigt Adreßlatch, Adreßmultiplexer und Meßstellenzähler, codiert auf Zellenebene. Zellen sind vordefinierte und verifizierte logische Grundelemente, z. B. NAND-Gatter, Zähler, Multiplexer.
	
	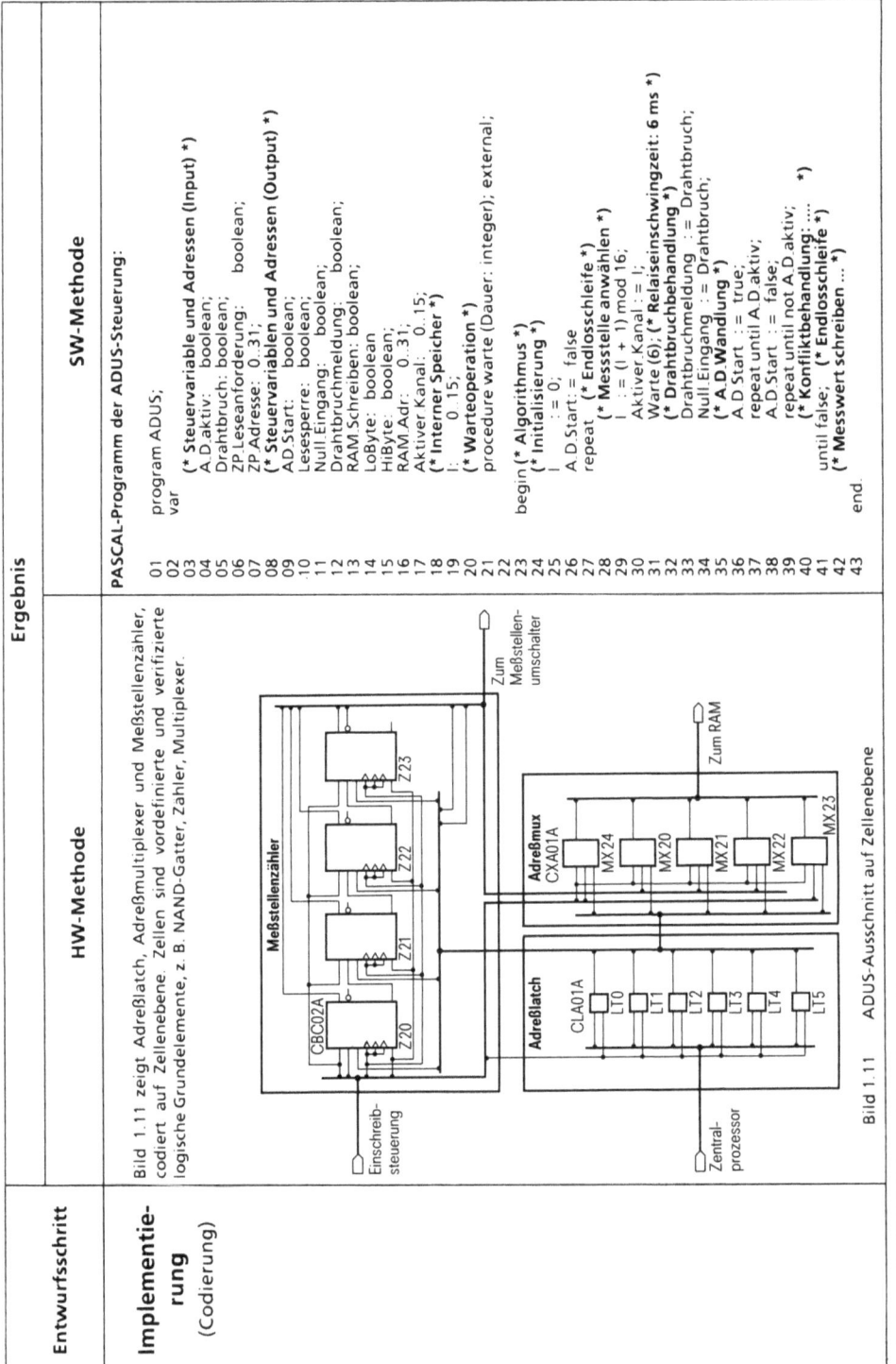
	
	Bild 1.11 ADUS-Ausschnitt auf Zellenebene
		PASCAL-Programm der ADUS-Steuerung:
		
		`01 program ADUS;`
		`02 (* Steuervariable und Adressen (Input) *)`
		`03 var`
		`04   A.D.aktiv:  boolean;`
		`05   Drahtbruch: boolean;`
		`06   ZP.Leseanforderung:  boolean;`
		`07   ZP.Adresse: 0..31;`
		`08 (* Steuervariablen und Adressen (Output) *)`
		`09   AD.Start:  boolean;`
		`10   Lesesperre: boolean;`
		`11   Null.Eingang: boolean;`
		`12   Drahtbruchmeldung: boolean;`
		`13   RAM.Schreiben: boolean;`
		`14   LoByte: boolean`
		`15   HiByte: boolean;`
		`16   RAM.Adr:  0..31;`
		`17   Aktiver.Kanal: 0..15;`
		`18 (* Interner Speicher *)`
		`19   I:  0..15;`
		`20 (* Warteoperation *)`
		`21   procedure warte (Dauer: integer); external;`
		`22 begin (* Algorithmus *)`
		`23   (* Initialisierung *)`
		`24   I := 0;`
		`25   A.D.Start := false`
		`26   repeat   (* Endlosschleife *)`
		`27     (* Meßstelle anwählen *)`
		`28     I := (I + 1) mod 16;`
		`29     Aktiver.Kanal := I;`
		`30     Warte (6);  (* Relaiseinschwingzeit: 6 ms *)`
		`31     (* Drahtbruchbehandlung *)`
		`32     Drahtbruchmeldung := Drahtbruch;`
		`33     Null.Eingang := Drahtbruch;`
		`34     (* A.D.Wandlung *)`
		`35     A.D.Start := true;`
		`36     repeat until A.D.aktiv;`
		`37     A.D.Start := false;`
		`38     repeat until not A.D.aktiv;`
		`39     (* Konfliktbehandlung: ...  *)`
		`40   until false;  (* Endlosschleife *)`
		`41   (* Messwert schreiben .... *)`
		`42 end.`

Tabelle 1.4 ADUS-Beispiel: Implementierung (Codierung)

1.3 Entwicklungsbeispiel ADUS

Entwurfsschritt	Ergebnis	
	HW-Methode	**SW-Methode**

Implementierung (Compilation)	Der Logikplan (Bild 1.11) wird mit Hilfe von in einer Bibliothek abgelegten Layoutteilen in geometrische Layoutinformation übersetzt.
	Bild 1.12 zeigt das Layout einer einzelnen Zählerzelle. Das Ergebnis des Übersetzungsschrittes ist eine Beschreibung des geometrischen Musters jeder einzelnen Maskenebene im sog. HKP Format. Dabei wird die Struktur jeder Ebene durch geometrische Primitivelemente wie Bänder, Rechtecke oder Polygone ausgedrückt.
	
	Bild 1.12 Layout einer Zählerzelle
	
	Ein Transistor wird im Prinzip gebildet durch zwei sich überkreuzende Rechtecke (Bild 1.13). Im HKP (Def.: vgl Kap 1.5 3) werden für jedes Element z.B. folgende Angaben gemacht:
	Typ, Name, Aufrufpunkt- Koordinaten, X-Abmessung, Y-Abmessung.
	Das Beispiel von Bild 1.13 würde also lauten:
	RECHTECK, A, 10, 5, 10, 15
	RECHTECK, B, 5, 10, 20, 5
	
	Bild 1.13 Layout einer Transistorstruktur
		Eine Übersetzung des obigen Programmteils in Assemblersprache hat folgendes Aussehen (Ausschnitt):
		
		`00000000  36  1   0        L    15,88(0,13)`
		`00000004  36  1   4        BALR 10,15`
		`00000006  36  2       BLOCK ://ADUS  64 100  -1`
		`00000010  36  2   22       LA   1,0(0,0)`
		`00000020  36  2   26       STC  1,61(0,11)`
		`00000024  36  3   30       STC  1,52(0,11)`
		`00000028  37  5   34       LA   1,0(0,0)`
		`00000030  43  5   38       IC   1,61(0,11)`
		`00000032  43  5   42       AR   1,0`
		`00000034  43  5   44       LR   2,1`
		`00000038  43  5   46       SRA  2,0,4(0)`
		`0000003E  43  5   50       SLA 2,0,4(0)`
		`00000042  43  5   54       SR   1,2`
		`         43  5   56       STC  1,61(0,11)`
		`         44  6   60       STC  1,60(0,11)`
		
		`END ADUS  L=  170`

Tabelle 1.5 ADUS-Beispiel: Implementierung (Compilation)

Entwurfsschritt	Ergebnis	
	HW-Methode	SW-Methode
Implementierung (Compilation) Fortsetzung	Aus dem HKP-Format werden durch Übersetzungsprogramme Maskensteuerbänder erzeugt. Ebenso werden aus dem Logikplan automatisch Prüfbitmuster generiert.	Das mit absoluten Adressen versehene, ablauffähige Maschinenprogramm im Hexadezimal-Code zeigt keine für den Entwickler unmittelbar erkennbare Struktur mehr: 0A080A 07FE50ED 02581814 0AB112FF 077E42F4 00060/FE50ED0258 1B2F5836 0000D501 0A0B2A 20A73000 47802024 D241D90 205AD235 0A084A 0004D207 D9013000 411D0900 0A6E12FF 47802052 12444740 0A0BAA 40404040 40404040 40404040 40000000 000023C C2C34040 0A0BCA 40404040 40404040 40404040 40404040 40404040 40404040404040 0A0BEA 40404040 40404040 40404040 40404040 40404040 4000000050ED0258
Produktion	Das Maskenband mit dem Maschinenlayout dient direkt zur Steuerung einer Maskenfertigungsmaschine. Bild 1.14 zeigt einige Maskenebenen. Bild 1.14 Einige Maskenebenen und ihre Überlagerung	

Tabelle 1.6 ADUS-Beispiel: Implementierung (Fortsetzung) und Produktion

1.3 Entwicklungsbeispiel ADUS

Entwurfsschritt	Ergebnis	
	HW-Methode	SW-Methode
Produktion (Fortsetzung)	Entsprechend der Maskenfolge wird in der Produktionslinie der Schaltkreis hergestellt. Am Ende der Fertigung steht die funktionsfähige kundenspezifische integrierte Schaltung. Bild 1.15 zeigt die elektronenmikroskopische Aufnahme eines Schaltungsausschnitts und, als Endergebnis, den Baustein in seiner Systemumgebung. Bild 1.15 Endergebnis: Der kundenspezifische Baustein in seiner Systemumgebung	Stellvertretend für die Fertigung sei hier angenommen, daß das Maschinenprogramm, nach entsprechender Verifikation, in das PROM eines Ein-Chip-Mikrocomputers "gebrannt" und damit in seine Systemumgebung eingebracht wird (Bild 1.16). Bild 1.16 Endergebnis: Die Software in ihrer Systemumgebung

Tabelle 1.7 ADUS-Beispiel: Produktion (Fortsetzung)

Steuerung ADUS – Standardbeispiel und pädagogisches Vehikel dieses Buches –, unter Verwendung beider Methoden gleichsam im Zeitraffertempo jeweils eine Lösung erarbeitet.

Für die Gegenüberstellung beider Problemlösungstechniken gibt es aber noch einen zweiten Grund. Nach Beobachtung der Autoren ist die SW-Methode sowohl in den Industrielabors als auch in den Hochschulinstituten wesentlich weiter verbreitet als die HW-Methode, wohl bedingt durch ihren früheren Entstehungszeitpunkt. So kann erwartet werden, daß für einen Entwickler, der von der SW-Methode her kommt, der Einstieg in die HW-Methode durch diesen Vergleich erleichtert wird.

Für die folgende Darstellung wird angenommen, daß das Ergebnis der Studienphase als Vorgabe vorliegt. Die Ergebnisse der einzelnen Entwurfsschritte und die Erläuterungen dazu sind in den Tabellen 1.1 bis 1.7 so zusammengestellt, daß auf den verschiedenen Ebenen alle Darstellungsarten und ihre Entsprechungen gegenübergestellt und verdeutlicht werden. In dem vereinfachten Ablauf sind allerdings die Überprüfungs- und Verifikationsschritte (Syntaxcheck, Probeläufe, Regelüberprüfung, Simulation) nicht berücksichtigt. Sie erhöhen zwar zusammen mit den nötigen Korrekturiterationen die Korrektheit des Entwurfs, sie verändern aber nicht die sichtbaren Darstellungen auf den verschiedenen Ebenen. Ebenso ist aus Gründen der Vereinfachung die Prüfvorbereitung nicht berücksichtigt. Die als Beispiel gewählte Analog-Digital-Umsetzer-Steuerung ADUS wurde mit dem Entwurfsystem VENUS entwickelt.

Für die SW-Lösung (SW-ADUS) wird davon ausgegangen, daß ein Ein-Chip-Mikrocomputer mit der nötigen Anzahl von Ein- und Ausgabepins und mit einem Entwicklungssystem, welches die Programmierung in PASCAL erlaubt, zur Verfügung steht. Weiter wird zur Vereinfachung vorausgesetzt, daß die Input- und Output-Variablen im „memory-mapped mode" die jeweiligen I/O-Signale darstellen. Dabei entspricht eine logische „Eins" dem true-, eine logische „Null" dem false-Zustand.

Als Testsystem wird das Standardtestsystem des Mikrocomputerentwicklungssystems vorausgesetzt.

Für die HW-Lösung (HW-ADUS) wird

- als Designsystem VENUS,
- ein Standardgehäuse mit ausreichender Pinzahl,
- CMOS-Technologie

gewählt.

Testprogramme und Testdaten werden von VENUS erzeugt. Die Pinbelegung entspricht der des SW-ADUS. Alle Ein- und Ausgangssignale sind CMOS-kompatibel.

1.4 HW-Methode versus SW-Methode

Beide Methoden können, wie anschaulich am Beispiel ADUS aufgezeigt, bis einschließlich zur Spezifikationsphase auf die gleichen Darstellungs- und Erarbeitungsmethoden zurückzugreifen. Die Spezifikationsphase enthält die ersten auf die Studienphase folgenden Schritte der Entwurfskonkretisierung. Dabei wird zunächst „textlich-tabellarisch" der Funktions- und Leistungsumfang des Gesamtsystems festgelegt, die Einbettung in die Systemumgebung „graphisch" dargestellt, das Funktionskonzept „textlich" beschrieben und die Schnittstellen „tabellarisch" definiert. Unterschiede zwischen beiden Methoden sind objektspezifisch. Im Fall der SW-Methode gehört zur Spezifikation weiterhin die Festlegung von Zeitbedingungen (falls Echtzeitanforderungen gestellt werden), verfügbarem Speicherplatz und Speicherbereich sowie die Definition der Systemschnittstellen. Bei der HW-Methode müssen neben den Zeitbedingungen auch Angaben z.B. zur Versorgungsspannung, zur maximalen Stromaufnahme und zu Umgebungsbedingungen festgelegt werden. Die Spezifikation der Systemschnittstellen umfaßt außer den Daten- und Befehlsformaten für die Ein- und Ausgabe auch elektrische Parameter, z.B. für Pegel, Treiberfähigkeit und Überspannungsfestigkeit. Das Ergebnis der Spezifikationphase ist in beiden Fällen die Objektspezifikation.

Beim Systemdesign treten zum ersten Mal unterschiedliche Darstellungs- und Konstruktionsmethoden auf. Beim SW-Entwurf bevorzugt man im allgemeinen eine Darstellung der Algorithmen, Daten- und Kontrollflüsse in der Form von Flußdiagrammen und Struktogrammen. Bei der HW-Methode verwendet man üblicherweise eine graphische Darstellung von Funktionsblöcken mit den ein- und ausgehenden Signal- und Versorgungsleitungen. Mit der zunehmenden Verwendung graphischer Entwurfsmittel auch bei der SW-Methode verschwimmen die Unterschiede beider Wege. Im folgenden gehen wir davon aus, daß während des Systemdesigns die erste, wenn auch noch grobe Darstellung des zu entwickelnden Objekts konstruiert wird. Die oberste Entwurfsebene mit einer ersten Lösungskonstruktion, dem Systemplan, ist erreicht.

Auch zu Beginn der folgenden Phase, der Implementierung, überwiegen die Ähnlichkeiten zwischen HW- und SW-Methode: Bei der Codierung wird in beiden Fällen die nächstniedrigere Ebene mit Hilfe von Elementen aus einem gegebenen Vorrat von Elementarfunktionen konstruiert. Dabei sind bestimmte Zusammensetzungsregeln (Syntax) zu beachten.

Der Unterschied zwischen den gewöhnlich für die Codierung gewählten Beschreibungsmitteln (prozedurale Sprachmittel bei der SW-, Graphiksymbole und ihre Verbindungen bei der HW-Methode) ist dabei unerheblich.

Die Abweichungen zwischen HW- und SW-Methode lassen sich auf vier grundsätzliche Unterschiede zurückführen:

- Anzahl der Entwurfsebenen,
- Vorgehen bei der Verifikation,
- Testvorbereitung,
- Produktion.

1.4.1 Entwurfsebenen

Entwurfsebenen sind Darstellungsebenen unterschiedlichen Abstraktionsgrades. Ein Entwurfsschritt besteht im korrekten Umsetzen der Beschreibung einer höheren Ebene in eine Darstellung auf einer niedrigeren Ebene. Zum Teil stehen für diesen Umsetzungsvorgang bereits automatische Werkzeuge zur Verfügung. Im Fall der SW-Methode erzeugen Compiler aus der höheren Programmiersprache (im Beispiel: PASCAL) selbständig effektiven Maschinencode. Bei der Übersetzung anfallende Zwischenergebnisse (in Assemblersprache) sind üblicherweise unsichtbar und werden deshalb nicht mehr als Darstellungen auf einer eigenständigen Entwurfsebene empfunden.

Betrachten wir also die *sichtbaren* Entwurfsebenen, so erhalten wir bei der SW-Methode *drei* Darstellungsarten:

- Systemplan (Modulplan, Blockdarstellung),
- HLL-Programm[8] (PASCAL-Programm),
- Maschinencode.

Bei der HW-Methode unterscheidet man demgegenüber *fünf* sichtbare Darstellungs- und Entwurfsebenen:

- Systemplan,
- Logikplan,
- Schaltplan,
- Layoutplan,
- Fertigungsdaten.

Wie in diesem Buch weiter unten ausführlich dargelegt, werden auch bei der HW-Methode in zunehmendem Maße Konstruktionsschritte automatisch abgewickelt. Dies führt dazu, daß auch hier einzelne Ebenen „unsichtbar" werden: so bekommt z.B. bei Anwendung des Standardentwurfssystems VENUS der Designingenieur den Schaltplan (Transistordarstellung) überhaupt nicht, den Layoutplan nur in sehr eingeschränktem Maße zu Gesicht.

Der Entwurf auf jeder Ebene durchläuft hintereinander und iterierend die Phasen „Implementierung" und „Test" bzw. „Konstruktion" und „Verifikation"[9]. Das Durchlaufen dieses Doppelschritts wiederholt sich also bei der HW-Methode, abhängig vom gewählten Verfahrensablauf, ein- bis zweimal öfter als bei der SW-Methode.

1.4.2 Vorgehen bei der Verifikation

In Abschnitt 1.5.4 wird ausführlich von der Verifikation die Rede sein. Hier wird deshalb im Zusammenhang mit der Gegenüberstellung von HW- und SW-Methode nur auf das jeweils verwendete Verifikationsobjekt, das Funktionsmuster, eingegangen: SW bleibt während ihres gesamten Entstehungsprozesses immateriell. Der Aufwand für die Herstellung eines ablauffähigen Funktionsmusters beschränkt sich auf einen Compilerlauf.

Der Korrektheitsnachweis wird durch den Compiler mit seiner syntaktischen und semantischen Analyse unterstützt. Er transformiert das HLL-Programm automatisch in den auf der Zielmaschine ablauffähigen Code (Compilation). Die automatische Codeerzeugung ist möglich, weil der Mikroprozessor eine formal beschreibbare abstrakte Maschine repräsentiert. Bei der SW-Methode ist die sichtbare Darstellung der Lösungskonstruktion des Entwicklungsobjekts ablauffähiger Code. Damit ist die unterste Entwurfsebene erreicht. Die entsprechende Darstellung eines Funktionsmu-

---

[8] HLL: high level language.
[9] Bei der Entwicklung von elektronischen Systemen unterscheidet man sogar zwischen vier alternierenden Entwurfsschritten: Partitionieren – Konstruieren – Verifizieren – Integrieren. Für die Zielsetzung dieses Buches reicht die Beschränkung auf die Schritte „Konstruktion" und „Verifikation" aus. Vgl. hierzu Kap. 7!

1.4 HW-Methode versus SW-Methode

sters der Lösung ist durch den Compiler automatisch konstruiert. Die endgültige Verifikation erfolgt durch Erproben des Funktionsmusters. Üblicherweise geschieht die für die SW-Entwicklung typische Entwurfsüberprüfung durch vielfache Iteration der Schritte: Codierung, Compilation, Verifikation, letztere oft in der HW-Umgebung, in der das System später ablaufen soll.

Bei der HW-Methode ist demgegenüber die Herstellung eines Funktionsmusters (Chip) mit erheblichem Aufwand verbunden. Deshalb muß die Korrektheit weitgehend durch Simulation nachgewiesen werden. Das CAD-System übernimmt die Funktionen des Compilers. Es ersetzt die als Elementarfunktionen aufgerufenen Zellen im Logikplan durch die ihnen entsprechenden vorbereiteten und verifizierten Schaltungsteile und konstruiert so den — beim ADUS-Beispiel verdeckten — elektrischen Schaltplan und gemäß vorgegebenen Plazierungs- und Verdrahtungsregeln den Layoutplan. Daran schließt sich die Übersetzung in die Maskensteueranweisungen an. Zum Korrektheitsnachweis werden neben der Simulation auch formale Prüfungen der Designregeln sowie Vergleiche zwischen verschiedenen Darstellungsebenen durchgeführt. Die Konstruktion des Layoutplans aus dem Logikplan ist z.Z. nur „teilautomatisch" üblich. Interaktive, vom CAD-System kontrollierte Korrekturen sind möglich. Der Grund hierfür ist darin zu suchen, daß der Fertigungsprozeß nur teilweise abstrakt-formal durch ein Regelsystem beschrieben werden kann. Zum anderen Teil erfordert er immer noch heuristisches, nur partiell formal beschreibbares Wissen. Aus diesem Grunde gewinnt bei der HW-Methode auch im wesentlich stärkeren Maß die sogenannte „vertikale Verifikation" (s.u.) an Gewicht. Sie stellt über alle Entwurfsebenen hinweg die Korrektheit und die Spezifikationstreue sicher.

1.4.3 Testvorbereitung

Bei der Fertigung von integrierten Schaltungen können stochastische Fehler zu Ausfällen führen. Deshalb müssen die fertigen Chips mit Testautomaten auf einwandfreie Funktion überprüft werden. Die dazu nötigen Testprogramme stellen neben den Maskenbändern das zweite Ergebnis des HW-Entwurfsprozesses dar. Die Erfahrung hat gezeigt, daß mit der Testprogrammerstellung nicht erst nach Ende der Entwurfsarbeiten begonnen werden darf, sondern daß Testvorbereitungen schon sehr früh getroffen werden müssen. Neben den Objektdarstellungen der jeweiligen Ebene, wie sie entsprechend auch bei der SW-Methode entstehen, werden hier auch die zugeordneten Test- bzw. Testvorbereitungsinstrumente erzeugt. Folgende Zuordnungen bestehen:

- Objektspezifikation: Testspezifikation,
- System- und Modulplan: Testrahmen,
- Logikplan: Testplan,
- Maskensteuerdaten: Testprogramm.

1.4.4 Produktion

Die HW-Methode unterscheidet sich natürlich besonders in der Produktionsphase von der SW-Methode.

Die Produktion von SW beschränkt sich auf die Überführung ins Produktmanagement. Sie umfaßt die organisatorischen Maßnahmen für Versionsplanung, Ausliefe-

24 1 Einführung in die Designtechnik für integrierte Schaltungen

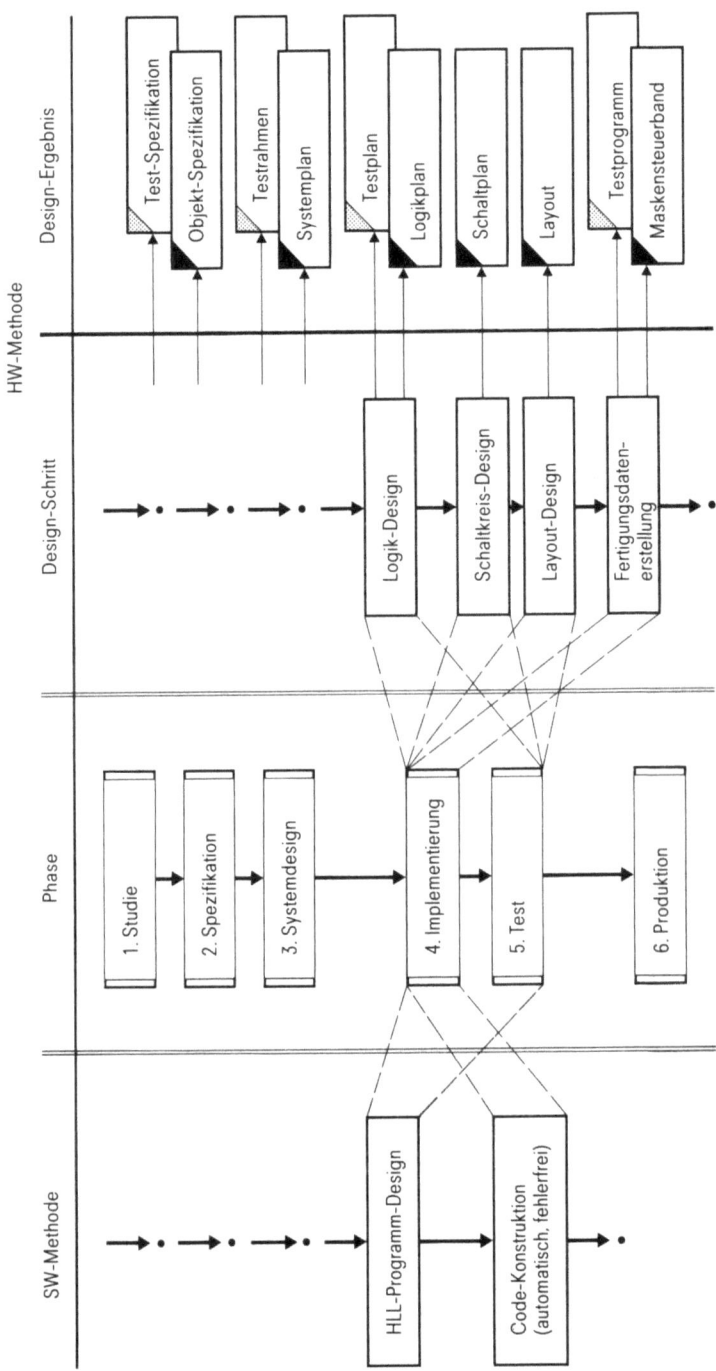

Bild 1.17. Vergleich HW-SW-Methode

rung, Fehlermeldewesen und Fehlerbehebung. Die „Fertigung" der SW besteht in der Vervielfältigung der Programme. Stochastische Fertigungsfehler treten nicht auf. Ein aufwendiger Fertigungstest entfällt. Denkt man an die Programmierung von Mikrocomputersystemen, so könnte man als „Fertigung" allenfalls das Einbrennen des Programms in die PROMs (*programmable read only memories*) bezeichnen.

Die Produktion integrierter Schaltungen erfordert zusätzlich zur Überführung ins Produktmanagement im Gegensatz zum Kopieren von Programmen beträchtlichen prozeßtechnischen und organisatorischen Aufwand für die Produktion. Insbesondere führen stochastische Fehler dazu, daß nicht alle gefertigten ICs funktionieren. Zur Selektion der funktionsfähigen Schaltungen sind bereits — wie erwähnt — vorbereitend während des Entwicklungsprozesses und dann als Abschluß der Fertigung aufwendige prüftechnische Maßnahmen notwendig.

Das Ergebnis beider Lösungswege bildet schließlich das freigegebene und in Produktionsstückzahlen vorliegende Produkt.

Bild 1.17 stellt zusammenfassend den Entwurfsprozeß der HW- und der SW-Methode einander gegenüber. Nur bei der HW-Methode sind die Ergebnisse auf den wichtigsten Entwurfsebenen explizit aufgeführt.

Einige Unterschiede der beiden Methoden seien nochmals besonders betont:

- Hohe Realisierungskosten für Funktionsmuster erfordern bei der HW-Methode eine weitestgehende Verifikation *vor* der endgültigen Compilation und Musterherstellung. Bei der SW-Methode kann die endgültige Verifikation am fertigen Funktionsmuster *nach* der Compilation erfolgen, da das Funktionsmuster relativ einfach automatisch erzeugt wird.
- Das Ergebnis des SW-Entwurfsprozesses ist fehlerfreier, ablauffähiger Code, binär verschlüsselt, aber mit letztendlich interpretierbarer Symbolik, als Steuerinformation für einen Prozessor. Das Ergebnis der HW-Entwicklung ist ein dreidimensonales komplexes Muster zur Erzeugung von Tranistoren und deren Verbindungen in Silizium (Layoutmaskenband). Die damit herzustellende elektrische Schaltung leistet die Nachbildung logischer Abläufe durch Steuerung von Ladungsflüssen und Potentialen. Ermöglicht wird dies durch eine Abbildung logischer Zustände (ja/nein, true/false) auf physikalische Größen (hohes/niedriges Potential).

Das Ergebnis beider Entwicklungswege ist also, obwohl funktional gleich, real verschieden. Bei der Entscheidung für den einen oder den anderen Weg müssen die Kriterien

- Entwicklungsaufwand, Entwicklunszeit, Stückkosten,
- Wartbarkeit, Kopierbarkeit und Know-how-Sicherung

geprüft und bewertet werden. Gerade die drei letzten Kriterien geben häufig den Ausschlag für die Entscheidung zugunsten der HW-Methode. Denn der individuelle, personalisierte Chip ist nur mit erheblichem Aufwand, wenn überhaupt, zu kopieren, das SW-Programm dagegen im allgemeinen mit geringem Aufwand.

1.5 Der IC-Designprozeß als Problemlösungsprozeß

Nach den allgemeinen Ausführungen der vorangehenden Abschnitte steht das begriffliche Gerüst für die systematische Analyse des IC-Designprozesses, für das Aufzeigen seiner wichtigsten Charakteristika und für das Darlegen seiner inneren Zusammenhänge und Abhängigkeiten zur Verfügung. Die Analyse dient auch dazu, die Notwendigkeit von und die Entwicklung zu Standarddesignverfahren sichtbar zu machen.

Aus Vereinfachungsgründen werden folgende Annahmen getroffen:

- die Studien- und die Spezifikationsphase sind abgeschlossen, so daß eine klare Aufgabenstellung vorliegt und ein Lösungs- und Testkonzept erarbeitet ist;
- der Schaltkreis erfordert keine Systemintegration, so daß sich die Integrations- und Testphase vereinfacht;
- die Fertigungsüberführung wird nicht betrachtet; mit der Erstellung der Fertigungs- und Prüfunterlagen ist die Entwicklung beendet.

Projeziert auf das Phasenmodell des Problemlösungsprozesses kann die Analyse damit auf die Phasen „Systemdesign", „Implementierung und Test" konzentriert werden.

1.5.1 Allgemeiner IC-Designprozeß

Der allgemeine IC-Designprozeß umfaßt sämtliche für den Entwurf einer integrierten Schaltung nötigen Einzelschritte, beginnend mit der Spezifikation und endend mit der Bereitstellung der Fertigungssteuerungs- und Prüfdaten. Der „lineare" Designprozeß — also der „ideale Verfahrensablauf", in dem keine Iterationsschleifen berücksichtigt sind — ist in Bild 1.18 dargestellt. Er zerfällt — wie bereits aufgezeigt — in vier Abschnitte, nämlich in

A: Systemdesign,
B: Logikdesign,
C: Schaltkreisdesign,
D: Layoutdesign.

Häufig werden auch die beiden ersten Abschnitte unter dem Begriff „Logisches Design", die beiden letzten unter dem Begriff „Physikalisches Design"[10] zusammengefaßt.

Das *Systemdesign* enthält den Architektur- und Modulentwurf, der dann stufenweise verfeinert zur *Logikkonstruktion* auf Gatterebene führt. Es schließen sich die *Logikverifikation* und *Prüfbarkeitsanalyse* an. Bei der *Elektrischen Schaltkreiskonstruktion* beginnt das Physikalische Design mit der Verwirklichung der Logik durch Transistorschaltungen und anschließender Verifikation. Das *Layoutdesign* schließlich umfaßt die geometrische Layoutkonstruktion (d.h. die Konstruktion aller für die Fertigung nötigen Masken für alle Ebenen), die entsprechenden Verifikationsschritte und, als Übergang zur Fertigung, die *Erstellung* (Generierung) *der Maskenbänder*. Die *Prüfdatenerstellung* setzt auf der Logikkonstruktion und/oder auf der Elektrischen Schaltkreiskonstruktion auf. Ihr Ergebnis sind ablauffähige Prüfprogramme.

Diese Zerlegung ist für die IC-Entwicklung charakteristisch und zeigt den Ablauf von der abstrakten Darstellung auf konzeptioneller Ebene in stufenweiser Konkretisierung bis zu den die fertigungstechnische Herstellung genau beschreibenden Mas-

---

[10] Für den englischen Ausdruck „physical design" hat sich, nicht ganz korrekt, der Begriff „Physikalisches Design" eingebürgert.

kenbändern. Die höhere Ebene stellt jeweils eine Abstraktion der darunterliegenden Ebene dar. Umgekehrt erfordert der Übergang von einer höheren zur nächstniedrigeren Ebene spezielles Entwurfs-Know-how entsprechend der gewählten Designmethode und Technologie. So muß etwa der Schaltkreisentwickler wissen, wie die logische Funktion eines D-Flipflops mit Hilfe von Transistoren und deren Verschaltung unter Zugrundelegung einer CMOS-Technologie realisiert werden kann.

Nun ist es aber offensichtlich, daß bei der Beachtung von Realisierungsvorschriften (Entwurfsregeln) Fehler gemacht werden können. Es entsteht also — wie bereits am ADUS-Beispiel aufgezeigt — eine sich auf den verschiedenen Entwurfsebenen wiederholende Abfolge der Schritte „Konstruktion" und „Verifikation" oder, um im oben behandelten Phasenmodell zu sprechen, der Schritte „Implementierung" und „Integration und Test". Das wiederholte Durchlaufen der Phasen „Implementierung" und „Integration und Test" ist deshalb nötig, weil bei jeder Entwurfskonkretisierung die Einhaltung von zwei Randbedingungen überprüft werden muß:

- Einhaltung der Vorgaben der vorausgegangenen Entwurfsebenen, also die Sicherstellung der Erfüllung der vorgegebenen Zielfunktion durch das bis dahin erreichte Entwurfsergebnis.
- Einhaltung der Entwurfsregeln bei der aktuellen Konstruktion des Entwurfsobjekts auf jeder Darstellungsebene über die gesamte Breite des Entwurfsobjekts hinweg.

Regeln für die erste Bedingung sind Hilfsmittel, um die vertikale Konsistenz, Regeln für die zweite, um die horizontale Konsistenz sicherzustellen. So ist z.B beim Schritt „Elektrische Schaltkreiskonstruktion" das Ergebnis auf Konsistenz mit dem vorgegebenen Logikplan zu untersuchen. Außerdem muß eine Überprüfung der elektrischen Schaltkreisregeln erfolgen (vgl. Entwurfsschritt 7 in Bild 1.18).

Die obige Unterteilung des Allgemeinen IC-Designprozesses in vier Abschnitte ist jedoch noch zu grob. Eine weitere Detaillierung ist notwendig. Im wesentlichen können elf Einzelschritte identifiziert werden. Sie werden nun genauer betrachtet. Bild 1.18 stellt sie dar.

A. Systemdesign

1. *Architektur-Entwurf*:[11] Er stellt einen ersten Ansatz zur Erfüllung der Spezifikationsvorgaben dar. Seine Elemente sind Blöcke wie z.B. Rechenwerk, Daten-Cache, Befehls-Cache, Ein-/Ausgabe, Datenspeicher u.ä. Diese Blöcke werden in mehreren Verfeinerungsschritten aufgelöst bis auf Register-Transferebene (RT-Ebene). Deren Elemente sind z.B. ALU, Dual-Port-RAM, Busse, Decoder u.ä. Bei sehr umfangreichen Systementwicklungen empfiehlt sich eine weitere Unterteilung in die Entwurfsschritte der Modulkonstruktion und -verifikation. In diesem Buch wird darauf verzichtet. In Analogie zu den späteren Entwurfsebenen bezeichnen wir das Ergebnis des Architekturentwurfs auch als Systemplan.

2. *Architekturverifikation*: In den verschiedenen Ebenen des Architekturentwurfs werden mehrmals Verifikationsschritte durchgeführt (Architekturverifikation). Diese können bei den ersten Entwürfen noch personell, etwa in der Form von Designreviews

---

[11] Im Sinne vorausgehender Definition müßte dieser Schritt exakter Architektur-Konstruktion heißen, ein mit dem üblichen Sprachgebrauch jedoch nicht gut verträglicher Begriff.

28 1 Einführung in die Designtechnik für integrierte Schaltungen

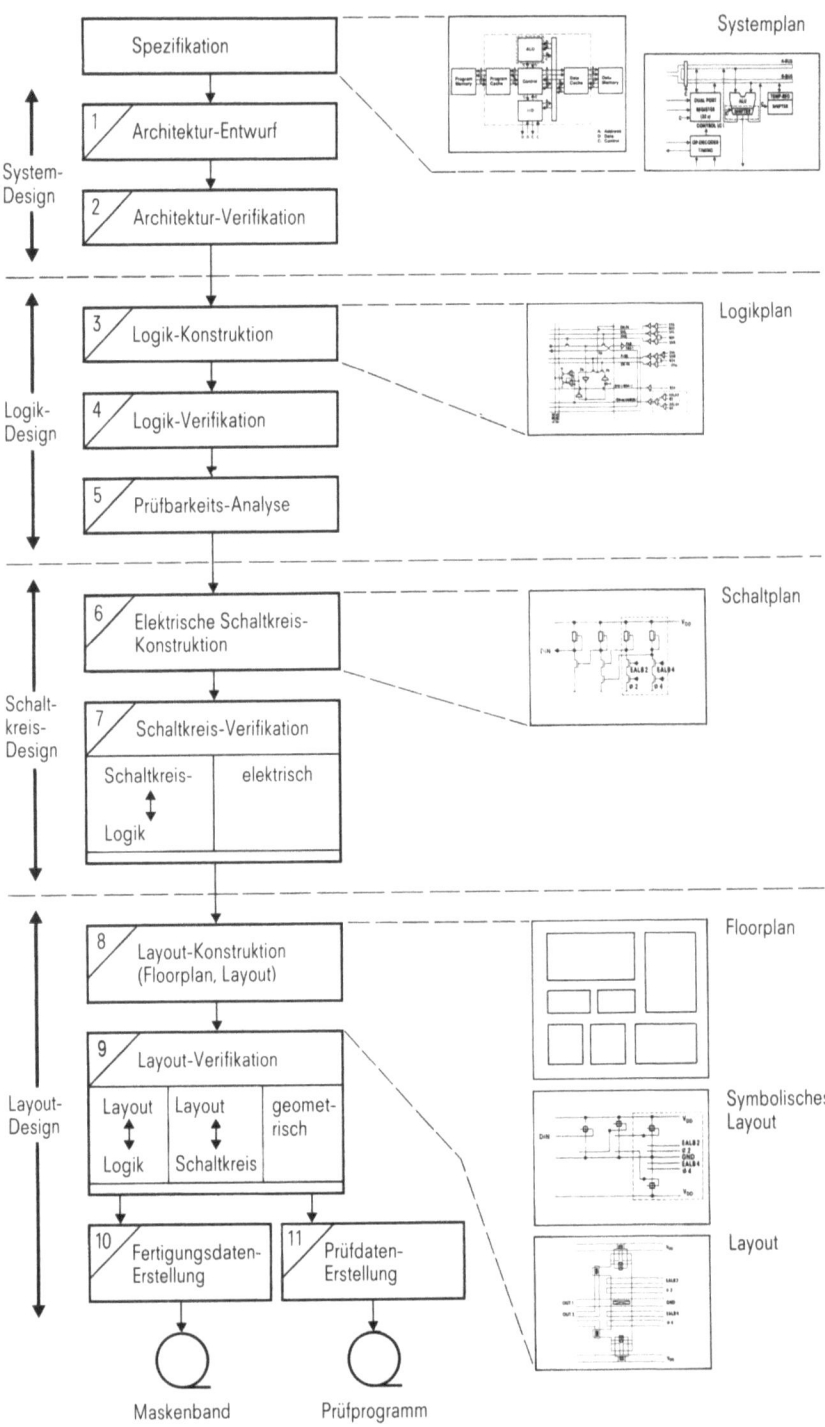

Bild 1.18. Allgemeiner IC-Designprozeß

1.5 Der IC-Designprozeß als Problemlösungsprozeß

oder Walk-Throughs, erfolgen. Mit zunehmender Formalisierung stehen dazu jedoch auch bereits Simulationswerkzeuge zur Verfügung.

B. Logikdesign

3. *Logikkonstruktion*: Während der Logikkonstruktion werden die Ergebnisse des Architekturentwurfs in die Ebene der Logikelemente umgesetzt. Dies sind z.B. Gatter (AND, NAND, EXOR...), Flipflops, Multiplexer usw. Das Resultat dieses Entwurfsschritts sind die verknüpften Logikelemente. Es wird Logikplan genannt und, aufbereitet für den Computer, als Netzliste dargestellt. Man spricht auch von Darstellungen auf der Logikebene.

4. *Logikverifikation*: Während der Logikverifikation wird durch Vergleich mit den Vorgaben der Systemebene die vertikale Konsistenz sichergestellt. Außerdem benützt man Logiksimulatoren oder, sofern bereits Informationen über die Schaltzeiten vorliegen, Timingsimulatoren zur Überprüfung der Funktionalität. Simulationen können auch bereits einen Teil der Designfehler in Teilschaltungen oder im Zusammenwirken von Teilschaltungen auf der Logikebene (horizontale Designfehler) aufdecken.
Als Beispiel zur Sicherung der horizontalen Konsistenz sind auch die prüftechnischen Designregeln zu nennen. Sie beinhalten etwa das Verbot der Rückkopplung von Ausgängen rein kombinatorischer Blöcke auf ihre eigenen Eingänge oder die Forderung, daß ein definierter Prüfanfangszustand extern einstellbar sein muß.

5. *Prüfbarkeitsanalyse*: Sie liefert die Beobachtbarkeit und Kontrollierbarkeit (observability, controllability) aller Knoten und erlaubt damit eine Aussage über den zu erwartenden Testbarkeitsgrad und Testaufwand. Sind die prüftechnischen Designregeln eingehalten worden, so wird die Prüfbarkeitsanalyse meist einen akzeptablen Fehlererkennungsgrad feststellen.

C. Schaltkreis-Design

6. *Elektrische Schaltkreiskonstruktion*: Hierbei wird der Logikplan in Transistorschaltungen umgesetzt. Man spricht dann auch von Darstellungen auf der Transistorebene. Hier sind bereits technologiespezifische Entscheidungen vorausgesetzt, etwa die

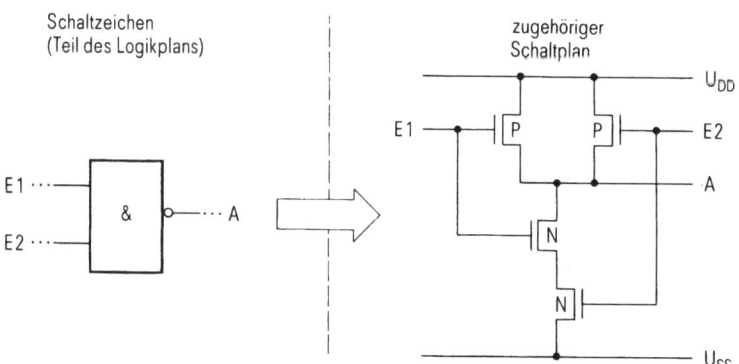

Bild 1.19. Vom Logikplan zum Transistorschaltbild (2-input-NAND-Gatter in CMOS-Technologie)

CMOS- oder ECL-Schaltkreistechnik einzusetzen. Bild 1.19 zeigt als Beispiel die Umsetzung eines 2-input-NAND-Gatters in einen Schaltplan bei Verwendung von CMOS-Technologie. Die Designregeln, die auf der Transistorebene zu beachten sind, sind die sogenannten Grundregeln des elektrischen Schaltkreisentwurfs. Zu ihnen gehören z.B.: „p-Kanal-Transistor mit Source an U_{DD}" oder, im Falle der CMOS-Schaltkreistechnik: „kein unbeschalteter Eingang erlaubt".

7. *Schaltkreisverifikation*: Die vertikale Konsistenz wird durch Vergleich und Abstimmung (Schaltkreisverifikation) der Darstellungsebenen (Transistorebene mit Logikebene) und durch Schaltkreissimulation kontrolliert. Für die Überprüfung der elektrischen Designregeln stehen spezielle Prüfprogramme (Electrical Rule Checker) zur Verfügung.

D. Layoutdesign

8. *Layoutkonstruktion*: Mit ihr beginnt die Layoutdesignphase. Sie ist besonders eng mit den Charakteristika der Technologie verknüpft. Alle Maskenebenen sind geometrisch genau zu konstruieren. Bei Verwendung der CMOS-Technologie sind dies z.B. mindestens zehn. Optimierungskriterien sind dabei Fläche und/oder Geschwindigkeit. Da das Gesamtlayout gewöhnlich in ein Rechteck passen sollte, geht man von einer globalen Flächenplanung eines Rechtecks (*floorplanning*) aus, die dann wieder schrittweise verfeinert wird. Hilfsmittel für die Layoutkonstruktion sind die Stickdiagramme, die einen Entwurf der Layouttopologie gestatten, ohne daß bereits die geometrischen Daten feststehen müssen. Designregeln auf dieser Ebene sind Technologiedesignregeln, welche fertigungsbedingte geometrische Einschränkungen, denen das Layout genügen muß, beschreiben. Diese Designregeln geben z.B. den Mindestabstand zwischen zwei Strukturen der Aluminiumebene an oder die Größe der Mindestüberlappung von Polysilizium über ein Kontaktloch. Diese technologie-bedingten Regeln ändern sich gewöhnlich bei Modifikationen der Prozeßtechnik (vgl. Kapitel 3).

9. *Layoutverifikation*: Sie erfolgt nach der Extraktion der elektrischen Größen durch Vergleiche mit der Vorgabe aus der Schaltkreisebene oder, häufig auch zusätzlich, mit denen der Logikebene. Die Einhaltung der Designregeln dieser Ebene, welche die horizontale Konsistenz sichern, also der Technologiedesignregeln, wird durch spezielle Programme (Design Rule Checker) überprüft.

10. *Fertigungsdatenerstellung*: Die Layoutdarstellungen des so konstruierten und verifizierten integrierten Schaltkreises werden in Steuerdaten für die Maskenfertigungsmaschinen umgesetzt (Fertigungsdatenerstellung). Dieser Schritt erfolgt vollautomatisch, eine Verifikation ist nicht nötig. Das Ergebnis ist das Maskenband.

11. *Prüfdatenerstellung*: Während der Logikverifikation werden als Stimuli für den Simulator bereits Prüfmuster erzeugt. Diese werden nun so lange um weitere Prüfmuster ergänzt, bis ein geforderter Fehlerüberdeckungsgrad erreicht wird (Prüfdatenerstellung). Die Erzeugung der Prüfmuster kann automatisch erfolgen. Nun müssen noch Prüfprogramme für die Prüfautomaten geschrieben werden, um bestimmte Parameter der gefertigten Schaltung zu testen und unter Verwendung der Prüfmuster Funktionstests durchzuführen. Die Generierung der Prüfprogramme zusammen mit

1.5 Der IC-Designprozeß als Problemlösungsprozeß

der vorausgehenden Generierung der Stimuli wird als Prüfdatenerstellung bezeichnet. Das zweite Ergebnis des Designprozesses ist also ein Prüfprogramm.

1.5.2 Modelle und Bibliotheken

Bei der Betrachtung des allgemeinen IC-Designprozesses sticht eine Tatsache besonders ins Auge: Für den integrierten Schaltkreis werden mehrere sehr verschiedenartige Darstellungen konstruiert. Der Architekturentwurf liefert Blockdarstellungen (Systemplan), der Logikentwurf Logikpläne, aufgebaut aus Logiksymbolen, der Schaltkreisentwurf Transistorschaltbilder (Schaltpläne). Beim Layoutentwurf entstehen Floorpläne, Stickdiagramme und farbig codierte geometrische Layoutdarstellungen. Diese Aufzählung ist nicht vollständig, wie spätere Kapitel zeigen. Alle diese Darstellungen sind aber nur *unterschiedliche Sichten des gleichen Objekts*.

Die Aufgabe eines CAD-Systems ist die Unterstützung der Konstruktions- und Verifikationsschritte auf möglichst allen Entwurfsebenen. Ziel der Verifikation ist die Sicherstellung der *Entwurfskonsistenz*. Vom CAD-System wird erwartet, daß es außerdem die *Datenkonsistenz und -verträglichkeit* garantiert.

Stand der Technik ist, daß der Designingenieur, um diesen erheblichen Darstellungsaufwand möglichst gering zu halten, für jede Darstellungsebene Designteile vormodelliert und diese in Bibliotheken zur Mehrfachverwendung ablegt, oder daß er auf bereits vorhandene Modellbibliotheken zurückgreift. So stehen in der Praxis für jeden der oben beschriebenen Verfahrensschritte Modellbibliotheken zur Verfügung. Unterschieden wird dabei nach Konstruktions- und Verifikationsbibliotheken.

Die *Konstruktionsbibliotheken* enthalten Symbole oder vorentworfene Ausprägungen von Elementen höherer Ebenen. So gibt es z.B. für ein 2-input-NAND-Gatter (Logikebene) ein Symbol (Schaltzeichen), welches der Designingenieur zur Erstellung seines Logikplans benützt. Außerdem enthalten die für die Layoutkonstruktion benutzten Bibliotheken Layoutteile z.B. sowohl für CMOS- wie auch für ECL-Technologien, die das NAND realisieren.

Die *Verifikationsbibliotheken* umfassen zum einen Simulationsmodelle, die eine automatische Übersetzung eines Entwurfs in die Eingabesprache eines bestimmten Simulators erlauben. Zum anderen beinhalten sie Sammlungen von (horizontal wirkenden) Designregeln für die verschiedenen Entwurfsebenen, welche als Parameter für die diversen „Checker" dienen. So kann z.B. dasselbe Design-Rule-Check-(DRC) Programm einmal mit einem „Runset" für eine 3-µm-, dann für eine 2-µm-Technologie geladen werden und dann die entsprechenden Kontrollen ausführen. Bild 1.20 zeigt die Zuordnung der Modellbibliotheken zu den Entwurfsschritten.

Wir wollen im folgenden anhand eines kleinen Beispiels die verschiedenen Entwurfs- und Verifikationsbibliotheken und deren Verwendung veranschaulichen.

Unser beispielhafter Entwurfsablauf (Bild 1.21) beginnt mit der Vorgabe einer Architektur auf einer höheren Blockebene. Im Rahmen dieser Blockdarstellung wird ein SUBSYSTEM definiert. Der erste hier betrachtete Entwurfsschritt besteht nun im Aufbau von SUBSYSTEM mittels Elementen der Register-Transfer-(RT-)Ebene. Dieser Teilschritt − der letzte des Architekturentwurfs − wird als *RT-Entwurf* bezeichnet. Der Designingenieur greift dazu auf eine Bibliothek von Entwurfssymbolen (*RT-Blocksymbole*) zu. So sind in derartigen Bibliotheken z.B. Symbole für arithmetisch-logische Einheiten (ALU), Speicherblöcke (etwa RAM, ROM), Busse,

Entwurfsschritt		Modellbibliotheken	
		Konstruktion	Verifikation
1	Architektur-Entwurf	Blocksymbole, RT-Symbole	
2	Architektur-Verifikation		Register-Transfer-Modelle
3	Logik-Konstruktion	Schaltzeichen	
4	Logik-Verifikation		Logik-Entwurfsregeln, Logikmodelle
5	Prüfbarkeits-analyse		Prüftechnische Entwurfsregeln, Prüftechnische Modelle
6	Elektrische Schaltkreis-Konstruktion	Elektrische Schaltelementsymbole	
7	Schaltkreis-Verifikation		Elektrische Entwurfsregeln, Schaltkreismodelle, Schaltermodelle
8	Layout-Konstruktion	Stickelemente, Layout-Konturen	
9	Layout-Verifikation		Geometrische Layout-Entwurfsregeln Elektrische Layout-Entwurfsregeln Laufzeitanalysemodelle
10	Fertigungsdaten-erstellung	Layoutteile Technologievorhalte	
11	Prüfdaten-erstellung	Modellprüfprogramme Elektrische Daten	

Bild 1.20. Modellbibliotheken des IC-Design

1.5 Der IC-Designprozeß als Problemlösungsprozeß

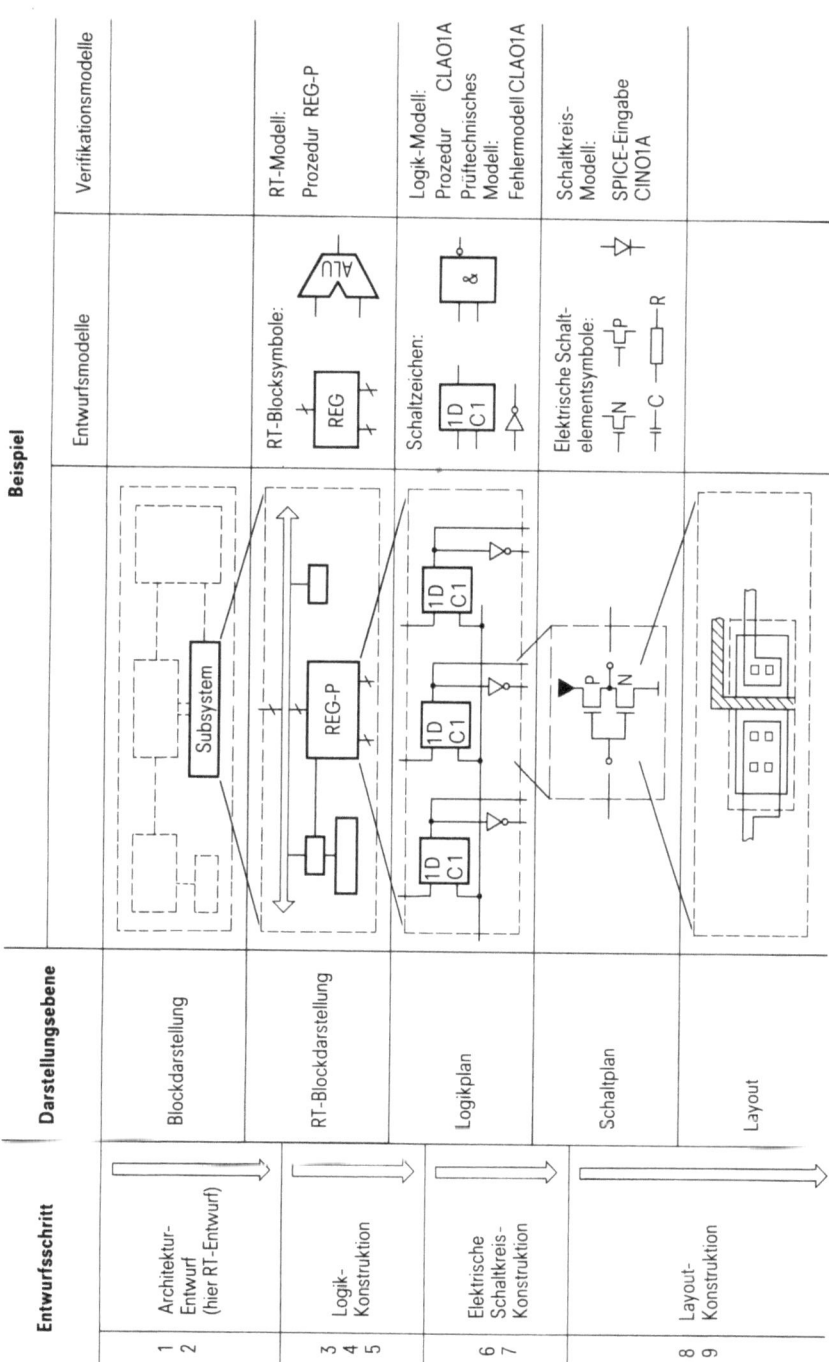

Bild 1.21. Beispielhafter Entwurfsablauf

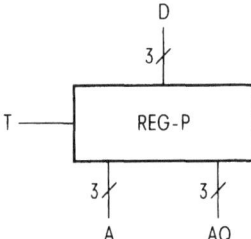

Bild 1.22. Registersymbol REG-P

Zähler oder Register verfügbar. Wir wollen für unser Beispiel annehmen, daß ein 3 bit breites Register mit invertierten und nichtinvertierten Ausgängen benützt wird: es erhält den Individualnamen REG-P. Das zugehörige Symbol ist in Bild 1.22 dargestellt.

Beschreibung des zu simulierenden Objekts

Um das Ergebnis des RT-Entwurfs zu verifizieren, wird ein RT-Simulator benützt. Ihm wird als Eingabe das zu simulierende Objekt in einer PASCAL-ähnlichen Sprache beschrieben.

Ebenso wie beim Entwurf ein vorgefertigtes Symbol des 3-bit-Registers aufgerufen wird, steht ein *RT-Simulationsmodell* als Baustein für die Simulatoreingabe in Form der Prozedur REG-P zur Verfügung. Sie bildet die Funktionstabelle des 3-bit-Registers nach:

```
Procedure Reg-P (IN T: BIT; IN D: BIT(3);
        OUT A, AQ: BIT (3));
(***REGISTER ENTSPRICHT D-FF,POTENTIALGESTEUERT (TAKT = '1')***)
VAR Q : BIT (3);    (*    REGISTERINHALT*)
BEGIN
(* WENN TAKT UNDEFINIERT, DANN IST Q UNDEFINIERT*)
IF UNDEFTEST (T) THEN Q : = ALL -X ELSE;
IF T THEN Q : = D (* TAKT = "1" -> Q = D *) ELSE;
A: = Q;
AQ : = NOT Q;
END. (* E1 *)
```

Eingänge		Ausgänge	
0	X	A(i0)	NOT A(i0)
1	D(i)	D(i)	NOT D(i)
T	D(i)	A(i1)	AQ(i1)

Funktionstabelle eines N-bit-Registers (Für jede Registerstelle: $1 \leq i \leq N$)

1.5 Der IC-Designprozeß als Problemlösungsprozeß

Bei der Logikkonstruktion wird nun (u.a.) REG-P auf der Ebene der Logiksymbole oder Schaltzeichen aufgelöst. Dazu kann das in der *Schaltzeichensymbolbibliothek* vorgegebene Element LATCH dreimal zusammengeschaltet werden. Da LATCH keinen invertierten Ausgang besitzt, müssen die zusätzlich geforderten Ausgänge AQ mit Invertern realisiert werden (vgl. Bild 1.21).

Beschreibung des Logikmodells

Zur Verifikation der logischen Korrektheit wird ein Logiksimulator benützt. Für dessen Eingabe stehen wieder Logikmodelle als Prozedurbausteine zur Verfügung. Sie enthalten, wiederum in einer PASCAL-ähnlichen Sprache, die funktionalen Beschreibungen der einzelnen Elemente (im Beispiel als Ausführungsteil bezeichnet). Neben der rein logischen Verifikation spielt aber auch die Überprüfung von Zeitbedingungen auf dieser Ebene bereits eine Rolle. Deshalb enthält das Logikmodell Angaben zu den Verzögerungszeiten sowie Zeitbedingungen, deren Verletzung zu Fehlermeldungen führt (Assertions). Das Logikmodell unserer LATCH-Zelle ist die Prozedur CLA01A:

```
---------------------------------------------------------------
FBDL-Beschreibung der VENUS-Zelle CLA01A
---------------------------------------------------------------
PROCEDURE CLA01A          (IN   E1, E2 : BIT;        ( E1 : Dateneingang )
                           OUT A1    :BIT);          ( E2: LOADEINGANG)
                                                     (A1:AUSGANG)
---------------------------------
(DEKLARATIONSTEIL
---------------------------------
CONST        TS     = 3000 PS;     (*  SETUPZEIT                                *)
             TH     = 1000 PS;     (*  HOLDZEIT                                 *)
             TDLH1  = 2500 PS;     (*  L/H -                                    *)
             TDHL1  = 3000 PS;     (*  H/L - LAUFZEITEN E1 -->A1 (E2 = H)       *)
             TDX1   = 2500 PS;     (*  L,H/X -                                  *)

             TDLH2  = 4000 PS;     (*  L/H -                                    *)
             TDHL2  = 4000 PS;     (*  L/H - LAUFZEITEN E2 --> A1               *)
             TDX2   = 4000 PS;     (*  L, H/X -                                 *)

             TLDW   = 5500 PS;     (*  LOAD-BREITE                              *)

ASSERTIONS
FALL (E2) & ((TIME-CHANGETIME (E1))< TS ) = >                (* UEBERWACHUNG DER *)
    ERROR ('CLA01A : SETUPZEIT VERLETZT');                   (* SETUPZEIT-BEDINGUNG *)

(ALTER(E1) & ((TIME-DOWNTIME(E2)) <TH)) = >                  (* UEBERWACHUNG DER *)
    ERROR ('CLA01A: HOLDZEIT VERLETZT');                     (*HOLDZEIT-BEDINGUNG *)

(FALL(E2) & ((TIME-UPTIME (E2)) <TLDW)) = >                  (* ÜBERWACHUNG DER *)
    ERROR ('CLA01A : LOAD-HIGH-PHASE ZU KURZ');              (* LOAD-BREITE *)
---------------------------------
AUSFUEHRUNGSTEIL
---------------------------------
BEGIN
IF     TRANSITION (E2, "0X", "1")
THEN CASE E1 OF
       "0":   A1 : =    "0" AFTER (TDHL2);                   (*DURCHSCHALTEN VON E1 *)
       "1":   A1 : =    "1" AFTER(TDHL2);                    (* WENN E2 von L ODER X *)
```

```
            ELSE : A1 : =      "X" AFTER (TDX2)              (* AUF H GEHT *)
            END

    ELSE IF ALTER (E1)
        THEN CASE E2 OF
            "0" : ;                                          (* AUSGANG UNVERAENDERT *)
                                                             (* BEI E2 = L *)

            "1" : CASE E1 OF
                    "0" : A1 : = "0" AFTER (TDHL1);          (* DURCHSCHALTEN VON E1 *)
                    "1" : A1 : = "1" AFTER (TDLH1);          (* BEI E2 = H *)
                    ELSE : A1 : = "X" AFTER (TDX1)
                  END;
            ELSE : A1 : = "X" AFTER (TDX1)                   (* AUSGANG UNBESTIMMT, *)
                                                             (* WENN E2 UNBESTIMMT IST *)
                                                             (* UND E1 SICH AENDERT *)
            END
        ELSE
END.
```

Beschreibung der Stimuli und Ergebnis der Logiksimulation

Neben der Modellbeschreibung des zu simulierenden Objekts muß dem Simulator auch mitgeteilt werden, welche Eingangssignale verarbeitet werden sollen. Für diese Stimulieingabe steht wiederum eine komfortable Programmiersprache zur Verfügung. Darauf soll hier jedoch nicht näher eingegangen werden. Als Ergebnis liefert der Logiksimulator eine Auflistung aller Verletzungen der Überwachungsbedingungen sowie ein Zeitdiagramm der Eingangs- und Ausgangssignale:

```
        CODE = BIN    SCAN      TIME = 0PS     STEP = 4200PS
------------------ + /\--------------/\---------------/\---------------/\--------------------------------

E1              !x...11xxx..xx111..1111111xxxxxxx........xxxxxxx1111111......
E2              !X111111111111111...11......11......11......11......111.
A1              !xx..111xx...xx11.....11111111xxxxxxx........xxxxxxx1111111...


        CODE = BIN  SCAN   TIME = 7900PS STEP = 100PS
------------------ + /\--------------/\---------------/\---------------/\--------------------------------

E1              !....................11111111111111111111111111111111111111
E2              !111111111111111111111111111111111111111111111111111111111111
A1              !.............................11111111111111
```

Beschreibung des Fehlermodells

Der Logikplan wird einem weiteren Verifikationsschritt, der *Prüfbarkeitsanalyse*, unterzogen. Dabei überprüft ein Fehlersimulator u.a., ob sich bestimmte Fehlerarten (z.B. Kurzschluß mit Erde, Kurzschluß mit Versorgungsspannung, Unterbrechung) bei vorgegebenen Prüfmustern an den Ausgängen der Schaltung bemerkbar machen. Eingabe für den Fehlersimulator ist das prüftechnische Modell. Es ist identisch mit

1.5 Der IC-Designprozeß als Problemlösungsprozeß

dem oben angeführten Logikmodell, enthält aber zusätzlich Angaben über die Art der zu simulierenden Fehler (Fehlermodell). Das Fehlermodell zu CLA01A ist durch folgende Prozedur beschrieben (vgl. hierzu Kapitel 4):

```
CIRCUIT CLA01A;
ELEMENT CLA01AFDL;
    EXTERNAL
        INPUT = E1, E2;                      (* E1: DATENEINGANG *)
                                             (* E2: LOADEINGANG *)
        OUTPUT = A1;                         (* A1: AUSGANG *)
        FAULT = (LOGA0, LOGA1, LOGZZ);       (* LOGA0 = SA0-FEHLER *)
                                             (* LOGA1 = SA1-FEHLER *)
                                             (* LOGZZ = OPEN-FEHLER *)
    TECHNIK CMOS;
END;
END.
```

Das Ergebnis der Simulation wird typischerweise als Tabelle nachstehender Form erhalten:

Fault simulation statistic

Simulation	next	last	all
Number of faults	0	18	18
Simulated	0	18	18
Not simulated	0	0	0
Solid detected	0	12	12
Potential detected	0	6	6
Undetected	0	0	0
Rejected	0	0	0
Detecting rate in % (average/total)			
Solid	0	67	67/67
Solid + potential	0	100	100/100

Beschreibung des Schaltkreismodells

Ziel des *elektrischen* Schaltkreisentwurfs ist die Umsetzung des Logikplans auf Transistorebene. Grundelemente für den Entwurf sind hier die elektrischen Schaltkreissymbole, z.B. n- und p-Kanaltransistoren unterschiedlicher Dimensionierung, Dioden, Leitungen und Widerstände. Wird eine Verifikation auf dieser Ebene gewünscht, so müssen Schaltkreissimulatoren (Circuit-Simulatoren [1.4]) verwendet werden. Sie lösen die die Elemente beschreibenden Differentialgleichungen und können so sehr genaue Aussagen über Spannungen, Ströme und deren zeitliche Verläufe machen.

Das Schaltkreismodell muß zunächst Referenzen auf die verwendeten Transistormodelle (im Beispiel: TR1, TR2) und deren aktuelle Parameter enthalten. Anschließend werden die verwendeten Elemente (im Beispiel: acht Transistoren, sechs Kapazitäten) hinsichtlich ihrer Dimensionierung und Verknüpfung beschrieben.

Schließlich müssen wieder die Eingangsstimuli, Versorgungsspannungen, Eingangsbelegung und die zu beobachtenden Knoten angegeben werden. Die folgende SPICE-Eingabe beschreibt einen einfachen CMOS-Inverter, bestehend aus vier parallel geschalteten Transistorpaaren:

```
$$$$  CMOS ZELLE CSD01A.TD.TYP
INPUT LISTING

*********************************************************************

   *      VDD =        0.500000E+01V    VBG = 0.250000E+01V
   *      TOX =        0.400000E+03A
   *      CIRCUIT    =    CDS01A  1   ICMO
   *
   *     ***    NODE CROSS REFERENCE TABLE
   *
   ****        A1         1
   ****        E1         2
   ****        VDD        3
   ****        BULK 4
   ****        GND        0
   ****        WELL 6
   *
   ***   MOS  ELEMENT    DESCRIPTION
   *
   M000001     1     2     3     4    TR2        W =   3.600E-05 L = 3.000E-06
   + AD = 3.060E-10 AS = 1.710 E-10 PD = 5.300E-05 PS = 9.500E-06
   M000002     1     2     3     4    TR2        W =   3.600E-05 L = 3.000E-06
   + AD = 3.060E-10 AS = 1.710E-10 PD = 5.300E-05 PS = 9.500 E-06
   M000003     3     2     1     4    TR2        W =   3.600E-05 L = 3.000E-06
   + AD = 1.710E-10 AS = 3.060E-10 PD = 9.500E-06 PS = 5.300 E-05
   M000004     3     2     1     4    TR2        W =   3.600E-05 L = 3.000E-06
   + AD = 1.710E-10 AS = 3.060E-10 PD = 9.500E-06 PS = 5.300E-05
   M000005     1     2     0     6    TR1        W =   2.000E-05 L = 3.000E-06
   + AD = 1.700E-10  AS = 9.500 E-11   PD = = 3.700E-05 PS = 9.500E-06
   M000006     1     2     0     6    TR1        W =   2.000E-05 L = 3.000E-06
   + AD = 1.700E-10 AS = 9.500E-11 PD = 3.700 E-05 PS = 9.500E-06
```

```
M000007       0    2    1    6    TR1        W =    2.000 E-05 L = 3.000E-06
 +   AD = 9.500E-11 AS =  1.700E-10 PD = 9.500E-06 PS = 3.700E-05
M000008       0    2    1    6    TR1        W =    2.000E-05 L = 3.000E-06
 +   AD = 9.500E-11 AS =  1.700E-10 PD = 9.500E-06 PS = 3.700E-05
*
***           PARASITIC CAPACITANCE DESCRIPTIONS
*
CW2           6       4       1.632E-13
CP3           1       4       3.909E-14
CP4           2       4       4.371E-14
CM5           3       4       3.930E-14
CI7           6       1       5.452E-14
CI8           2       6       4.940E-14
*
***           PARAMETERSAETZE FUER DIE TRANSISTOREN:
*
******************************************************************************
*  NMOS4   PMOS4     PARAMETERSATZ #8
******************************************************************************
*
.MODEL TR1 NMOS4 UT0 = a K0 = bE-6 PHI = c F = d L0 = e A = f
 + G = g H = h COX = iE-3 RSH = j CJ = kE-3 CJSW = lE-9 LUD = mU
 + MJSW = n IS = o IS = p OF = q
.MODEL TR2 PMOS4 UT0 = a' K0 = b'E-6 PHI = c' F = d' L0 = e' A = f'
 + G = g' H = h' COX = i' E-3 RSH j' CJ = k'E-3 CJSW = l' E-9 LUD = m'U
 + MJSW = n' JS = o' IS = p'E-q'

BESCHREIBUNG DES SIMULATIONSERGEBNISSES:
.PLOT TRAN V(2/E1)  V(1/A1)  (-0.5,5.5)
*
*** EINGANGSBELEGUNG:
*
.TRAN 0.4233NS 50NS
VD 2 0        PWL(0 0 4N 0 8N 5 18N 5 22N 0 35N 0)
*
*** LAST:
*
CA1           1       0       225F
*
****          WANNEN-SPANNUNG:
VWELL 6 0 DC 0V
*
**** SUBSTRAT-SPANNUNG:
*
VBULK 4 0 DC 5V
*
*** VERSORGUNGSSPANNUNG:
*
VDD 3 0 DC 5V
*
 END
```

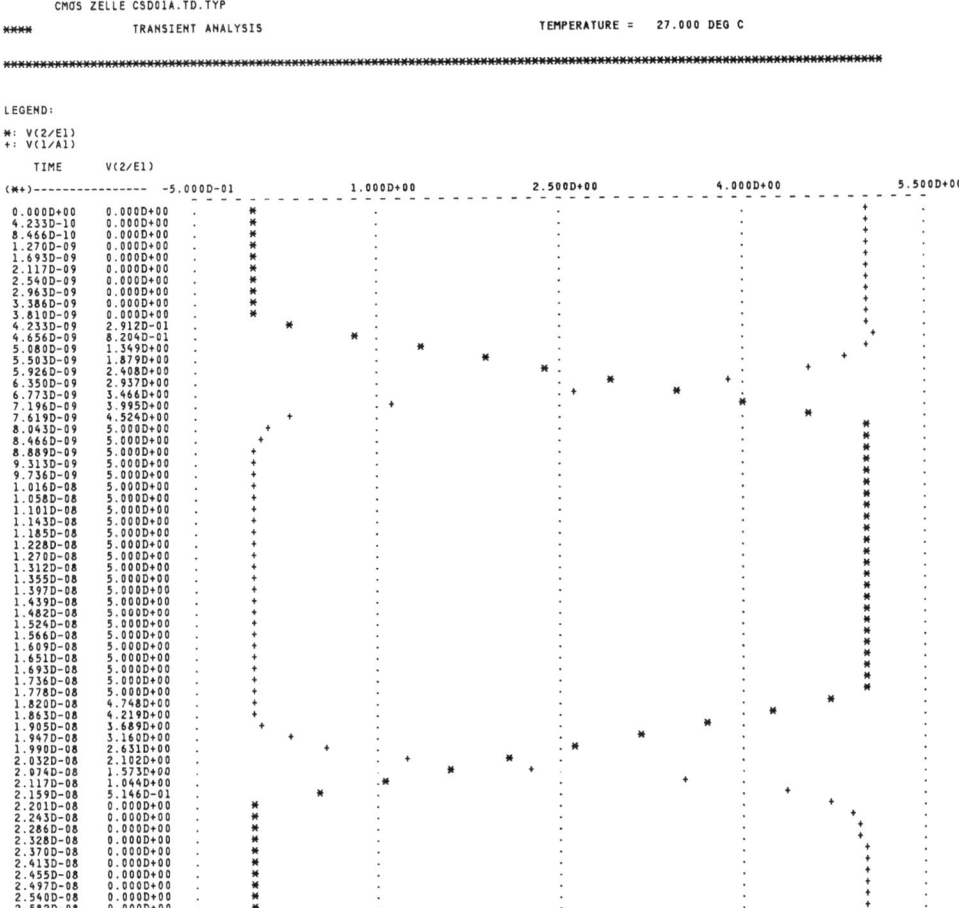

Bild 1.23. Verlauf der Ausgangsspannung V(1/A1) (+ + +) als Funktion der Eingangsspannung V(2/E1) (***) eines Inverters

Bild 1.23 zeigt das Ergebnis einer Schaltkreissimulation, wie es von SPICE geliefert wird.

1.5.3 Technologieabhängigkeit

Der Übergang von einer höheren zu einer niedrigeren Entwurfsebene führt in natürlicher Weise schrittweise zu detaillierteren und fertigungsnäheren Darstellungen der integrierten Schaltung. Je näher der Designingenieur der Layoutebene kommt, desto mehr fertigungsbezogene Entwurfsregeln muß er beachten. Auf der anderen Seite aber können — beim heutigen Stand der Designtechnik — nicht einmal die obersten Entwurfs- oder Darstellungsebenen von technologiebezogenen Überlegungen freigehalten werden. Bild 1.24 veranschaulicht qualitativ den Grad der Technologieabhängigkeit der Modellbibliotheken des IC-Designprozesses.

Als Beispiel zur Erläuterung der Auswirkungen der Technologieabhängigkeit soll die Wechselwirkung zwischen Blockdarstellung beim Architekturentwurf und Geo-

1.5 Der IC-Designprozeß als Problemlösungsprozeß

Modell	Grad der Technologieabhängigkeit
Blocksymbole	o
Register-Transfer-Modelle	o
Schaltzeichen	o
Logik-Entwurfsregeln	o
Logik-Modelle	o
Prüftechnische Entwurfsregeln	⊗
Prüftechnische Modelle	⊗
Elektrische Schaltelementsymbole	⊗
Elektrische Entwurfsregeln	⊗
Schaltkreis-Modelle	⊗
Stickelemente	●
Layout-Konturen	●
Layout-Entwurfsregeln (geometrisch und elektrisch)	●
Layout-Teile	●
Technologievorhalte	●
Modellprüfprogramme	●
Elektrische Daten	●

o   unabhängig
⊗   beeinflußt
●   abhängig

Bild 1.24. Grad der Technologieabhängigkeit der Modellbibliotheken

metriedarstellung beim Layoutentwurf dienen. Bei der interaktiven Layoutkonstruktion geht man dabei üblicherweise in zwei Schritten vor:

- *Flurplan*: Den aus den funktionalen Anforderungen heraus definierten Blöcken werden in einer groben Abschätzung Flächen zugewiesen, die dann zusammen mit den Verdrahtungsflächen unter Berücksichtigung der Daten- und Steuerflüsse zu einem Gesamtchipplan (Flurplan, *floorplan*) zusammengefügt werden. Dieser Schritt wird auch Floorplanning genannt.
- *Layout*: In die so abgesteckten Parzellen werden die Transistoren und ihre Verknüpfungen unter Beachtung der prozeßtechnischen Designregeln hineinkonstruiert. Häufig muß dann auch der Flurplan wieder geändert werden. Ein aufwendiger Abstimmprozeß kann sich entwickeln, bis ein optimales Zusammenpassen erreicht ist.

Diese Art der Layoutkonstruktion erfordert vom Designingenieur neben den spezifischen technologischen Kenntnissen sehr große Erfahrung. Deshalb zielt das Bemühen der CAD-Technik darauf hin, zumindest die höheren Entwurfsebenen so weit wie möglich technologieunabhängig zu halten und so dem Designingenieur die Freiheit zu geben, sich voll auf die Lösung seines Anwenderproblems zu konzentrieren. Zur Erreichung dieses Ziels wurden bisher die beiden folgenden Methoden entwickelt und in CAD-Systeme implementiert:

- Verwendung vorgefertigter und verifizierter Elementarfunktionen,
- Parametrisierung und automatische Anpassung.

Die erste Methode beendet für den Designingenieur das Top-down-Vorgehen vor der geometrischen Layoutkonstruktion: er findet im Laufe seines Top-down-Entwurfs auf einer bestimmten Ebene, z.B. auf der Logikebene, vorgefertigte Elementarfunktionen vor (Definition s. Abschnitt 1.6.1). Verwendet er diese, und stehen ihm entsprechende Plazierungs- und Verdrahtungsprogramme zur Verfügung, so ist für ihn der Entwurfsprozeß an dieser Stelle beendet. Die Layoutkonstruktion erfolgt automatisch.

Natürlich müssen die Elementarfunktionen erst einmal bereitgestellt werden, und zwar für verschiedene Technologien und Layoutdesignmethoden. Dies ist Aufgabe des CAD-Ingenieurs. Er folgt dabei der Bottom-up-Methode, bei der er interaktiv manuell optimale – optimal bezüglich Flächengröße, Schaltgeschwindigkeit, Verlustleistung und Einsatzbreite – Zellen entwickelt und verifiziert (s. Bild 1.25).

Eine solche Vorfertigung ist gerechtfertigt, da der vom CAD-Ingenieur in die Vorfertigung investierte, große Aufwand von einer Vielzahl von Designingenieuren genutzt werden kann.

Die zweite Methode, die Parametrisierung, hat ihren Ursprung in den sogenannten λ-Design-Rules, wie sie von Mead und Conway [1.5] vorgeschlagen wurden. Die

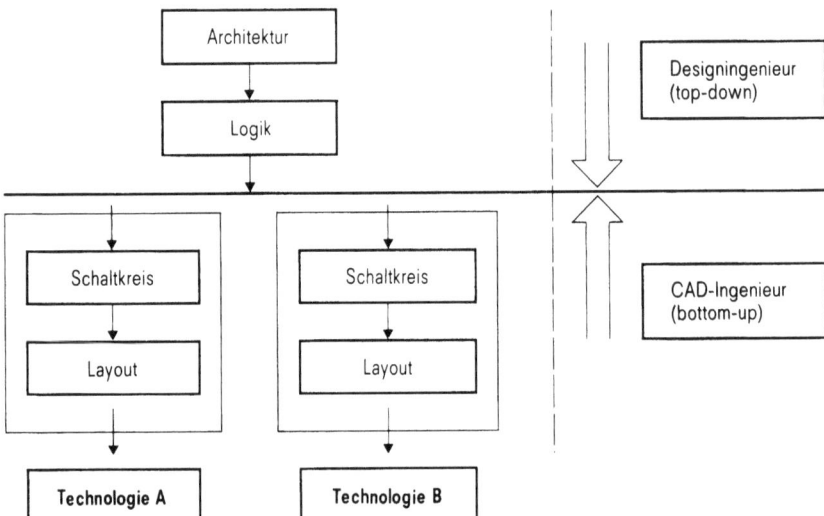

Bild 1.25. Zusammenwirken von CAD-Ingenieur und Designingenieur

1.5 Der IC-Designprozeß als Problemlösungsprozeß

Grundidee dabei ist, alle Layoutabmessungen mit einem Skalierungsfaktor λ zu versehen. Ändern sich die Layout-Designregeln, so muß nur λ geändert werden. Eine dafür notwendige Voraussetzung ist die Bereitstellung von Layoutbeschreibungssprachen. Beispiele solcher Sprachen sind das *C*altech *I*ntermediate *F*ormat (CIF) und das Siemens-HKP-Format (*H*och*k*omprimiertes *P*ositionstape).

Allerdings ist durch diese sehr einfache Art der λ-Parametrisierung, wie vielfältige Versuche bewiesen haben, im Regelfall nicht eine optimale Nutzung der prozeßtechnischen Möglichkeiten zu erreichen. Heute arbeitet man deshalb an Verfahren, die mit Hilfe prozeduraler Sprachen eine formale Definition und Deklaration, die auch bereits in den höheren Entwurfsebenen vorgenommen werden kann, erlauben. Beispiele sind die sogenannten Chipcompiler oder Chipgeneratoren [1.6].

Eine Lösung des Problems, die Technologieunabhängigkeit vollständig zu erreichen, wird sicherlich zur Kombination beider Methoden führen: dem Anwender werden immer mächtigere, vorgefertigte und verifizierte Schaltungsteile (Makrozellen, Definition s. Abschnitt 1.6.1) zur Verfügung gestellt, die er dann durch *funktionale Parametrisierung* oder *Deklaration* seinen Einsatzzielen anpaßt. Dem CAD-Ingenieur wird eine *technologiebezogene Parametrisierung* zugute kommen, welche die schnelle Anpassung der Zellen an neue Prozeßtechnologien erlaubt.

1.5.4 Verifikation

Im Abschnitt 1.5.1 ist bereits kurz auf die Verifikationsmethoden zur Sicherstellung der horizontalen – d.h. in der gleichen Darstellungsebene – sowie der vertikalen – d.h. über verschiedene Darstellungsebenen hinweg – Konsistenz eingegangen, soweit die Vertifikation die Mitwirkung des Designingenieurs erfordert. Im folgenden wird der Verifikationsprozeß weiter vertieft.

Ein Designingenieur, der die Aufgabe hat, einen Schaltkreis auf der Ebene n zu entwerfen, erhält als Sollvorgabe das Ergebnis des vorangegangenen Designschritts $n-1$. In einem geschlossenen computerunterstützten Verfahrensablauf liegt diese Vorgabe als strukturierter Datensatz in einer Datenbank vor. Außerdem sind Sammlungen von Entwurfsregeln für jede Ebene vorgegeben. Sie führen den Designingenieur einerseits durch den Entwurfsprozeß, schränken andererseits aber auch seinen Freiheitsraum ein. Die Entwurfsregeln stehen z.Z. nur zum Teil als formalisierte Datensätze zur Verfügung. Der andere Teil der Entwurfsregeln liegt immer noch im individuellen Wissen und der Erfahrung des Designingenieurs. Dieser Teil ist nicht formalisiert und objektiviert.

Betrachten wir als Beispiel das Layoutdesign: Die Sollvorgabe (Ebene $n-1$) sei ein fehlerfreier Transistorschaltplan. Er ist als Transistornetzliste in der Datenbank abgelegt. Der Layoutingenieur benützt nun sein – nicht formalisiertes – Wissen über die Grundstruktur von Transistoren zur Umsetzung in die Layoutebene (Ebene n) und beachtet dabei die formalisierten, geometrischen Layoutentwurfsregeln (z.B. „Mindestabstand zwischen zwei Aluminiumleitungen...") und die elektrischen Entwurfsregeln (z.B. „Anbindung von Sourcegebieten an die Versorgungsspannung möglichst über die Aluminiumebene").

Zur Überprüfung des Designergebnisses werden in den höheren Ebenen Simulationen durchgeführt. Falls formalisierte Entwurfsregeln existieren, wird deren Einhaltung durch spezielle Prüfprogramme, *Checker* genannt, verifiziert. Entwurfssimula-

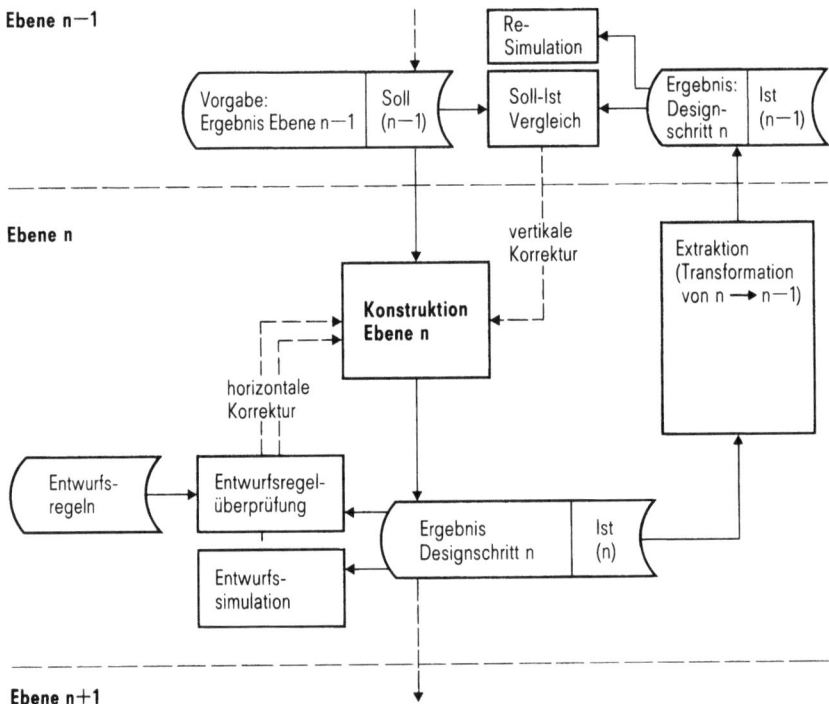

Bild 1.26. Verifikationsprozeß

tion und Entwurfsregelüberprüfung beziehen sich ausschließlich auf die aktuell zu entwerfende Darstellung. Sie führen zu einer lokalen oder horizontalen Korrekturschleife. Ziel dieser *horizontalen Verifikation* ist die *Sicherstellung der korrekten Herstellbarkeit* eines Schaltkreises durch eine geschlossene Kette von „Vorgabe-Kontrollschritten". Das Prinzip der Verifikation ist in Bild 1.26 skizziert.

Ist die horizontale Designkonsistenz für die aktuelle Entwurfsebene n nach gegebenenfalls mehrmaligem Durchlaufen der Korrekturschleife erreicht, so ist zu überprüfen, ob der Entwurf auch die Sollvorgabe der Ebene $n-1$ erfüllt, d.h., ob auch die *vertikale Designkonsistenz* garantiert ist. Ziel der *vertikalen Verifikation* ist letztlich *die Sicherung der Spezifikationstreue*. Hierzu stehen Programme zur Verfügung, welche einen Entwurf in eine höhere Entwurfsebene transformieren. Sie werden als *Extraktoren* bezeichnet. Ihr Resultat, das Istergebnis des Entwurfschritts n, transformiert in die Ebene $n-1$, kann nun einem Vergleich mit der Sollvorgabe der Ebene $n-1$ unterzogen werden. Abweichungen führen zu einer vertikalen Korrekturschleife. Neben dem Soll/Ist- Vergleich kann aber auch auf der Ebene $n-1$ nochmals simuliert und anhand der Simulationsergebnisse die Einhaltung der Vorgaben funktional verifiziert werden.

Beim Entwurf auf einer höheren Ebene werden zumindest implizit Annahmen getroffen über Eigenschaften, die beim Entwurf auf tieferen Ebenen erfüllt werden müssen. Diese Eigenschaften sind aber erst nach dem Entwurf auf der tieferen Ebene überprüfbar. Programme, die spezielle Werte z.B. anhand von Modellen berechnen und dann einer nochmaligen, nun mit genaueren Daten angereicherten Simulation

1.5 Der IC-Designprozeß als Problemlösungsprozeß

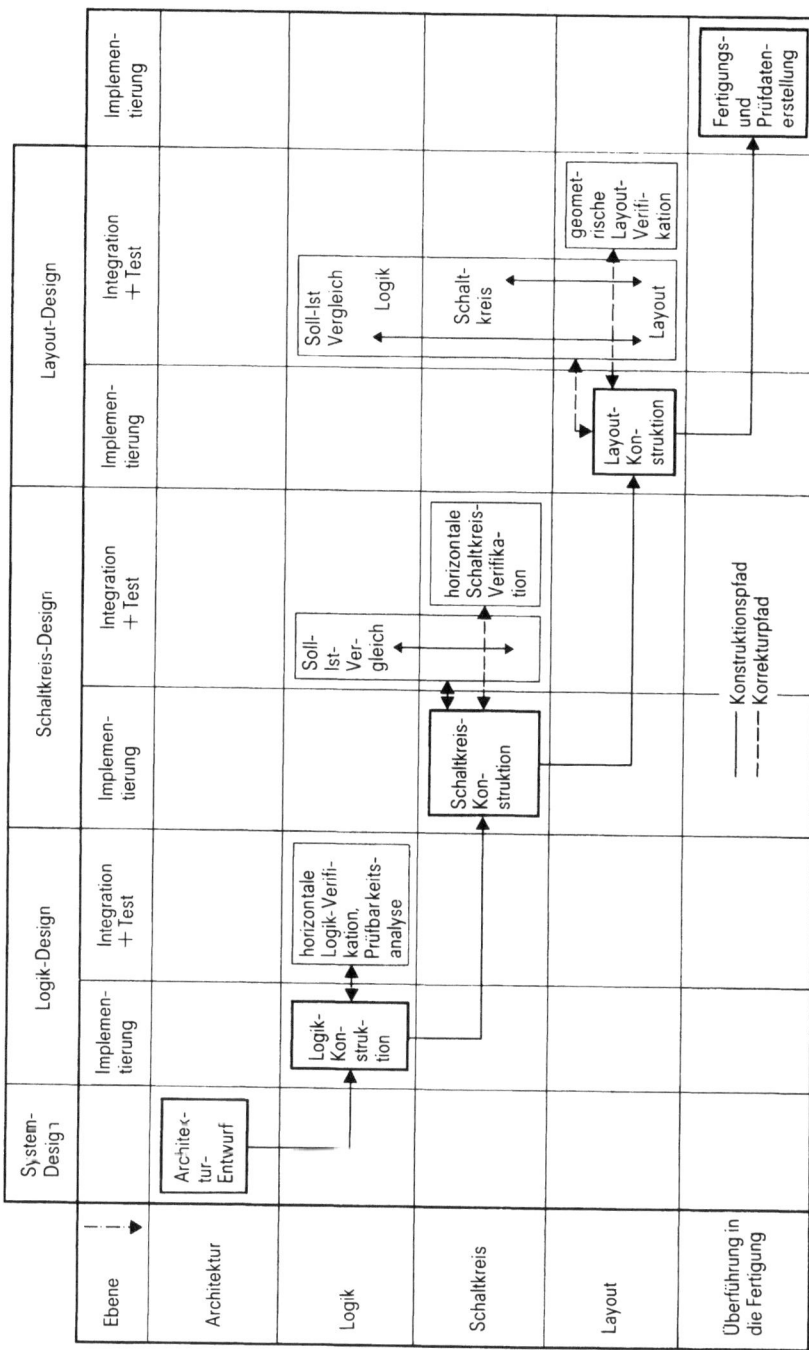

Bild 1.27. Typischer Entwurfs- und Verifikationsablauf

(Resimulation) zuführen, werden *Analysatoren* genannt. Abweichungen von der Vorgabe führen zum weiteren Durchlaufen vertikaler Korrekturschleifen.

Ein Beispiel für eine zu analysierende Eigenschaft ist das Laufzeitverhalten eines Schaltkreises. Während der Logikkonstruktion ist die spätere Leitungsführung auf dem Chip noch nicht bekannt. Die Logik- bzw. Timingsimulation wird deshalb mit Schätzwerten für die Leitungslaufzeiten durchgeführt. Sind die realen Laufzeiten aus dem vollständig konstruierten Layout des Schaltkreises − also nach der Plazierung und Verdrahtung − mit Hilfe eines Laufzeitanalyseprogramms ermittelt, kann eine Resimulation und, falls nötig, Korrektur erfolgen.

Natürlich wird der in Bild 1.26 dargestellte Verifikationsprozeß in der Praxis nicht immer auf allen Ebenen vollständig durchlaufen. Die automatische Überprüfung formalisierter Entwurfsregeln ist eher auf den unteren Ebenen zu finden, die Simulation auf den oberen. Da die Strukturierung und Automatisierung des Entwurfsprozesses von den unteren zu den oberen Ebenen fortschreitet, sind z.B. für die Phase des Architekturdesigns noch keine ausreichend ausdrucksstarken formalen Beschreibungsmittel und leistungsstarken Simulationswerkzeuge verfügbar. Eine weitere, meist sehr sinnvolle Abweichung vom idealisierten Ablauf ist die Extraktion über mehrere Ebenen hinweg. Für einen typischen Entwurfs- und Verifikationsablauf ergibt sich eine Treppe gemäß Bild 1.27.

1.5.5 Standard-IC-Designprozeß

Ziel jeder Standardisierung ist Vereinfachung. Das Instrument dafür ist die verbindliche Festlegung von Strukturen, Prozeduren und Schnittstellen. Der Preis, den man zahlt, ist der Wegfall von Freiheitsgraden. Trägt man in den Ablauf des Allgemeinen Designprozesses die verschiedenen Möglichkeiten für Rückkopplungsschleifen ein, so ergibt sich eine verwirrende Vielfalt von denkbaren Verfahrensabläufen, angedeutet in Bild 1.28.

Zur Standardisierung des IC-Designprozesses werden drei sich ergänzende Maßnahmen durchgeführt:

- Einzelne Verfahrensschritte und Teilabläufe werden automatisiert,
- vorgefertigte und verifizierte Schaltungsteile werden bereitgestellt,
- bestimmte reproduzierbare Kombinationen von Verfahrensschritten werden vorgegeben und automatisch unterstützt (zulässige Verfahrensabläufe).

Der diesem Buch zugrundeliegende Standardablauf baut darauf auf, daß

- unterhalb der Logikebene auf vordefinierte Zellenbausteine zurückgegriffen wird,
- die Modelle für alle Entwurfsebenen vordefiniert und verifiziert[12] sind,
- automatische Konstruktionsprogramme zur Verfügung stehen,
- bestimmte Verfahrensabläufe automatisch unterstützt und garantiert werden.

Den sich daraus ergebenden Standard-IC-Designprozeß mit den verbleibenden zugelassenen Iterationsschleifen zeigt Bild 1.29.

---

[12] „Verifiziert" bedeutet: Die Zellen sind simuliert, hergestellt und vermessen, und zwar als Einzelzellen wie auch in Zellenkombinationen.

1.5 Der IC-Designprozeß als Problemlösungsprozeß

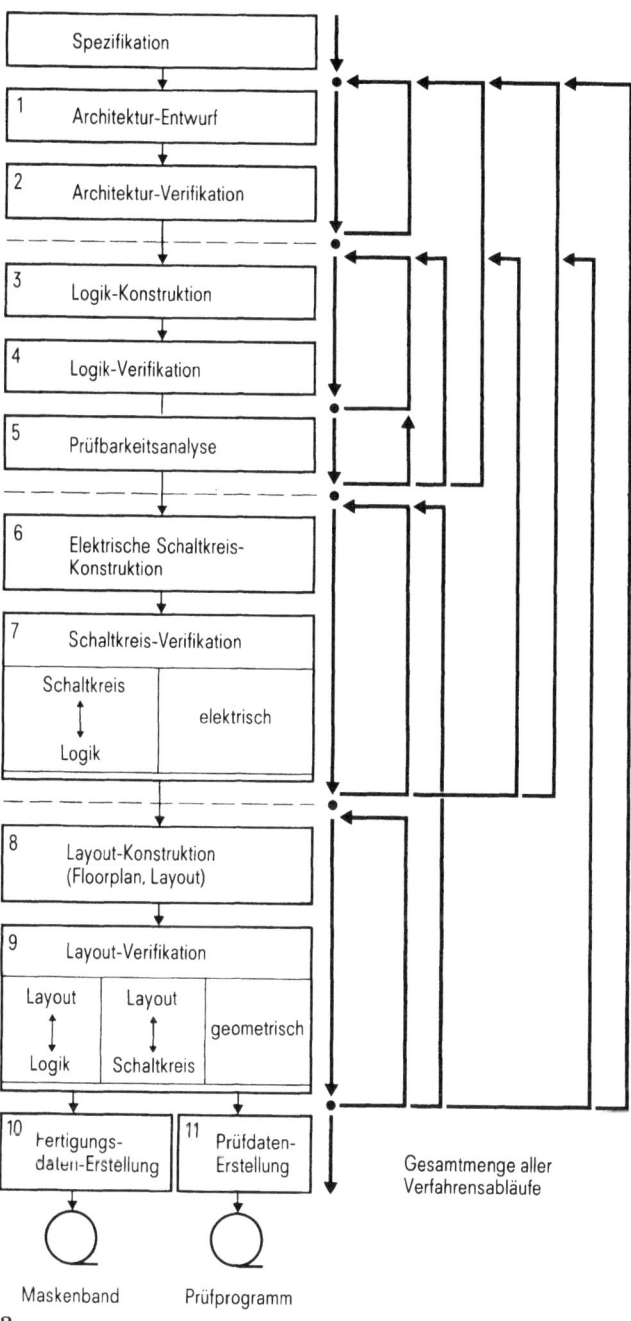

a

Bild 1.28. Aus dem Allgemeinen Designprozeß abgeleitete mögliche Verfahrensabläufe

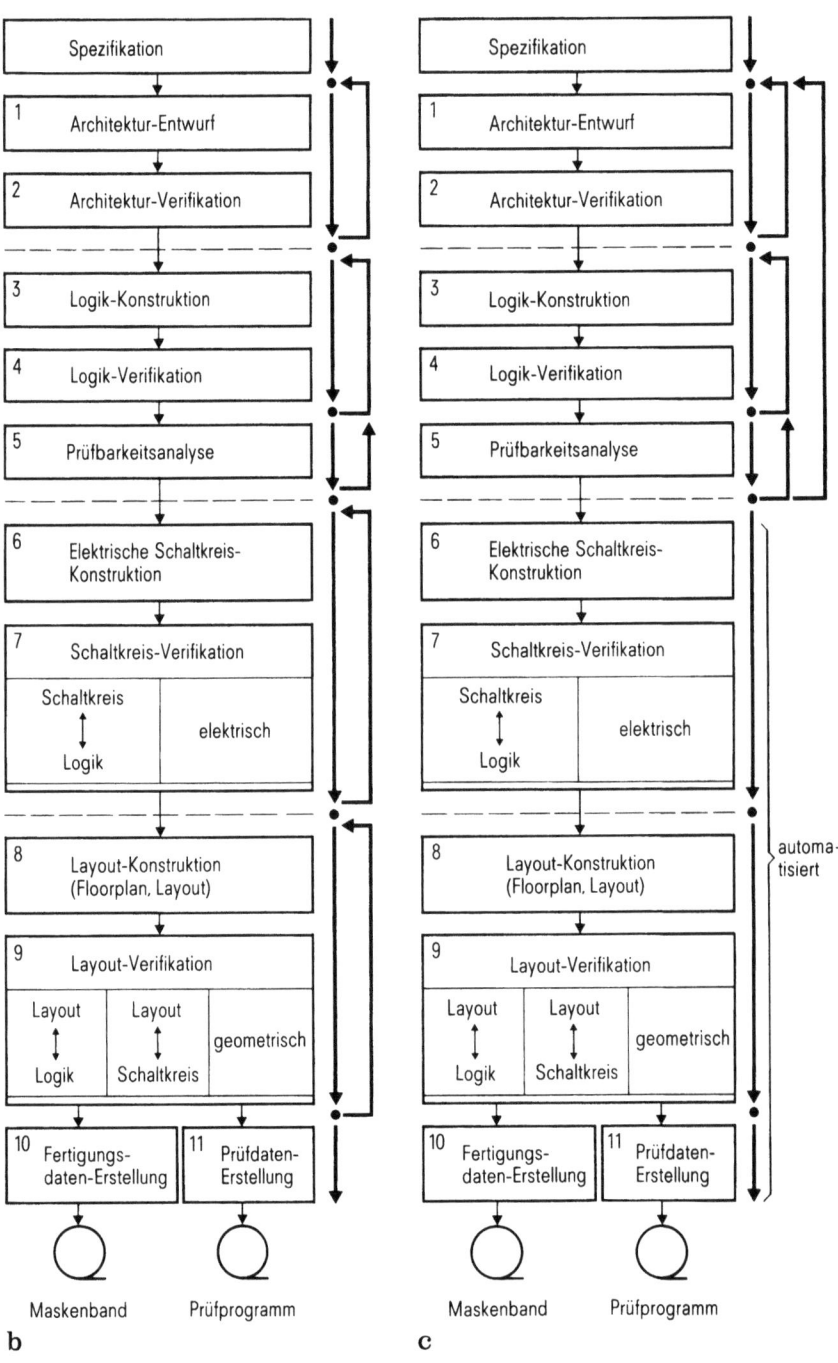

Bild 1.28

1.5 Der IC-Designprozeß als Problemlösungsprozeß

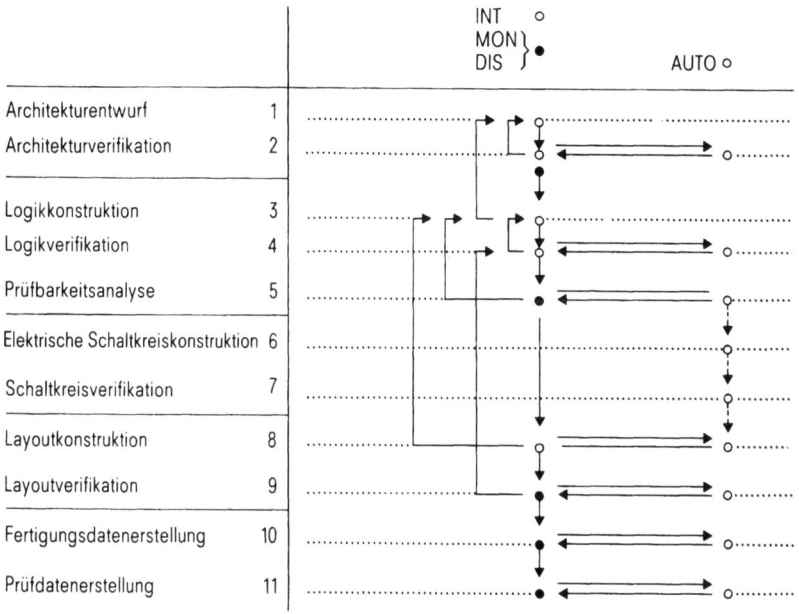

Bild 1.29. Standard-IC-Designprozeß: Zugelassene Verfahrensabläufe

Für den Nutzer eines CAD-Systems, welches den Standarddesignprozeß unterstützt, ist von erheblicher Bedeutung, welche Verarbeitungszustände das System ihm bietet. Üblicherweise lassen sich vier Systemzustände identifizieren.

- Displayzustand (DIS): das CAD-System zeigt Ergebnisse an.
- Monitorzustand (MON): der Designingenieur steuert und überwacht an seinem Terminal den Verfahrensablauf und trifft Entscheidungen.
- Interaktivzustand (INT): der Designingenieur arbeitet im Dialog – vor allem in den Konstruktionsschritten oder auch bei Nacharbeiten oder Korrekturen – mit dem CAD-System zusammen.
- Automatikzustand (AUTO): das CAD-System arbeitet vollautomatisch, z.B. beim Plazieren und Verdrahten oder bei der Prüfbarkeitsanalyse.

Zwischen dem interaktiven und dem Automatikzustand läßt sich oft nicht mehr klar unterscheiden. So beinhaltet z.B. die interaktive Arbeitsweise beim Floorplanning eine Vielzahl kurzer vollautomatischer Konstruktionsschritte: das CAD-System macht Vorschläge, der Designingenieur greift steuernd ein und wägt verschiedene Alternativen ab. Bei jedem Designschritt sieht sich der Designingenieur mit einem oder mehreren dieser Systemzustände und Übergänge zwischen ihnen konfrontiert. In Bild 1.29 ist der typische Zustandswechsel zwischen INT, MON, DIS und AUTO beim Standarddesignprozeß dargestellt. Aus dieser Darstellung wird die vereinfachte Ablaufstruktur besonders deutlich.

Die Entwicklung des CAD-Systems, welche sowohl die Entwicklung des SW-Systems als auch die Vorentwicklung der Zellenbausteine umfaßt, ist Aufgabe des CAD-Ingenieurs. Er entwickelt und verifiziert vorab gemäß den Schritten des Allgemeinen IC-Designprozesses (ohne Architekturdesign) jede einzelne Zelle. Sie werden

50   1 Einführung in die Designtechnik für integrierte Schaltungen

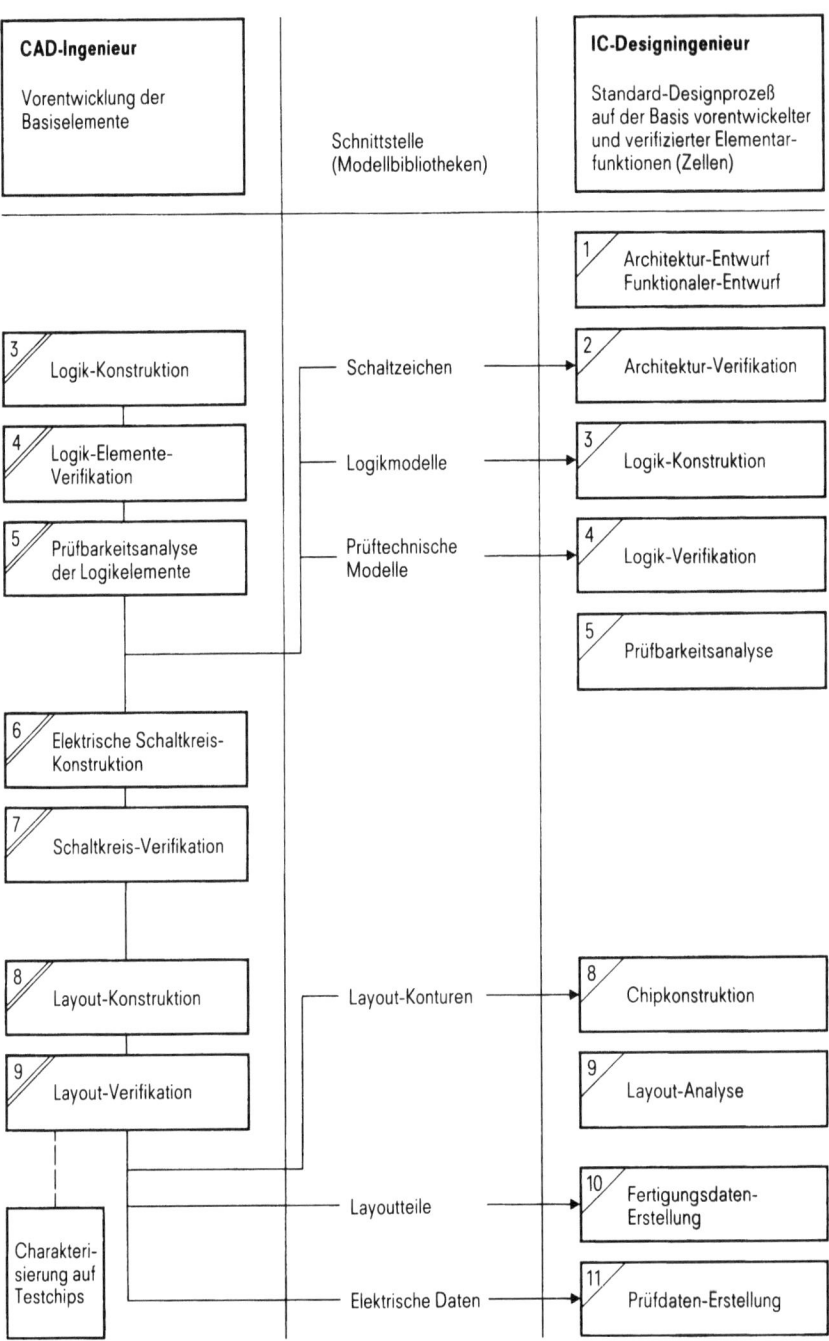

Bild 1.30. Entwicklung des Standard-IC-Designprozesses aus dem Allgemeinen IC-Designprozeß

1.5 Der IC-Designprozeß als Problemlösungsprozeß

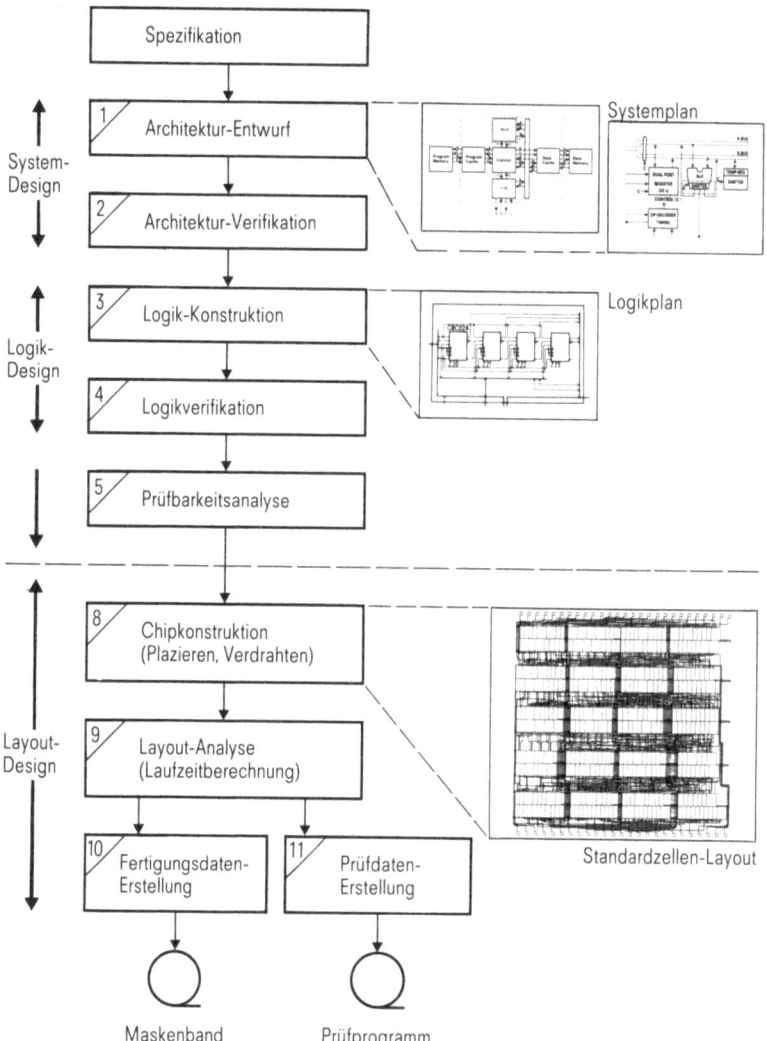

Bild 1.31. Standard-IC-Designprozeß mit „sichtbaren" Darstellungen des Schaltkreises

in Bibliotheken zusammengefaßt und dem Designingenieur in Form der Modellbibliotheken zur Verfügung gestellt (Bild 1.30).

Der Designingenieur sieht nun nur mehr die oberen fünf Entwurfsschritte. Schritt 8, die Layoutkonstruktion, vereinfacht sich zur weitgehend automatischen Chipkonstruktion. Die Korrektheit wird durch Konstruktion erreicht (*correctness by construction*): das erzeugte Layout enthält keine Fehler. Die Layoutverifikation reduziert sich auf die Layoutanalyse zur Bestimmung der Leitungslaufzeiten. Der Standard-IC-Designprozeß und seine Zwischenergebnisse sind für den Fall der Verwendung einer Standardzellenbibliothek in Bild 1.31 dargestellt.

Zusammenfassend kann man sagen, daß die oben beschriebenen Maßnahmen zu den folgenden Auswirkungen führen, die dann für die Vereinfachung des Standard-

Automatisierbarkeit		Entwurfsschritt
Allgemeiner Designprozeß	Standard-Designprozeß	
interaktiv	interaktiv	Architekturentwurf
interaktiv	interaktiv	Architekturverifikation
interaktiv		Logikkonstruktion
interaktiv/ automatisch	interaktiv/ automatisch	Logikverifikation
interaktiv/ automatisch	automatisch	Prüfbarkeitsanalyse
interaktiv	-	Elektrische Schaltkreiskonstruktion
interaktiv/ automatisch	-	Schaltkreisverifikation
interaktiv	automatisch	Layoutkonstruktion
interaktiv/ automatisch	(Analyse: automatisch)	Layoutverifikation
automatisch	automatisch	Fertigungsdatenerstellung
interaktiv	automatisch	Prüfdatenerstellung

Bild 1.32. Automatisierbarkeit von Entwurfsschritten und Vorfertigung von Modellbibliotheken beim Allgemeinen und beim Standarddesignprozeß

IC-Designprozesses gegenüber dem Allgemeinen IC-Designprozeß verantwortlich sind:
- Symbole und Modelle werden vorgefertigt in Bibliotheken abgelegt. Nur ein eingeschränkter Vorrat wird angeboten. Im Allgemeinen Designprozeß werden zwar zunehmend auch vorgefertigte Teile verwendet, allerdings häufig ergänzt durch individuelle Erweiterungen.
- Die vorgefertigten Modelle werden vom CAD-Ingenieur und später im Einsatz vielfach verifiziert. Ihre Korrektheit wird garantiert. Fehler durch individuelle Ergänzungen sind ausgeschlossen.

1.5 Der IC-Designprozeß als Problemlösungsprozeß

Modellbibliothek	Vorfertigung	
	Allgemeiner Designprozeß	Standard-Designprozeß
Blocksymbole	vorgefertigt	vorgefertigt und verifiziert
RT-Modelle	individuell	vorgefertigt und verifiziert
Schaltzeichen	vorgefertigt und individuell	vorgefertigt und verifiziert
Logikmodelle	vorgefertigt und individuell	vorgefertigt und verifiziert
Prüftechnische Modelle	vorgefertigt und individuell	vorgefertigt und verifiziert
Elektrische Schaltelementsymbole	vorgefertigt	-
Schaltkreismodelle	individuell	-
Stickelemente	vorgefertigt	-
Layoutkonturen	-	vorgefertigt und verifiziert
Layoutentwurfsregeln	vorgefertigt	-
Layoutteile	individuell	vorgefertigt und verifiziert
Modellprüfprogramme	individuell	vorgefertigt und verifiziert

Bild 1.32

- Die Festlegung auf einen eingeschränkten Vorrat von Elementen, die einheitlichen Konventionen bzgl. Format, Anschlüssen etc. genügen, ermöglicht eine Automatisierung bestimmter Designschritte. Die Elektrische Schaltkreiskonstruktion fällt ganz weg. Nur implizit ist sie noch im Logik- bzw. Layoutentwurf enthalten.
- Korrekte Programme zur vollautomatischen Konstruktion lassen keine Fehler mehr zu. Verifikationsprozesse können entfallen oder werden einfacher (Prinzip der „*correctness by construction*").
- Verbindliche Schnittstellendefinitionen zwischen den Designschritten erlauben die Entwicklung eines „geschlossenen Datenstrukturraums", die Nutzung moderner

Datenbeschreibungsmittel und Softwareprozeduren zur Sicherung der vertikalen und horizontalen Datenkonsistenz. Dies erlaubt z.B. die automatische Generierung von Eingabedaten für Simulatoren. Im Allgemeinen IC-Designprozeß werden demgegenüber die Eingabedaten gewöhnlich individuell und interaktiv am Bildschirm erstellt.

Bild 1.32 zeigt für die verschiedenen Entwurfsschritte den Grad ihrer Automatisierbarkeit und für Modelle den Grad ihrer Vorfertigbarkeit.

CAD-Systeme für den Standard-IC-Designprozeß reichen in gewissem Sinne bereits an die Leistungsfähigkeit von Compilern heran. Mit ihnen können aus formalen, graphisch-anschaulichen Beschreibungen des Schaltkreises automatisch die korrekten Anweisungen für die Steuerung des Produktionsprozesses und der Testautomaten generiert werden. Diese Vorteile werden mit Einschränkungen besonders beim Layoutdesign erkauft, über die einführend im nächsten Abschnitt berichtet wird und die — detaillierter — Gegenstand von Kapitel 3 sind.

1.6 Einführung in die Standardmethoden des Layoutdesigns

Ziel der Standarddesignverfahren ist es, den Entwicklungsaufwand, die Entwicklungszeit und das Entwicklungsrisiko drastisch zu verringern. Erreicht wird dieses Ziel unter anderem durch die Automatisierung des Layoutdesignprozesses. Dazu müssen die Freiheitsgrade für die geometrische Gestaltung des Schaltkreises eingeschränkt werden. Nur eine bestimmte vordefinierte Menge von elementaren Schaltfunktionen (Zellen) wird bereitgestellt und zur Nutzung freigegeben.

Die Vorgaben, die den Standarddesignmethoden zugrunde liegen, beziehen sich auf

- das Zellenschema,
- das Anordnungs- und Verbindungsschema.

In der Literatur sind Layoutdesignmethoden bekannt und mit Namen belegt, welche teils vom Zellenschema, teils vom Anordnungs- und Verbindungsschema abgeleitet sind. Mit dieser Einführung wird eine Systematik entwickelt, welche die Orientierung durch die Methodenwelt erleichtert. Standarddesignsysteme bieten andererseits dem Designingenieur Leistungsmerkmale an, in bestimmter Weise vorgegebene Zellen zu variieren oder aus vorgegebenen Zellen neue, individuelle Zellkomplexe zu konstruieren, also die Zellen unterschiedlich zu nutzen. Jedes Standarddesignsystem ist also durch spezifische

- Nutzungsschemata

charakterisiert.

Die folgenden Abschnitte führen begrifflich zu den heute üblichen Standardmethoden des Layoutdesigns hin.

1.6.1 Zellenschema

Unter dem Begriff „Zellenschema" wird die geometrische Zellenform und die Anschlußstruktur, also die Lage von Anschluß- und Versorgungsleitungen zusammengefaßt.

1.6 Einführung in die Standardmethoden des Layoutdesigns

In den wenig strukturierten Layouts der 70er Jahre hatten gewöhnlich Schaltungsteile gleicher logischer Funktion trotzdem unterschiedliche geometrische Formen, abhängig von ihrer elektrischen und geometrischen Umgebung. Das Ziel, einmal entworfene Schaltungsteile immer wieder verwenden zu können, legte eine Vereinheitlichung der äußeren geometrischen Form nahe. Aber nicht nur der Umriß, auch die innere Struktur solcher Standardschaltungsteile spielt beim Zusammenbau eine Rolle: so erlaubt z.B. eine einheitliche Lage von p-bzw. n-Kanal-Transistoren die einfache Zuführung der Stromversorgung.

Elementarfunktionen, welche gut zusammenpassen sollen, müssen also einer einheitlichen Konzeption bezüglich geometrischer Form und Anschlußstruktur gehorchen. Sie sind standardisiert. Neben der Mehrfachverwendung ermöglicht diese Art der Standardisierung auch die automatische Plazierung und Verdrahtung: Programme, welche dies leisten, arbeiten mit Abstraktionen der Schaltungsteile, die aus den Umrissen und den Anschlußbelegungen bestehen. Nur wenn dabei einer regelmäßigen und gerasterten, orthogonalen Struktur gefolgt wird, können die Plazierungs- und Verdrahtungsprogramme einfach gehalten werden. Je variabler die Zellen sind, desto mehr Freiheitsgrade haben auch die Plazierungs- und Verdrahtungsprogramme zu berücksichtigen.

Zur Präzisierung: Schaltungsteile, welche Elementarfunktionen repräsentieren und einem gleichartigen Schema gehorchen, heißen *Zellen*. Fest vorgegebene und verifizierte Zellen heißen auch *Zellprimitive*. Die Gesamtheit von Zellen eines bestimmten Zellen-, Anordnungs- und Verdrahtungsschemas für eine bestimmte Technologie bildet eine *Zellenbibliothek*.

Die Zellprimitive ist die für den Designingenieur kleinste sichtbare Einheit. Oft werden jedoch parametrisierbare oder generierbare Zellen vom CAD-System aus noch kleineren Einheiten aufgebaut, den *Zellelementen*. Sie stehen dem Designingenieur nicht direkt zur Verfügung.

Unterschieden werden drei Arten von Zellenschemata: die Verdrahtungsmakros, die Standardzellen und die Makrozellen.

Verdrahtungsmakros

Das elementarste Zellenschema führt zu Strukturierungskomplexen, bei denen sich auf matrixartig fest vorgegebenen Plätzen sogenannte *Grundzellen* befinden. Sie bestehen aus wenigen Transistoren (üblicherweise 2, 4 oder 6), die nicht oder nur teilweise miteinander verbunden sind (Bild 1.33). Durch geeignete Ergänzung der Verbindungen zwischen den Transistoren entstehen funktionsfähige Zellen. Die Gesamtheit der zur Personalisierung verwendeten Leitungsstücke und Kontakte wird mit einem Typnamen versehen in einer Bibliothek abgelegt. Wegen der Ähnlichkeit dieser abkürzenden Schreibweise mit den in der SW-Technik unter einem Namen zusammengefaßten Befehlsfolgen („Makro") wird der Begriff *Verdrahtungsmakro* verwendet. Eine Besonderheit ist dabei, daß die Grundzellen und ihre matrixförmige Anordnung nicht nur ein abstrakt vorgegebenes Ordnungsschema darstellen, sondern physikalisch in der Form sogenannter „Master" vorgefertigt und verifiziert sind. Eine Zelle mit einer bestimmten logischen Funktion entsteht dann durch die entsprechende Verbindung der Transistoren einer oder mehrerer Grundzellen miteinander. Das entsprechende Intrazell-Verbindungsschema ist als Verdrahtungsmakro vorbereitet. Die Vor-

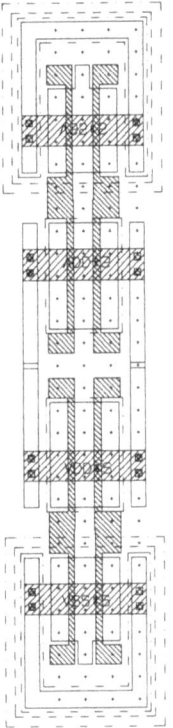

Bild 1.33. Grundzelle für Verdrahtungsmakros

„fertigung" der Verdrahtungsmakros selbst allerdings ist immateriell: Verdrahtungsmakros werden vom Designingenieur aus einer Bibliothek abgerufen und über die Grundzellenmatrix gelegt. Sie führen zu Maskenbändern für die letzten drei bis vier Produktionsebenen, durch die in zusätzlichen Fertigungsschritten die individuelle logische Funktion entsteht (Personalisierung). Die typische Komplexität von Verdrahtungsmakros liegt bei der Verbindung von 4 bis 50 Transistoren. Die angebotenen Verdratungsmakros führen zu Funktionen wie z.B. AND, OR, Multiplexer, Zähler u.ä. mehr.

Standardzellen

Einem anderen Zellenschema unterliegen die Standardzellen. Verzichtet man auf die physikalische Vorfertigung, so kann das Zellenschema variabler gestaltet werden. Es muß nur mehr ein möglichst einfaches Zusammensetzen der Zellen nach dem Baukastenprinzip erlauben. Standardzellen sind rechteckig, haben gleiche Höhe und, abhängig von ihrer Komplexität, variable Breite. Ihre Stromversorgungen laufen horizontal und auf gleicher Höhe, damit ein automatischer Anschluß beim Aneinanderreihen gegeben ist. Ihre Ein- und Ausgänge liegen auf nur einer oder auf zwei — der oberen und der unteren — Seite (Bild 1.34). Die Komplexität von Standardzellen ist in etwa vergleichbar mit der von Verdrahtungsmakros. Allerdings geht die Tendenz dahin, auch komplexere Zellen, wie z.B. *n*-bit-Zähler, anzubieten.

Zur Begriffspräzisierung: Logische Zellen, die in Form von Standardzellen oder von Verdrahtungsmakros realisiert werden, werden untereinander durch die *Interzell-*

1.6 Einführung in die Standardmethoden des Layoutdesigns

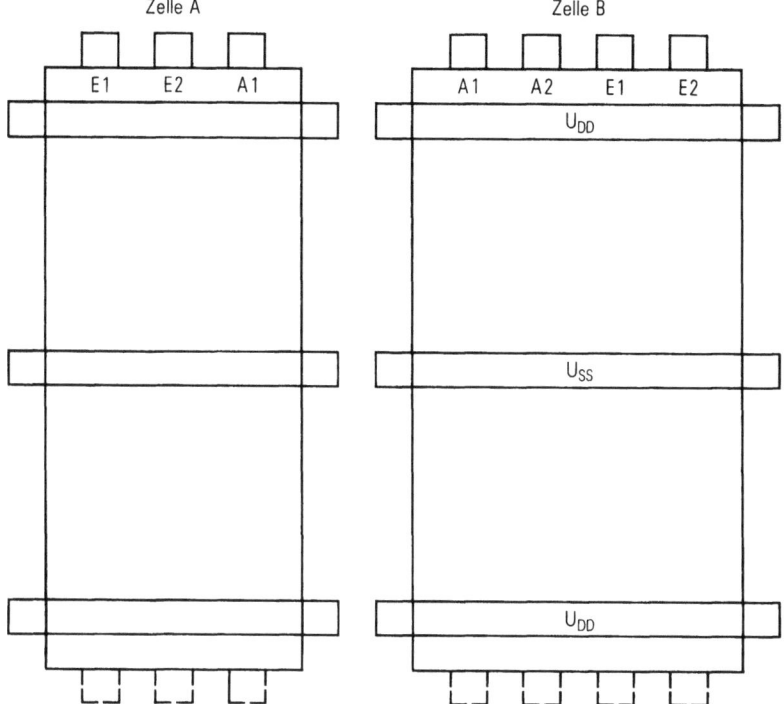

Bild 1.34. Grundformen von Standardzellen

verdrahtung verbunden. Mit „Intrazellverdrahtung" werden die Verbindungen zwischen den Transistoren innerhalb einer Zelle bezeichnet. Bei integrierten Schaltungen mit Vorfertigung (Gate-Arrays) muß zwischen dem auf dem Master vorgefertigten Teil der Intrazellverdrahtung und dem für die Personalisierung verwendeten, in der Bibliothek abgelegten Teil, nämlich dem Verdrahtungsmakro, unterschieden werden. In der Praxis werden jedoch häufig die Begriffe „Intrazellverdrahtung" und „Verdrahtungsmakro" als gleichbedeutend gebraucht.

Makrozellen

Makrozellen besitzen einen weiteren Freiheitsgrad. Sie unterliegen nur der Einschränkung, daß ihr Umriß rechteckig sein muß. Ihre Abmessungen sind in Höhe und Breite variabel. Sie sind also nicht durch eine Normhöhe eingeschränkt. Eine weitere einschränkende Vorgabe betrifft die Anschlußstruktur der Stromversorgungen: sie müssen so gelegt werden, daß die U_{DD}- und U_{SS}-Anschlüsse durch eine Kurve separierbar sind. Dann ist eine planare Verdrahtung möglich. Die Komplexität von Makrozellen ist theoretisch unbeschränkt: sie können etwa Speicher, Programmable Logic Arrays (PLA) oder Mikroprozessorkerne repräsentieren.

1.6.2 Anordnungs- und Verbindungsschema

Neben dem Zellenschema sind auch Vorgaben festgelegt bezüglich der möglichen Anordnung und der möglichen Verbindungen der Zellen untereinander (Interzellver-

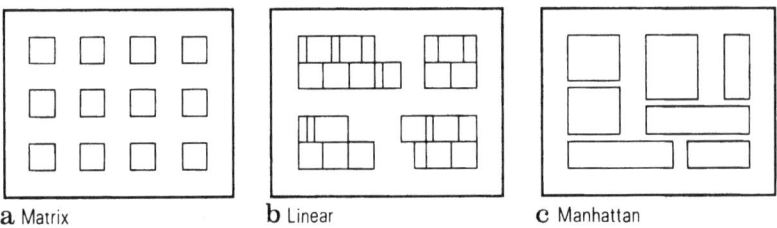

a Matrix   b Linear   c Manhattan

Bild 1.35. Beispiele von Matrix-, Linear- und Manhattan-Anordnungen

drahtung). Auch hier werden drei Schemata unterschieden: Matrix-, Linear- und Manhattan-Schema.

Matrix-Schema

Entsprechend der starren Grundstruktur der Verdrahtungsmakros werden für ihre Verbindung horizontale und vertikale Kanäle vorgesehen, deren Breiten fest vorgegeben sind. Daraus folgt eine Matrix-Anordnung (Bild 1.35a). Der physikalisch vorgefertigte Master erlaubt nur eine bestimmte maximale Anzahl von Leitungen in jedem Kanal. Entwürfe, die mehr benötigen, müssen auf einen besser geeigneten Master ausweichen. Andererseits wird bei Entwürfen, welche weniger Leitungen benötigen, Platz verschwendet.

Linear-Schema

Angepaßt an ihre einheitliche Höhe bietet sich für Standardzellen eine Anordnung in Einzel- oder Doppelreihen an. Die Versorgungsleitungen laufen horizontal durch die Reihen. Zwischen den Zellreihen werden horizontale und vertikale Verdrahtungskanäle freigelassen. Sie sind aber, da keine materielle Vorfertigung erfolgt ist, variabel und werden, je nach Anforderungen des Entwurfs, vom Plazierungs- und Verdrahtungsprogramm in der Breite festgelegt. Bild 1.35b zeigt eine solche Linear-Anordnung.

Manhattan-Schema

Sind die Zellen allgemeine Rechtecke, so sollte auch das Anordnungsschema alle angemessenen Freiheitsgrade zulassen. Einzige Einschränkung ist dabei die horizontale bzw. vertikale Ausrichtung der Kanten. Die Zellen werden also entlang der — beliebig feinen — Rasterung eines kartesischen Koordinatensystems angeordnet. Wir nennen, in Anlehnung an einen Layoutstil auf Transistorebene, dieses Schema Manhattan-Anordnung (Bild 1.35c). Das Verbindungsschema folgt ebenfalls der kartesischen Rasterung. Unter der Vorgabe der Separierbarkeit der Anschlußstruktur der Versorgungsleitungen ist eine automatische Verbindungskonstruktion möglich.

1.6.3 Nutzungsschema

Zellenbibliotheken enthielten in der Vergangenheit nur unveränderbare, also starre Elemente. Der Designingenieur konnte nur solche Schaltfunktionen benutzen, die explizit im Zellenkatalog beschrieben waren. Weder die Modifikation einzelner Zellen

1.6 Einführung in die Standardmethoden des Layoutdesigns

noch eine anwendungsspezifische Gruppenbildung aus mehreren vorgegebenen Zellen zu einer neuen „individuellen" Zelle war möglich. Inzwischen stehen Werkzeuge bereit, welche dem Designingenieur eine freiere Nutzung der Zellen erlauben.

Eine starre Zelle, Zellprimitive genannt, ist in vier Eigenschaften festgelegt, und zwar in

- ihrer logischen Funktion,
- ihrem elektrischen Verhalten (wie auch in ihrer Herstellungstechnologie),
- ihrer geometrischen Form,
- ihrer Anschlußstruktur.

Für den Designingenieur existieren derzeit drei Möglichkeiten einer flexibleren und seiner Anwendung besser anpaßbaren Nutzung von Zellen:

- einfache Parametrisierung,
- rekursive Bildung von Zellblöcken,
- funktionale Parametrisierung.

Einfache Parametrisierung

Mit fester Auslegung der Ausgangstreiber jeder Zelle ist auch ihr elektrisches Verhalten vorbestimmt. Logische Funktion *und* elektrisches Verhalten sind festgelegt. Gibt man dem Designingenieur nun die Möglichkeit, die Treiberstärke abhängig von der jeweiligen Lastkapazität zu bestimmen, so hat man bereits eine einfache Form der Parametrisierbarkeit. Das elektrische Verhalten ist variabel.

Andere Beispiele parametrisierbarer Zellen sind n-bit-Zähler- oder n-bit Registerzellen, also lineare, einparametrige Erweiterungen. Hier ist die logische Funktion variabel.

In beiden Fällen spricht man von „einfach-parametrisiert". Für den Designingenieur ist es dabei unerheblich, ob das CAD-System vorgefertigte Zellen aufruft oder auf Anforderung generiert. Aus seiner Sicht ruft er nur das Urbild der mit einem globalen Namen und einem Parameter versehenen Zelle auf; es wird in seiner Schaltung durch einen Individualnamen ergänzt.

Rekursive Zellblöcke

Während die Parametrisierung die Eigenschaften der einzelnen Zelle verändert, kann der Designingenieur durch Aufbau von Zellkomplexen, sogenannten Zellblöcken, aus einfacheren Zellen anwenderspezifische Zellen erzeugen.

Im einfachsten Fall erscheint ein Zellblock nur als Individualname einer Gruppe von Zellen auf einer höheren Entwurfsebene. Dieser Name wird bei wiederholter Verwendung derselben Gruppe als Abkürzung benützt. Das CAD-System expandiert diesen Namen jeweils durch Aufruf der einzelnen Zellen. Die softwaretechnische Entsprechung wäre das Inline-Makro.

Interessanter sind allerdings Zellblöcke, die nicht auf einer niedrigeren Ebene wieder aufgelöst werden, sondern bis auf Layoutebene hinunter als anwenderspezifische neue Einheiten erhalten bleiben. Damit behält nämlich der Designingenieur die Kontrolle über bestimmte globale Eigenschaften des Blocks. CAD-Programme sind verfügbar, welche Zellblöcke, die dem Zellschema der Makrozellen unterliegen, aus

Standardzellen oder wiederum aus Makrozellen in rekursiver Weise zu bilden erlauben. Auf diese Art läßt sich eine Hierarchie von Zellblöcken konstruieren.

Funktionale Parametrisierung

Je komplexer eine Zelle wird, um so spezialisierter ist ihre Funktion. Eine Zelle, die einen Mikroprozessor enthält, ist nur deshalb für mehr als eine Anwendung einsetzbar, weil ihre Funktion anwendungsspezifisch geändert werden kann, nämlich durch ein Programm. Das Programmieren einer vorgegebenen Hardwarestruktur ist ein Beispiel einer weitreichenden funktionalen Parametrisierung. Allerdings erfordert oft eine solche funktionale Parametrisierung — im Gegensatz zum obigen Mikroprozessorbeispiel — eine weitgehende Anpassung des gesamten Layouts an den speziellen Einsatzfall: So kann ein RAM je nach Größe und Organisation sehr unterschiedliche Abmessungen aufweisen. Neuerdings gestatten Syntheseprogramme — vielfach noch in Forschungslabors — die automatische Erzeugung von Zellen ausgehend von einer funktionalen Spezifikation. Solche Syntheseprogramme nennt man *Zellgeneratoren*. Sie werden heute in der Praxis für die Erzeugung von PLAs, RAMs und ROMs eingesetzt.

Neben den drei vorgehend beschriebenen Nutzungsschemata werden schließlich Methoden entwickelt, welche dem Designingenieur die Freiheit geben, Spezialzellen mit Hilfe *symbolischer Layoutmethoden* (Stickdiagramme) oder sogar im Handlayout entsprechend seinen Optimierungszielen zu erzeugen und in den Designprozeß so einzubringen, daß das CAD-System die Konsistenz sicherstellt (*Freie Makrozellen*).

Größere Freiheiten für den Designingenieur bringen neben technischen Problemen (bei der Synthese) auch organisatorische Probleme mit sich: Zellprimitive werden vom CAD-Systemanbieter charakterisiert. Er übernimmt die Verantwortung für ihre Eigenschaften und ihre korrekte Funktion. Individuelle Zellen muß der Designingenieur selbst verantworten.

1.6.4 Verträglichkeit

Selbstverständlich sind nicht alle Zellenschemata mit allen Anordnungs- und allen Nutzungsschemata vereinbar.

Das einzig sinnvolle Anordnungsschema für Verdrahtungsmakros ist die Matrix. Die Verdrahtungsmakros werden über ein orthogonales Kanalraster mit fester Kanalbreite verbunden. Die Chipgröße ist vorgegeben. Auf dieser Basis wurde bereits früh eine Designmethode entwickelt. Sie heißt „*Gate-Array-Methode*".

Standardzellen können nur linear in Reihen angeordnet werden. Auch sie werden entlang einem orthogonalen Kanalraster, allerdings mit bedarfsabhängiger Kanalbreite, verbunden. Die Chipgröße ist variabel. Nur das Seitenverhältnis kann vorgegeben werden. Die damit verbundene Designmethode heißt „*Standardzellenmethode*".

Makrozellen könnten zwar grundsätzlich auch in Reihen plaziert und entsprechend verbunden werden. Sinnvoller aber ist die Manhatten-Anordnung und ihre Verbindung entlang dem orthogonalen Raster. Die bedarfsgerechte Stromversorgung jeder einzelnen Makrozelle muß sichergestellt sein. Bei Forderung konstanter Stromdichte verbreitern sich die Versorgungsleitungen zum Chiprand. Die Verbindungskanäle werden also bedarfsgerecht konstruiert und folglich auch die Chipgröße. Die damit verbundene Designmethode heißt „*Makrozellenmethode*". Sie erlaubt auch die Konstruktion von Zellblöcken, die dem Schema der Makrozellen unterliegen, sowie

1.6 Einführung in die Standardmethoden des Layoutdesigns 61

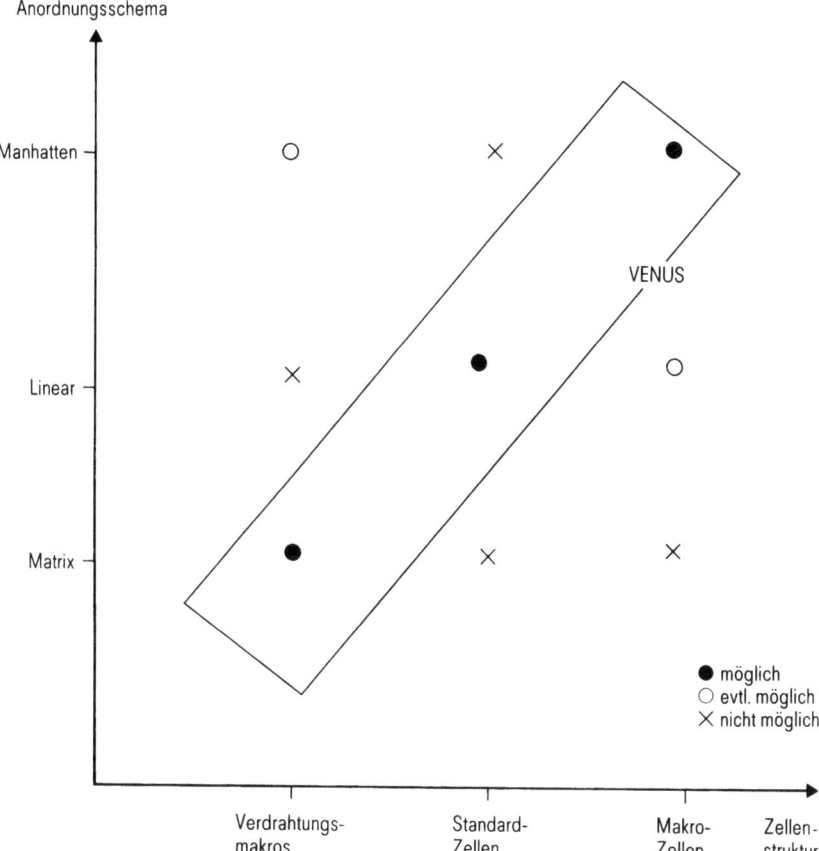

Bild 1.36. Verträglichkeit von Zellenschema und Anordnungsschema

den interaktiven, vom CAD-System überwachten Eingriff, z.B. zum Vorplazieren oder zur Konstruktion spezieller Verbindungen (vgl. Bild 1.36).

Nicht ganz so eindeutig ist die Zuordnung von Zellenschema zu Nutzungsschema:

- Verdrahtungsmakros sind „starr" vorgegeben. Ihre Parametrisierung oder auch ihre symbolische Definiton sind zwar grundsätzlich möglich, sie werden in dieser Form zur Zeit aber industriell nicht angeboten.
- Standardzellen können „starr" oder „einfach parametrisierbar" sein. Auch existieren bereits Generatorprogramme, welche Standardzellen nach funktionaler Spezifikation erzeugen. Eine symbolische Definition von Standardzellen ist mit Einschränkungen möglich.
- Makrozellen schließlich können sowohl als Zellprimitive aufgerufen als auch aus Standardzellen und Makrozellen selbst konstruiert werden. Mit ihnen können Hierarchien gebildet werden.

Bild 1.37 stellt die Verträglichkeit von Zellen- und Nutzungsschemata zusammen.
Die Bilder 1.36 und 1.37 zeigen auch die Kombinationen, welche von dem CAD-System VENUS überdeckt werden.

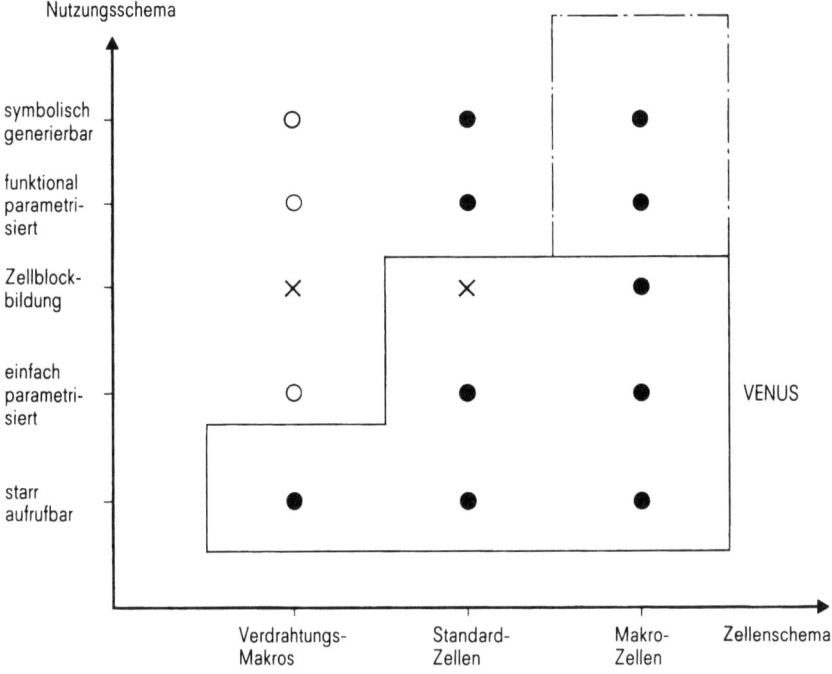

Bild 1.37. Verträglichkeiten von Zellenschema und Nutzungsschema

1.6.5 Anwenderspezifische Definition von ICs und Zellen: Begriffsübersicht

Anhand von Bild 1.38 soll der Überblick über die verschiedenen zellenorientierten Entwurfsmethoden erleichtert und die verwendeten Begriffe nochmals übersichtlich dargestellt werden.

Bei Zellen-ICs werden zunächst solche mit und solche ohne Vorfertigung unterschieden. Zellen-ICs mit Vorfertigung heißen Gate-Array-ICs (GA-ICs). Sie bestehen aus einem Master, aufgebaut aus Grundzellen, und darübergelegten Verdrahtungsmakros. Bei CMOS-Gate-Arrays sind die Verdrahtungsmakros identisch mit den logischen GA-Zellen. Im Falle der ECL-Gate-Arrays sind die logischen GA-Zellen zu vom Anwender nicht separierbaren Gruppen, den physikalischen GA-Zellen, zusammengefaßt. Schließlich können GA-ICs aus größeren Verbünden von Verdrahtungsmakros bestehen. Diese GA-Makrozellen können durch einfache oder funktionale Parametrisierung oder als Zellblock, aufgebaut aus Verdrahtungsmakros, vom Anwender spezifiziert werden.

Zellen-ICs ohne Vorfertigung kann man direkt aus Standardzellen aufbauen oder aus Makrozellen. Sind Standardzellen oder Makrozellen als starre Elemente in einer Bibliothek abgelegt, so gehören sie zu den Zellprimitiven. Einfach parametrisierbare Standard- oder Makrozellen bestehen aus Zellelementen. Der Übergang von einfach parametrisierten zu funktional parametrisierten (auch: generierten) Makrozellen ist fließend. Der Begriff der Zellengenerierung findet im wesentlichen Anwendung für

1.7 Begriffliche Interpretationen

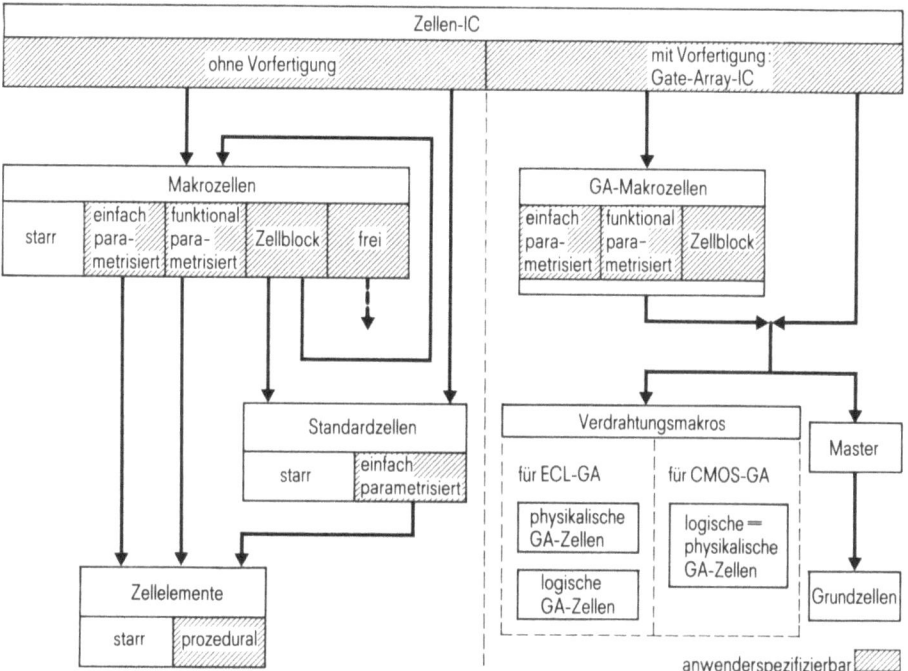

Bild 1.38. Übersicht über die anwenderspezifische Definition von ICs und Zellen

komplexere Zellen, die dann funktional spezifiziert werden. Zellelemente, welche für einfach parametrisierbare Zellen benützt werden, sind meist starr, während sie im Rahmen von Zellgeneratoren oft prozedural spezifiziert werden.

Als Zellblöcke ausgebildete Makrozellen können entweder aus Standardzellen aufgebaut werden oder, im Sinne der Hierarchiebildung, wiederum aus Makrozellen.

Schließlich können Makrozellen noch frei definierbar sein: dies bedingt dann einen Aufbau aus Stickelementen oder als geometrisches Layout.

1.7 Begriffliche Interpretationen

In einem jungen Gebiet wie dem der Designtechnik für hochintegrierte Schaltkreise ist naturgemäß die Begriffsbildung noch im Fluß. Viele Begriffe tragen eine verschwommene Bedeutung. Andere sind wiederum mit mehreren Bedeutungen belegt. Wieder andere überlappen einander in der Bedeutung. Obwohl dieses Buch nicht eine Begriffspräzisierung anstreben soll, für die die Zeit noch nicht reif ist, sollen die folgenden Erläuterungen zu größerer Klarheit beitragen. Bei einer begrifflichen Präzisierung kommt das Hauptaugenmerk der Klassifizierung integrierter Schaltkreise zu, und dabei spielt der Standpunkt des Interpreten die entscheidende Rolle.

Vom Standpunkt des *Vertriebsingenieurs*, für den die Anwendungsbreite wichtigstes Kriterium ist, werden die integrierten Schaltkreise in vier Klassen eingeteilt:

- *Speicherbausteine*: Sie umfassen DRAMs (*D*ynamic *R*andom *A*ccess *M*emories), SRAMs (*S*tatic-*RAM*s), ROMs (*R*ead-*O*nly-*M*emories) EPROMs (*E*lectrically

Programmable *ROMs*) etc. Diese Bausteine sind offensichtlich universell in allen „speichernden" Problemlösungen einsetzbar.
- *Standardbausteine*: Ihre hervorragendsten Vertreter sind die Mikroprozessoren mit Verarbeitungsbreiten von 4 bis 32 bit und ihre Ein-/Ausgabe-Bausteine. Sie sind universell in „verarbeitenden Problemlösungen" einsetzbar.
- *Anwendungsspezifische Bausteine*: Dies sind integrierte Schaltkreise, die für spezielle Anwendungsgebiete entwickelt werden. Dazu gehören Multiplexer-/Demultiplexer-Bausteine für Kommunikationssysteme, Signalprozessoren für Prozeßautomatisierung, Analog/Digital-Wandler für Signalerfassung und -wandlung. Diese Bausteine sind weitgehend für eine einzige, häufig jedoch breite, Anwendung optimiert und finden damit weite Verbreitung, sind jedoch nicht mehr „universell".
- *Kundenspezifische Bausteine*: Dies sind integrierte Schaltkreise, die für die spezielle Problemlösung eines einzigen Kunden entwickelt werden, etwa für die Waschmaschinensteuerung. Diese Bausteine sind wenig verbreitet. Oft soll in ihnen auch das kundeneigene Know-how geschützt werden.

Natürlich sind die Grenzen fließend. Besonders häufig sind Wandlungen von anwendungsspezifischen zu Standardbausteinen, aber auch kundenspezifische ICs wandeln sich zu anwendungsspezifischen Bausteinen.

Vom Standpunkt des *Produktionsingenieurs*, für den die Wirtschaftlichkeit der Produktion und damit große Fertigungsstückzahlen wichtigste Kriterien sind, werden die integrierten Schaltkreise in drei Klassen eingeteilt:

- *Speicher- und Standardbausteine*: Sie können im allgemeinen in so großen Stückzahlen über längere Zeiten hergestellt werden, daß die Stückkosten niedrig sind und über längere Zeit für eine Grundauslastung der Fertigung gesorgt ist.
- *Halb-kundenspezifische (Semi-Custom-)Bausteine*: Sie werden zum größeren Teil vorgefertigt und auf Lager gelegt. Ihre Individualisierung, oder Personalisierung, also die Anpassung an die geforderte Funktion, erfolgt zum Zeitpunkt des aktuellen Bedarfs. Der größere Anteil der Fertigungskosten kann auf eine große Stückzahl verteilt werden. Die kundenspezifischen Individualisierungskosten werden der entsprechenden Charge zugerechnet. Typische Vertreter sind die Gate-Array-Bausteine.
- *Kundenspezifische- (Custom-, auch Full-Custom-) Bausteine*: Sie werden für die spezielle Problemlösung eines einzigen Kunden gefertigt. Ihre Stückzahl ist meist groß. Eine Vorfertigung ist nicht möglich. Alle Maskenebenen sind kundenspezifisch.

Vom Standpunkt des *Designingenieurs*, für den die Wirtschaftlichkeit und Schnelligkeit der Entwicklung wichtige Kriterien sind, werden die integrierten Schaltkreise grundsätzlich in zwei Klassen eingeteilt, nämlich in die mit „optimiertem" Design und in die mit „semi-optimiertem" Design.

Zu den *optimierten* Bausteinen sind die Speicherbausteine und die Standardbausteine zu zählen.

Für die Speicherbausteine sind die Optimierungskriterien: größte Dichte, also minimale Fläche, und „homogene" Dynamik bei vorgegebener Verlustleistung. Jede Speicherzelle muß gleich schnell geschrieben und gelesen werden können, unabhängig von ihrer Lage. Für die Standardbausteine sind die Optimierungskriterien: höchste

1.7 Begriffliche Interpretationen

Dichte bei vorgegebenem dynamischem Außenverhalten und minimaler Verlustleistung.

Soweit anwendungsspezifische oder kundenspezifische Schaltkreise große Fertigungsstückzahlen erwarten lassen, fallen sie ebenfalls in diese Klasse, und der Designingenieur versteht sie dann als „Full-Custom"-Bausteine. Um obige Optimierungskriterien zu erfüllen, werden hoher Designaufwand und lange Designzeit mit häufigen Redesigns in Kauf genommen, überwacht natürlich anhand von gesamtwirtschaftlichen Grenzwerten. Grundlage des Designs sind die für das spezielle Produkt besonders optimierten Grundschaltungen. Vorgefertigte Grundschaltungen werden z.Z. kaum verwendet.

Zur zweiten Klasse, den *semi-optimierten* Bausteinen, zählen anwendungsspezifische und kundenspezifische Schaltkreise, bei denen als Optimierungskriterien kurze Entwicklungszeiten, hohe Entwicklungssicherheit, und einfache Redesignfähigkeit gelten. Dafür werden geringere Integrationsdichte, also größere Fläche, niedrigere Geschwindigkeit und höhere Verlustleistung in Kauf genommen. Der Designingenieur spricht von diesen Bausteinen auch als von „Semi-Custom-Bausteinen."

Erreicht werden die Optimierungsziele durch weitgehende Verwendung vorgefertigter und verifizierter Teilschaltungen. Dafür entwickelt wurden besonders die Gate-Array- und die Zellen-Designmethoden.

Die Entscheidungen des Designingenieurs sind aufgespannt in dem Sechseck der Kriterien: Integrationsdichte – Dynamik – Verlustleistung – Entwicklungsaufwand-Entwicklungszeit-Redesignfähigkeit (Bild 1.39).

Die ersten drei Kriterien sind in *technischen Maß- und Wertesystemen* zu messen. Designs, welche diese optimieren, werden wohl aus „entwicklungsgeschichtlicher" Gewohnheit, geprägt durch Physiker und Ingenieure, als optimierte Designs bezeichnet.

Die letzten drei Kriterien sind in *wirtschaftlichen Maß- und Wertesystemen* zu messen. Designs, welche diese optimieren, werden aus derselben „entwicklungsgeschichtlichen" Gewohnheit als „nur" semi-optimierte Designs betrachtet.

Allerdings- die Auflösung dieser einst so wohldefinierten Fronten ist in vollem Gange.

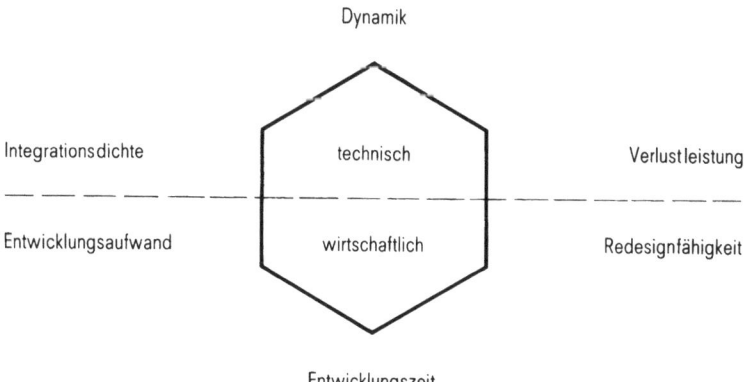

Bild 1.39. Entscheidungskriterien für den Designingenieur

In diesem Buch wird bei der Verwendung der Begriffe die Position des Designingenieurs eingenommen: Alle Methoden, die auf materiell oder immateriell vorgefertigte Elemente aufbauen, werden auch als Semi-Custom-Methoden bezeichnet. Ihnen entsprechen Standarddesignverfahren. Der Allgemeine IC-Designprozeß führt zu Full-Custom-Entwürfen.

Literatur zu Kapitel 1

1.1 Siemens Energie & Automation, Doppelheft 2/1985.
1.2 Giloi, W. K.: Rechnerarchitektur. Springer 1981.
1.3 Boehm, B. W.: Software engineering economics. Prentice Hall 1981.
1.4 Nagel, L. W.; Pederson, D. O.: Simulation program with integrated circuit emphasis. Proc. 16th Midwest Symp. Circuit Theory. Waterloo, Canada 1973.
1.5 Mead, C.; Conway, L.: Introduction to VLSI-systems. Addison Wesley 1980.
1.6 Sandweg, G.; Schallenberger, B.: Das Chipgenerator-Konzept: ein Weg zum automatischen VLSI-Entwurf. Elektronik 1985, Nr. 5, S. 169–174.

2 Einführung in die Halbleitertechnologie für integrierte Schaltungen

Die Halbleitertechnik begann ihren Siegeszug Anfang der 60er Jahre mit der Integration von wenigen Schaltfunktionen auf einem monolithischen Siliziumchip von einigen mm² Größe. Mit der Entwicklung der sogenannten MOS-Technologie (MOS- = *m*etal *o*xide *s*emiconductor) gelang Mitte der 60er Jahre der entscheidende Durchbruch zu sehr hohen Integrationsdichten. So sagte 1964 G. E. Moore, damals Forschungsdirektor bei Fairchild, voraus, daß sich die Anzahl der Schaltfunktionen pro Chip jährlich verdoppeln wird. Die tatsächliche Entwicklung, eine Vervierfachung alle drei Jahre, zeigt Bild 2.1.

Drei Faktoren tragen weiterhin zu diesen Erfolgen besonders bei: die Beherrschung immer größerer Chipflächen, die Reduzierung der Abmessungen der Einzelelemente und die Verringerung der Kosten pro Schaltfunktion oder Speicherbit. Die Kosten sanken jährlich im Mittel um näherungsweise 25%. Ebenso beachtenswert ist die Steigerung der Zuverlässigkeit: Der Standardschaltkreis arbeitet heute in Normalumgebung und benötigt keine Klimatisierung. Limitierend wirkt sich jedoch zunehmend der mit der größeren Komplexität verbundene Entwicklungsaufwand aus. Er würde ohne Einsatz aufwandsbegrenzender Maßnahmen überproportional zur Anzahl von Elementen pro Chip ansteigen. Ziel des VENUS-Designsystems ist es, hier nachdrücklich Abhilfe zu schaffen. Gerade der Designingenieur, der keine Kenntnisse der Halbleitertechniken besitzt, soll zum Entwurf von integrierten Schaltungen befä-

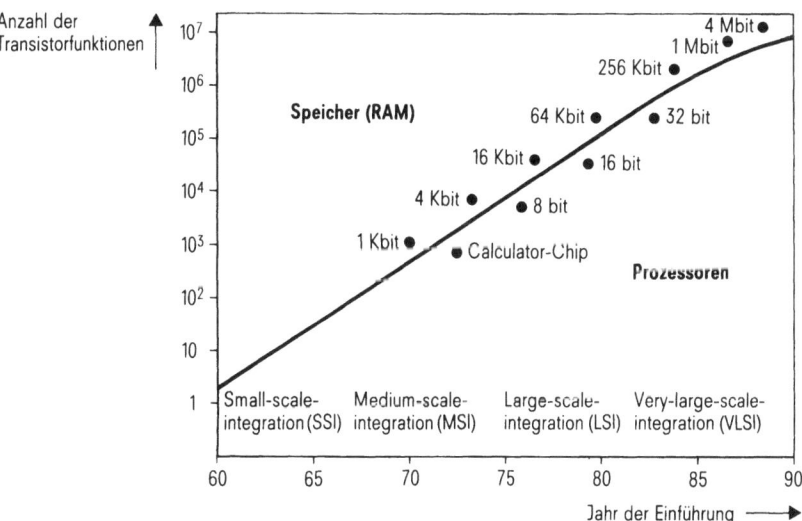

Bild 2.1. Die Entwicklung der Integrationsdichte pro Chip

higt werden. Ihm wird in den folgenden Abschnitten eine Einführung in die Halbleiter- und Integrationstechniken geboten, und zwar in zwei Stufen:

- Für den ganz eiligen Leser in einem knappen „Überblick",
- für den etwas wißbegierigeren Leser in den daran anschließenden Abschnitten detaillierter.

2.1 Überblick

Die Halbleitertechnik hat eine Vielzahl von Verfahren zur Herstellung hochintegrierter Schaltkreise — sogenannte Integrationstechniken — hervorgebracht. Beim Vergleich dieser Integrationstechniken sei auf für den Designingenieur besonders wichtige Parameter hingewiesen. Es sind dies

- die Integrationsdichte,
- die Schaltgeschwindigkeit,
- die Verlustleistung.

Da für eine bestimmte Technologie eine Verringerung der Schaltzeiten meist mit einer Zunahme der Verlustleistung erkauft wird, stellt das Verlustleistungs-Schaltzeitprodukt (*power delay product*, gemessen in pJ) eine aussagekräftige Kenngröße dar. Bei hohen Integrationsdichten kann die erzeugte Verlustleistung zum begrenzenden Faktor werden. Die Schaltgeschwindigkeit beeinflußt neben den architekturbezogenen Maßnahmen zur parallelen oder seriellen Verarbeitung die Verarbeitungsleistung, d.h. den Durchsatz einer Schaltung. Der Integrationsgrad schlägt sich unmittelbar in den Kosten nieder nach dem Gesetz: Je höher der Integrationsgrad, um so niedriger die Kosten je Gatterfunktion. Von wachsender Bedeutung für den Integrationsgrad wird auch die Anzahl der beherrschbaren Verbindungsebenen. Tabelle 2.1 vergleicht die wichtigsten Kenngrößen der Technologien ECL, NMOS und CMOS.

Bild 2.2 [2.1] gibt einen Überblick über die wichtigsten Integrationstechniken. Sie lassen sich entsprechend der Nutzung physikalischer Effekte in zwei Klassen unterteilen. Die Basis für die eine Klasse ist der bipolare Transistor. Die Basis für die andere der Feldeffekttransistor. In den Bildern 2.3 und 2.4 sind beide Transistoren schematisch dargestellt [2.2].

Der bipolare Transistor (Bild 2.3) besteht aus einem Siliziumeinkristall, in dem durch lokale Dotierung mit fünfwertigen Atomen (z.B. Phosphoratomen) negativ-, sogenannte n-leitende Bereiche und durch Dotierung mit drei-wertigen Atomen (z.B. Boratomen) positiv-, sogenannte p-leitende Bereiche hergestellt werden. Seine Funktion beruht auf der Injektion von Ladungsträgern in die Basis. Diese Ladungsträger, — bei dem in Bild 2.3 dargestellten npn-Transistor sind es Elektronen —, diffundieren zum größten Teil in die Sperrschicht im Bereich der Grenze zwischen Basis und Kollektor und bewirken damit einen Strom im Kollektoranschluß. Dieser Kollektorstrom wird meist als Ausgangsgröße des Transistors genutzt. Eingangsgröße ist die am injizierenden pn-Übergang anliegende Spannung oder der damit verknüpfte Strom zum Basisbereich. Dieser Transistor wird „bipolar" genannt, weil bei ihm beide Ladungsträgerarten (Elektronen und Löcher) in der in Durchlaßrichtung betriebenen Diode zwischen Emitter und Basis auftreten.

2.1 Überblick

Technologie / Schaltungstechnik		minimale Struktur (μm) 84	90	max. Chipgröße (mm²) 84	90	max. Anzahl Trans. pro Chip (Logik) 84	90	max. Anzahl Speicherbits pro Chip 84	90	mininimale Schaltzeit (ns) 84	90	Anzahl Verdrahtungsebenen 84	90
Bipolar	ECL	0.6 vertikal	0.2 vertikal	70	>100		20k-30k	4k (stat.)	16 k (stat.)	0.5	0.04	3	4
MOS	NMOS	2	<1	60	>120	100k	500k	256k (dyn.)	-	1	0.1-0.15	3	4
	CMOS	2	<1	60	>120	80k	400k	64k (stat.)	4 M (dyn.), 1 M (stat.)	1	0.1-0.15	3	4

Tabelle 2.1. Vergleich wichtiger Kenngrößen der drei Technologien ECL, NMOS und CMOS. (jeweils Stand 1984 und Schätzung 1990)

70 2 Einführung in die Halbleitertechnologie für integrierte Schaltungen

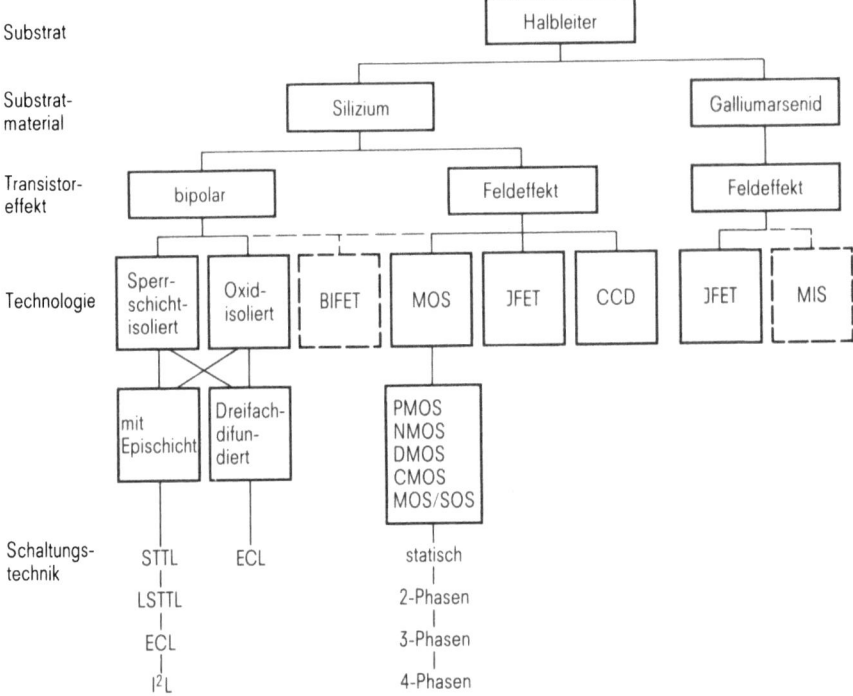

Bild 2.2. Übersicht über die wichtigsten Integrationstechniken [2.1]

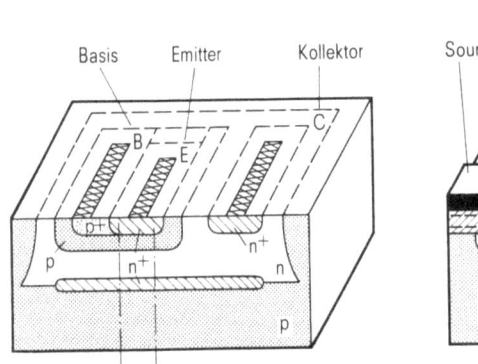

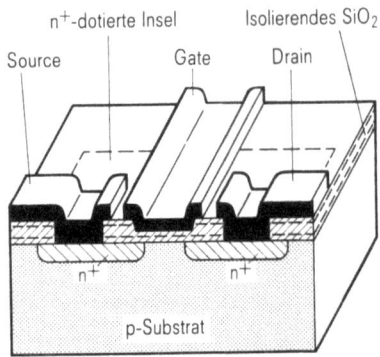

Bild 2.3. Schematische Darstellung eines bipolaren npn-Transistors

Bild 2.4. Schematische Darstellung eines MOS-Feldeffekttransistors

2.1 Überblick

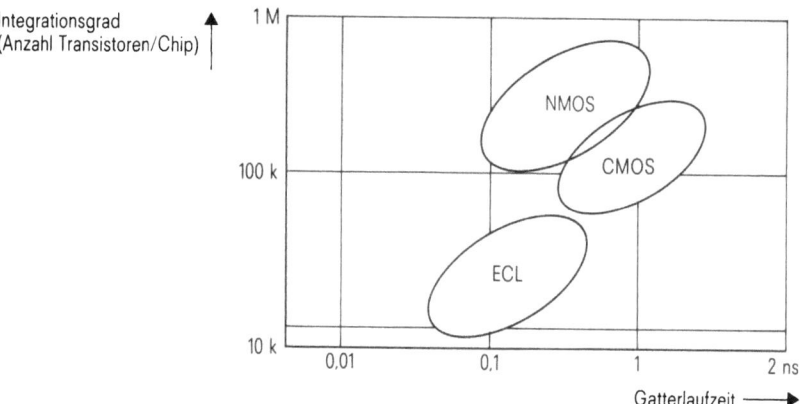

Bild 2.5. Vergleich wichtiger Technologien bezüglich Geschwindigkeit (Gatterlaufzeit) und Integrationsgrad (Stand 1985)

Die andere Art, der Feldeffekttransistor (FET), besteht aus einem Halbleiter und einer Steuerelektrode, die durch eine Isolatorschicht (MOS) oder eine Sperrschicht (JFET, Junction-FET) vom Halbleiter galvanisch getrennt ist (Bild 2.4). Für den Aufbau mit einer Isolatorschicht wird meist die Schichtfolge *M*etall bzw. Polysilizium, *O*xid, Halbleiter (*S*emiconductor) angewandt. Daraus leitet sich der Begriff MOS-Transistor ab. Er wird auch als Sammelbegriff für Feldeffektransistoren verwendet. Der Halbleiter des MOS-Transistors (Bild 2.4) besteht aus zwei hochdotierten Anschlußzonen, Source und Drain genannt, und einem dazwischenliegenden niedrig dotierten Bereich mit einer gegenüber Source und Drain entgegengesetzten Dotierung.

Zwischen den Elektroden kann wegen des eingefügten p-Gebietes im Regelfall kein Strom fließen. Legt man jedoch die über dem Isolator auf der Halbleiteroberfläche angebrachte Steuerelektrode, die Gate genannt wird, auf ein gegenüber Source positives Potential, so werden an der Oberfläche negative Ladungen influenziert. Diese Ladungen, die im vorliegenden Fall aus Elektronen bestehen, bewirken einen n-leitenden Kanal zwischen Source und Drain. Dieser Transistor wird als n-Kanal-Transistor bezeichnet; kehrt man die Vorzeichen der erwähnten Ladungen, Dotierungen und Spannungen um, so hat man einen p-Kanal-Transistor. Für weitere Informationen über die Grundlagen der Halbleitertechnik wird der interessierte Leser auf die nachfolgenden Abschnitte dieses Buches und auf die einschlägige Literatur [2.5, 2.6] verwiesen.

Für den IC-Designer sind folgende Zusammenhänge wichtig:

Mit der Bipolartechnik lassen sich hohe Arbeitsgeschwindigkeiten, d.h. kurze Gatterlaufzeiten, erzielen. Gegenüber der MOS-Technik muß man sich jedoch mit relativ geringen Integrationsgraden begnügen, d.h. relativ hohe Kosten in Kauf nehmen.

Der MOS-Transistor benötigt aufgrund des grundsätzlich anderen Aufbaus um den Faktor 10 bis 100 weniger Fläche als ein bipolarer Transistor. Dazu trägt z.B. der Wegfall des isolierenden pn-Übergangs zwischen Kollektor und Substrat des bipolaren Transistors bei. Die Struktur des MOS-Transistors ist selbstisolierend. Außerdem bietet die MOS-Technik eine größere Flexibilität bei der Verdrahtung auf dem Chip, da die hochdotierten Drain- und Sourcebereiche (und Polysilizium beim Silizium-Gate-Prozeß) ohne zusätzliche Fertigungsschritte als zweite bzw. dritte Verdrahtungsebene benutzt werden können.

Mit der MOS-Technik lassen sich bei geringerer Geschwindigkeit sehr hohe Integrationsgrade erreichen. Mit ihr können also sehr komplexe, allerdings langsamere Schaltkreise und Speicherbausteine hergestellt werden. Bild 2.5 veranschaulicht diesen Zusammenhang.

Diese Wertung gilt für den heutigen praktischen Einsatz. Entwicklungsergebnisse weisen aber darauf hin, daß auch in der MOS-Technologie noch größere Schaltgeschwindigkeiten erreicht werden können, so daß der Geschwindigkeitsvorsprung der Bipolartechnologie teilweise verloren gehen wird.

Für den IC-Designer ist bemerkenswert, daß sich aus der Vielzahl möglicher Integrationstechniken (Bild 2.2) bisher für Standarddesignverfahren im wesentlichen zwei herauskristallisiert haben, nämlich CMOS und ECL.

Neben der komplementären Variante der MOS-Schaltungstechnik (CMOS) wurde besonders für optimierte Designs häufig die NMOS-Schaltungstechnik eingesetzt. Für Semi-Custom-Bausteine hat sich allerdings CMOS weitgehend durchgesetzt, und zwar aus folgendem Grund: Die NMOS-Technologie hat den grundsätzlichen Nachteil höherer Verlustleistung. Dieser kommt hier deshalb besonders zum Tragen, weil die vorentwickelten Zellen bzgl. ihrer Ausgangsleistung überdimensioniert werden müssen, um auch in Fällen extremer Ausgangsbelastung noch befriedigende Schaltzeiten zu erreichen. Die bei NMOS im Gegensatz zu CMOS auftretende statische Verlustleistung wächst aber mit der Stärke der Ausgangsstufen und führt so bei der Verwendung von vorgefertigten Zellen zu einem größeren Leistungsverbrauch als bei einer entsprechenden manuell entworfenen und optimierten NMOS-Schaltung.

Während in der NMOS-Technologie nur n-Kanal-Transistoren benützt werden, stehen bei CMOS (*complementary MOS*) Transistoren beide Polaritäten zur Verfügung. CMOS-Schaltungen kommen deshalb dem für digitale Schaltungstechnik idealen Fall des verlustlosen Schalters recht nahe. Bild 2.6a zeigt einen mit Schaltern realisierten Inverter: Schließt ein Eingangssignal $U_E = H$ den „N-Schalter", läßt aber den „P-Schalter" geöffnet, so ist das Ausgangssignal $U_A = L$. Stellt man sicher, daß nie beide Schalter gleichzeitig geschlossen sind, also leiten, so kann, abgesehen von einer sehr kurzen Übergangszeit beim Umschalten, kein Strom von U_{DD} nach Erde fließen, es entsteht keine statische Verlustleistung. Mit n- und p-Kanal-Transistoren läßt sich dieser ideale Inverter (Bild 2.6b) in sehr guter Näherung realisieren: Ein sperrender MOS-Transistor hat einen Widerstand von einigen 100 MΩ, ein leitender

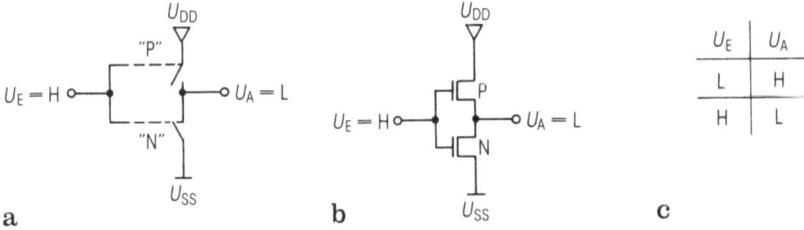

Bild 2.6. Funktion eines Inverters. a) Schaltermodell; b) CMOS-Transistorschaltung; c) Funktionstabelle

2.1 Überblick

von mehreren kΩ. Neben der sehr niedrigen statischen Verlustleistung entsteht allerdings beim Umladen der Gatekapazitäten eine mit der Schaltfrequenz ansteigende dynamische Verlustleistung.

Der Flächenbedarf einer CMOS-Schaltung ist im Allgemeinen um einen Faktor 1,5 bis 2 größer als der einer entsprechenden NMOS-Schaltung. Dafür sind drei Gründe verantwortlich:

- Zwischen n- und p-Kanal-Transistor ist ein Minimalabstand (Wannenabstand) einzuhalten.
- Ein NMOS-Lasttransistor ist meist kleiner als ein p-Kanal-Transistor.
- In der statischen Komplementärtechnik muß jedem n-Kanal ein p-Kanal-Transistor entsprechen. In NMOS benötigen oft mehrere Schalttransistoren nur einen Lasttransistor.

Kritisch für den Designingenieur ist häufig die Schaltzeit, also die Zeit vom Anlegen einer Signaländerung am Eingang einer Schaltung bis zur Reaktion der Ausgangssignale. Für ein 2-input-NAND in 3-μm-CMOS-Technologie liegt diese Schaltzeit bei etwa 2 ns. Bei einer 0,7-μm-Technologie, die etwa Ende der 80er Jahre als Produktionstechnik erwartet wird, wird sie nur mehr etwa 100 bis 200 ps betragen.

Schließlich sollten bei der Auswahl einer Technologie auch die zulässigen Störpegel beachtet werden. Hier ist CMOS anderen Technologien wegen seines hohen Spannungshubs und seiner symmetrischen Schaltcharakteristik deutlich überlegen.

Bei der Entwicklung von Computern, insbesondere von Großrechnern, tritt oft die Forderung nach niedrigem Leistungsverbrauch in den Hintergrund gegenüber dem Wunsch nach sehr hoher Verarbeitungsgeschwindigkeit, also kurzen Schaltzeiten. Hier ist der Haupteinsatzbereich von bipolaren Schaltungen. Als bipolare Schaltungstechnik mit der höchsten Verarbeitungsgeschwindigkeit kommt die ECL-Technik (*emitter coupled logic*) zum Einsatz [2.4]. Als Grundgatter dient die OR/NOR-Schaltung (Bild 2.7).

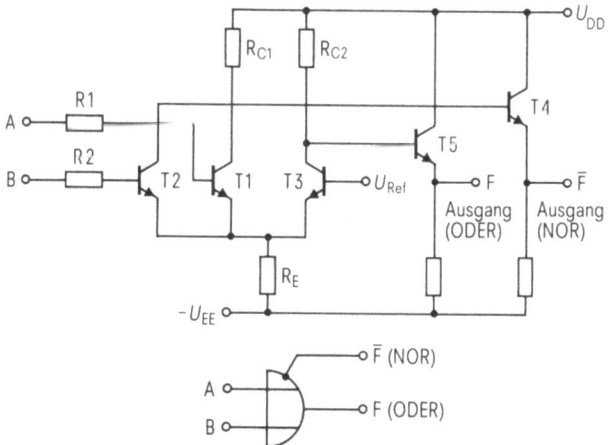

Bild 2.7. Das ECL-OR/NOR-Gatter (Prinzipschaltbild)

2.2 Bauelemente und Technologie

Das Ziel dieses Abschnitts ist, dem Designer, der sich noch nicht mit der Halbleitertechnik beschäftigt hat, die Grundzüge der Halbleitertechnologie der Bauelemente *zusammen* mit den damit möglichen Schaltungstechniken zu vermitteln. Die Darlegung ist knapp gehalten. Für ein detaillierteres Studium der Grundlagen wird auf die angeführte Spezialliteratur verwiesen.

2.2.1 Der Bipolartransistor

A. Funktionsweise

Den vereinfachten Querschnitt eines Bipolartransistors (npn-Typ) zeigt Bild 2.8. Der Transistor besteht dabei aus zwei n-dotierten Schichten, die durch eine p-dotierte Schicht getrennt sind. Auf diese Weise entstehen zwei pn-Übergänge. Der linke Übergang ist so an eine Spannungsquelle angeschlossen, daß der pn-Übergang in Durchlaßrichtung gepolt ist; eine große Anzahl von Majoritätsträgern (in diesem Fall Elektronen) fließt somit von dem n^+-Gebiet (Emitter des Transistors) in das p-Gebiet (Basis des Transistors). Der rechte pn-Übergang ist ebenfalls an eine Batterie angeschlossen, allerdings in Sperrichtung, so daß hier zunächst nur der sehr geringe Sperrstrom fließt. Die Elektronen, die von dem linken n-Gebiet in die Basis gelangen, werden nun jedoch von dem Feld an dem gesperrten pn-Übergang angezogen und gelangen dadurch in das n-Gebiet des Kollektors. Wieviele dieser Elektronen zum Kollektor fließen hängt von der Spannung und von der Dicke des Basisbereiches ab. Das Verhältnis des Teils des Elektronenstromes aus dem Emitter, der den Kollektor erreicht, zum gesamten Emitterstrom ist nur wenig kleiner als 1, für heute übliche Transistoren vielfach ungefähr 0,98.

Das Ausgangskennlinienfeld eines npn-Transistors ist in Bild 2.9 dargestellt. Es ist der Kollektorstrom gegen die Kollektorspannung (genauer Kollektor-Basis-Spannung) aufgetragen, als Parameter ist der Basisstrom eingezeichnet. Man kann die Kennlinien in drei Abschnitte unterteilen:

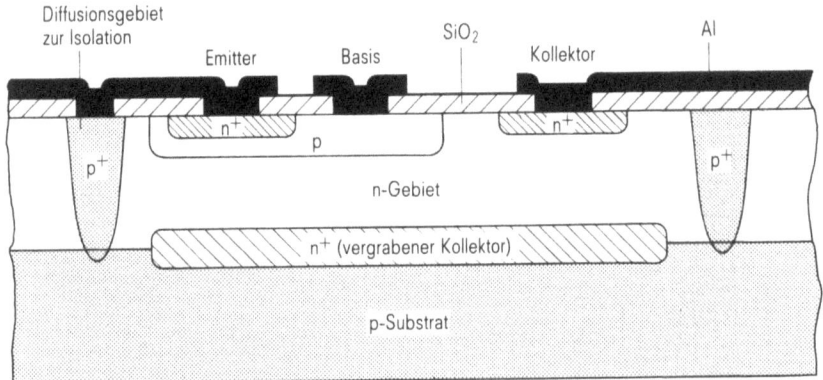

Bild 2.8. Querschnitt eines Bipolartransistors vom npn-Typ

2.2 Bauelemente und Technologie

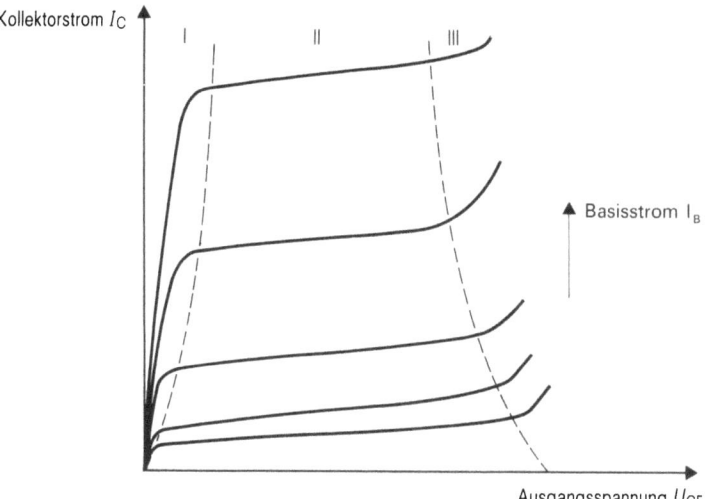

Bild 2.9. Ausgangskennlinienfeld eines Bipolartransistors vom npn-Typ

- *Das Krümmungsgebiet bei kleiner Spannung (I)*: Hier hat eine kleine Zunahme der Ausgangsspannung U_{CB} eine große Zunahme des Kollektorstroms I_C zur Folge. In diesem Gebiet ist die am pn-Übergang zwischen Basis und Kollektor stehende Spannung so klein, daß von den Elektronen in der Basis nur ein kleiner Teil zum Kollektor abgesaugt wird. Wird die Spannung am Kollektor-Basis-Übergang größer, so werden alle Elektronen, die den pn-Übergang zum Kollektor erreichen, abgezogen und der zweite Abschnitt ist erreicht. Die Spannung, bei der die Kennlinien abknicken, wird als Sättigungsspannung $U_{CB\,sat}$ bezeichnet.
- *Das lineare Gebiet (II)*: Hier ergibt eine Vergrößerung von U_{CB} eine nur kleine Zunahme des Stroms I_C. Diese Zunahme erklärt sich daraus, daß bei größer werdendem U_{CB} die Sperrschicht breiter wird und dadurch der Basisraum schmäler. Es werden mehr Elektronen in den Kollektor abgesaugt.
- *Das Krümmungsgebiet bei hoher Ausgangsspannung U_{CB} (III)*: Hier sind die angelegten Spannungen so groß, daß ein Durchbrechen des pn-Übergangs erfolgt. Dieses Durchbrechen hat seine Ursache in der großen elektrischen Feldstärke in der Kollektorsperrschicht und führt zu einer plötzlichen Zunahme der Zahl der beweglichen Ladungsträger. Im normalen Betrieb darf der Transistor diesen Bereich nicht erreichen (Angabe der maximalen Kollektor-Basis-Spannung $U_{CB\,max}$).

Neben dem npn-Transistor, dessen Funktionsweise kurz beschrieben ist, gibt es Transistoren mit inverser Dotierung, d.h. pnp-Transistoren. Bei ihnen sind die Spannungen vertauscht und die Elektronen durch Defektelektronen (Löcher) ersetzt. Die Schaltsymbole sowie die relevanten Spannungsgrößen von npn- und pnp-Transistoren sind in Bild 2.10 a,b dargestellt.

B. Herstellung

Die Grundlage des Herstellungsprozesses integrierter bipolarer Schaltungen und MOS-Schaltungen bildet das Photolithographieverfahren. Bei ihm werden die Struk-

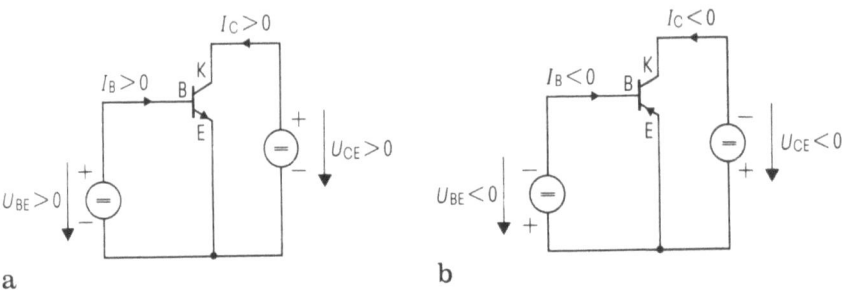

Bild 2.10. Schaltbild, Spannungen und Ströme eines Bipolartransistors vom npn-Typ (a) und vom pnp-Typ (b)

turen von einer Photomaske auf die Halbleiterscheibe übertragen. Nach der Oxidation der Si-Oberfläche wird mit Hilfe einer Lackschleuder Photolack auf der rotierenden Scheibe verteilt. Die dabei entstehende dünne, gleichmäßige Lackschicht wird anschließend getrocknet und durch die Maske, in der die Strukturen, die später auf der Scheibe entstehen sollen, enthalten sind, hindurch belichtet. Die belichteten Lackbereiche werden beim anschließenden Entwicklungsprozeß entfernt. Die nicht belichteten Bereiche bleiben stehen (Positivlack). Diese strukturierte Lackschicht dient als Maske, um die freigelegte SiO_2-Schicht mit entsprechenden Chemikalien bis zum einkristallinen Si zu ätzen. Die auf der Maske vorhandene Struktur ist also über den Photolack auf die SiO_2-Schicht übertragen worden. Die stehengebliebene SiO_2-Schicht kann nun z.B. als Maske bei der Diffusion von Dotieratomen verwendet werden. Deshalb kommt der beschriebene Prozeß bei der Herstellung von integrierten Schaltungen (bipolar und MOS) mehrfach vor.

Im folgenden werden nun die Herstellungsschritte für einen integrierten (bipolaren) npn-Transistor beschrieben (Bild 2.11). Zunächst wird auf ein p-dotiertes Substrat (Scheibe) durch thermische Oxidation eine SiO_2-Schicht aufgebracht. Nach dem ersten Photolithographieschritt wird mit Hilfe einer Maske ein n^+-Gebiet, das später als Subkollektor dient, erzeugt. Im folgenden Schritt läßt man auf die einkristalline Unterlage (gesamte Scheibe) eine dünne einkristalline Si-Schicht aufwachsen. Man nennt diesen Prozeßschritt Epitaxie. Danach werden in die n-Epitaxieschicht tiefe p^+-Taschen eindiffundiert. Sie dienen zur Isolation der einzelnen Transistoren auf dem gemeinsamen Substrat. Nun werden die eigentlichen Transistorelektroden erzeugt. Zunächst wird ein p-Gebiet für die Basis eindiffundiert. Anschließend wird das n^+-Gebiet für den Emitter sowie das n^+-Kontaktgebiet für den Kollektor im gleichen Prozeßschritt erzeugt. Die Basisweite wird durch den Abstand n^+-p (Prozeßschritt 4 in Bild 2.11) bestimmt. Die Größe ist von den Diffusionsmechanismen abhängig und nicht durch Strukturen auf der Maske bestimmt (im Gegensatz zum MOS-Transistor).

Nach diesen Prozeßschritten müssen noch die Elektroden des Transistors mit Aluminiumleitungen angeschlossen und mit den anderen auf dem Schaltkreis befindlichen Schaltelementen verbunden werden (Schritte 5 und 6 in Bild 2.11) Mit Hilfe dieser Prozeßfolge können auf der gleichen Scheibe auch Widerstände und Kondensatoren hergestellt werden. Ihre Verwendung wird im Abschnitt über die Grundschaltungen noch näher erläutert.

2.2 Bauelemente und Technologie

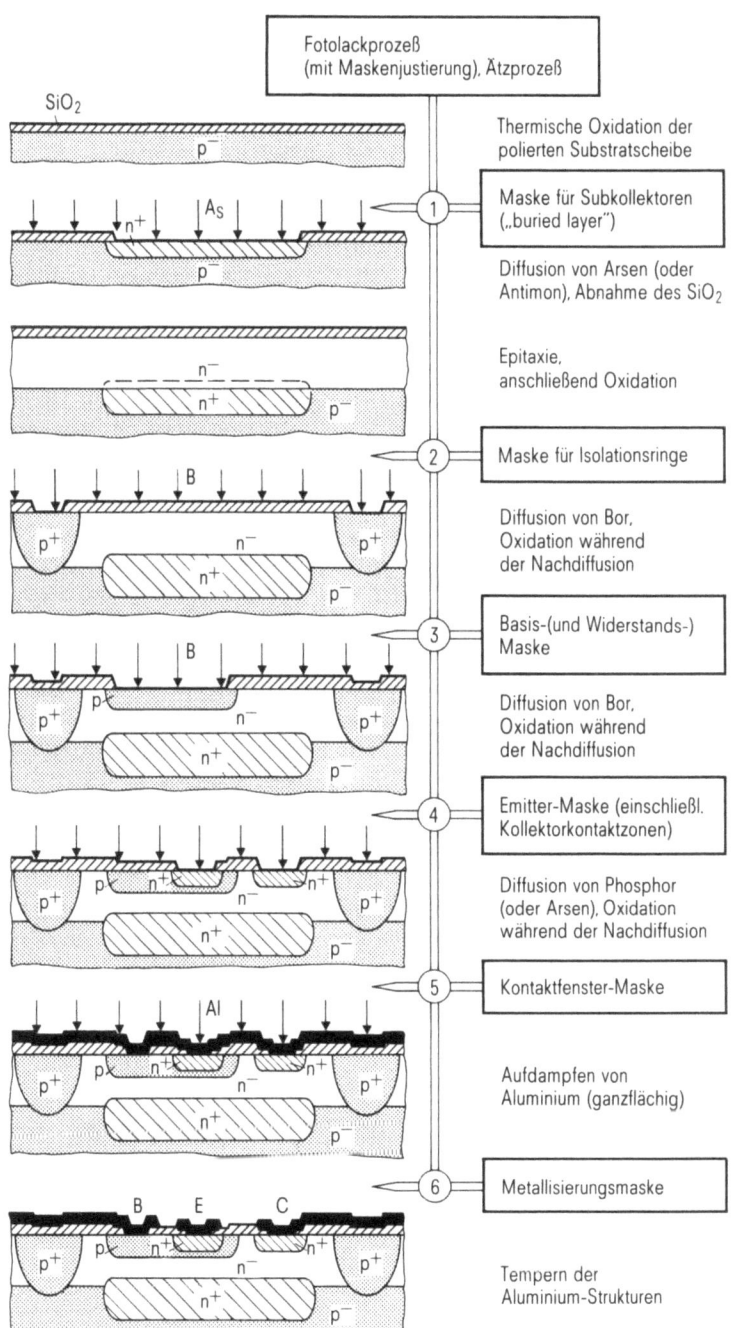

Bild 2.11. Prozeßfolge bei der Herstellung eines Bipolartransistors vom npn-Typ (nach [2.4])

2.2.2 Der MOS-Transistor

A. Funktionsweise

MOS-Transistoren gehören zur Gruppe der spannungsgesteuerten Halbleiterbauelemente, auch Feldeffekttransistoren (FET) genannt. Man unterscheidet zwei Gruppen: den Sperrschicht-FET und den Transistor mit isolierter Steuerelektrode. Da der Sperrschicht-FET sich nicht zur Integration eignet, wird er nicht genauer beschrieben.

Im Bild 2.12 ist der Querschnitt eines integrierbaren Feldeffekttransistors dargestellt. Auf einem p-leitenden Substrat befinden sich entgegengesetzt dotierte Kontaktgebiete (n^+-Bereiche.) Man nennt sie Source- und Draingebiete. Zwischen Source und Drain befindet sich auf dem Silizium eine dünne SiO_2-Schicht. Auf dieser liegt eine Aluminium- oder Polysiliziumschicht, die Gateelektrode. Außerhalb des Gategebietes ist die Oxidschicht wesentlich dicker; auf ihr laufen die Aluminiumbahnen, die die einzelnen Bauelemente miteinander verbinden. Diese dicke Isolierschicht verhindert, daß zwischen den Bauelementen parasitäre Transistoren entstehen. Sie stellt somit die Isolation zwischen den Transistoren sicher.

Solange nur p-leitendes Gebiet zwischen den beiden n^+-bezeichneten Diffusionsgebieten liegt, kann bei Anlegen einer Drain-Source-Spannung nur ein Leckstrom zwischen den n^+-Gebieten fließen. Grundsätzlich sind die beiden Drain- und Sourcegebiete in Sperrichtung gegen das Substrat vorgespannt. Bei Anlegen einer positiven Gatespannung gegenüber dem Substrat werden durch das elektrische Feld die Löcher (Defektelektronen) des Substrats von der Oberfläche weggestoßen. Bei genügend großer positiver Spannung werden dann Elektronen in einer dünnen Schicht unter der Oberfläche influenziert (Inversionsschicht). Dann besteht eine n-leitende Verbindung zwischen den beiden n^+-Diffusionsgebieten, der Transistor leitet.

Neben dem n-Kanal-Transistor gibt es auch noch den p-Kanal-Transistor, der auf einem n-Substrat mit p^+-Diffusionen für Drain- und Sourceelektrode hergestellt wird. Darüber hinaus kennt man für beide aktiven Elemente Transistoren vom Anreicherungstyp (bei ihnen fließt bei 0 V Spannung kein Strom) und vom Verarmungstyp (bei ihnen ist durch gezieltes Einbringen von Dotieratomen unter der Gateelektrode im Kanalbereich bereits bei 0 V Gatespannung eine leitende Verbindung zwischen Drain und Source vorhanden). Als Gateisolator wird fast ausschließlich SiO_2 verwendet. Andere Isolatormaterialien werden nur bei Spezialtransistoren eingesetzt.

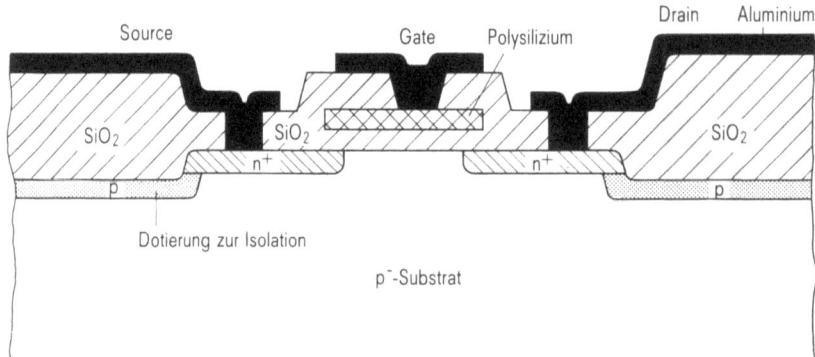

Bild 2.12. Querschnitt eines MOS-Feldeffekttransistors vom n-Typ (n-Kanal Transistor)

2.2 Bauelemente und Technologie

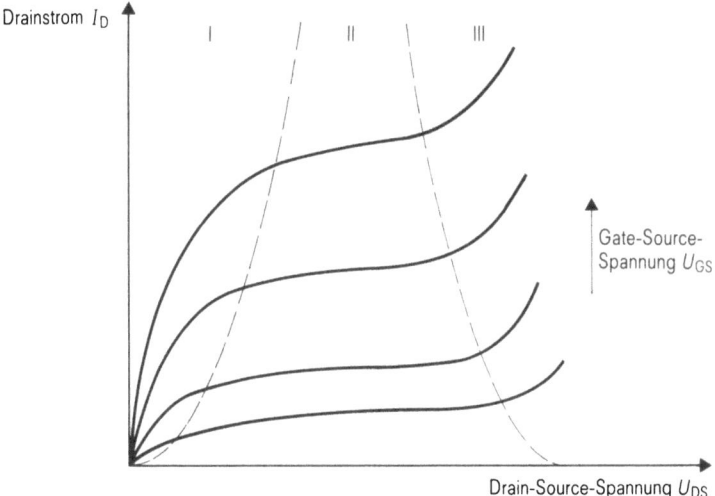

Bild 2.13. Ausgangskennlinienfeld eines n-Kanal MOS-Transistors

Das Ausgangskennlinienfeld eines n-Kanal-Transistors vom Anreicherungstyp zeigt Bild 2.13. In dem Kennlinienfeld wird der Strom I_D zwischen Drain und Source in Abhängigkeit von der Drain-Source-Spannung aufgezeichnet. Man kann, wie beim bipolaren Transistor, drei Kennlienienbereiche unterscheiden (I, II, und III in Bild 2.13):

- Der Triodenbereich (Bereich I): Mit einer geeignet großen Gatespannung ist eine leitende Verbindung zwischen Drain- und Sourceelektrode hergestellt. Wird die Spannung am Drain erhöht, so steigt die Zahl der beweglichen Ladungsträger, die an die Drainelektrode gesaugt werden, stark an. Man hat hier eine nahezu lineare Abhängigkeit des Drainstroms I_D von der Drainspannung U_{DS}. Erhöht man die Spannung U_{DS} noch weiter, so flacht die Stromzunahme ab. Es kommt zur Sättigung des Stroms I_D.
- Sättigungsgebiet (Bereich II): In diesem zweiten Bereich ist der Strom nahezu unabhängig von der Drainspannung. Es tritt folgender Effekt ein: Die zwischen Drain und Source vorhandene Inversionsschicht, die die Leitfähigkeit des Transistors gewährleistet, wird bei höheren Drainspannungen an der Drainelektrode unterbrochen, es herrscht an der Stelle ein beschleunigendes Feld zur Drainelektrode hin. Dadurch kommt es zu einer Sättigung des Stroms. Eine höhere Drainspannung liefert keine Stromerhöhung mehr. Wird die Drainspannung noch weiter erhöht, so greift die Raumladungszone bis zur Sourceelektrode durch. Man erreicht das Durchbruchgebiet.
- Durchbruchgebiet (Bereich III): Die Drainspannung ist nun so hoch, daß die Ladungsträger direkt aus der Sourceelektrode herausgezogen werden. Eine Inversionsschicht ist nicht mehr vorhanden. Damit ist auch die Steuerung über die Gateelektrode nicht mehr möglich. Der Strom hängt nur mehr von der Drainspannung ab. Im normalen Betrieb muß dieser Kennlinienbereich vermieden werden, da sonst Schäden im Bauelement auftreten.

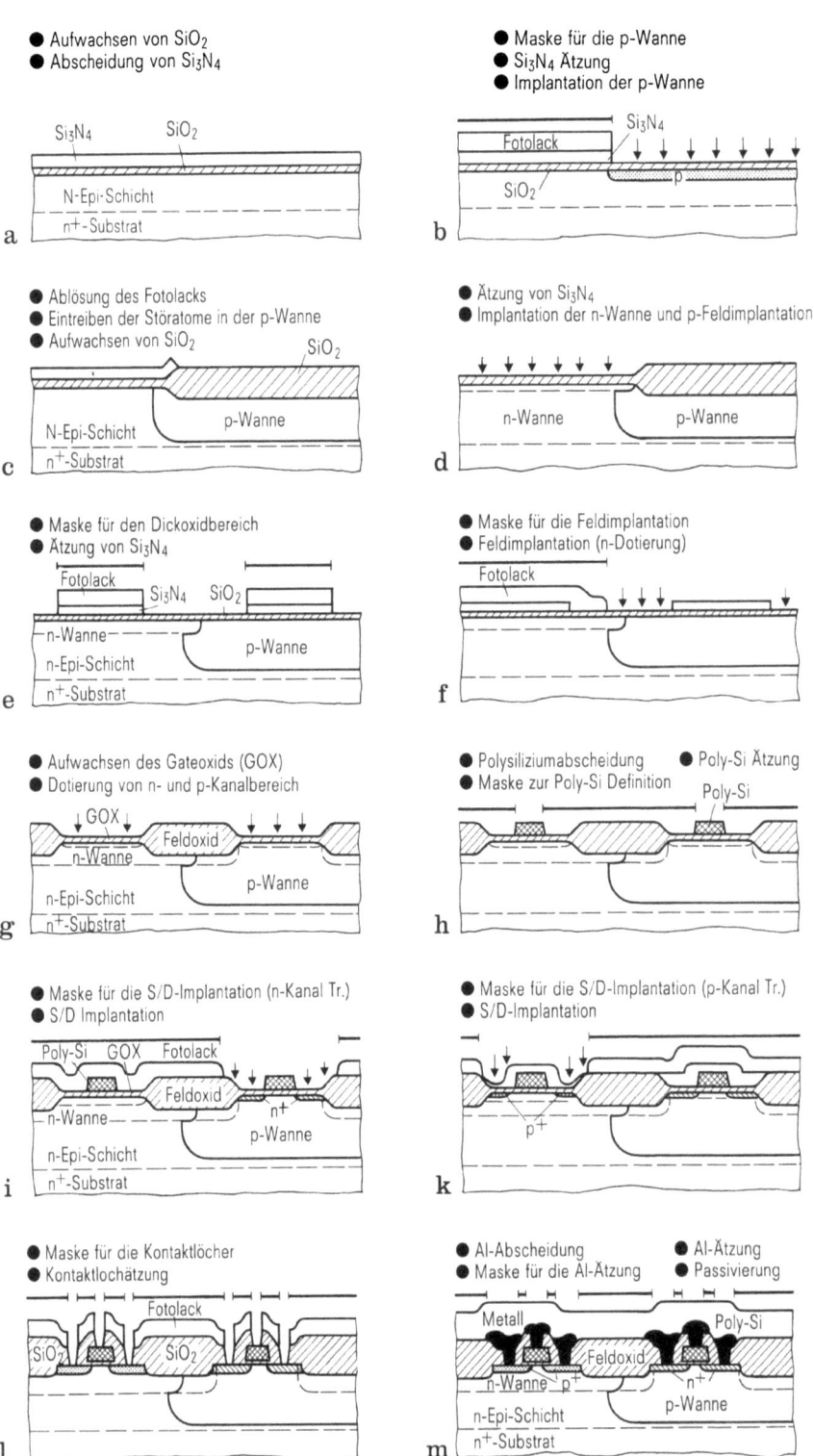

Bild 2.14. Prozeßfolge bei der Herstellung eines Komplementärkanal-Inverters (CMOS Inverter)

B. Herstellung

Das Prinzip der Photolithograhie ist bereits im Abschnitt über die Herstellung der Bipolartransistoren behandelt. Deshalb wird hier nur die Herstellung einer CMOS-Schaltung beschrieben (Bild 2.14).

Zunächst wird in das n-Substrat eine tiefe p-Wanne eingebracht, damit man Transistoren mit beiden Polaritäten herstellen kann (n-Substrat für p-Kanal-Transistoren, p-Wanne für n-Kanal-Transistoren). Anschließend werden mit Hilfe einer Maske die Dünnoxidbereiche für Diffusions- und Gatebereiche der Transistoren und die Dickoxidbereiche für die Isolation zwischen den Transistoren definiert. Anschließend wird in den Dünnoxidbereichen ein hochwertiges SiO_2 von sehr genau kontrollierter Dicke (meist 40 bis 50nm) aufgebracht. Dieses dünne Oxid stellt das Gateoxid dar. Als nächster Schritt wird auf die ganze Scheibe Polysilizium abgeschieden. Anschließend ätzt man mit einer Maske die entsprechenden Muster. Das Polysilizium dient als Gateelektrode (auf Dünnoxid) oder als Verbindungsleitung (auf Dikkoxid). Jetzt erfolgt die Herstellung der Source-Drain-Gebiete der Transistoren. Es werden zunächst alle p-Kanal-Transistoren mit Photolack abgedeckt und anschließend die gesamte Scheibe mit Arsenatomen implantiert. Die Arsenatome gelangen allerdings nur in den Dünnoxidbereichen, wo kein Polysiliziumgate vorhanden ist, in das Grundmaterial und bilden dort n^+-Gebiete. Durch die Dickoxidbereiche und die Polysiliziumbahnen kommen sie nicht hindurch (selbstjustierende Technik). In gleicher Weise werden anschließend die n-Kanal-Transistorbereiche abgedeckt und durch Implantation von Phosphor-Atomen die Source-Drain-Gebiete der p-Kanal-Transistoren hergestellt.

Nach diesen Schritten werden wieder mit Hilfe einer Maske die Kontaktlochbereiche in den Diffusionsgebieten bzw. auf den Polysiliziumbahnen definiert. Im anschließenden Ätzschritt werden diese Kontaktlöcher freigelegt. Das nun aufgebrachte Aluminium kann an den freien Stellen einen ohmschen Kontakt zu diesen Bereichen bilden. Nun wird mit Hilfe der nächsten Maske das Muster der Al-Bahnen definiert. Zum Schluß wird der gesamte Schaltkreis mit einer Schutzschicht überdeckt, damit beim mechanischen Zersägen der Scheibe und dem Montieren der Bausteine die empfindliche Oberfläche nicht beschädigt wird. Allerdings müssen die Anschlußflächen (Pads) von dieser Schutzschicht wieder befreit werden, um die Bausteine im Gehäuse mit Bonddrähten verbinden zu können.

2.3 Bipolare Halbleiterschaltungen

2.3.1 Bipolare Logikschaltungen

In der Bipolartechnik gibt es zwei grundlegende Schaltungstechniken: die gesättigte und die nicht gesättigte Schaltungstechnik. Die gemeinsame Grundschaltung ist ein einfacher Inverter mit Lastwiderstand und Transistor (z.B. ein npn-Transistor) als aktivem Element. Seine Funktionsweise wird zunächst beschrieben (Bild 2.15).

Bei Kurzschluß der Basis-Emitter-Strecke sperrt der Transistor. Sein Ausgangswiderstand ist einige MΩ groß. Das Ausgangssignal ist der Betriebsspannungspegel.

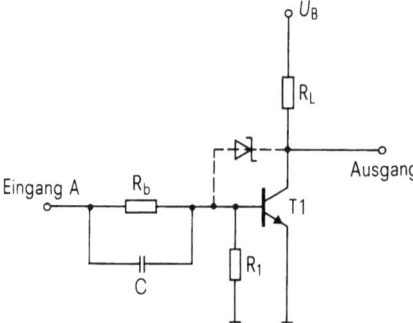

Bild 2.15. Schaltbild eines Inverters mit einem Bipolartransistor und einem ohmschen Widerstand als Lastelement

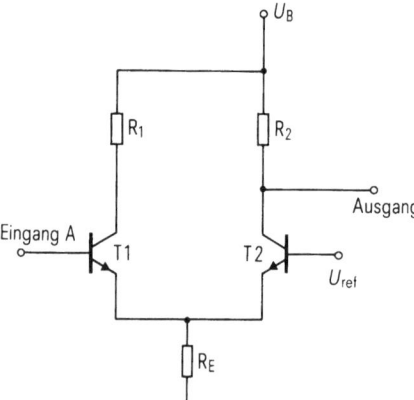

Bild 2.16. Prinzipschaltbild einer Differenzstufe mit Bipolartransistoren (emittergekoppelter Verstärker)

Wird der Transistor über die Emitter-Basis-Strecke leitend geschaltet, so sinkt der Ausgangswiderstand auf einige Ω, so daß das Ausgangspotential gleich dem Massepotential ist.

Beim Durchsteuern des Transistors geht er aus dem „aktiven" (nicht gesättigten) Zustand in die Sättigung über. Durch den Kondensator C wird der Transistor durch den Spannungssprung kurzzeitig übersteuert. Damit wird die Abfallzeit des Kollektorpotentials beträchtlich verkürzt. Im Sättigungszustand des Transistors sind im Kollektor-Basis-Übergang Minoritätsträger angehäuft. Daher ist zur Rückführung des Transistors in den ausgeschalteten Zustand eine bestimmte Zeit erforderlich.

Um sehr kurze Schaltzeiten zu erreichen, muß der Transistor im ungesättigten Bereich arbeiten. Die Anhäufung von Minoritätsträgern in dem Kollektor-Basis-Übergang muß verhindert werden. Dies kann mit Hilfe einer Schottky-Barrier-Diode erfolgen. Dabei wird der normale pn-Übergang einer üblichen Diode durch einen Metall-Halbleiter-Übergang ersetzt. Er besitzt einen minimalen Speichereffekt für Minoritätsträger. Die Schottky-Barrier-Diode wird zwischen Basis und Kollektor eines Transistors geschaltet (gestrichelt in Bild 2.15). Durch $U_{BE} < U_{CE}$ wird verhindert, daß der Transistor in die Sättigung gerät [2.7].

Bild 2.16 zeigt eine zweite Möglichkeit zur Vermeidung der Minoritätsträgeranhäufung: Zwei Transistoren sind als emittergekoppelte Verstärker geschaltet (s. auch Bild 2.7). Die Basis von T1 liegt auf einer Referenzspannung U_{ref}. Der gemeinsame

2.3 Bipolare Halbleiterschaltungen

Emitterwiderstand R_E, der als Konstantstromquelle betrachtet werden kann, ist relativ hochohmig. R1 und R2 werden so gewählt, daß der Strom durch R_E doppelt so groß ist wie der Strom durch R1 und R2. Liegt nun der Eingang A am Massepotential, so sperrt T1, und T2 muß den gesamten Strom der Konstantstromquelle führen. Für positiven Eingang wird T1 leitend. Der Emitterstrom von T1 wird größer und damit der Strom durch T2 geringer. Jetzt sperrt T2, und T1 leitet. Wegen der begrenzten Emitterströme gelangt die Schaltung nicht in die Sättigung. Die nachteilige relativ hohe Ausgangsimpedanz dieser Schaltung kann man durch Anordnung eines zusätzlichen Emitterfolgers am Ausgang kompensieren (in Bild 2.7 eingezeichnet).

Bei den im folgenden näher erläuterten Schaltungsfamilien TTL und ECL [2.4, 2.7] wird auf die grundlegenden Schaltungsversionen „gesättigt" und „nicht gesättigt" hingewiesen:

*T*ransistor *t*ransistor *l*ogik (TTL) ist die heute am weitesten verbreitete Logikfamilie. Es gibt derzeit vier Ausführungsformen der TTL-Serie: Standard, „Low-power" (langsamer und verlustärmer als Standard), „High-power Schottky" (schneller und verlustreicher als Standard), „Low-power Schottky" (Geschwindigkeit vergleichbar mit Standard, aber geringere Verlustleistung).

Man kann sich ein TTL-Gatter aus einem (Diode-Transistor-Logik-) DTL-Gatter (s. [2.7]) entstanden vorstellen, indem die Dioden durch mehrere Basis-Emitter-Übergänge und einen Basis-Kollektor-Übergang ersetzt wurden. Die TTL-Schaltung besitzt daher auch einen einzigen Transistor für mehrere Eingänge (Multiemittertransistor). Der Basis-Kollektor-Übergang dient als Seriendiode.

Beim NAND-Gatter der Standard-TTL-Serie (Bild 2.17) ist der Multiemitter-Transistorstufe eine Transistorstufe zur Phasenaufteilung und Stromverstärkung nachgeschaltet. Diese Stufe steuert eine Gegentaktausgangsstufe („totempole output") an. Die kurzen Schaltzeiten dieser Logikfamilie sind eine Folge des Multiemittereingangs, während die Ausgangsstufe den Störabstand verbessert.

Die Schaltung für die gleiche Funktion in Low-power-Schottky-TTL zeigt Bild 2.17; bei den Transistoren wird die Sättigung durch Schottky-Dioden in der Basis-Kollektor-Strecke verhindert.

Die TTL-Familie wird ständig erweitert, besonders auch durch spezielle MSI- und LSI-Schaltungen. Es stehen komplette Funktionsblöcke zur Verfügung, wie arithmetische Schaltungen, Datenpfade und Speicher (s. z.B. [2.8]).

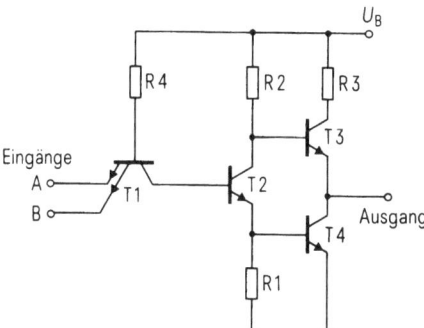

Bild 2.17. Schaltbild eines NAND-Gatters in TTL Schaltungstechnik

Bei der Logikfamilie *e*mitter *c*oupled *l*ogik (ECL) werden die Schalttransistoren nicht in Sättigung gesteuert. Im Basis-Kollektor-Übergang sind daher keine Minoritätsträgerüberschüsse vorhanden, was sehr kurze Schaltzeiten ermöglicht. Diese Schaltungstechnik wird auch oft „*c*urrent *m*ode *l*ogic" (CML) genannt [2.4].

Eine OR/NOR-Schaltung in dieser Technik zeigt Bild 2.19 (vgl. das Schaltprinzip gemäß Bildern 2.7 und 2.16). Die Transistoren T1 bis T3 bilden den emittergekoppelten Verstärker. R_E arbeitet als Konstantstromquelle. Sind beide Eingänge logisch 0 ($=-400$mV), so bleiben T1 und T2 gesperrt; ihr gemeinsames Kollektorpotential ist dann U_{DD}, und T4 leitet: der NOR-Ausgang liegt somit auf hohem (H-) Pegel. Durch U_{ref} ($=$Massepotential) ist T3 leitend und der Strom fließt vollständig durch T3, während T5 sperrt: der OR-Ausgang liegt auf niedrigem (L-) Pegel. Wird nun einer der Eingänge auf logisch 1 geschaltet, so leitet der entsprechende Transistor; das Kollektorpotential sinkt, und T4 sperrt. Der Ausgang geht auf L-Pegel. Wenn das „logische 1"-Signal ($=+400$ mV) größer als U_{ref} ist, so sperrt T3, und der Strom

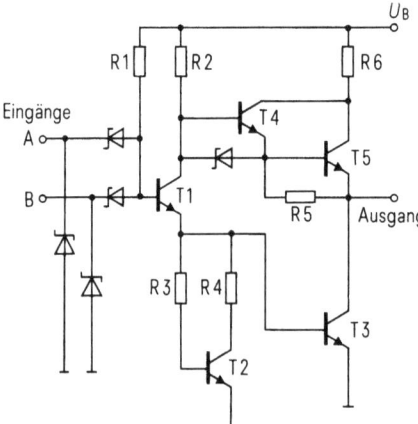

Bild 2.18. Schaltbild eines NAND-Gatters in Low-Power Schottky-TTL-Schaltungstechnik

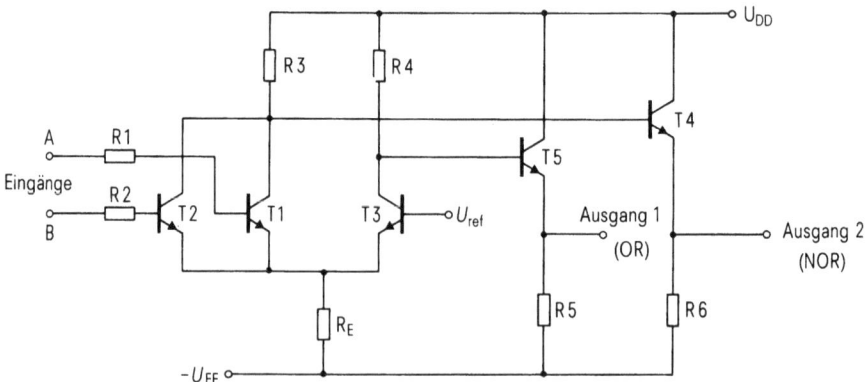

Bild 2.19. Schaltbild eines OR/NOR-Gatters in der ECL-Schaltungstechnik

2.3 Bipolare Halbleiterschaltungen

durch R_E fließt vollständig durch den leitenden Eingangstransistor. Jetzt leitet T5, sein Ausgang liegt nun auf H-Pegel.

Die ECL-Technik wird dort eingesetzt, wo kurze Schaltzeiten erforderlich sind und die Verlustleistung von geringerer Bedeutung ist. Der Störspannungsabstand für ECL beträgt 200mV. Außer einfachen Gatterfunktionen gibt es noch Flipflops, Rechenmodule und Schaltungen mit mehreren Funktionen. Auch werden bipolare Gate Arrays vornehmlich mit ECL-Schaltungstechnik realisiert. Dabei geht man immer von der in Bild 2.19 beschriebenen OR/NOR Schaltung aus.

2.3.2 Bipolare Speicher

Generell kann man wieder sagen, daß bipolare Speicher eine höhere Funktionsgeschwindigkeit, jene in MOS-Technologie dagegen eine höhere Integrationsdichte aufweisen. Mit der zunehmenden Strukturverkleinerung werden jedoch auch MOS-Speicher immer schneller und erzielen teilweise Geschwindigkeiten, die an jene von bipolaren Speichern heranreichen. In der Bipolartechnik werden ausschließlich Speicher mit statischen Speicherzellen sowie Festwertspeicher hergestellt. In Bild 2.20 ist eine TTL-Speicherzelle dargestellt. Die Zelle besteht aus zwei Multiemittertransistoren, wobei jeweils ein Emitter zur Ein- und Ausgabe der Daten benötigt wird. Im Ruhezustand ist auf der Wortleitung eine „0" gespeichert, wenn T1 leitend ist, und eine „1", wenn T2 leitend ist. Zum Lesen werden die Wortleitung auf „1"-Potential und die beiden Datenleitungen auf „0"-Potential gelegt [2.9].

Während des Lesevorgangs fließt auf der Datenleitung ein Strom, der von einem Leserverstärker zur entsprechenden Information verstärkt wird. Die Information in der Zelle wird beim Auslesen nicht verändert (zerstörungsfreies Auslesen).

Für das Schreiben werden die Wortleitung und eine der beiden Datenleitungen auf „0"-Potential gelegt. Soll z.B. eine „0" eingeschrieben werden, dann wird mit „1"-Potential auf der „1"-Datenleitung T2 gesperrt und mit „0"-Potential auf der „0"-Datenleitung T1 leitend. Die Auswahl der Speicherzelle zum Schreiben und zum Lesen erfolgt über die Wortleitung und Datenleitung.

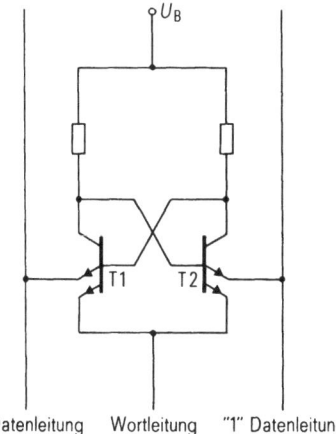

Bild 2.20. Schaltbild einer statischen Speicherzelle in Bipolartechnik

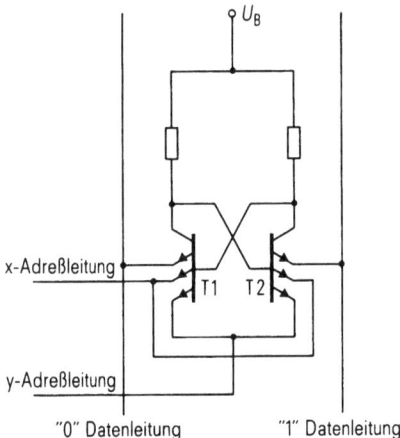

Bild 2.21. Schaltbild einer statischen Speicherzelle in Bipolartechnik mit koinzidenter Ansteuerung

Für eine koinzidente Ansteuerung der Speicherzelle müssen dagegen beide Transistoren in Bild 2.20 um einen zusätzlichen Emitter erweitert werden. Eine solche Speicherzelle zeigt Bild 2.21. Die Aufgabe der Wortleitung wird jetzt von den beiden Adreßleitungen übernommen. Ist die Zelle nicht in Betrieb, so führen die x- und y-Adreßleitungen „0"-Potential. Die Zelle ist über die UND-Verknüpfung der Multiemittertransistoren gesperrt. Erst wenn beide Adreßleitungen auf „1"-Potential liegen, ist ein Einschreiben oder Auslesen von Informationen möglich [2.9].

Neben den eben beschriebenen Schreib/Lese-Speichern existieren Festwertspeicher: sie haben einen fest vorgegebenen Inhalt, der während des Einsatzes des Speichers nicht veränderbar ist. Ein solcher Speicher besitzt somit nur die Lesefunktion. Festwertspeicher lassen sich unterteilen in [2.9]

- reversible Festwertspeicher (derzeit nur in MOS-Technik),
- irreversible Festwertspeicher (in Bipolar- und MOS-Technik).

Irreversible Festwertspeicher werden entweder direkt beim Hersteller während der Herstellung (ROM) oder durch einen speziellen Programmierablauf beim Anwender programmiert (PROM). Für diesen Programmierablauf werden besondere Programmiergeräte benötigt.

Wird die Programierung des Speicherbausteins beim Hersteller durchgeführt, so muß der Designingenieur ihm eine Tabelle des gewünschten Speicherinhalts liefern. Diese wird dann auf dem Chip durch eine Maskenprogrammierung erstellt. Da dieses Programmierverfahren aufwendig und nur bei hohen Stückzahlen wirtschaftlich ist, gibt es für Laborzwecke und kleine Stückzahlen Festwertspeicher, die vom Designingenieur programmiert werden können (PROM). Hier wird an den Kreuzungspunkten der Speichermatrix eine Reihenschaltung eines aktiven Elements (Diode oder Bipolartransistor) mit einem Widerstand (z.B. Nickel-Chrom) vorgesehen. Dieser Widerstand erfüllt die Aufgabe einer Schmelzsicherung und wird beim Programmieren durch einen geeigneten Überstrom zerstört. An dieser Stelle ist dann die Verbindung unterbrochen.

2.4 MOS-Halbleiterschaltungen

2.4.1 Mos-Logikschaltungen

Die Grundschaltung für Logikschaltungen, Schieberegister, Speicher etc. ist der Inverter, d.h. eine Stufe, deren Ausgangs- und Eingangsspannungen jeweils einen entgegengesetzten („inversen") Verlauf über der Zeit haben [2.5]. Neben der Signalinvertierung wird mit einem Inverter auch meist das Signal verstärkt, d.h.

$$\Delta U_a \geq \Delta U_e.$$

Das Grundprinzip eines Inverters erkennt man aus Bild 2.22. Der Drainanschluß des MOS-Transistors T_S ist über den Lastwiderstand R_L mit der Versorgungsspannung U_B verbunden. Gleichzeitig ist diese Verbindung auch der Inverterausgang. Der Sourceanschluß liegt an Masse, an die Gateelektrode wird die Eingangsspannung U_E angelegt. Das Substrat des Transistors liegt auf einem Portential U_{Sub}, das zum einfacheren Verständnis zunächst 0V sein soll. Ist die Eingangsspannung U_E kleiner als die Einsatzspannung U_T des Transistors, so sperrt T_S. Durch den Widerstand R_L fließt kein Strom und die Ausgangsspannung U_A liegt auf Batteriepotential U_B. Wird jedoch die Spannung U_E über die Einsatzspannung hinaus erhöht, so wird der Transistor T_S leitend, es fließt ein Strom durch den Wiederstand R_L und den Transistor: die Ausgangsspannung U_A sinkt auf einen Wert, der durch die Spannungsteilung zwischen dem leitenden Transistor und dem Lastwiderstand gegeben ist. Bei MOS-Logikschaltungen muß die Ausgangsspannung U_A unter die Einsatzspannung des nachfolgenden Transistors sinken, damit dieser sperrt. Diese Restspannung hängt vom Widerstandsverhältnis zwischen Transistor und Widerstand und damit auch von der Eingangsspannung U_E am Transistor ab. Im Gegensatz zur bipolaren Technik werden in integrierten MOS-Schaltungen kaum Inverter mit ohmschen Lastwiderständen verwendet, da der höhere Innenwiderstand von MOS-Transistoren sehr hochohmige Lastwiderstände notwendig macht. Werden diese integrierten Lastwiderstände als diffundierte Bahnwiderstände realisiert, so benötigen diese sehr viel Platz. Bei integrierten MOS-Invertern verwendet man daher nahezu ausschließlich MOS-Transistoren als Lastwiderstände. Die Möglichkeiten, MOS-Last- und Schalttransistoren zu verbinden, zeigen die Bilder 2.23 bis 2.25. Die Gate-Elektrode des Lastelements kann entweder mit der Versorgungsspannung verbunden (2.23a) oder an eine eigene Spannungsquelle angelegt werden (2.23b).

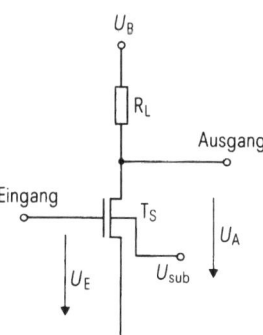

Bild 2.22. Schaltbild eines Inverters mit einem MOS-Transistor und einem ohmschen Widerstand als Lastelement

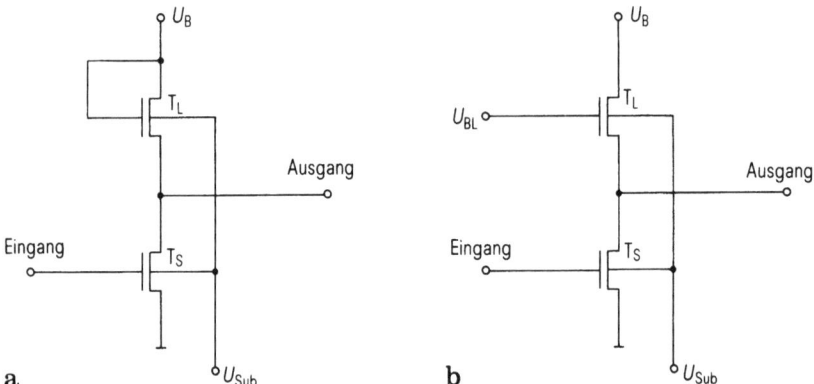

Bild 2.23. Schaltbild eines MOS-Inverters mit einem Tansistor vom Anreicherungstyp als Lastelement

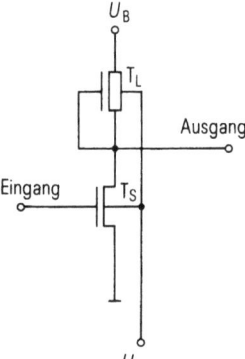

Bild 2.24. Schaltbild eines MOS-Inverters mit einem Transistor vom Verarmungstyp als Lastelement

In Bild 2.23a ist der Lasttransistor T_L vom Anreicherungstyp. Seine Gateelektrode ist mit der Versorgungsspannung U_B verbunden. Da der Transistor T_L sperrt, sobald seine Gate-Source-Spannung kleiner als die Einsatzspannung ist, kann die Ausgangsspannung U_A maximal den Wert U_B-U_T erreichen. Will man die volle Betriebsspannung am Ausgang haben, so müßte man an die Gateelektrode des Lasttransistors eine mindestens um die Einsatzspannung U_T höhere Spannung U_{BL} als die Betriebsspannung legen. Diese Anordnung ist in Bild 2.23b dargestellt. Hat man Transistoren vom Verarmungstyp, so verbindet man meist das Gate des Lasttransistors mit seiner Source. Der Transistor T_L hat daher eine konstante Gate-Source-Spannung von 0 V (Bild 2.24). Diesen drei Inverterschaltungen ist gemeinsam, daß man mit Hilfe der geometrischen Verhältnisse zwischen Schalttransistor und Lasttransistor dafür sorgen muß, daß die Ausgangsspannung U_A bei leitendem Schalttransistor (die sogenannte Restspannung) klein genug ist, um die nächstfolgende Stufe zu sperren. Hat man jedoch Komplementärkanaltransistoren (n- und p-Typ) auf einem Chip, so kann man den Inverter nach Bild 2.25 realisieren. Hier steuert das Eingangssignal beide Transistoren an, und bei den beiden Endspannungswerten von U_E ist immer einer der Transistoren gesperrt. Man erhält daher den vollen Spannungshub am Ausgang, und die Verhältnisse der Geometrien spielen für die Restspannung keine Rolle.

2.4 MOS-Halbleiterschaltungen 89

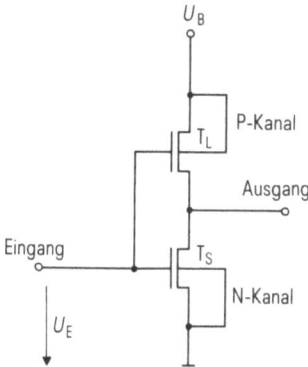

Bild 2.25. Schaltbild eines MOS-Inverters in Komplementärkanaltechnik

Um die Übertragungskurve (Eingangsspannung zu Ausgangsspannung) der verschiedenen Inverter zu bestimmen, muß man in das Ausgangskennlinienfeld des Schalttransistors die Kennlinie des Lastelements einzeichnen. Für die Schaltungen der Bilder 2.22, 2.23a und 2.24 sind die Lastkennlinien in das Ausgangskennlinienfeld des Schalttransistors T_S eingetragen (Bild 2.26). Alle Lastkennlinien schneiden die Kennlinie des Schalttransistors mit $U_E = U_{GS} = U_B = $ const im gleichen Punkt S, die Restspannung U_R am Ausgang ist bei allen drei Invertern die gleiche. Allerdings haben die verschiedenen Lastelemente auch unterschiedliche Lastkennlinien (s. Bild 2.26), und dies führt zu verschieden steilen Übertragungskennlinien zwischen Eingangs- und Ausgangsspannung des Inverters. Man erhält diese Übertragungskennlinien, indem man den Schnittpunkt zwischen der Kennlinie U_{GS} des Schalttransistors mit der Lastkennlinie bestimmt. Der dazugehörige Achsenabschnitt auf der U_{DS}-Achse ist dann die Ausgagsspannung, die am Eingang liegende Spannung ($= U_{GS}$ des Schalttransistors) die Eingangsspannung.

Für die Komplementärschaltung nach Bild 2.25 muß man die Kennlinienfelder *beider* Transistoren zeichnen, da beide Transistoren vom Eingangssignal angesteuert werden. Für jede Eingangsspannung (U_{GS}) müssen nun die entsprechenden Kennlinien zum Schnitt gebracht werden, um die Übertragungskennlinie des Inverters zu ermitteln. Die so gewonnenen Übertragungskennlinien zeigt Bild 2.27. Man erkennt, daß die Schaltungen nach Bild 2.24 und 2.25 die höchste Steilheit (= größte Verstärkung) im Übergangsgebiet zwischen hohem Potential (logisch „1") und niedrigem Potential (logisch „0") besitzen. Neben der hohen differentiellen Verstärkung haben diese beiden Inverter auch die beste Ladecharakteristik für eine am Ausgang angeschlossene Lastkapazität und sind daher geeignet, sehr schnelle Logikschaltkreise zu realisieren. Moderne MOS-Logik-Bausteine werden daher heute ausschließlich in einer dieser Schaltungstechniken realisiert [2.5, 2.11].

Neben den statischen Inverterschaltungen kann in der MOS-Technik wegen des hohen Eingangswiderstands des MOS-Transistors (ca. 10^{12} bis $10^{14} \Omega$) ein Inverter auch mit Hilfe dynamischer Schaltungstechniken realisiert werden. In Bild 2.28 ist solch ein dynamischer Inverter mit den dazugehörigen Impulsformen dargestellt. Das Prinzip besteht darin, daß während einer Vorladephase der Ausgangsknoten vorgeladen wird. Hierbei ist der Zustand des Schalttransistors T_S nicht von Bedeutung, solange der Transistor T_2 zur Masse gesperrt bleibt. Ist die Vorladephase abgeschlossen, so leitet der Transistor T_2 gegen Masse, und je nach dem Signal am Eingang des

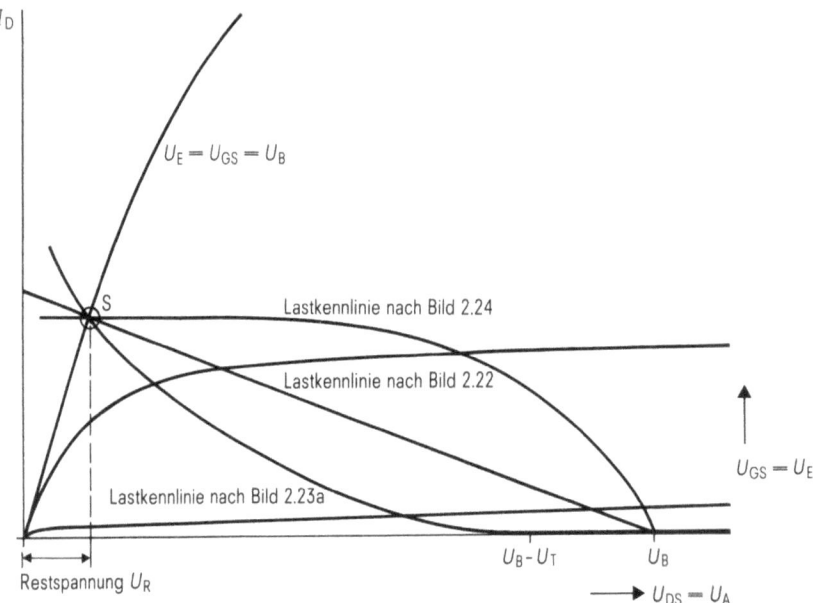

Bild 2.26. Ausgangskennlinienfeld eines MOS-Transistors mit eingezeichneten Lastkennlinien

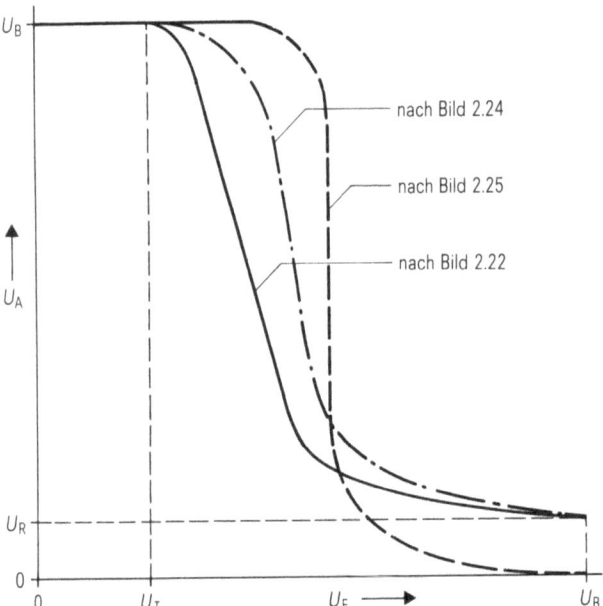

Bild 2.27. Übertragungskennlinien verschiedener MOS-Inverter

2.4 MOS-Halbleiterschaltungen

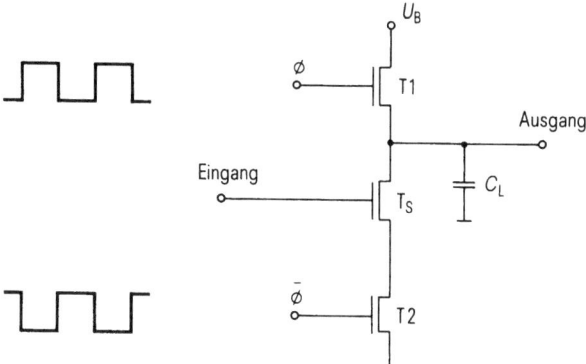

Bild 2.28. Schaltbild eines dynamischen MOS-Inverters

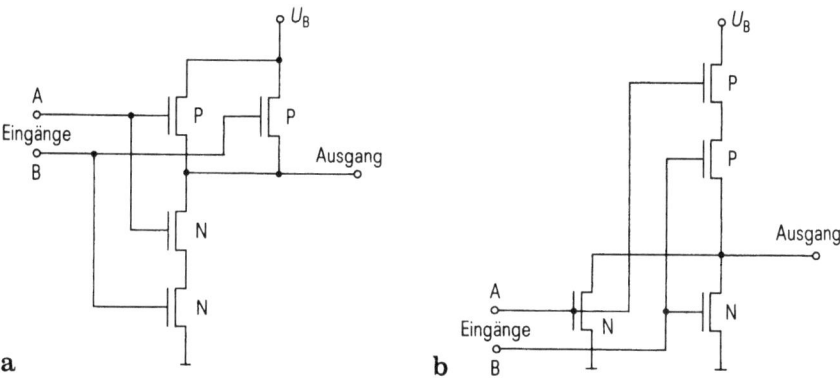

Bild 2.29. Schaltbild eines NAND-Gatters (a) und eines NOR-Gatters (b) in Komplementärkanaltechnik (CMOS)

Schalttransistors T_S wird der Ausgangsknoten gegen Masse entladen oder er bleibt auf dem Vorladepotential. Die Schaltungstechnik heißt dynamisch, da die Vorladespannung am Ausgangsknoten bei gesperrtem Schalttransistor langsam über die Leckströme der gesperrten pn-Übergänge absinkt. Der Betrieb eines dynamischen Inverters darf daher eine untere Grenzfrequenz nicht unterschreiten. Bei dieser dynamischen Technik kann man die Transistorgeometrien (nahezu) in beliebigen Verhältnissen wählen („*ratioless circuit*"), da ja immer nur einer der Pfade zwischen den Betriebsspannungen und dem Ausgang leitend ist. Mit Hilfe dieser Inverter können Logikschaltungen unterschiedlicher Komplexität aufgebaut werden [2.5].

Die Bilder 2.29 a,b zeigen ein 2-input NAND- und 2-input NOR-Gatter in Komplementärkanaltechnik. Beim NAND-Gatter liegen die n-Kanal-Transistoren in Serie, die p-Kanal-Transistoren sind parallel. Beim NOR-Gatter ist diese Anordnung umgedreht. Auf diese Art können Gatter unterschiedlicher Komplexität aufgebaut werden. Auch die Mischung von Serien- und Parallelschaltungen ist möglich und wird in der MOS-Technik sehr oft verwendet. Bild 2.30 zeigt Schaltbild und Schaltsymbol eines 4-input Mischgatters in CMOS-Technik [2.5, 2.10].

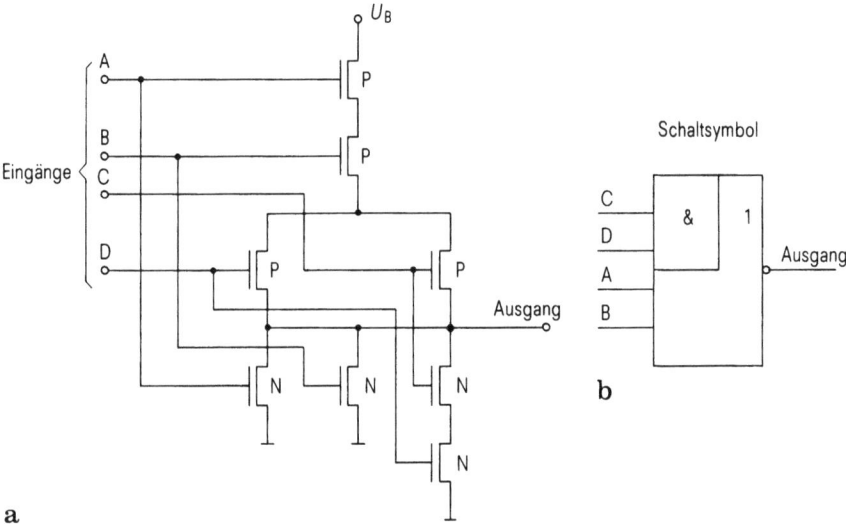

Bild 2.30. Schaltbild (a) und Schaltsymbol (b) eines AND-NOR (2−2−4)-Mischgatters in Komplementärkanaltechnik (CMOS)

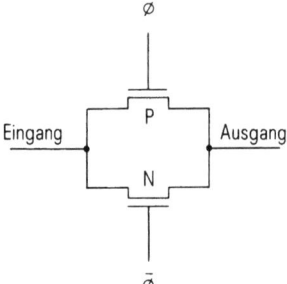

Bild 2.31. Schaltbild eines Transfergatters in Komplementärkanaltechnik (CMOS)

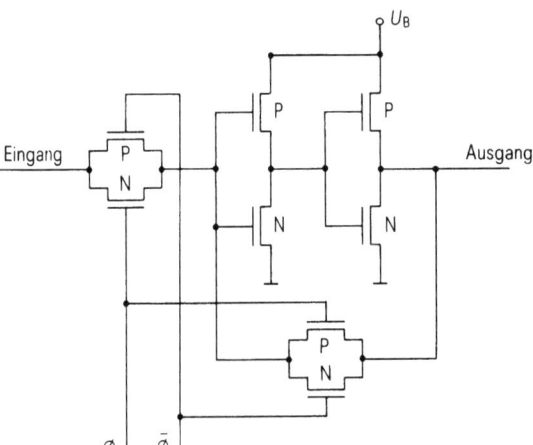

Bild 2.32. Schaltbild eines Flipflops mit auftrennbarer Rückkopplung in Komplementärkanaltechnik (CMOS)

2.4 MOS-Halbleiterschaltungen

Ein in der MOS-Technik sehr oft verwendetes Schaltelement ist das Transfergatter. Hierbei wird die Tatsache ausgenützt, daß bei einem MOS-Transistor Drain und Source gleich ausgebildet sind und er daher bidirektional ist. Man kann den Transistor als Schalter benutzen. Im leitenden Zustand kann der Strom in beide Richtungen fließen (je nach Potentialzustand an den Elektroden), im gesperrten Zustand fließt kein Strom. Ein CMOS-Transfergatter ist in Bild 2.31 dargestellt. Die beiden Transistoren werden gegenphasig angesteuert, so daß entweder beide sperren oder beide leiten [2.5, 2.11].

Ausgenutzt wird das Transfergatter (TG) z.B. bei einem Flipflop, dessen Rückkopplungszweig aufgetrennt werden kann (Bild 2.32). Sobald das TG am Eingang leitet, sperrt das zweite TG. Das Signal erscheint zweimal invertiert am Ausgang. Sperrt das erste TG und leitet das zweite, so kann keine neue Information eingeschrieben werden, aber die alte Information bleibt über den geschlossenen Rückkopplungszweig am Ausgang des Flipflops stehen. In der englischen Literatur wird ein solches Element oft „Latch" genannt.

2.4.2 MOS-Halbleiterspeicher

Bei digitalen Halbleiterspeichern wird das Informationsbit in einer Halbleiterschaltung gespeichert und bei Bedarf ausgelesen. Das Einschreiben der Information erfolgt entweder elektrisch (Schreib/Lese-Speicher, elektrisch-programmierbare Festwertspeicher) oder während der Herstellung (Festwertspeicher). Auf einem Chip sind meist viele solche Speicherschaltungen integriert, und die Großintegration ist zu einem sehr großen Teil von der Entwicklung auf dem Speichergebiet beeinflußt und vorangetrieben worden (s. Bild 2.1).

Von der Organisation her kann man die Seicher in Registerspeicher und in Speicher mit wahlfreiem Zugriff einteilen. Registerspeicher bestehen aus Schieberegistern. Zum Auslesen einer Information muß eine bestimmte Anzahl von Schiebeimpulsen angelegt werden bis das gewünschte Informationsbit am Ausgang anliegt. Es kann also nicht wahlfrei an jeden Speicherort zugegriffen werden.

Die meisten Halbleiterspeicher sind dagegen als Speicher mit wahlfreiem Zugriff organisiert. Hierbei wird die gewünschte Speicherzelle mit Hilfe eines Adreßwortes ausgewählt. Das Adreßwort bestimmt die Speicherplätze innerhalb einer Speichermatrix, die zum Schreiben oder Lesen von Informationen aktiviert werden sollen. Ein Speicher mit wahlfreiem Zugriff besteht aus einem Adreßdekodierer, der eigentlichen Speichermatrix sowie einer Schreib/Lese-Schaltung (Bild 2.33). Bei Festwertspeichern entfällt die Schreibschaltung. Der Adreßdekodierer ist meist zweigeteilt und besitzt einen x- und einen y-Dekodierer. Durch Koinzidenz der beiden Adressen wird eine bestimmte Speicherzelle ausgewählt (bitweise Organisation). Wird bei Anlegen einer x- und einer y-Adresse mehr als ein Bit (z.B. 2, 4, 8 oder mehr Bit) ausgelesen, so spricht man von wortweiser Organisation.

Als weitere Ausführungsform von Halbleiterspeichern sollen noch die assoziativen oder inhaltsadressierbaren Speicher erwähnt werden. Hier wird die eingeschriebene Information mit der eingelesenen verglichen und, bei Übereinstimmung, die entsprechende Adresse oder unter dieser Adresse stehende Informationen ausgegeben [2.12].

Schließlich kann man Halbleiterspeicher auch noch nach Art ihrer Informationsspeicherung unterteilen. Es gibt *dynamische Speicher*, bei denen die Information in

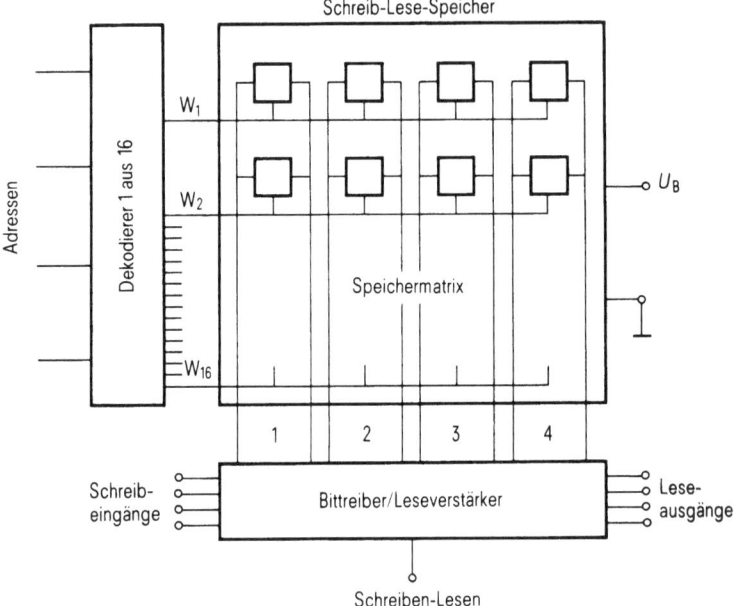

Bild 2.33. Prinzipschaltbild eines Halbleiterspeichers

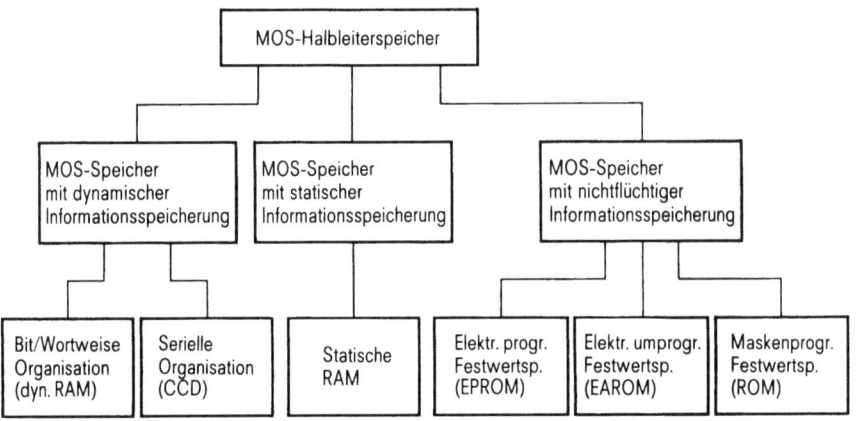

Bild 2.34. Einteilung der Halbleiterspeicher nach Art ihrer Informationsspeicherung

vorgegebenen Zeitabständen (meist 2 ms oder 4 ms) regeneriert werden muß, um nicht verlorenzugehen. Außerdem gibt es *statische* Speicher, die ihre Informationen so lange behalten, solange die Betriebsspannung eingeschaltet ist. Wird sie abgeschaltet, geht die Information verloren. Schließlich gibt es noch *nichtflüchtige* Speicher, die ihre Information auch bei Spannungsausfall behalten. Im folgenden werden die einzelnen MOS-Speicher behandelt. Die jeweilige Speicherzelle wird beschrieben und ihre Einsatzart diskutiert (Bild 2.34).

2.4 MOS-Halbleiterschaltungen 95

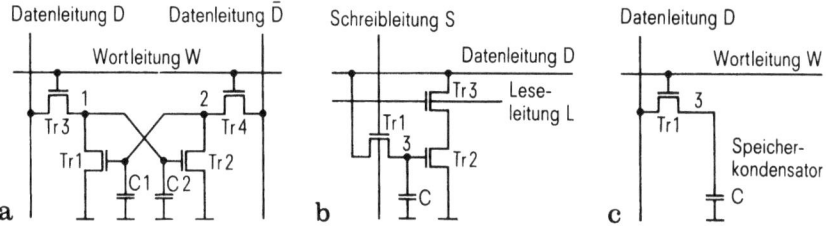

Bild 2.35. Dynamische MOS-Speicherzellen. a) Vier-Transistor-Zelle; b) Drei-Transistor-Zelle; c) Ein-Transistor-Zelle

Speicher mit dynamischer Informationsspeicherung

Im Bestreben, möglichst wenige Schaltelemente zur Speicherung eines Informationsbits zu verwenden, gelangte man von der statischen Sechs-Transistor-Zelle zur dynamischen Vier-(Bild 2.35a), später Drei-(Bild 2.35b) und schließlich zur Ein-Transistor-Zelle (Bild 2.35c). In allen drei Fällen wird die Information in einem MOS-Kondensator gespeichert. Für dynamische Speicher hat sich die Ein-Transistor-Zelle durchgesetzt, so daß nur diese Zelle genauer beschrieben werden soll.

Beim Speichern der Information benötigt man bei dieser Zelle nur mehr einen Speicherkondensator C und einen Schalttransistor Tr1, um den Kondensator an die Datenleitung D (Schreib-/Leseleitung) anzuschließen bzw. von ihr zu trennen. Die Zahl der Elemente zur Speicherung eines Informationsbits ist so auf ein Minimum reduziert worden.

Soll in die Zelle von Bild 2.35c die Information „0" eingeschrieben werden, so wird an die Datenleitung D eine Spannung von 0 V angelegt und gleichzeitig über die Wortleitung W der Auswahltransistor Tr1 eingeschaltet. Das Potential am Speicherkondensator, der als MOS-Kondensator realisiert ist, wird auf 0 V gelegt. Nach dem Abschalten des Transistors Tr1 bleibt der Zustand erhalten, die entsprechende Information also gespeichert. Da die Information auch dem Gleichgewichtszustand des MOS-Kondensators entspricht, muß der Zustand nicht regeneriert werden. Soll eine „1" eingeschrieben werden, so legt man die Schreibspannung U_S (meist $U_S = U_B$) an die Datenleitung und schaltet den Transistor Tr1 wieder ein. Nun liegt der Speicherkondensator auf dem Potential U_S. Die an der Grenzfläche (Si/SiO$_2$) des MOS-Kondensators vorhandenen beweglichen Ladungsträger werden über Tr1 von der an der Datenleitung liegenden Spannung abgesaugt, und es entsteht unter der Speicherelektrode eine tiefe Raumladungszone.

Da der MOS-Kondensator jetzt nicht mehr im thermischen Gleichgewicht ist, werden an der Oberfläche und aus dem Gebiet um die Raumladungszone herum Ladungsträger erzeugt, die an die Grenzfläche wandern und das Potential an dieser Stelle erniedrigen. Wartet man lange genug (einige 100 ms bis Sekunden), stellt sich wieder der „0"-Zustand (Gleichgewichtszustand) ein. Der „1"-Zustand muß daher in periodischen Abständen regeneriert werden. Eine Regeneration ist auch bei den Schaltungen in Bild 2.35a und b notwendig. Sie erfolgt durch Auslesen, Verstärken und neuerliches Einschreiben der Information.

Zum Auslesen der Information wird die Datenleitung D zunächst auf einen definierten Pegel vorgespannt und dann von der Spannungsquelle abgetrennt. Anschlie-

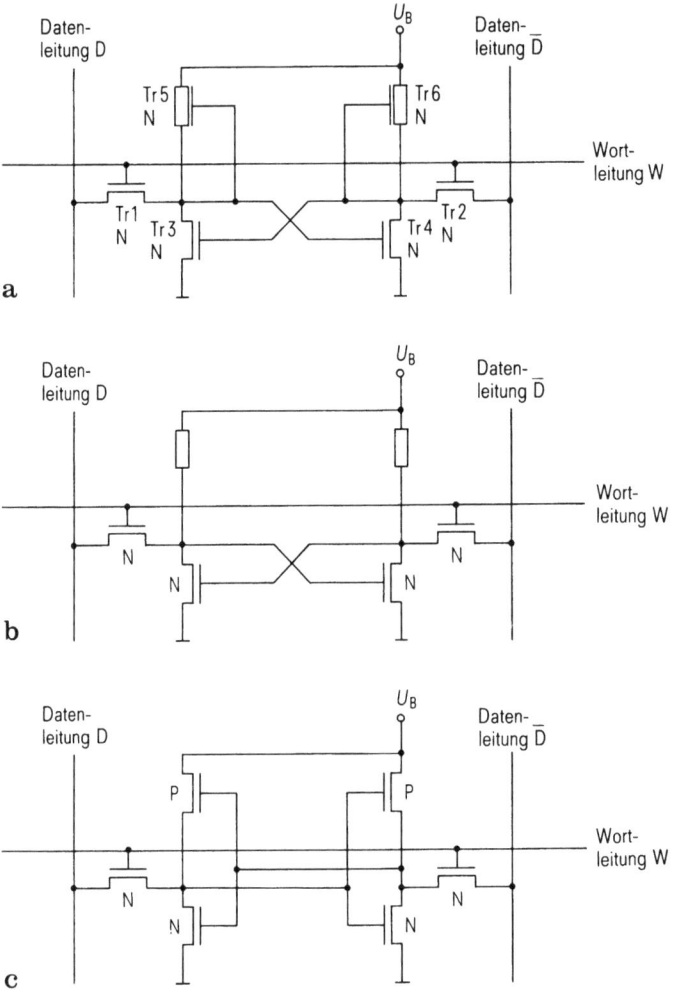

Bild 2.36. Statische MOS-Speicherzellen. a) Zelle mit Lastelementen vom Verarmungstyp; b) Zelle mit hochohmigen Polysilizium-Widerständen als Lastelement; c) Zelle in Komplementärkanaltechnik (CMOS)

ßend öffnet man den Auswahltransistor Tr1, und die Ladungen im Speicherkondensator und auf der Datenleitung können sich ausgleichen. Dieser Ladungsausgleich verursacht eine Spannungsänderung auf der Datenleitung, die noch verstärkt an den Ausgang des Speichers gebracht wird. Das Auslesen der Information erfolgt bei der Ein-Transistor-Zelle zerstörend, d.h. nach jedem Lesevorgang muß die Information wieder eingeschrieben werden. Dies erfolgt mit Hilfe eines Flipflops, das gleichzeitig auch als Leseverstärker verwendet wird [2.5].

Speicher mit statischer Informationsspeicherung

Die Speicherzelle bei statischen MOS-Speichern ist das kreuzgekoppelte Flipflop (Bild 2.36 a bis c).

2.4 MOS-Halbleiterschaltungen

Die zwei Auswahltransistoren Tr1 und Tr2 stellen die Verbindung zwischen den beiden Bitleitungen und den Flipflopknoten her. Je nachdem, ob der linke Flipflopknoten an Masse liegt oder auf dem Potential der Versorgungsspannung, ist eine logische „0" oder „1" gespeichert (die Zuteilung ist willkürlich).

Es gibt verschiedene MOS-Techniken, mit denen statische Speicher aufgebaut werden können. Die verlustärmste Technik ist die CMOS-Technik (Bild 2.36c). In beiden statischen Zuständen fließt in dieser Zelle kein Strom zwischen U_B und Masse, da in beiden Flipflopzweigen einer der Transistoren gesperrt, der andere leitend geschaltet ist. Ist z.B. im linken Zweig der n-Kanal-Transistor leitend, so sperrt sein p-Kanal-Transistor. Im rechten Zweig ist es dann genau umgekehrt, der p-Kanal-Transistor leitet, der n-Kanal sperrt. Hat man eine Ein-Kanal-Technik (z.B. n-Kanal) zur Verfügung, so fließt in einem der beiden Zweige immer ein Querstrom, der eine Verlustleistung bewirkt und daher so klein wie möglich gehalten werden muß. Dies erreicht man durch möglichst hochohmige Lastelemente. Verwendet man als Lastelemente MOS-Transistoren vom Verarmungstyp (Bild 2.36a), so müssen diese Transistoren eine große Kanallänge und geringe Kanalweite haben.

Eine elegante und platzsparende Lösung ist die Verwendung von Polysiliziumlastwiderständen (Bild 2.36b). Hier wird für die Lastelemente undotiertes Polysilizium mit einem Widerstand von rund 50 MΩ/□ verwendet. Man erzielt hiermit nicht nur eine geringere Verlustleistung, da die Querströme meist < 1 µA sind, sondern auch eine kleinere Zellenfläche, da das Flipflop platzsparender aufgebaut werden kann [2.16]. Im Vergleich zu den dynamischen Speichern haben statische Speicher im allgemeinen immer eine um den Faktor 4 bis 8 geringere Bitdichte. Infolge des Wegfalls von empfindlichen Leseverstärkern kann die Peripherie von statischen Speichern jedoch einfacher und auch schneller gemacht werden.

Statische Speicher können sowohl bitweise als auch wortweise organisiert sein, d.h. beim Anlegen einer Adresse wird ein einzelnes Bit ausgelesen (bitweisen organisiert) oder ein ganzes Wort (üblich sind 4-Bit- und 8-Bit-Worte).

Speicher mit nichtflüchtiger Informationsspeicherung

Die einfachste Form von Halbleiterspeichern mit nichtflüchtiger Informationsspeicherung sind sogenannte Nur-Lese-Speicher (*read only memories*: ROM). Hier sind

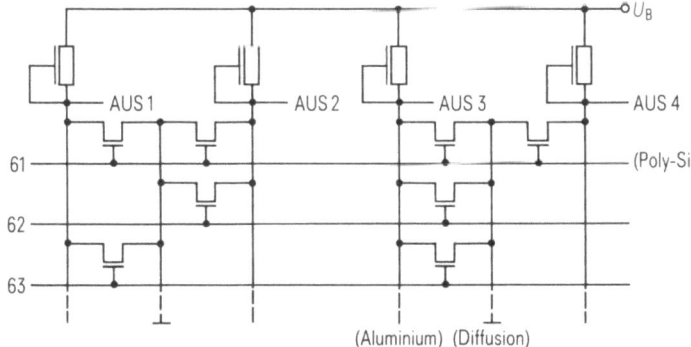

Bild 2.37. Schaltbild eines Festwertspeichers (ROM)

die Transistoren matrixförmig angeordnet. Das Vorhandensein bzw. Nichtvorhandensein eines Transistors entspricht einer gespeicherten „1" bzw. „0" (Bild 2.37). Die Lage der Transistoren oder der Leerstellen muß vor der Herstellung des Schaltkreises bekannt sein. Die Programmierung des ROM kann man in verschiedenen Ebenen vornehmen. Die die geringste Fläche beanspruchende Anordnung ist jene, bei der die Programmierung in der Diffusionsebene erfolgt. Man kann die Programmierung auch in der Metallisierungsebene durchführen, muß dann allerdings mehr Fläche pro Bit vorsehen. Solche Speicher sind vorwiegend wortweise organisiert und nur bei großen Stückzahlen wirtschaftlich. Klassische Anwendungsgebiete für Nur-Lese-Speicher sind Speicheraufgaben für Tabellen, Codeumwandlungen oder Mikroprogramme.

Elektrisch programmierbare Festwertspeicher (PROM, EPROM)

Will der Designingenieur die Belegung eines Nur-Lese-Speichers selbst vornehmen, so kommen Halbleiterspeicher zum Einsatz, bei denen die Information elektrisch „eingebrannt" werden kann. Hierbei werden mit Hilfe von elektrischen Impulsen Verbindungsstrecken auf dem Halbleiterchip durchgeschmolzen. Einen solchen Speicher nennt man „*p*rogrammable *r*ead *o*nly *m*emory" (PROM). Eine einmal durchgeschmolzene Sicherungsstrecke kann nicht mehr verbunden werden, sie ist irreversibel unterbrochen. Da bei dem Durchschmelzvorgang hohe Ströme benötigt werden, sind solche Speicher vornehmlich mit bipolaren Transistoren aufgebaut.

In der MOS-Technik wird für elektrisch programmierbare Festwertspeicher ein anderes Prinzip verwendet, und zwar das der „schwebenden" Gateelektrode („floating gate"). Es werden Ladungsträger aus dem Substrat mit Hilfe hoher elektrischer Felder (kontrollierter Durchbruch der Drain-Substrat-Diode) auf die isolierte Gateelektrode E2 (Bild 2.38a) gebracht. Die so aufgeladene Elektrode beeinflußt den Stromfluß im Kanal. Die Elektrode E1 dient dazu, die Ladungsträger mit hoher Energie aus dem Substrat durch das dünne Gateoxid auf die schwebende Elektrode E2 zu beschleunigen. Der Speicher kann mit Hilfe von UV-Strahlen auch wieder gelöscht werden. Speicherfelder mit diesen Elementen werden so wie ROMs (Bild 2.37) aufgebaut. Nur sitzt dann an jedem Platz ein Transistor, dessen Einsatzspannung über geeignete elektrische Impulse verändert werden kann [2.13].

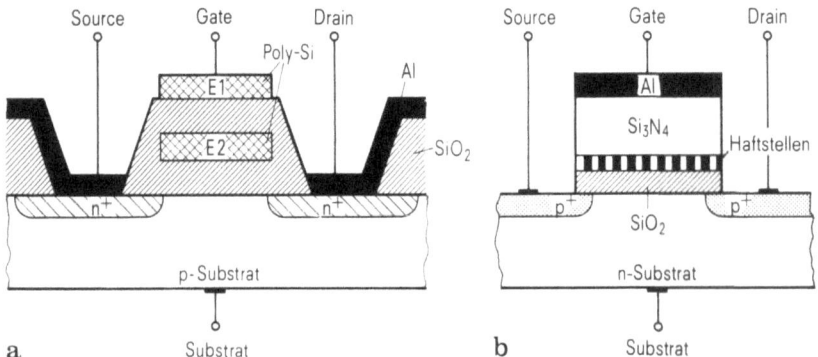

Bild 2.38. Querschnitt durch eine elektrisch umprogrammierbare Speicherzelle (a) und durch einen MNOS-Transistor (b), dessen Einsatzspannung geändert werden kann

2.5 Analoge MOS-Schaltungen

Elektrisch umprogrammierbare Festwertspeicher

Halbleiterspeicher haben immer noch den Nachteil, daß die gespeicherte Information nach dem Abschalten der Versorgungsspannung verlorengeht. Obwohl die meisten Designingenieure gelernt haben, mit diesem Nachteil zu leben und ihn zu überwinden, gibt es doch eine Reihe von Anwendungen, bei denen das leichte Programmieren mit elektrischen Impulsen in Verbindung mit einer nicht zerstörbaren Informationsspeicherung unbedingt notwendig ist. Ende der 60er Jahre hat man das Prinzip des MNOS-Transistors entdeckt [2.12] (Bild 2.38b). Bei diesem Transistor wird der Gateisolator aus zwei verschiedenen Isolatorschichten gebildet, einer dünnen Siliziumdioxidschicht von ca. 2 nm und einer dickeren Siliziumnitridschicht von ca. 40 nm. An der Grenzfläche der beiden Isolatoren entstehen Haftstellen, die man mit Hilfe von elektrischen Impulsen laden und entladen kann. Der Ladungszustand der Haftstellen beeinflußt die Einsatzspannung (und damit auch den Stromfluß) des Transistors. Somit können zwei logische Zustände gespeichert werden. Aufbau und Betrieb eines mit MNOS-Transistoren aufgebauten Speichers entsricht dem eines ROM bzw. EPROM.

Es gibt auch Möglichkeiten EPROM-Zellen (Bild 2.38b) elektrisch zu löschen. Eine dieser Möglichkeiten ist die SIMOS-Zelle [2.14].

2.5 Analoge MOS-Schaltungen

2.5.1 Analogzellen

Während MOS-Transistoren als Einzelbauelemente schon sehr bald nach ihrer Einführung für Analogschaltungen (HF-Verstärker etc.) eingesetzt wurden, waren bis vor wenigen Jahren nahezu alle integrierten MOS-Schaltkreise ausschließlich Digitalschaltungen. Doch im Rahmen der gesteigerten Integrationsmöglichkeit wird es immer interessanter und wichtiger, zusammen mit Digitalschaltungen auch – einzelne – Analogschaltungen auf einem Chip zu integrieren.

Der Unterschied zwischen Digital- und Analogschaltungen wird dann deutlich, wenn man die Arbeitspunkte anhand der Transferkurve eines Inverters (Bild 2.39) vergleicht. Liegt die Eingangsspannung unter der Schwellenspannung des Schalttransistors, so sperrt dieser, und der Pegel am Ausgang entspricht einer logischen „1". Wird der Transistor jedoch so weit ausgesteuert, daß die Restspannung am Ausgang kleiner ist als die Schwellenspannung des nächstfolgenden Schalttransistors, so ist dieser Pegel eine logische „0". Dazwischen liegt der Arbeitspunkt A für den Analogbetrieb. Er muß möglichst im linearen Teil der Kennlinie liegen und die differentielle Steigung (Verstärkung) soll im allgemeinen so groß wie möglich sein. Während im Digitalbetrieb der Schalttransistor einmal leitet und das andere Mal sperrt, sind im Analogbetrieb sowohl der Last- als auch der Schalttransistor immer leitend. Auch bei einem CMOS-Analogverstärker wird dieser Arbeitspunkt, in dem die höchste Verstärkung auftritt, eingestellt. Es fließt ein statischer Querstrom.

Zunächst können einfache Verstärker für Analogsignale in MOS ähnlich aufgebaut werden wie bereits im Abschnitt 2.4.1 für den MOS-Inverter beschrieben. Der Inverter in CMOS-Technik hat hier die größte Verstärkung. Analogverstärker in

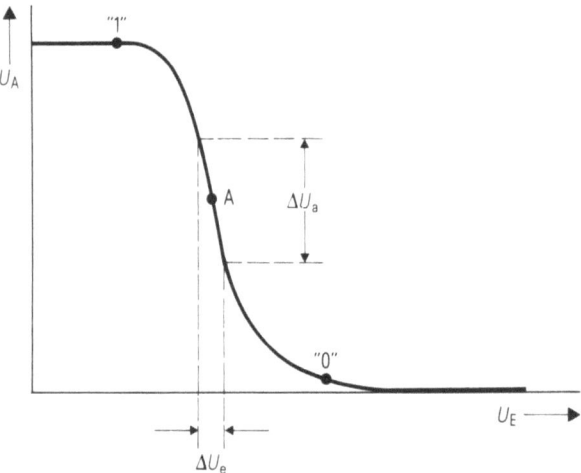

Bild 2.39. Übertragungskennlinie eines MOS-Inverters mit eingetragenen Arbeitspunkten für digitale Anwendungen („0" und „1") und für analoge Anwendungen (A)

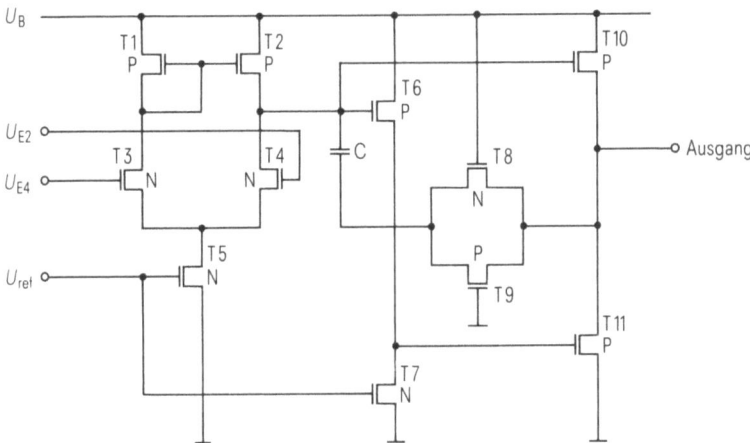

Bild 2.40. Schaltbild eines zweistufigen Operationsverstärkers in Komplementärkanaltechnik (CMOS)

Ein-Kanal-Technik haben um den Faktor 10 bis 100 geringere Kleinsignalverstärkung.

Für die Ableitung des Verstärkungsfaktors muß man das Kleinsignalersatzschaltbild heranziehen [2.3]. Wichtig für eine hohe Kleinsignalverstärkung ist ein großer Ausgangsleitwert, d.h. in der Kennlinie nach Bild 2.13 muß im Sättigungsgebiet (Gebiet II) die Kurve so horizontal wie möglich verlaufen. Man wählt daher bei Analogverstärkern die Kanallänge nie so klein wie technologisch möglich, sondern länger, um den Effekt der Kanallängensteuerung gering zu halten [2.15].

Als weitere Analogschaltung soll hier noch als Grundbaustein für komplexere Einheiten ein Operationsverstärker beschrieben werden. Ein Operationsverstärker soll allgemein eine sehr hohe Vestärkung aufweisen. Durch äußere Beschaltung mit passiven Elementen kann dann die Verstärkung auf ein vorgegebenes Maß eingestellt werden, oder es werden mathematische Operationen wie z.B. Addition oder Multiplikation durchgeführt.

In Bild 2.40 ist ein Operationsverstärker in CMOS-Technik dargestellt. Den Kern des Operationsverstärkers bildet ein Differenzverstärker. Der Sourcepunkt der beiden Differenzzweige wird von dem Transistor T5 gesteuert. Die Gatespannug dieses Transistors T5 wird in einem Referenzspannungsgenerator erzeugt. Das Transfergatter aus den Transistoren T8 und T9 bildet zusammen mit dem Kondensator C ein RC-Glied zur Frequenzkompensation. Um den Pegel am Ausgang des Differenzverstärkers an eine kräftige Treiberstufe anzupassen, muß man meist eine Pegelanpassung vornehmen. Diese Pegelanpassung erfolgt mit Hilfe eines Sourcefolgers. Als Ausgangsstufe kann man dann einen kräftig dimensionierten Inverter verwenden.

2.5.2 Analog-Digital-Mix

Für viele Anwendungen ist eine Mischung von Analog- und Digitalzellen auf einem Chip notwendig. Sind für beide Arten geeignete Zellen in der verfügbaren Technologie vorhanden, so muß der Designingenieur trotzdem noch weitere Gesichtspunkte berücksichtigen. Dazu zwei Regeln:

- Aus elektrischer Sicht ist es außerordentlich wichtig, daß für Analog- und Digitalzellen getrennte Versorgungsspannungspads und − zuführungen eingesetzt werden. Ohne diese Maßnahme ist ein einwandfreies Funktionieren der Analogzellen nicht gewährleistet.
- Die Schnittstelle zwischen den beiden Zellentypen muß äußerst kritisch betrachtet werden. Das elektrische Verhalten ist genau zu definieren.

2.6 Montage und Gehäuse

Nach der Fertigstellung der Scheibe in der Prozeßlinie wird sie in einen Prüfautomaten gebracht. Dieser hat so viele Meßspitzen wie die Schaltung Anschlüsse besitzt. Der Automat hat zwei Funktionen, eine mechanische und eine elektrische: Er setzt die Spitzen auf die Anschlußflecken einer Schaltung, läßt sie dort so lange, bis die Prüfung durchgeführt ist (z.B. 0,3 oder 1 s), hebt sie hierauf hoch und bewegt die Siliziumscheibe ein Stück weiter, bis die Meßspitzen über der nächsten Schaltung liegen. Dann setzt er die Spitzen ab, und der Meßvorgang wiederholt sich. Die elektrische Aufgabe besteht darin, die Funktion der Schaltung mit einem Meßprogramm im Bruchteil einer Sekunde zu prüfen und den Chip bei Ausfall mit einem Farbklecks zu versehen.

Bei dem Wort „Ausbeute" kommen wir zu dem entscheidenden wirtschaftlichen Faktor bei der Herstellung von integrierten Schaltungen. Die kurz beschriebene Herstellung erfordert viele einzelne Prozeßschritte. Bei jedem können kleine Fehler vorkommen. Auch ist das Ausgangsmaterial Silizium nicht ideal, sei es, daß Störungen im Kristallgitter des Siliziums vorliegen, sei es, daß die Dotierung nicht völlig homogen ist. Aus diesen Gründen bestehen nicht alle, manchmal nur einige Prozent der integrierten Schaltungen auf der Siliziumscheibe die Prüfung im Automaten. Es ist dann sehr schwer, oft unmöglich, hinterher die Ursache des Ausfalls festzustellen. Man versucht dies dann durch die sogenannte Prozeßkontrolle zu ermitteln.

Bild 2.41. Integrierte Schaltung im offenen Gehäuse

Man läßt z.B. bei der Diffusion eine Testscheibe mitlaufen und mißt dann den Schichtwiderstand, bevor man die Scheibe weiteren Prozeßschritten unterwirft. Oder man bringt auf der Scheibe Teststrukturen (Widerstände, Transistoren, Dioden) an, die man während der Herstellung bzw. bei der Scheibenprüfung mißt. Außerdem fügt man an wichtigen Stellen der Fertigung sogenannte visuelle Inspektionen ein, um sichtbare Fehler zu entdecken. Hat man bei einer der erwähnten Möglichkeiten, die man als Stichprobe oder als 100%ige Prüfung durchführt, eine defekte Scheibe entdeckt, so wird man die Scheibe wegwerfen, um die noch folgenden Prozesse zu sparen, oder man korrigiert, wenn möglich, den Fehler. Zum Beispiel kann man die aufgedampfte Aluminiumschicht ablösen und den Aufdampfprozeß wiederholen.

Nach der Funktionsprüfung auf der Scheibe werden die Scheiben mit einer Diamantspitze geritzt und durch anschließendes Brechen in die einzelnen Schaltungen geteilt oder mit Hilfe einer Säge in die einzelnen Chips aufgeteilt. Die guten, nicht durch einen Farbklecks markierten Schaltungen werden durch Legieren oder Kleben in ein Gehäuse oder auf eine Spinne gebracht. Anschließend werden Golddrähte von etwa 25µm Dicke durch Thermokompression oder Ultraschallschweißung mit den Anschlußflecken auf dem Chip oder mit dem Gehäuse verbunden (Bild 2.41). Dann

2.6 Montage und Gehäuse

Bild 2.42. Chip im verschlossenen Gehäuse (fertiger Baustein)

wird das Gehäuse verschlossen bzw. die Spinne mit einer Kunststoffmasse umgeben (Bild 2.42).

Die Isolationswirkung des Siliziumdioxids ist sehr gut. Der Widerstand zwischen Gateelektrode und Silizium kann bis zu $10^{15}\Omega$ betragen. Eine Aufladung der Gateelektrode durch die in der Luft vorhandenen Ladungen kann daher leicht vorkommen. Die Durchbruchsfeldstärke liegt bei thermischem SiO_2 bei $4...6\cdot 10^8 Vm^{-1}$. Der elektrische Durchschlag kann also bei Gatespannungen oberhalb von 60 V erfolgen und führt zur Zerstörung des Gateoxids. Daher muß man am Eingang der Schaltungen Schutzmaßnahmen vorsehen, die verhindern, daß sich die Eingangsgateelektroden auf eine zu hohe Spannung aufladen. Innerhalb der Schaltung besteht keine Gefahr, weil die Gateelektroden immer mit dem Drain- oder Source-Kontakt einer vorangehenden oder nachfolgenden MOS-Stufe und daher über einen pn-Übergang mit dem Substrat verbunden sind.

An Gehäuseformen existiert in der IC-Technik eine sehr große Vielfalt, auf die einzugehen den Umfang dieses Buches sprengen würde. Es gibt grundsätzlich Gehäuse aus Plastik und aus Keramik mit Anschlußzahlen von 14 bis über 300. Die Anschlüsse werden als Pins bezeichnet. Der Großteil der Gehäuse besitzt jedoch zwischen 4 und 68 Pins. Ein weiteres Kriterium zur Auswahl eines geeigneten Gehäuses ist sein Wärmeleitwiderstand. Je größer die Verlustleistung des Chips, um so besser muß das Gehäuse die erzeugte Wärme an die Umgebung ableiten. Dies ist besonders bei bipolaren Schaltungen wichtig, die sehr oft Gehäuse mit aufgebrachten Kühlkörpern verwenden.

Literatur zu Kapitel 2

2.1 Goser, K.: Vom Transistor zum System: Der Mikrocomputer. In: Mikroprozessoren und ihre Anwendungen 2.
2.2 Müller, R.: Grundlagen der Halbleiter-Elektronik, 4. Aufl., Springer 1984.
2.3 Müller, R.: Bauelemente der Halbleiter-Elektronik 2. Aufl., Springer 1979.
2.4 Rein, H.-M.; Ranfft, R.: Integrierte Bipolarschaltungen. Springer 1980.
2.5 Weiß, H.; Horninger, K.: Integrierte MOS-Schaltungen, Springer 1982.
2.6 Ruge, I.: Halbleiter-Technologie, 2 Aufl., Springer 1984.
2.7 Zuiderveen, E. A.: Handbuch der Digitalen Schaltungen. Franzis 1981.

2.8 The TTL Data Book. Texas Instruments, 5th Europ. Ed., 1982.
2.9 Waldschmidt, K.: Schaltungen der Datenverarbeitung. Teubner 1980.
2.10 Siemens SEMICUSTOM: Zellenorientierter Baustein-Entwurf, Handbuch 1, Schaltungsentwicklung. April 1985.
2.11 Hodges, D. A.; Jackson, H. G.: Analysis and design of digital integrated circuits. McGraw-Hill 1983.
2.12 Kohonen, T.: Content-addressable memories. Springer 1980.
2.13 Sze. S. M.: Physics of semiconductor devices, 2nd ed. Wiley 1981.
2.14 Rößler, B.; Müller, R. G.: Erasable and electrically reprogrammable read only memory using the n-channel SIMOS one-transistor cell. Siemens Forsch. u. Entw. (1975) 345–351.
2.15 Gray, P. R.; Hodges, D. A.; Brodersen, R. W.: Analog MOS integrated circuits. IEEE Press 1980.
2.16 Capece, R. P.: Elektronik 20 (1979) 39.

3 Layoutdesignmethoden

Eine den Standarddesignverfahren gemeinsame Grundidee ist, wie erläutert, die Bereitstellung wiederverwendbarer, vorgefertigter und verifizierter Schaltungsteile [3.1]. Der Designaufwand für das Layout wird eingespart. Auch kann der Designingenieur auf einer höheren Abstraktionsebene arbeiten. Nicht mehr Transistoren und die technologischen Randbedingungen — durch prozeßtechnisch bedingte Designregeln beschrieben — bilden die Designbasis, sondern logische Einheiten wie Gatter, Flipflops oder Speicher. Diese Einheiten nennt man Zellen. Standarddesignverfahren werden deshalb auch *zellenorientierte* Designverfahren genannt.

Neben ihnen stehen *transistororientierte Designverfahren*. Der wichtigste Unterschied zwischen dem transistororientierten Design und dem zellenorientierten Design liegt im Design des Layoutplans. Transistororientiert bedeutet, daß das Layout der einzelnen Transistoren manuell-interaktiv erstellt und optimiert wird, unterstützt durch geeignete CAD-Einzelwerkzeuge.

Zellenorientierte Designverfahren bieten erhebliche Vorteile bei der Beherrschung der wachsenden Komplexität von VLSI-Bausteinen. Ihnen liegen jedoch Einschränkungen zugrunde. In Abschnitt 1.6 sind die typischen Einschränkungen bezüglich Zellengeometrien und Verdrahtungsraster prinzipiell dargestellt. Diese Ansätze werden hier weiter vertieft mit dem Ziel, dem Designingenieur eine ausreichende Informationsbasis für die Auswahl eines Entwurfsverfahrens anhand der verwendeten Layoutdesignmethode zu bieten. Für einige Designmethoden umfaßt die Darstellung nur die ausführliche Beschreibung. Für andere bietet sie noch zusätzliche Arbeitsanweisungen, welche die Nutzung des Designsystems VENUS ermöglichen. Zu den dargestellten Layoutdesignmethoden gehört auch die transistororientierte, da sie Grundlage einerseits für die Erzeugung der VENUS-Zellen und andererseits für das Einbinden von freien Zellen in Standardverfahrensabläufe bei zellenorientierten Designverfahren ist.

3.1 Zellenorientierte Designmethoden

3.1.1 Standarddesignmethoden mit Bibliotheken

Die Zellen und Zellenbibliotheken von Standarddesignsystemen werden nach vorgegebenen Richtlinien so entworfen, daß die Layoutgenerierung mit diesen Zellen durch CAD-Programme automatisierbar ist. Die Zellen sind durch ihre logische Funktion, ihr elektrisches Verhalten, ihre geometrische Form und ihre Anschlußstruktur charakterisiert. Die Auswahl der Grundschaltungen für eine Bibliothek von Zellen erfolgt einerseits nach den Gesichtspunkten der universellen Einsetzbarkeit, andererseits nach der Pflegbarkeit der Bibliotheken. Eine zu große Artenvielfalt hochspezialisierter Zellen verschlechtert die Handhabbarkeit. Die VENUS-Zellenbibliotheken beispielsweise enthalten ca. 100 verschiedene Elemente pro Designmethode und Technologievariante. Eine Zelle kann dabei bis zu ca. 50 Transistoren umfassen. Die Funktion und alle für den Entwurf wichtigen Eigenschaften und Parameter sind in einem Datenblatt beschrieben.

Der Vorteil der Standarddesignmethoden für den Designingenieur liegt in der Vereinfachung des Entwurfsprozesses durch Reduzierung auf Architektur- und Logikentwurf, häufig auch als funktionaler Entwurf bezeichnet. Er erfolgt auf der Ebene logischer SSI-(small scale integration) und MSI-(medium scale integration) Funktionen, mit denen die meisten Designingenieure vom Flachbaugruppenentwurf her vertraut sind. Dementsprechend sind die Zellenkataloge in VENUS auch wie SSI/MSI-Datenbücher aufgebaut.

Der funktionale Entwurf wird in VENUS durch eine graphisch-interaktive Logikplaneingabe unterstützt. Sie erfolgt an einer graphischen Arbeitsplatzstation, indem der Benutzer über ein Tablett die entsprechenden Zellensymbole aufruft und verknüpft. Das Tablett enthält ein Menue mit allen Zellen der gewählten Bibliothek. Bild 3.1 zeigt einen Ausschnitt aus einem so entwickelten Logikplan. Aus diesem erzeugt das CAD-System eine Netzliste, die Grundlage der logischen Verifikation einer Schaltung durch Simulation ist. Änderungen, die aufgrund der Simulation notwendig werden, werden wieder interaktiv-graphisch im Logikplan vorgenommen. Diese iterative Konstruktion und Verifikation dauert so lange, bis eine funktional korrekte Netzliste erreicht ist. Sie ist dann Basis für die Generierung des Layoutplans. Der detaillierte Verfahrensablauf in VENUS mit Prüfbarkeitsanalyse und allen weiteren für den Bausteinentwurf nötigen Entwurfsschritten wird in Kapitel 6 ausführlich dargestellt.

Der Prozeß der Layouterstellung ist bei den zellenorientierten Verfahren nahezu vollständig automatisiert. Das Gesamtlayout eines Bausteins entsteht durch Plazierung und Verdrahtung der Zellen aufgrund der in der Netzliste beschriebenen Schaltungslogik. In den Prozeß der Entflechtung kann der Designingenieur durch Plazierungsvorgaben oder interaktive Nacharbeit eingreifen.

Die einstigen Nachteile des automatisierten Designs im Vergleich zum manuell-optimierten Design des Layouts, nämlich ineffektive Flächennutzung, niedrige Verarbeitungsgeschwindigkeit und hohe Verlustleistung, sind mittlerweile sowohl durch Verbesserung und Weiterentwicklung der Zellen als auch der CAD-Programme entschärft. Deshalb werden die unbestreitbaren Vorteile der Standardverfahren, nämlich hohe Designsicherheit, kurze Designzeit sowie vergleichsweise geringe Designkosten zunehmend stärker erkannt.

Mit dem Aufkommen der Standardverfahren hat sich der Aufgabenschwerpunkt eines Designingenieurs vom Layoutentwurf zum funktionalen Entwurf verlagert. Er wird von der mühevollen Arbeit der Erzeugung korrekter geometrischer Strukturen entlastet und kann sein Hauptaugenmerk auf den Entwurf einer gut strukturierten, regulären und leicht testbaren Schaltung richten. Erprobter Stand der Technik sind heute Verfahren mit starren Zellenbibliotheken und durchgängigem CAD-System. In Erprobung befinden sich Verfahren, welche laufend durch Ergänzung mit neuen, generierbaren Zellen und mit Zellen für analoge Funktionen sowie durch Einbindung von Funktionsprogrammen, welche die flexible, hierarchische Blockbildung unterstützen, verfeinert werden. Diese Leistungsmerkmale sind Gegenstand der nachfolgenden Kapitel.

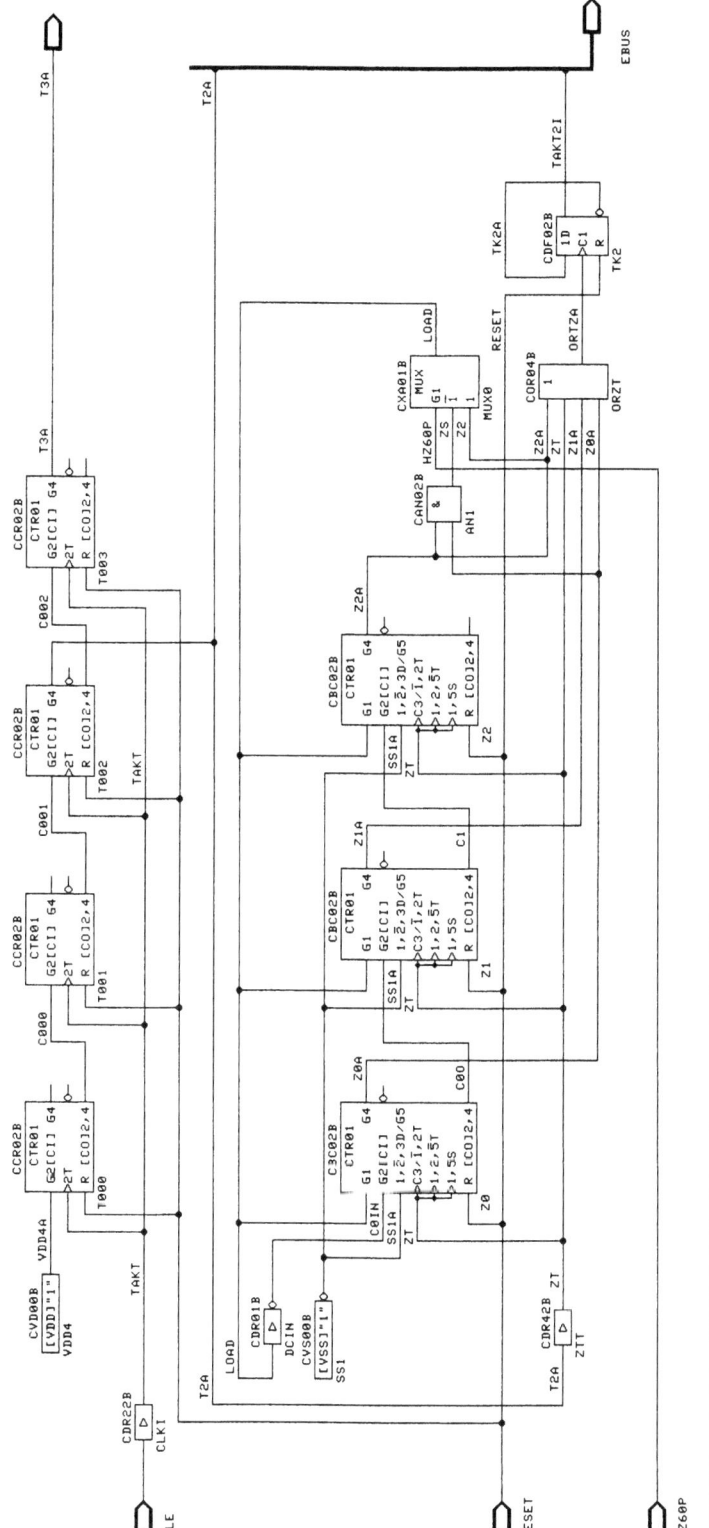

Bild 3.1. Auf der CAD-Arbeitsplatzstation erzeugter Logikplan aus Bibliothekselementen

3.1.2 Entflechtungsverfahren

Grundlage aller Systeme, die zu einem automatischen Layoutdesign führen, ist die Anwendung automatischer Entflechtungsprogramme. Sowohl bei der Gate-Array-Methode als auch bei den zellenorientierten Verfahren ohne Vorfertigung müssen vorentworfene Schaltungselemente auf dem Chip zunächst plaziert und dann verdrahtet werden. Unter Entflechtung versteht man die Gesamtheit dieser beiden Schritte. Obwohl sich die verschiedenen Methoden in wesentlichen Eigenschaften unterscheiden, beruht die Entflechtung in allen Fällen auf demselben Grundprinzip. Es wird hier kurz skizziert. Verfahrensspezifische Unterschiede werden jeweils in den einzelnen Abschnitten erläutert.

Die Entflechtung gliedert sich in Plazierung, globale Wegesuche und lokale bzw. detaillierte Wegesuche.

Die *Plazierung* wird bei ihrer algorithmischen Behandlungen als Optimierungsaufgabe aufgefaßt. Die angewandten Verfahren unterscheiden sich in der Auswahl einer geeigneten zu minimierenden Zielfunktion. Die meisten Verfahren sind verdrahtungslängenorientiert. Eine exakte Lösung des Plazierungsproblems, das oft als quadratisches Zuweisungsproblem modelliert wird, ist aus Laufzeitgründen nicht möglich, so daß heuristische Algorithmen verwendet werden müssen. Im Rahmen des VENUS-Entwurfssystems wird hauptsächlich das sogenannte Min-cut-Verfahren [3.2] eingesetzt. Damit können alle Zellen simultan behandelt werden. Dabei wird zunächst eine Initialplazierung und anschließend eine iterative Nachverbesserung vorgenommen. Die Initialplazierung wird dadurch erreicht, daß die Zellen derart zu Teilmengen gleicher Flächensumme geordnet werden, daß möglichst wenig zwischenliegende Leitungen geschnitten werden. Die Leitungsdichte im Layout wird minimiert.

Bei der *globalen Wegesuche* wird eine grobe Zuordnung von Verbindungen zu Verdrahtungskanälen vorgenommen, was gegebenenfalls eine Modifizierung der Plazierung erfordert.

Die anschließende *detaillierte Wegesuche* legt die exakte Position aller Wegstücke und Kontaktlöcher der vorgegebenen Verbindungen gemäß den geometrischen Entwurfsregeln fest. Dafür stehen schnelle Algorithmen zur Verfügung, die als „channel-router" bezeichnet werden [3.3, 3.4].

Die im VENUS-Entwurfssystem implementierten automatischen Entflechtungsprogramme erlauben eine zusätzliche Beeinflussung des Resultats durch den Designingenieur. Dies ist einerseits durch Vorgaben möglich, die vor dem Lauf des Programms festgelegt werden können, andererseits durch interaktive Nacharbeit. Folgende Maßnahmen können ergriffen werden:

- Durch Leitungsgewichtung und Affinitätsvorgaben bei der Logikkonstruktion kann eine Clusterbildung von Zellen erreicht werden; individuelle Zellen können auch fest vorplaziert werden; ebenso können nach Beendigung der gesamten Plazierung bestimmte Leitungen vor Eintritt in die Wegesuche vorgelegt werden.
- Eine interaktive Nachbearbeitung der Entflechtungsresultate ist an einem Graphikterminal möglich, wobei automatisch die Einhaltung der Designregeln und die Konsistenz des Logikplans überprüft werden.

Eine Nachbearbeitung kann notwendig sein, wenn die Verdrahtung vom Programm nicht vollständig durchgeführt werden konnte; „offene Verbindungen" bleiben dann übrig. Sie können jedoch bei den in VENUS verwendeten fortgeschrittenen Entflechtungsalgorithmen ausschließlich in „lokaler Umgebung" — also ohne Weitenwirkung — auftreten, was die Nacharbeit durch „graphisch-interaktives" Nachlegen sehr vereinfacht.

3.2 Die Gate-Array-Designmethode

Die Gate-Array-Designmethode beruht auf einer fest vorgegebenen regelmäßigen Struktur sogenannter Grundzellen und dazwischenliegender Verdrahtungskanäle. Grundzellen bestehen aus zwei bis acht Transistoren. Die matrixförmigen Grundzellenanordnungen (Master) werden z.Z. in Komplexitäten zwischen 1000 (1K) und 20000 (20K) Gatteräquivalenten oder *äquivalenten Gatterfunktionen* (äGF) angeboten. Ein Gatteräquivalent entspricht dabei vier Transistoren. Durch die in Bibliotheken abgelegte Verdrahtung werden aus den Grundzellen zunächst Logikzellen (Gatter, Flipflops, Multiplexer, Zähler) gebildet. Diese werden dann auf weiteren Verdrahtungsebenen automatisch gemäß den Vorgaben aus dem Logikplan zur endgültigen Schaltung verbunden. Der Master wird vorgefertigt bereitgehalten. Zur Realisierung der Kundenschaltung („*customization*") sind bei der augenblicklich verwendeten Technologie lediglich noch die Fertigungsschritte für zwei Aluminiumebenen sowie eine Kontaktlochebene durchzuführen.

Bei der *Entwicklung des Verfahrens* ist zunächst die Grundzelle nach Anzahl und Anordnung der Transistoren zu definieren. Bild 3.2 (s. S. 117) zeigt das Layout der Gate-Array-Doppelgrundzelle, die im Rahmen des VENUS-Entwurfssystems für den 1-K- und 2-K-Master (Master mit ca. 1000 bzw. 2000 äGF) verwendet wird.

Bei der Konstruktion der Master sind die Größenabstufungen hinsichtlich der Anzahl äquivalenter Gatterfunktionen festzulegen. Eine feine Abstufung der Größen macht zwar eine umfangreichere Lagerhaltung für die Master und mehrere Verfahrensalternativen notwendig, minimiert aber auch den „Verschnitt". Die Breite der Verdrahtungskanäle wird so gewählt, daß einerseits verdrahtungsintensive Schaltungen noch realisierbar sind, andererseits aber nicht zuviel Fläche verschenkt wird. Das VENUS-System bietet z.Z. Master für unterschiedliche Varianten der CMOS-Technologie an:

- Für 3µm Strukturbreite gibt es 1-K- und 2-K-Master mit verschiedenen Padanzahlen,
- Für 2µm Strukturbreite insgesamt sechs Master von 2K bis 10K äGF.

Die Realisierung einer bestimmten Schaltung auf dem Masterchip erfolgt in zwei Stufen:

1. Durch individuelle Verdrahtung der Transistoren mehrerer benachbarter Grundzellen werden diese zu Zellen mit bestimmten logischen Funktionen, z.B. AND-Gatter, NOR-Gatter, D-Flipflops etc. verschaltet. Die Variation dieser sogenannten Intrazellenverdrahtung führt also zu unterschiedlichen logischen Funktionen. Die Intrazellenverdrahtung wird für einen festen Vorrat von ca. 100 logischen Zellen pro Technologievariante auf Layoutebene erstellt und in einer Bibliothek abgelegt. Die Zellen werden auf einwandfreies logisches und elektrisches Verhalten

verifiziert. Durch Simulation werden die Schaltzeiten für das Datenblatt gewonnen, die dann durch Messungen erhärtet werden. Das VENUS-System bietet augenblicklich zwei Familien von Gate-Array-Zellen für CMOS-Technologie mit 3µm bzw. 2µm Strukturbreite an, die in Kombination mit den zugehörigen Mastern eingesetzt werden.

Das Ergebnis der Personalisierung mehrerer Grundzellen zu einer Zelle mit bestimmter logischer Funktion bezeichnet man auch als *Verdrahtungsmakro*. Diese Bezeichnung spiegelt vor allem den technischen Hintergrund der Personalisierung wieder. Da sich die Verdrahtungsmakros aus *logischer* Sicht nicht von den Standardzellen unterscheiden, wird auch die Bezeichnung „*Gate-Array-Zellen*" verwendet. Bild 3.3 (s. S. 118) zeigt als Beispiel die Ausprägung eines D-Flipflops und seine Lokalisierung auf einem schematisch dargestellten Master mit Doppelstreifenanordnung der Grundzellen (die Größenverhältnisse von Verdrahtungsmakro und Master entsprechen in dieser Darstellung nicht den realen Verhältnissen). Auf gleiche Weise erfolgt die Ausprägung spezieller Funktionen bei den Padzellen.

2. Die zweite Stufe der Schaltungsrealisierung auf einem Gate-Array ist die *Plazierung* der Verdrahtungsmakros im Raster der Grundzellen und die *Interzellenverdrahtung*. Durch die Interzellenverdrahtung werden die Logikzellen sowie die Padzellen zur vollständigen Schaltung verbunden. Während die Verdrahtungsmakros fest in einer Bibliothek des CAD-Systems abgespeichert sind, wird die Interzellenverdrahtung aus dem Logikplan der zu realisierenden Schaltung abgeleitet und durch ein Entflechtungsprogramm automatisch erzeugt. Das Verfahren stellt sicher, daß aus der Sicht des Designingenieurs auf logischer Ebene kein Unterschied zwischen einem Gate-Array- und einem Standardzellenentwurf besteht.

Die Verdrahtungsmuster für beide Stufen werden mit einer oder mehreren Metallisierungsmasken sowie entsprechenden Kontaktlochmasken auf dem Master realisiert. Es sind heute Master für praktisch alle digitalen Hochleistungstechnologien verfügbar, die auch zusätzliche Analog- und Speicherkomponenten enthalten können. Es werden allerdings bevorzugt CMOS- und ECL-Technologien eingesetzt.

3.2.1 Grundzellen und ihre Anordnung auf dem Master

Sowohl für die Form der Grundzellen als auch für deren Anordnung auf dem Master sind verschiedene Möglichkeiten denkbar. Bei CMOS-Grundzellen sind Strukturen mit zwei oder drei Transistorpaaren vorherrschend. Treten in einer Schaltung überwiegend komplexe Verdrahtungsmakros wie beispielsweise Zählerzellen auf, so wäre die Wahl einer größeren Grundzelle günstiger, da in diesem Fall grundsätzlich weniger Aufwand für die Intrazellenverdrahtung für eine gegebene Funktion notwendig ist. Andererseits wird die Flächenausnutzung beim Aufrufen vorwiegend kleiner Verdrahtungsmakros wie einfacher Gatter durch geringere effektive Nutzung der Zellelemente zu gering. Im letzteren Fall ist die Wahl einer kleineren Grundzelle vorzuziehen, da dann die zur Verfügung stehenden Transistoren besser genutzt werden. Da jedoch meistens Verdrahtungsmakros unterschiedlicher Komplexität gleichzeitig in einer Schaltung auftreten, kommt der Anordnung der Grundzellen auf dem Master eine größere Bedeutung zu als der Größe der Grundzellen. Für die Größe wählt man im allgemeinen einen Mittelweg, der auf die Erfordernisse des zur Schaltungsentwicklung eingesetzten CAD-Systems zugeschnitten ist.

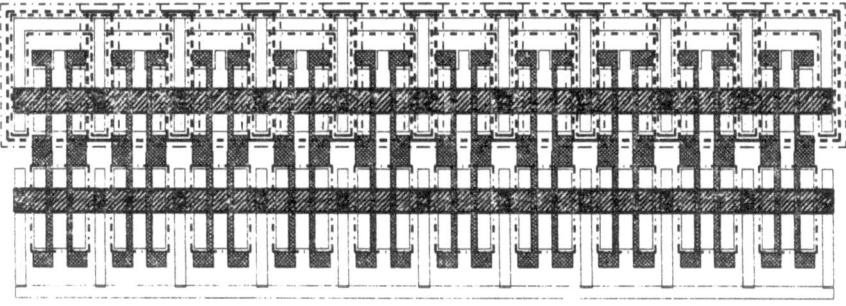

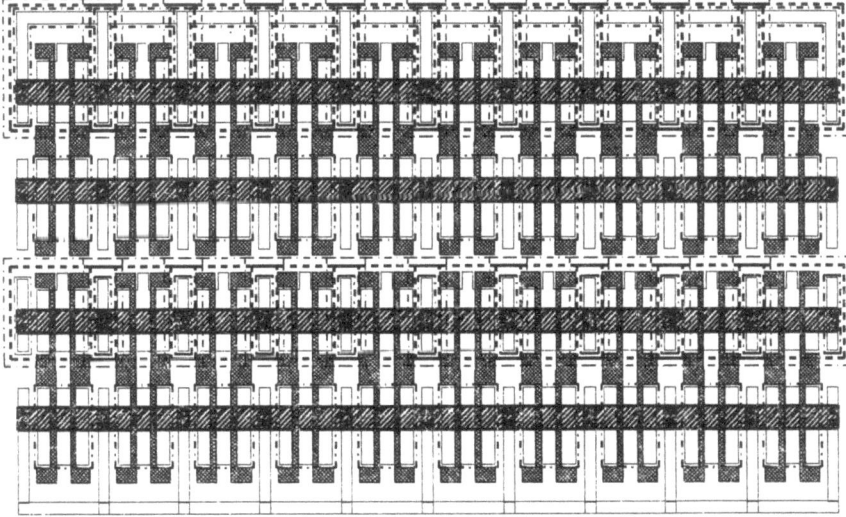

Bild 3.4. Anordnung der Grundzellen in einfachen und doppelten Streifen sowie Doppelstreifen mit Rücken-an-Rücken-Plazierung der Grundzellen

Infolge der Versorgungsspannungs- und Massezuführungen ergibt sich für die Grundzellen eine streifenförmige Anordnung auf dem Masterchip. Dabei unterscheidet man, wie in Bild 3.4 dargestellt, Einfach- und Doppelstreifen, sowie Doppelstreifen mit „Rücken-an-Rücken"-Plazierung der Grundzellen.

Der Raum zwischen den Grundzellenstreifen enthält ein einheitliches Raster zur Interzellverdrahtung, das auf das eingesetzte Entflechtungsprogramm abgestimmt ist. Die dafür vorzusehende Fläche sollte etwa 30 bis 50% der Gesamtfläche des Chips betragen. In den meisten Fällen ist dann eine problemlose Verdrahtung möglich. Bei der Verdrahtung muß man sich an Schaltungen mit der größtmöglichen Leitungsanzahl orientieren, was zur Folge hat, daß bei Schaltungen mit geringerer Leitungsanzahl mehr oder weniger Chipfläche unausgenutzt bleibt („Verschnitt").

3.2.2 Entflechtung eines Gate-Array-Entwurfs

Um Schaltungen mit Gate-Arrays der Komplexität von 10000 Gatteräquivalenten schnell und sicher entwickeln zu können, müssen effiziente CAD-Werkzeuge eingesetzt werden. Durch vorentwickelte und in einer Zellenbibliothek abgespeicherte Verdrahtungsmakros sowie durch das standardisierte Interzellverdrahtungsraster wird der Entwurf einer Gate-Array-Schaltung erleichtert.

Die Ausprägung einer Funktion an einem bestimmten Platz des Gate-Array entspricht der Plazierung eines Verdrahtungsmakros aus der Bibliothek an diesen Platz. Nach der in der Datenhaltung des CAD-Systems gespeicherten Netzliste der Schaltung müssen alle benötigten Verdrahtungsmakros auf dem Gate-Array plaziert und anschließend untereinander verdrahtet werden, wobei die für die gesamte Verdrahtung vorhandene Fläche fest vorgegeben ist. Bei der Plazierung der Verdrahtungsmakros können, je nach dem verwendeten Master, bis zu 90% der vorgegebenen Bauelemente ausgenutzt werden. Im VENUS-Entwurfssystem wird die Gate-Array-Entflechtung mit dem Programm AULIS (*A*utomatisches *L*ayout für *I*ntegrierte *S*chaltungen) durchgeführt. In Bild 3.5 ist ein Beispiel für eine mit AULIS durchgeführte Entflechtung gezeigt.

3.2.3 ECL-Gate-Arrays

Für die Entwicklung von Prozessoren, insbesondere für Großrechner, werden integrierte Schaltungen mit höchster Verarbeitungsgeschwindigkeit benötigt. Dafür werden heute fast ausschließlich Gate-Arrays in ECL-Bipolartechnologie eingesetzt.

Das VENUS-System erlaubt auch den Entwurf von Gate-Arrays in ECL-Technologie. Hier weist die Entwurfmethodik im Vergleich zu den in den vorausgegangenen Abschnitten beschriebenen CMOS-Gate-Arrays einige wesentliche Unterschiede auf. Die gravierendsten Konsequenzen für den Entwurfsstil bei ECL-Gate-Arrays ergeben sich aus der inselförmigen Anordnung der Grundzellen auf dem ECL-Master und einer daraus resultierenden abweichenden Definition des Zellenbegriffs.

Zur Erinnerung: Bei den Mastern der CMOS-Gate-Arrays sind die Grundzellen zeilenförmig angeordnet. Den logischen Einheiten wie Gattern, Flipflops etc. entsprechen physikalisch die Verdrahtungsmakros, also die „Gate-Array-Zellen", die innerhalb einer Zeile beliebig viele Grundzellen mit je zwei Transistorpaaren in Anspruch nehmen können. Ein logisches Element wird also immer auf *eine* physikalische Einheit abgebildet und es sind beliebige Zellgrößen möglich.

3.2 Die Gate-Array-Designmethode 113

Bild 3.5. Beispiel für eine mit AULIS durchgeführte Entflechtung eines CMOS-Gate-Array-Bausteins

Im Gegensatz dazu zeigt das Entflechtungsbeispiel eines 36-Zellen ECL-Gate-Arrays in Bild 3.6 die Blockstruktur des Masters mit seinen neun Grundzelleninseln und den sie umgebenden Verdrahtungskanälen. Jede dieser Inseln ist in vier Quadranten unterteilt. Die physikalischen Einheiten, also die ECL-Zellen, können einen, zwei (längs oder quer) oder alle vier Quadranten eines Blocks besetzen, d.h. es sind nur vier verschiedene Zellgrößen möglich. Bei dem in Bild 3.6 gezeigten ECL-Master beträgt die maximale Zellenanzahl infolgedessen 36, wenn alle Quadranten mit je einer Zelle besetzt sind. Jeder Quadrant entspricht einer Komplexität von 17 Gatterfunktionen wie NAND oder NOR. Aus diesem Grunde muß eine physikalische Zelle zur optimalen Flächenausnutzung im allgemeinen mehrere logische Elemente enthalten. Die logischen Elemente werden also hier nicht wie bei CMOS-Gate-Arrays unabhängig plaziert und verdrahtet, sondern können nur in ganz bestimmten vorgegebenen Kombinationen als physikalische Zelle eingesetzt werden. Der ECL-Master

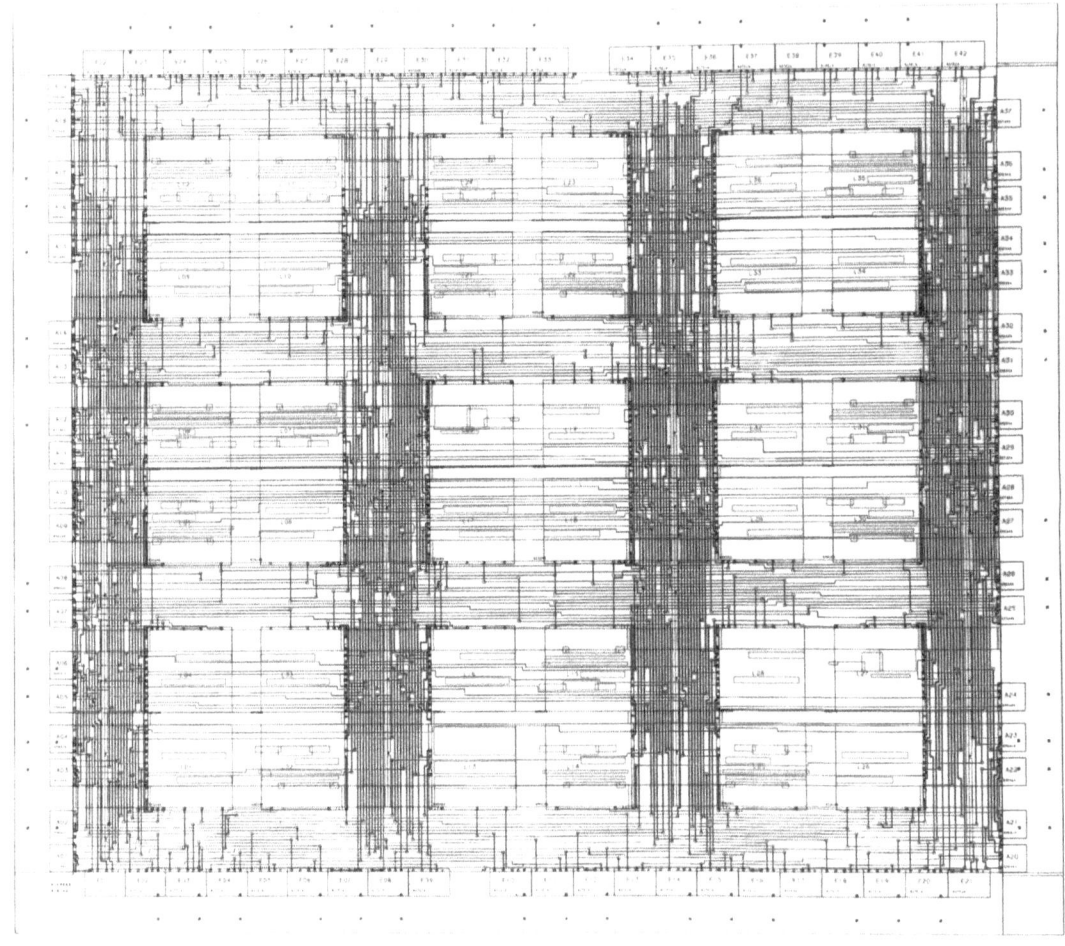

Bild 3.6. Beispiel für eine mit AULIS durchgeführte Entflechtung eines ECL-Gate-Arrays

weist noch eine weitere Besonderheit auf: Auch im Randbereich des Chips können neben den Padzellen zusätzlich Zellen mit logischen Elementen plaziert werden.

Die Plazierung wird bei ECL-Gate-Arrays in zwei Stufen durchgeführt: Im ersten Schritt muß zunächst die Zuordnung eines gewünschten logischen Elements zu einer physikalischen Zelle erfolgen. Diese wird aus dem vorgegebenen Zellenvorrat so gewählt, daß die übrigen darin vorhandenen logischen Elemente möglichst in derselben Schaltung mitbenützt werden können. Im zweiten Schritt kann diese Zelle dann auf einen der Einbauplätze eines Blocks plaziert werden. Um mit diesem zweistufigen Verfahren eine optimale Flächenausnutzung des Gate-Arrays zu erzielen, sind wesentlich kompliziertere Algorithmen notwendig als bei CMOS-Gate-Arrays.

Die Eingabe des Logikplans der Schaltung erfolgt wie bei CMOS-Gate-Arrays auf der Ebene der logischen Elemente. Bei ECL-Gate-Arrays kann der Anwender anschließend auf die Qualität des Entflechtungsresultats dadurch Einfluß nehmen, daß er dem System Vorgaben hinsichtlich der Zuordnung logischer Elemente zu ganz bestimmten physikalischen Zellen macht. Alle Informationen über den Gesamtvorrat an logischen Elementen sowie deren Kombination zu physikalischen Zellen können dem ECL-Zellenkatalog entnommen werden.

3.3 Zellenorientierte Designmethoden ohne Vorfertigung

Die zellenorientierten Designmethoden ohne Vorfertigung stützen sich wie die Gate-Array-Designmethode auf die Schaltungsentwicklung mit Hilfe vorentwickelter und getesteter Zellen, die in einer Bibliothek abgelegt sind. Während man jedoch beim Gate-Array-Design Grundzellen einheitlicher Größe auf einem vorgefertigten Masterchip mit Verdrahtungskanälen fester Breite verwendet und gemäß den in der Bibliothek abgelegten Verdrahtungsmakros zu funktionalen Einheiten zusammenschaltet, wird hier das Prinzip eines fest vorgegebenen Rasters aufgegeben. Im Gegensatz zu dem bei Gate-Arrays starren Anordnungsschema (Matrix-Anordnung) handelt es sich hier um ein frei wählbares Einbauschema (Linear- oder Manhattan-Anordnung). Dadurch wird der funktionsbezogene Zellen- und Chipentwurf erleichtert und eine individuelle Auslegung des Verdrahtungsraums für jede Schaltung ermöglicht. Infolgedessen ist in diesem Fall eine Vorfertigung von Schaltungsteilen ausgeschlossen. *Vorentwickelt* durch Layoutdesign, Verifikation und Simulation werden nur die Zellen in Form von *immateriellen* Zellenbeschreibungen.

Dem zellenorientierten Schaltungsentwurf mit frei wählbarem Anordnungsschema geht als einmaliger Schritt das Design der Zellen selbst voraus. Diese werden jeweils zusammen mit den zum Aufbau des Chiprandes benötigten und ebenfalls vorentworfenen Padzellen in einer Zellenbibliothek abgespeichert.

Standardzellen repräsentieren Grundfunktionen wie NOR- und NAND-Gatter, Treiber, Inverter, Flipflops usw. und entsprechen demnach den niedrig integrierten Standardbausteinen der gängigen Serien von Logikbausteinen. Sie werden dem Designingenieur in ausreichender Zahl als weitgehend feste Funktion in einer Bibliothek angeboten.

Eine Erweiterung dieser einfachen Funktionen führt zu den komplexeren Makrozellen wie RAMs, ROMs oder PLAs und entspricht dem Übergang von MSI- zu LSI-Bausteinen. Makrozellen werden vom Designingenieur teilweise selbst während des Schaltungsentwurfs spezifiziert und in einer projektspezifischen Zellenbibliothek gespeichert. Dafür stehen ihm in VENUS sogenannte Generatorprogramme zur Verfügung. Es gibt aber auch starre Makrozellen, z.B. Mikroprozessorkerne.

Die Entwicklung eines Chips erfolgt durch Aufbau der gewünschten Schaltung aus den Zellen, von denen der Schaltungsentwickler in der Regel nur die Datenblätter des Zellenkatalogs kennen muß. Die Standardisierung der Zellenumrisse ermöglicht dabei den Einsatz von CAD-Entflechtungsprogrammen zur automatischen Plazierung und Verdrahtung der Zellen und Anschlüsse.

3.4 Standardzellen

Standardzellen zeichnen sich durch einheitliche Zellenhöhe, aber unterschiedliche Zellenbreite aus. Sie werden nach einem einheitlichen Zellenschema entworfen, d.h. die Versorgungsleitungen liegen immer auf gleicher Höhe und alle Anschlüsse befin-

116   3 Layoutdesignmethoden

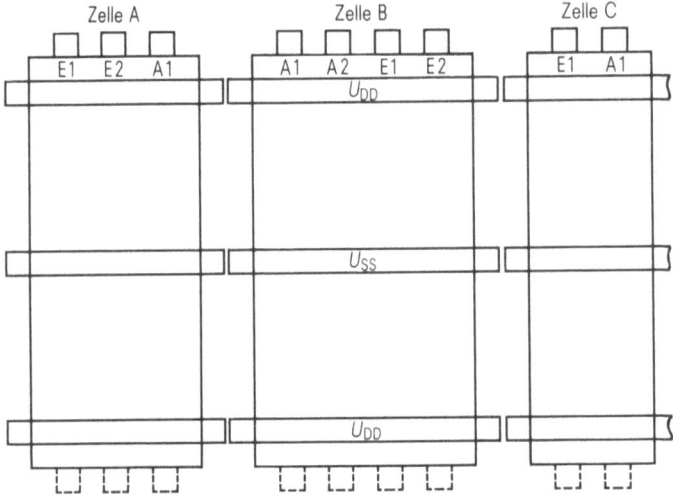

Bild 3.7. Zellenschema von VENUS-Standardzellen

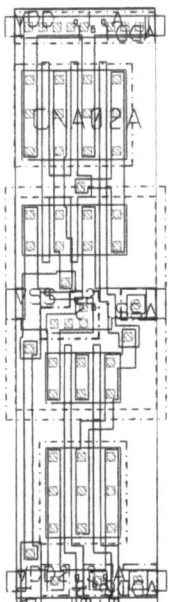

Bild 3.8. 2-input-NAND-Standardzelle

den sich auf definierten Rasterpunkten an den Zellenseiten. Dadurch können Standardzellen einerseits leicht aneinandergereiht, andererseits ihre Verdrahtung automatisiert werden. Bild 3.7 zeigt das Zellenschema einer im VENUS-Entwurfssystem verwendeten Standardzelle, Bild 3.8 das Layout einer 2-input-NAND-Standardzelle und Bild 3.9 den verdrahteten Schaltungsausschnitt eines Standardzellenbausteins.

Es gibt Standardzellen mit Anschlüssen auf nur einer Seite und solche mit Anschlüssen auf zwei Seiten. In beiden Fällen erhält man, wie Bild 3.10 zeigt, ein

3.4 Standardzellen

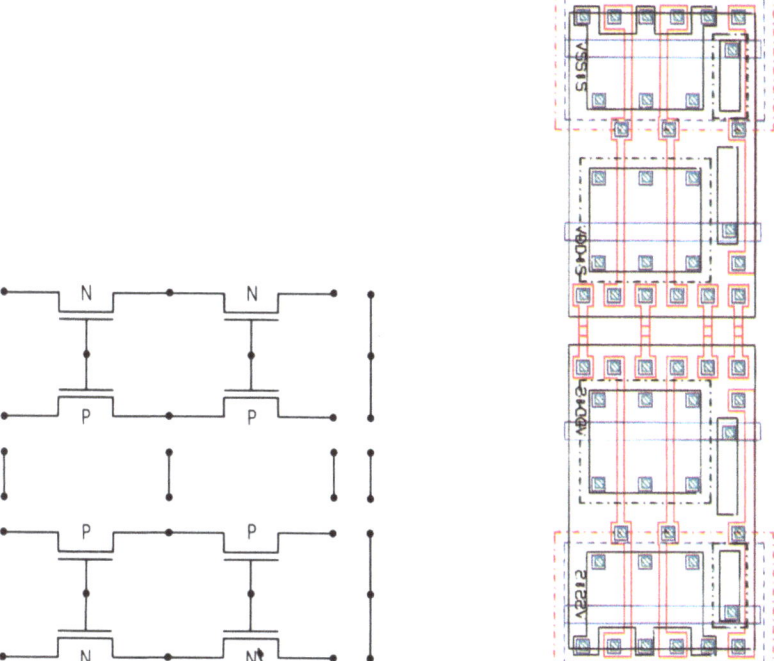

Bild 3.2. Schaltbild und Layout einer CMOS-Gate-Array-Doppelgrundzelle aus vier Transistorpaaren einschließlich Polysiliziumdurchführungen

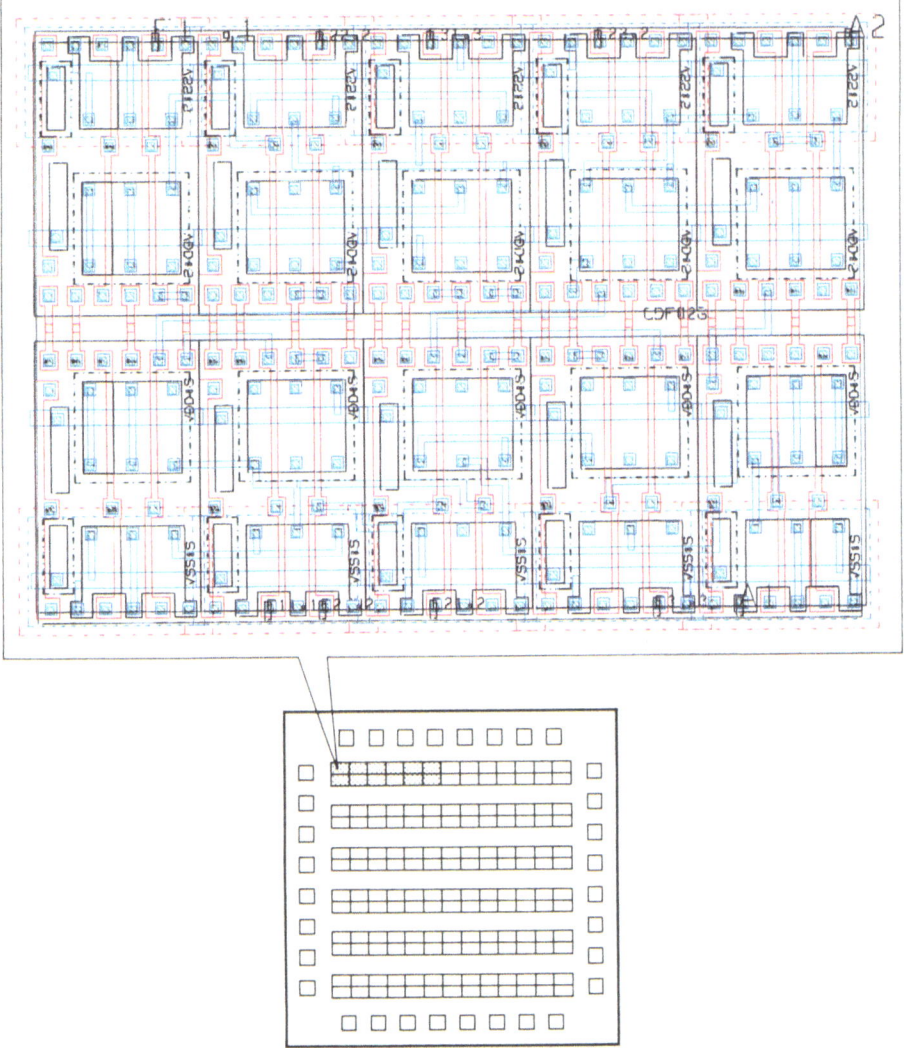

Bild 3.3. Ausprägung eines D-Flipflops und seine Lokalisierung auf dem schematisch dargestellten Master (Prinzipdarstellung)

3.4 Standardzellen

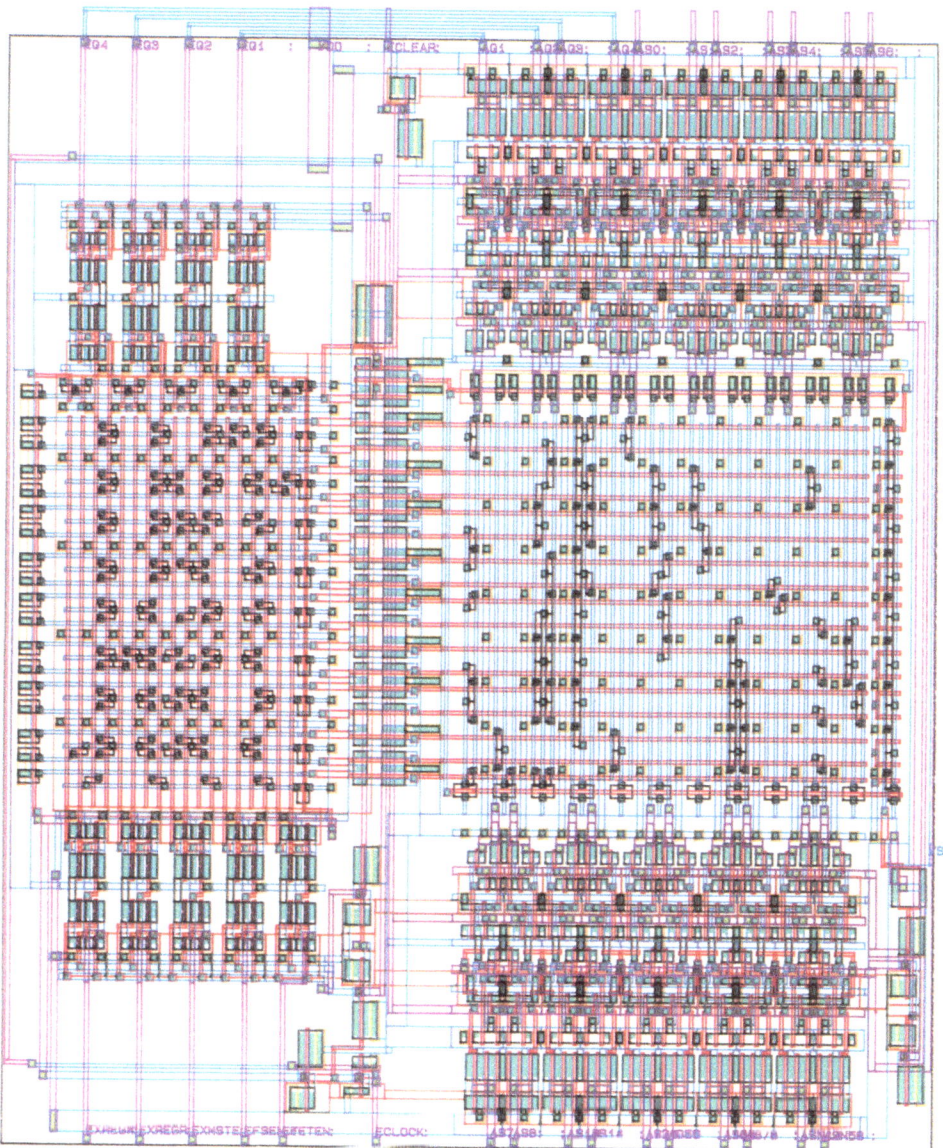

Bild 3.16. Beispiel einer automatisch generierten PLA-Struktur

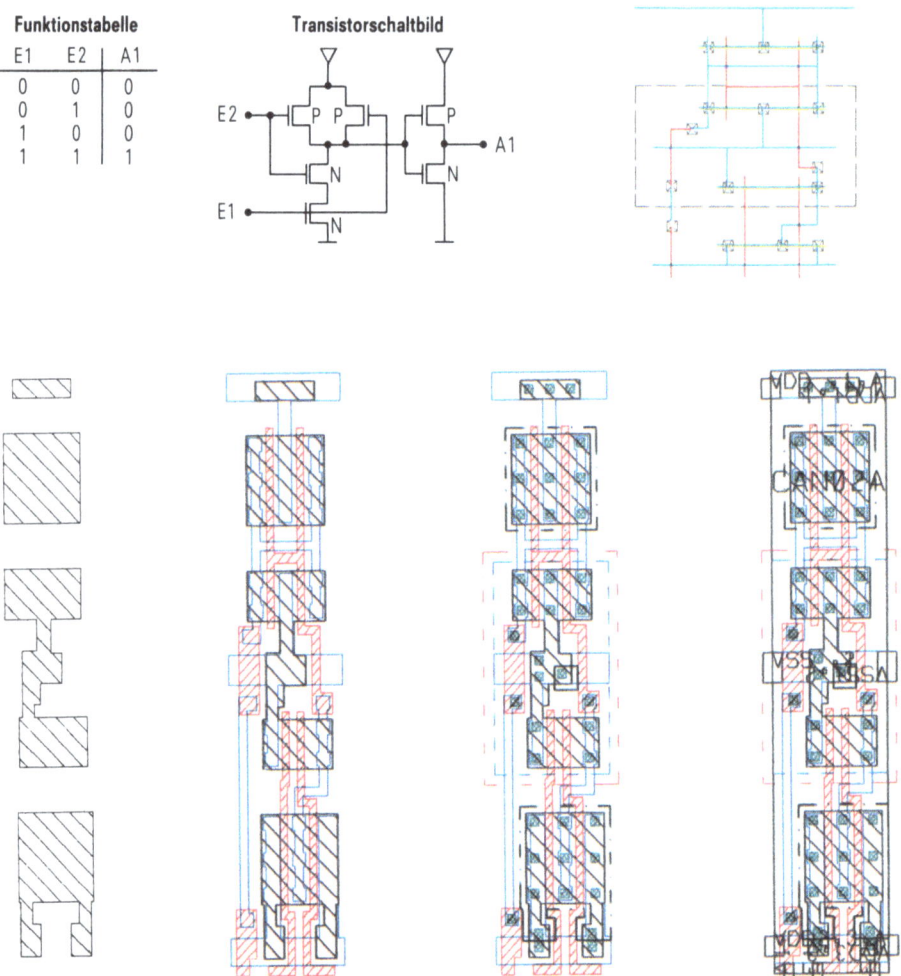

Bild 3.18. Die Schritte des manuellen Layoutentwurfs am Beispiel einer 2-input-AND-CMOS-Standardzelle aus der VENUS-Zellenbibliothek

3.4 Standardzellen

Maske	Struktur H/D	Farben Plot	Mindestabstand	Mindestbreite	Überlappung
1 = A Locos	dunkel	schwarz	a	b	c
3 = C Polysi 1	dunkel	rot	d	e auf Dickox	f
5 = E Kontakt	hell	grün (Schraffur)	g h	i x j	
6 = F Metall	dunkel	blau	k	l	m
10 = K P-Wanne	hell	blau strichliert	n	o	p N+ P+ q

Bild 3.19. Beispiele geometrischer Designregeln

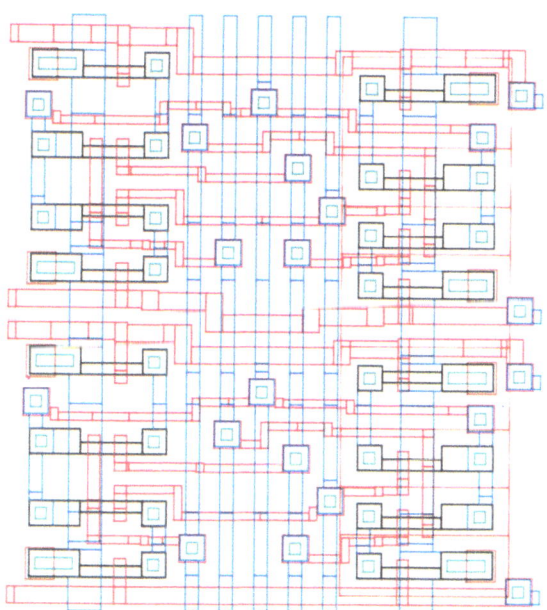

Bild 3.20. Aus prozedural beschriebenen Zellelementen aufgebautes Layout

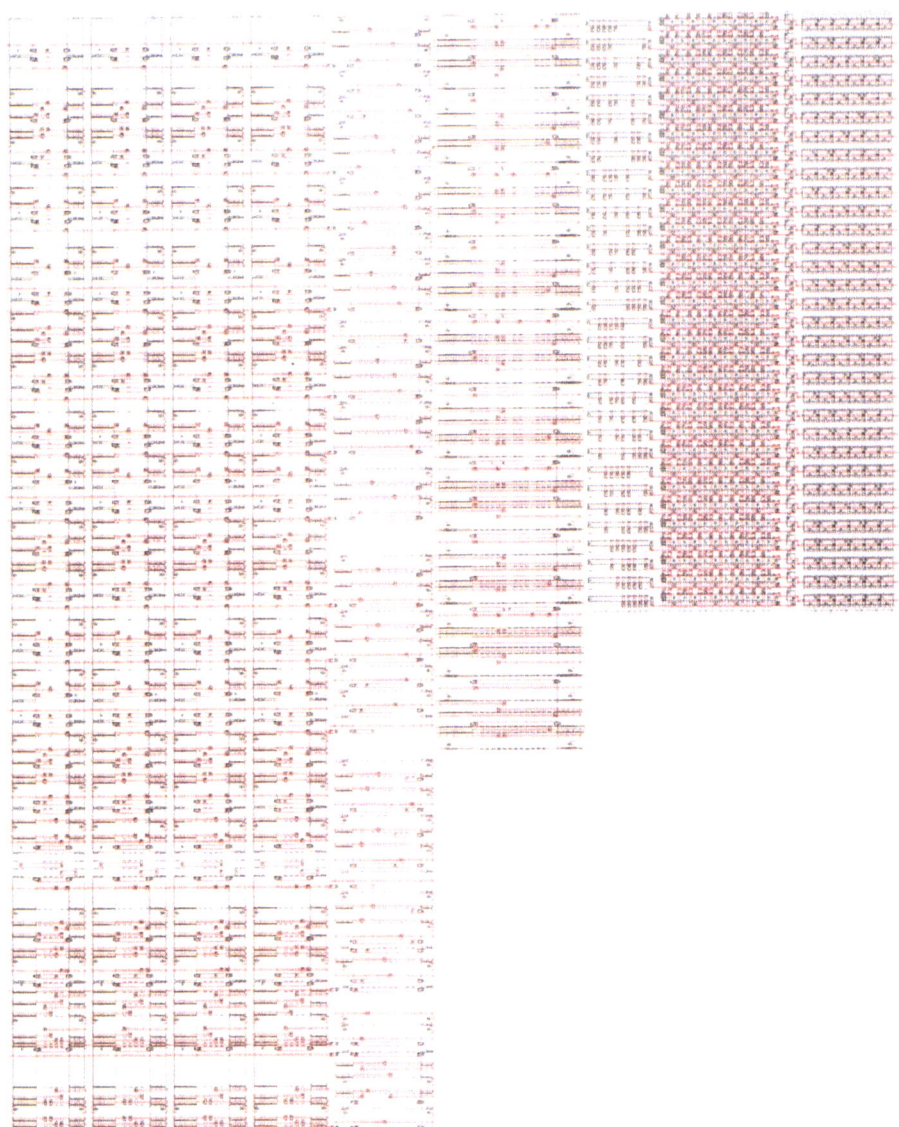

Bild 3.21. Generiertes Layout eines Modellprozessors

3.4 Standardzellen

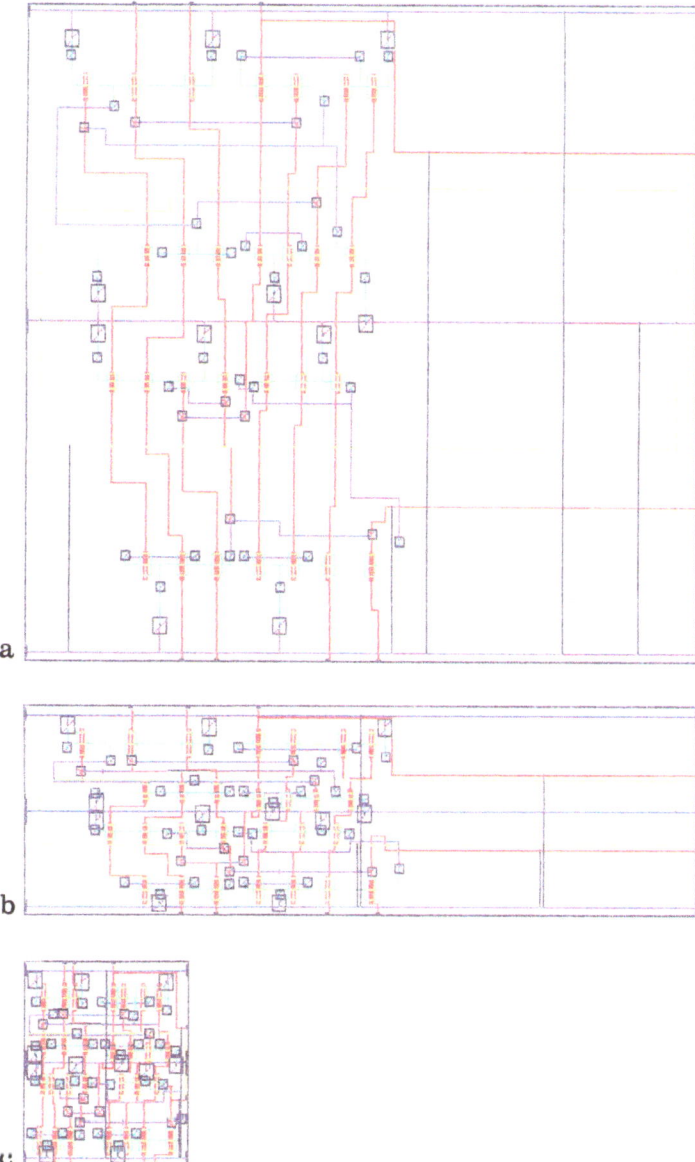

Bild 3.23. Stick-Diagramm (a) mit vertikaler (b) und zusätzlich horizontaler (c) Kompaktierung

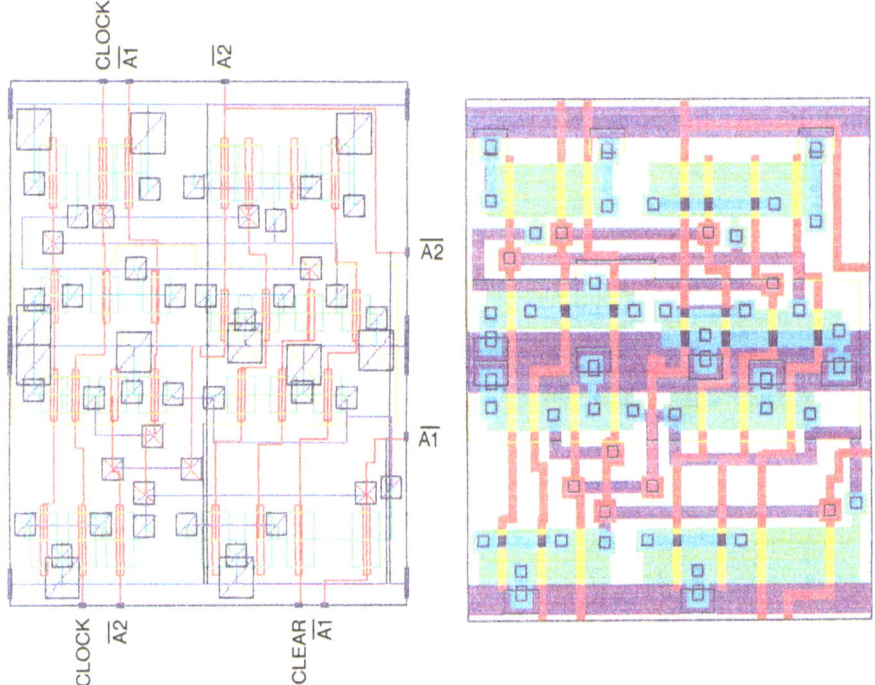

Bild 3.24. Vergrößerte Darstellung des kompaktierten Stick-Diagramms und daraus generiertes Layout

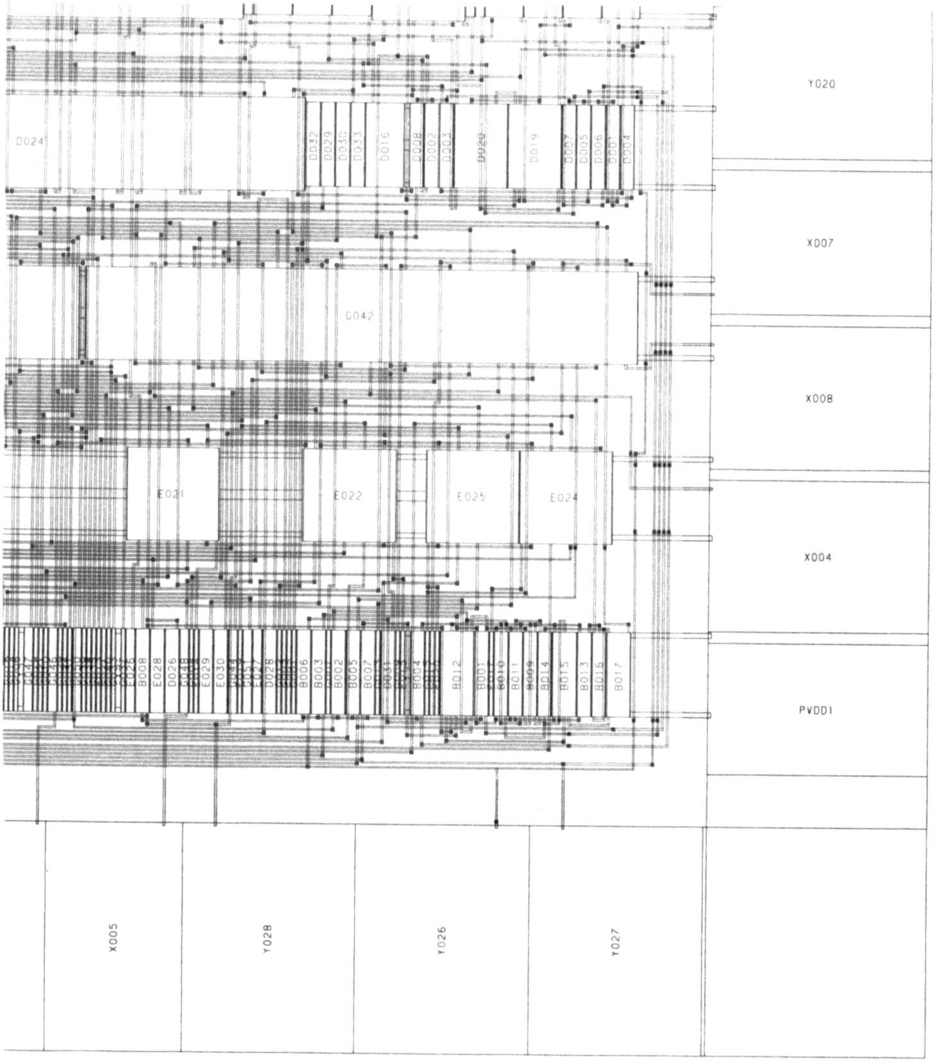

3.4 Standardzellen

Bild 3.9. Verdrahteter Schaltungsausschinitt (Standardzellenbaustein)

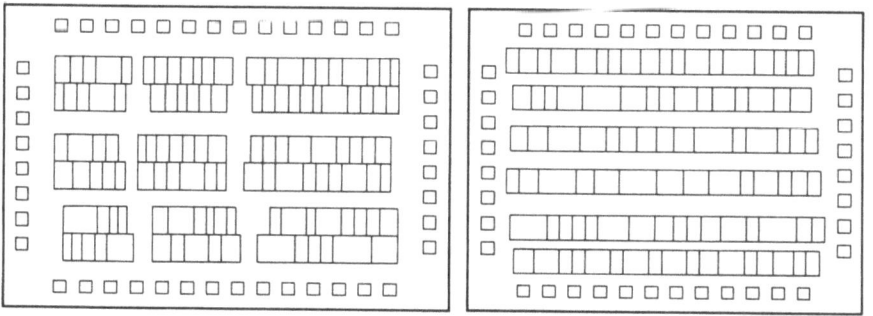

Bild 3.10. Anordnung von Standardzellen mit Anschlüssen an einer und an zwei Seiten

einfaches Anordnungsschema, bei dem ungenutzte Chipfläche weitgehend vermieden wird. Die Standardzellen werden zeilenweise aneinandergereiht, wobei Versorgungs- und, bei bestimmten Systemen, auch Taktleitungen innerhalb dieser Zeilen geführt und dabei automatisch verdrahtet werden. Zwei Zeilen schließen jeweils einen waagerechten Verdrahtungskanal für die Interzellenverbindung ein. Dieses Schema ist für Technologien günstig, in denen neben einer metallischen Verdrahtungsebene nur noch eine zweite Verdrahtungsebene mit hohem Bahnwiderstand (z.B Polysilizium) zur Verfügung steht. Die Zellenverbindung erfolgt dabei durch längere Leitungen in zeilenparalleler Richtung, die in die Metallebene gelegt werden, sowie durch mehrere Stichleitungen zu den Zellen in der hochohmigeren Ebene.

3.4.1 Ausprägung von Standardzellen

Bei Standardzellen mit Anschlüssen auf nur einer Seite werden jeweils zwei Zeilen zu einem Block zusammengefaßt, wobei sie einen horizontalen Verdrahtungskanal einschließen, dessen Breite von der benötigten Anzahl horizontaler Leitungen abhängt. Die Blöcke werden ihrerseits so kombiniert, daß die aneinanderstoßenden Zellen Rücken an Rücken liegen. Durchbrüche in der Blockstruktur ergeben vertikale Verdrahtungskanäle zur Verbindung der Blöcke untereinander, die möglichst in die metallisierte Ebene gelegt werden. Da die aneinanderstoßenden Blöcke in der Regel an der Stelle des gewünschten Durchbruchs nicht bündig sind, führt dies zwangsläufig zur Bildung ungenutzter Fläche auf dem Chip. Eine Schaltung enthält normalerweise mehrere Blöcke, wobei der oberste bzw. unterste auch aus nur einer Zeile mit dem zugehörigen Verdrahtungskanal bestehen kann. An der Chipperipherie werden die Padzellen angeordnet.

Bei Standardzellen mit Anschlüssen auf zwei Seiten werden keine Blöcke gebildet, und Durchbrüche für vertikale Verdrahtungskanäle sind meist nicht erforderlich. Falls dies in Ausnahmefällen doch nötig sein sollte, können diese Durchbrüche durch Einfügen sogenannter Feed-through-Zellen an beliebigen Stellen vorgenommen werden, ohne daß dabei ungenutzte Chipfläche in Kauf genommen werden muß.

Eine dritte Variante ergibt sich aus der Anordnung von Standardzellen mit Anschlüssen auf nur einer Seite, jedoch ohne die Bildung von Blöcken. Diese Variante läßt sich allerdings nur in einer Technologie sinnvoll realisieren, die zwei Metallisierungsebenen zur Verfügung stellt und damit eine vertikale Verdrahtung über die Zellen hinweg ermöglicht. Dadurch werden Zellen mit Anschlüssen auf einer Seite denjenigen mit Anschlüssen auf zwei Seiten äquivalent. Das VENUS-Entwurfssystem bietet zur Zeit Zellenbibliotheken mit je rund 100 Elementen für drei Familien von Standardzellen an, die auf unterschiedliche CMOS-Technologievarianten abgestimmt sind.

Für die Strukturbreite von 3µm gibt es eine Familie mit Aluminium/Polysilizium-Verdrahtung und eine Familie mit zwei Metallverdrahtungsebenen. Ebenfalls auf zwei Metallebenen, jedoch mit 2µm Strukturbreite ist die dritte Zellenfamilie abgestimmt.

Die Logikelemente jeder Familie sind universell einsetzbar. In den Datenblättern des Zellenkatalogs finden sich Schaltzeichen, Funktionstabelle, Abmessungen, Zeitverhalten, Zeitdiagramm, Lastfaktoren, Anzahl der äquivalenten Gatterfunktion und Logikplan jeder Zelle. Als Beispiel ist in Bild 3.11 das Layout eines D-Flipflops zum Vergleich mit dem entsprechenden Gate-Array-Verdrahtungsmakro aus Bild 3.3 dargestellt.

3.5 Makrozellen

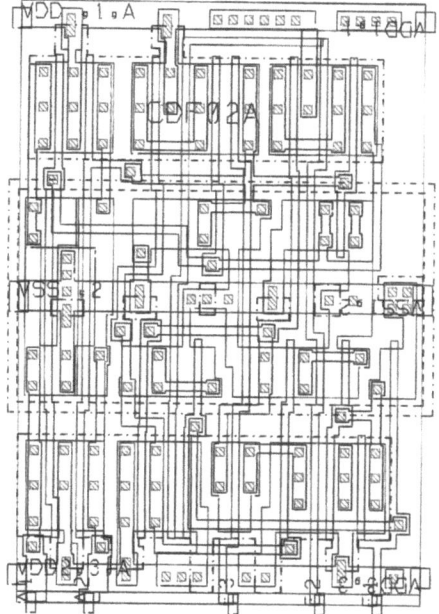

Bild 3.11. D-Flipflop aus der VENUS-Standardzellenbibliothek

3.4.2 Entflechtung eines Standardzellenentwurfs

Die Grundlage der Chipkonstruktion ist ein Logikplan mit den Schaltzeichen der Zellenbibliothek, der mit Hilfe eines umfangreichen Pakets von CAD-Programmen in eine integrierte Schaltung umgesetzt wird. Er wird graphisch eingegeben und für sämtliche CAD-Programme des Entwurfssystems einheitlich als Netzliste in der Datenhaltung abgelegt. Gleichzeitig erfolgt die automatische Erzeugung eines Schaltungsmodells für die Logiksimulation. Die Entflechtung wird von dem Programm AVESTA (*A*nordnung und *Ve*rdrahtung von *Sta*ndardzellen) vorgenommen. Dabei kann der zur Verdrahtung zur Verfügung stehende Raum bei Standardzellen im Gegensatz zu Gate-Arrays vom Entflechtungsprogramm individuell angepaßt werden. Bild 3.12 zeigt ein Beispiel für eine mit AVESTA durchgeführte Entflechtung.

3.5 Makrozellen

3.5.1 Ausprägung von Makrozellen

Die größte Freiheit beim zellenorientierten Entwurf bietet das Zellenschema der Makrozellen. Während bei den Standardzellen die Zellenhöhe einheitlich ist, besitzen Makrozellen einen rechteckigen Umriß beliebiger Größe mit Anschlüssen auf allen vier Seiten und lassen sich frei plazieren und individuell verdrahten. Dadurch wird die durch die begrenzte Höhe der Standardzellen bedingte Einschränkung des Funktionsumfangs der einzelnen Zellen aufgehoben. Gleichzeitig kann der Verdrahtungsanteil

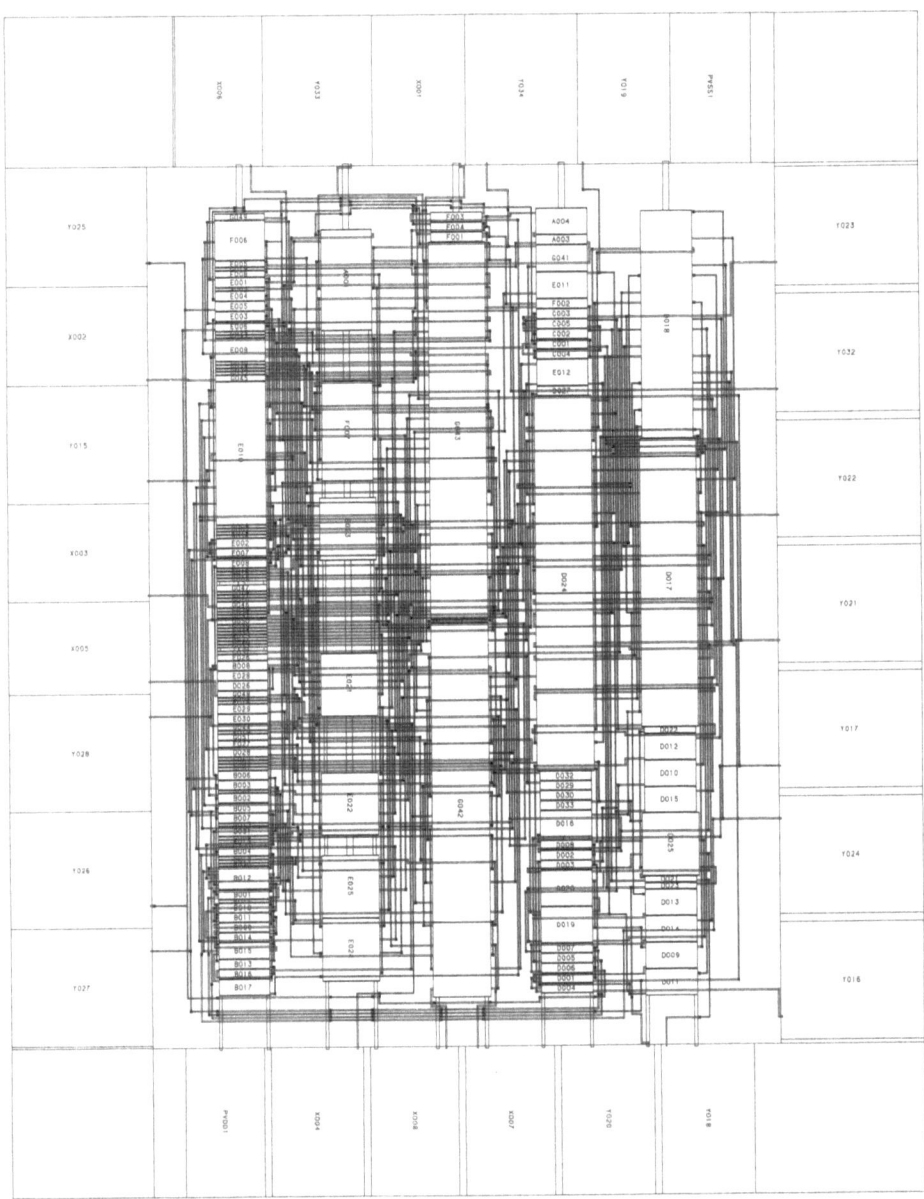

Bild 3.12. Beispiel für eine mit AVESTA durchgeführte Entflechtung

reduziert werden, der beim Entwurf größerer Schaltungen mit Standardzellen auf über 50% der Gesamtfläche ansteigen kann. Makrozellen können beliebige Rechtecke sein und enthalten Speicher (RAM, ROM), PLAs, Mikroprozessorkerne, ALUs, aus Standardzellen aufgebaute Schaltungsteile, aber auch Schaltungen, die in rekursiver Weise wiederum aus Makrozellen aufgebaut sind (s. Abschnitt 3.5.2). Bild 3.13 zeigt die schematische Darstellung einer aus Makrozellen aufgebauten integrierten Schaltung.

3.5 Makrozellen

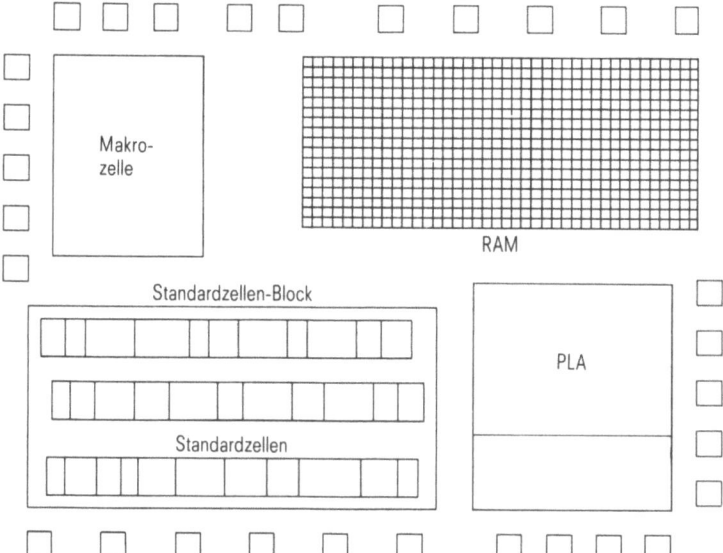

Bild 3.13. Schematische Darstellung einer aus Makrozellen aufgebauten integrierten Schaltung

3.5.2 Hierarchiebildung

Makrozellen sind der einzige Zellentyp, der wiederum aus Elementen des gleichen Typs bestehen kann und somit die Bildung von Zellblöcken erlaubt (vgl. Bild 1.38). Der rekursive Charakter des Makrozellenkonzepts läßt erkennen, daß es eng mit dem Konzept des strukturiert-hierarchischen Schaltungsentwurfs verbunden ist. Dabei wird zuerst die Systemarchitektur aus groben Funktionsblöcken entworfen, um dann durch allmähliche Verfeinerung und Detailspezifikation zum Schaltbild auf Transistorebene zu kommen.

Auf der höchsten Hierarchiestufe kann eine integrierte Schaltung als Zusammenstellung von „black boxes" angesehen werden, wobei jede eine bestimmte Funktion ausführt und mit anderen in definierter Weise in Verbindung steht. Der Fluß von Daten und von Kontrollinformationen läßt sich auf dieser Stufe auch für komplexe VLSI-Schaltungen noch gut durch Blockdiagramme darstellen, ohne daß durch die internen Details der individuellen „black boxes" die Darstellung zu kompliziert und unübersichtlich wird. Ebenfalls auf der höchsten Hierarchiestufe erfolgt die Konstruktion der sogenannten Flurpläne. Darunter versteht man die (von einem CAD-Programm unterstützte) interaktive Plazierung der Makrozellen auf dem Chip. Der Flurplan wird hinsichtlich der Komplexität und Länge der Verbindungen optimiert, wobei die Güte der Plazierung wesentlich den Erfolg der nachfolgenden Verdrahtung bestimmt.

Der hierarchische Aufbau von Makrozellen aus anderen Makrozellen oder Standardzellen stellt eine Möglichkeit dar, Zellen anwenderspezifisch zu definieren. Andere Arten der anwenderspezifischen Zellenerzeugung werden weiter unten behandelt.

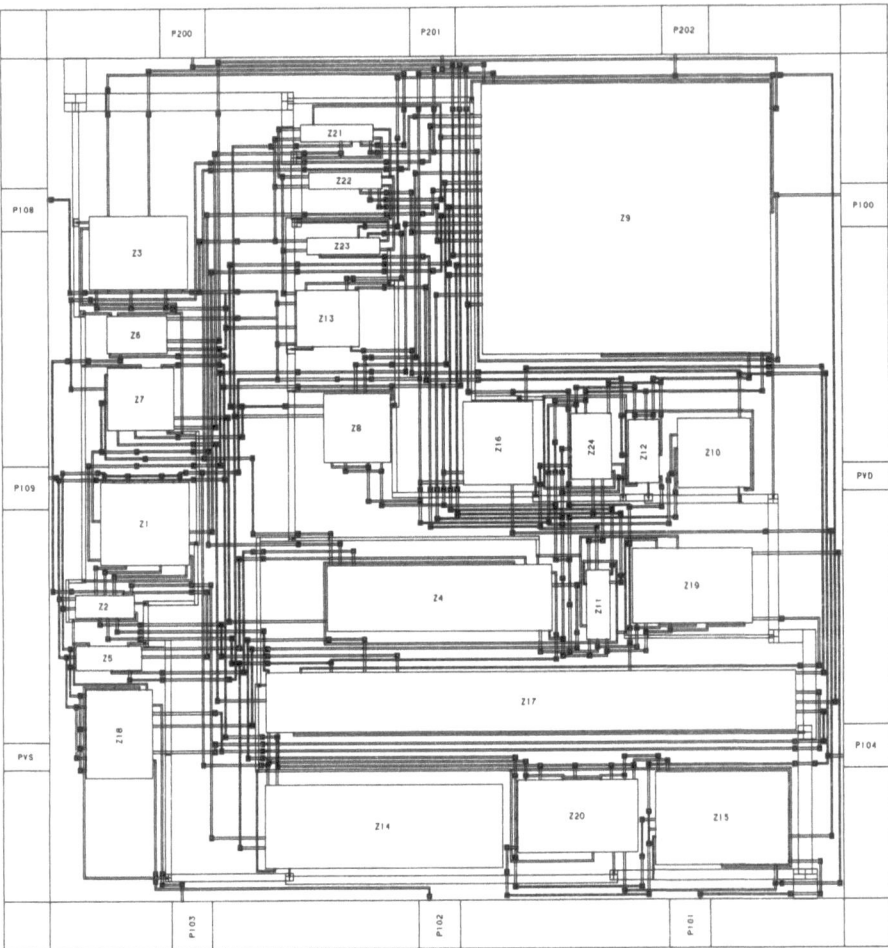

Bild 3.14. Beispiel für eine mit CALCOS durchgeführte Entflechtung

3.5.3 Entflechtung eines Makrozellenentwurfs

Für die Entflechtung von Makrozellen dient im VENUS-Entwurfssystem das Programm CALCOS (*c*omputer *a*ided *l*ayout of *c*ell *o*riented *s*ystems). Dieses Programm sieht die Möglichkeit des interaktiven Eingreifens in die Plazierung vor: Ein vom Programm graphisch gelieferter Plazierungsvorschlag kann vom Designingenieur durch Modifikation der Umrisse der verwendeten Makrozellen verbessert werden. Dies ist besonders bei Zellblöcken aus Standardzellen möglich, deren Umrisse durch geeignete Anordnung der Stndardzellen gut angepaßt werden können. Bei den von Generatoren erzeugten parametrisierbaren Makrozellen ist diese Flexibilität der Zellenumrisse geringer. Nach der Veränderung der Zellenumrisse erfolgt eine erneute Entflechtung durch das Programm. Für die detaillierte Wegesuche wird bei Makrozellenentwürfen wie bei Standardzellen ein Channel-Router eingesetzt, der hier allerdings auch die Versorgungsleitungen automatisch planar und mit angepaßten Leitungsbreiten auslegen muß [3.5]. Bild 3.14 zeigt ein Beispiel für eine mit CALCOS durchgeführte Entflechtung.

3.6 Anwenderspezifische Zellen

Ein Ziel der Weiterentwicklung von Standardentwurfssystemen ist es, eine immer größere Flexibilität anzubieten, um so letztlich auch zu optimierten Designs — optimiert bezüglich Fläche und Geschwindigkeit — zu gelangen. Das vorausgehend vorgestellte hierarchische Makrozellenkonzept stellt einen wichtigen Schritt auf diesem Wege dar: die Einschränkungen des Funktionsumfangs der Standardzellen auf Grund ihrer begrenzten Höhe werden durch die Einführung der Makrozellen mit rechteckigem Umriß beliebiger Größe aufgehoben. Eine weitere wesentliche Verbesserung wird durch die Abkehr vom Prinzip der starren Zellen mit genau festgelegten Funktionen durch Hinzunahme anwenderspezifischer Zellen erzielt. Auf diese Weise gewinnt man durch variable Zellen, deren geometrische, elektrische und funktionale Eigenschaften individuell angepaßt werden können, eine hohe Flexibilität, die den Anwender eines entsprechenden CAD-Systems in die Lage versetzt, seinen Schaltungsentwurf mit „maßgeschneiderten" Zellen zu realisieren. Dieses Ziel kann zunächst durch einfache Parametrisierung und in voller Allgemeinheit durch Generierung von Zellen und durch Blockbildung erreicht werden. Dazu wird zusätzlich zur Bibliothek starrer Zellen (Zellprimitive) eine projektspezifische Bibliothek eingerichtet, in der die vom Anwender spezifizierten Zellen abgelegt werden.

3.6.1 Einfach parametrisierbare Zellen

Einfach parametrisiebare Zellen sind Zusammenstellungen von vorentworfenen Grundelementen. Sie werden Zellelemente (*subcells*) genannt. Zellelemente sind nicht allein „lebensfähig". Erst die Kombination eines Anfangs-, mehrerer Mittel- und eines Endzellelements führt zu einem Gebilde, welches dem Plazierungs- und Verdrahtungsprogramm als Standardzelle angeboten werden kann. Die nötigen Verbindungen zwischen den Zellelementen werden durch Aneinandersetzen (*butting*) hergestellt. Eine Verbindung über im Verdrahtungskanal liegende Leitungen sollte nur im Ausnahmefall nötig sein.

Ähnlich wie durch das beschriebene lineare Aneinanderreihen bei Standardzellen können durch zweidimensionales „*butting*" parametrisierbare Makrozellen erzeugt werden.

Die Idee der parametrisierbaren Zellen ist mit dem bereits vorgestellten Konzept der hierarchisch aufgebauten Zellblöcke verwandt. Grundsätzlich könnte der Aufbau einer derartigen einfach parametrisierbaren Zelle durch den Designingenieur selbst erfolgen. Beim VENUS-System wird ihm diese Arbeit jedoch abgenommen. Dies soll anhand der in VENUS implementierten Parametrisierbarkeit der Funktionsfamilie von Zählern näher erläutert werden.

Als Parameter für einen Zähler kommt neben seiner Verarbeitungsbreite der gewünschte Zählertyp (up, down, binär, dezimal, modulo etc.) in Betracht. Durch entsprechende Angaben an das CAD-System wird beispielsweise ein Dezimalzähler spezifiziert. Der Designingenieur gibt nur Verarbeitungsbreite und gewünschte Funk-

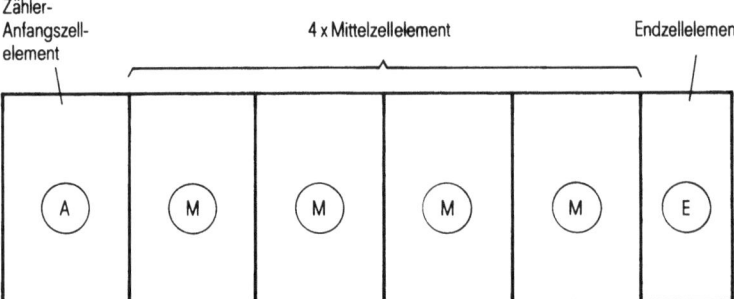

Bild 3.15. Aufbau eines 4-bit-Zählers aus Zellelementen

tion an. Das System sucht dann aus dem vorhandenen Fundus die jeweils nötigen Zellelemente zusammen und verknüpft diese automatisch durch Aneinandersetzen in der zur Realisierung der Funktion erforderlichen Weise. Das Anfangszellelement enthält z.B. Treiber für die internen Takte oder die Steuerlogik für die up/down-Funktion. Die Mittelzellelemente bestehen aus den eigentlichen Zählflipflops. Das Endzellelement enthält nur mehr den Abschluß für die zellinterne Verdrahtung (Bild 3.15). Der Teil des CAD-Systems, der diese Aufgaben ausführt, wird auch als Zählercompiler bezeichnet. Die resultierende Zählerzelle hat gemäß der eingangs gegebenen Definition die Gestalt einer Standardzelle und kann problemlos in den Gesamtentwurf integriert werden.

Neben der beschriebenen Parametrisierung durch Aneinandersetzen von Zellelementen können auch logische Blöcke automatisch aus Standardzellen aufgebaut werden. Das so entstandene Gebilde hat dann allerdings nicht die Eigenschaften einer Standardzelle, sondern wird als teilverdrahtetes Konglomerat mehrerer Standardzellen dem Plazierungs- und Verdrahtungsprogramm angeboten. Werden keine fixen Plazierungsvorgaben gemacht, so ist in diesem Fall nicht sichergestellt, daß die Zellen in unmittelbarer geometrischer Nachbarschaft angeordnet werden.

Der Übergang von den einfach zu den funktional parametrisierbaren Zellen ist fließend. Beide Arten können im Prinzip durch Aneinandersetzen von Zellelementen oder durch Vorverdrahten logischer Blöcke mit anschließender Expansion gebildet werden. Bei den einfach Parametrisierbaren ist allerdings die Variabilität sehr viel stärker eingeschränkt. Dies hat zur Folge, daß die Benutzerschnittstelle solcher Zellen im algemeinen sehr einfach ist: für einen n-bit-Zähler braucht z.B. nur die Bitbreite n angegeben zu werden.

Typische Vertreter einfach parametrisierbarer Zellen sind somit n-bit-Zähler, n-bit-Register oder Zellen mit variabler Ausgangsleistung.

3.6.2 Funktional parametrisierbare Zellen

Ein Höchstmaß an Flexibilität wird durch die automatische Generierung der Zellen erreicht. Der Benutzer spezifiziert dabei das Verhalten der Zelle mit Hilfe funktionaler Beschreibungen; hier genügt also nicht mehr eine einzelne Zahl. Ein Beispiel ist die Angabe einer booleschen Gleichung zur Definition eines PLAs. Typische Vertreter funktional parametrisierbarer Zellen sind PLA, RAM, ROM, Finite State Machine

3.6 Anwenderspezifische Zellen

(FSM) bis hin zum mikroprogrammierbaren Mikroprozessor. Programme, welche dies leisten, werden Zellgeneratoren genannt.

Zellgeneratoren verwenden vorwiegend, aber nicht ausschließlich, die Methode des Aneinandersetzens (*butting*) von Zellelementen. Oft sind dabei die Zellelemente selbst nicht mehr starr, sondern in Form von Stickdiagrammen (s. Abschnitt 3.7) beschrieben. Sie können dadurch veränderten Designregeln angepaßt werden. Zunehmend werden jedoch die Zellelemente (sowie die auf ihnen aufbauenden Zellen) prozedural beschrieben.

Ein wichtiger Aspekt des Generatorkonzepts besteht darin, daß nicht nur das Zellenlayout, sondern gleichzeitig ein entsprechendes Simulationsmodell sowie die erforderlichen Prüfmuster generiert werden. Ein grundsätzliches und noch nicht endgültig gelöstes Problem bei der Zellengenerierung ist die Sicherung der Gewährleistung von Zelleneigenschaften: feste Zellen, aber auch verschiedene Varianten von einfach parametrisierbaren Zellen können probeweise gefertigt und vermessen werden. Dadurch wird sichergestellt, daß die durch elektrische Simulation ermittelten Zelleneigenschaften auch auf einem realen Chip eingehalten werden. Bei der Vielfalt der Varianten frei generierbarer Zellen ist dies jedoch nicht erschöpfend möglich. Statistische Aussagen werden herangezogen. Auch die Durchführung einer elektrischen Simultion stößt in diesem Fall aufgrund der Komplexität vieler generierter Zellen auf Schwierigkeiten und muß durch Tabellenverfahren ersetzt werden.

PLA als Beispiel

Der Schwerpunkt bei der Einführung des Makrozellenkonzepts in VENUS liegt zunächst bei PLAs (*programmable logic arrays*). Mit ihnen ist auf der Grundlage höchst regulärer Transistorstrukturen sowohl eine Realisierung von kombinatorischer als auch in Verbindung mit Rückkopplungsregistern von sequentieller Logik möglich. PLAs bieten eine Möglichkeit, komplexe kombinatorische Funktionen, deren Realisierung mit Standardzellen zu großen irregulären Strukturen führen würde, in optimaler Weise auf kompakte, reguläre Strukturen abzubilden. Eine kombinatorische Logik mit n Input- und m Outputleitungen kann im Prinzip mit Hilfe eines Speichers von 2^n m-bit-Worten implementiert werden. Dabei bilden n-bit-Inputworte die Adressen von Speicherplätzen, deren Inhalt die m-bit-Outputworte ergeben. Da in vielen Fällen gar nicht alle Inputkombinationen auftreten können und infolgedessen auch nicht alle 2^n Worte benötigt werden, würde durch die Verwendung eines ROM als Logikelement viel Chipfläche vergeudet. PLAs erlauben dagegen die kompakte Implementierung einer gegebenen Funktion, da sie nur für jeden tatsächlich auftretenden Term jeweils eine Zeile von Schaltungselementen benötigen. Sie enthalten zwei hintereinandergeschaltete Verknüpfungsfelder, die als logische UND- bzw. ODER-Ebene bezeichnet werden. In der UND-Ebene werden aus den Eingangsgrößen Produktterme erzeugt. Diese werden an die ODER-Ebene weitergeleitet, wo die entsprechenden Summenterme gebildet werden. Durch die Rückkopplung der Ausgänge über Speicherelemente auf die Eingänge entsteht aus einem kombinatorischen PLA ein sequentielles Schaltwerk, das als endlicher Automat (Finite-State-Maschine, FSM) arbeitet.

Wegen seiner hohen Regularität und einfachen Schaltungsstruktur läßt sich ein PLA relativ leicht generieren. Seine Grundstruktur besteht aus den beiden Matrizen der orthogonal verlaufenden Eingangs- und Ausgangsleitungsbündel, an deren Kreuzungspunkten entsprechend der logischen Funktion Schalttransistoren programmiert werden. Das so personalisierte PLA kann stark oder schwach mit Transistoren „belegt" sein. Je dichter die Transistorbelegung ist, um so besser wird die vorhandene Siliziumfläche ausgenützt. Ein schwach besetztes PLA kann durch Splitten bzw. Falten nachträglich kompaktiert werden. In Bild 3.16 (s. S. 119) ist ein Beispiel einer automatisch generierten PLA-Struktur dargestellt.

Bei der Gestaltung des Flurplans des Bausteins zeigen sich weitere Vorteile des PLAs. Die Eingangs- und Ausgangsleitungen lassen sich beliebig vertauschen und damit optimal an die Peripherie des PLA anpassen. Große PLAs lassen sich in kleinere partitionieren, was dem Designingenieur eine flexiblere Flurplangestaltung ermöglicht.

3.7 Freie Makrozellen und manuelles Layout

Besonders für anwendungsspezifische Schaltungen stellt sich häufig die Aufgabe, in bestimmten Teilbereichen die technologischen Grenzen auszureizen, um solche Ziele wie maximale Geschwindigkeit oder minimale Verlustleistung zu erreichen. Beispiele für solche Schaltkreise sind Codierer/Decodierer für digitale Breitbandkommunikationssysteme, schnelle spezifische Signalprozessoren zur Bildaufbereitung etc. Auch für solche Anwendungen eignet sich eine Standarddesignmethode, wenn sie die Einbindung von frei erstellten Makrozellen erlaubt, die im manuell interaktiven Design auf Transistorbasis erzeugt worden sind.

Zwei Aufgaben sind dann durch das CAD-System zu lösen:

- Unterstützung der transistororientierten Designmethode,
- Einbindung der „Freien Zellen" in den Standarddesignablauf.

Da beide Ziele bereits konzeptionell im Designsystem VENUS enthalten sind, wenn auch erst zu einem späteren Zeitpunkt eine Freigabe erfolgt, soll der transistororientierte Designprozeß nachfolgend erläutert werden. Ein zweiter Grund für die Darstellung liegt darin, daß die Zellen und Master des Entwurfssystem VENUS selbst nach der transistororienteren Designmethode entwickelt worden sind. Begründet ist dieses Vorgehen darin, daß Zellen und Master in vielfältiger weise „optimiert" werden müssen, wie in Kapitel 5 dargelegt wird. Auch werden heute die meisten Standardbausteine sehr hoher Komplexität wie beispielsweise Mikroprozessoren oder Speicher, die einen hohen Designaufwand rechtfertigen, nach dieser Methode entwickelt.

Große Teile des Layoutplans solcher Schaltungen werden manuell durch Plazieren und Verbinden von Rechtecken auf den verschiedenen Maskenebenen mit dem globalen Ziel erzeugt, so wenig Fläche wie möglich zu verbrauchen. Dabei müssen die Designregeln wie Mindestgrößen, Mindestabstände etc. beachtet werden. Dieser im folgenden Abschnitt beschriebene Prozeß des *manuellen Designs* ist sehr fehlerträchtig und vor allem höchst unflexibel gegenüber Änderungen, die aufgrund entdeckter Designregelverletzungen oder funktionalen Fehlverhaltens in einer fortgeschrittenen Designphase notwendig werden. Änderungen sind deshalb so schwer durchzuführen, weil die mühevoll optimierten Strukturen alle zueinander in den durch die Designregeln definierten Beziehungen stehen. Oft muß ein solcher Layoutplan dann von Grund auf neu erstellt werden.

Deshalb sind rechnergestützte Verfahren entwickelt worden, die es ermöglichen, einen optimierten Layoutplan auf Transistorbasis weitgehend fehlerfrei und änderungsfreundlich zu erstellen. Die Grundidee dieser Verfahren ist, dem Designer die mühevolle Arbeit der graphischen Erzeugung korrekter Rechteckstrukturen abzunehmen und ihm eine symbolische Beschreibungsform zu geben, in der er Transistoren, Dioden, Widerstände und Leitungen in der gewünschten Form anordnen kann, ohne sich um konkrete Designregeln und die Flächenoptimierung kümmern zu müssen. Die symbolische Beschreibung des Layouts wird dann unter Beachtung der entsprechenden Konstruktionsregeln von einem Programm in die Maskenstrukturen für die verschiedenen Fertigungsschritte umgesetzt. Damit kann ein und dasselbe Layout nach verschiedenen Design-Regelsätzen generiert werden, eine Aufgabe, die große Bedeutung bei der Pflege umfangreicher Zellenbibliotheken gewinnt. Stellvertretend für eine Reihe ähnlicher Verfahren werden die *Stick-Diagramm-Methode* und das *Gate-Matrix-Verfahren* näher betrachtet.

3.7.1 Manuelles Layout

In der Regel hat der Designprozeß folgende Abfolge: Ausgangspunkt für den Entwurf ist die Spezifikation der geforderten logischen Funktionen. Sie wird oft in Form einer Funktionstabelle dargestellt. Auch gehört dazu die Wahl einer bestimmten Technologie, z.B. CMOS. Der erste Schritt besteht nun in der Umsetzung der logischen Funktion in ein technologiegerechtes Transistorschaltbild. Dabei kann oft aufgrund bestimmter schaltungstechnischer Kriterien eine Minimierung der Schaltung vorgenommen werden. Möglicherweise ergeben sich dabei mehrere Schaltungsvarianten, die mit Hilfe eines Netzwerkanalyseprogramms untersucht werden, um eine Entscheidung für eine optimale Variante zu erreichen.

Jetzt kann mit der geometrischen Gestaltung begonnen werden. Der erste Schritt ist dabei die Umsetzung des Transistorschaltplans in ein symbolisches Layout, das man als *Stick-Diagramm* bezeichnet. Das Stick-Diagramm ist eine Darstellung auf Transistorebene, die jedoch neben der reinen Verknüpfung der Elemente auch Information über die relative Plazierung von Transistoren, Diffusionsgebieten, Metallverbindungen, Polysiliziumverbindungen, Kontaktlöcher etc. enthält. Sie werden durch bestimmte Symbole in einem Standardfarbcode (blau: Metall, rot: Polysilizium, grün: Diffusion, gelb: Wanne etc.) dargestellt. Damit ist eine Skizzierung der Grobtopographie der Schaltung möglich, bei der ein erfahrener Schaltungsentwickler immer auch bereits die realen Abmessungen des detaillierten Layoutplans in Gedanken berücksichtigt. Infolgedessen enthält ein Stick-Diagramm in der Praxis nahezu die gesamte Information über den endgültigen Layoutplan.

Die einfachste Methode, vom Stick-Diagramm zum Layout zu kommen, besteht darin, Transistor für Transistor von Hand auf Millimeterpapier zu zeichnen, wobei wieder der bereits erwähnte Farbcode zur Identifikation der einzelnen Schichten verwendet wird. Dabei müssen die durch den Herstellungsprozeß definierten Designregeln eingehalten werden. Dies sind geometrische Regeln, welche z.B. Mindestbreiten oder Mindestabstände vorschreiben und so gewährleisten, daß der Chip sicher und mit hoher Ausbeute gefertigt werden kann (s. Abschnitt 3.7.2).

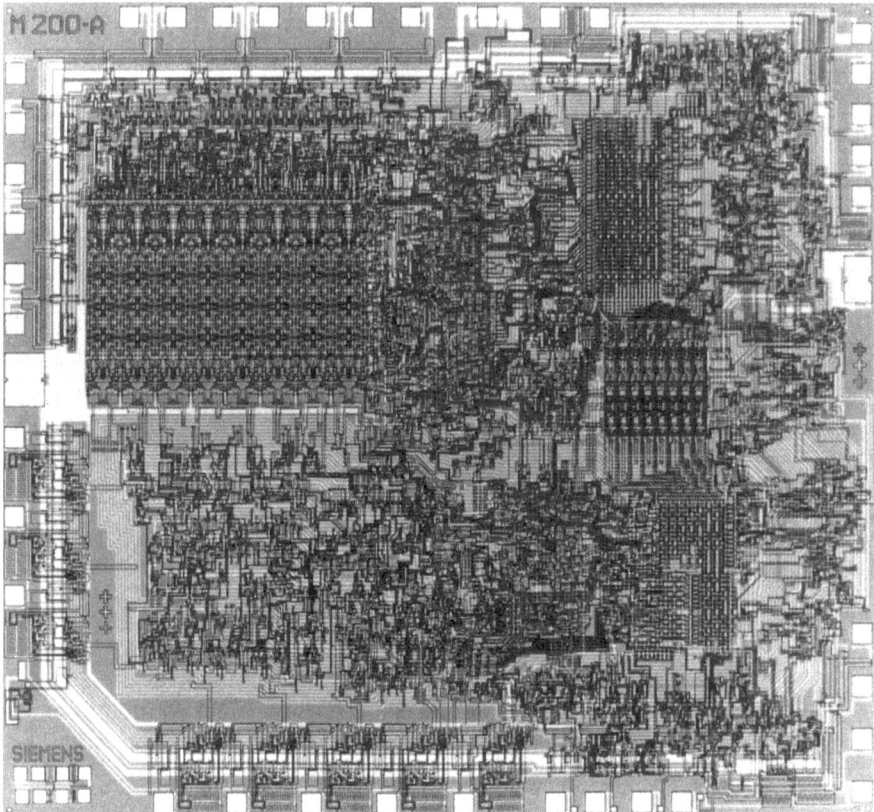

Bild 3.17. Layout des Mikroprozessors Intel 8080

Wenn die Zeichnung des Layouts vorliegt, muß diese zur weiteren Verwendung digitalisiert werden, was durch explizite alphanumerische Eingabe der Rechteckkoordinaten oder mit Hilfe eines Digitalisiertabletts erfolgen kann. Der Weg der manuellen Layouterzeugung ist langwierig und fehlerträchtig. Die Maskengeometrie für ein LSI-Design von nur 3000 Transistoren kann bis zu 50.000 Rechtecke umfaßen. Offensichtlich ist, daß die Komplexität von VLSI-Schaltungen nicht mehr mit dieser Methode bewältigt werden kann. Bild 3.17 zeigt als Beispiel das manuell erstellte Layout des Mikroprozessors Intel 8080. Auffallend dabei ist der offensichtliche Mangel an Regularität.

Heute stehen CAD-Arbeitsplatzstationen mit abrufbaren vorgegebenen geometrischen Strukturen zur Verfügung, die alle zeichnerischen Manipulationen im Dialog erlauben, und mit deren Hilfe eine Layouterstellung ohne die Notwendigkeit einer nachträglichen Digitalisierung möglich ist.

Durch Aufteilung der Schaltung in Funktionsblöcke müssen weniger Einzelstrukturen individuell entworfen werden. Grundmuster können am graphischen Terminal konstruiert und dann repliziert werden. Das digital gespeicherte fertige Layout kann mit Hilfe entsprechender Programme automatisch auf Einhaltung der geometrischen und elektrischen Design-Regeln überprüft werden. Durch ein Extraktorprogramm kann die Information über die dem Layout äquivalente elektrische Schaltung mit ihren realen Daten zurückgewonnen und zur Verifikation nochmals einer abschließenden elektrischen Simulation unterworfen werden.

Bild 3.18 (s. S. 120) zeigt am Beispiel des Layoutentwurfs einer 2-input-AND-CMOS-Standardzelle aus der VENUS-Zellenbibliothek den beschriebenen Ablauf des manuellen Designs nochmals in seinen wichtigsten Schritten. Ausgehend von der Funktionstabelle folgt der zugehörige Transistorschaltplan und das daraus abgeleitete Stick-Diagramm. Im unteren Bildteil sind von links nach rechts vier Phasen des Layoutentwurfs an einem Graphikterminal gezeigt: In der ersten Phase ist nur die Struktur der Diffusionsebene realisiert, wobei hier bereits Details berücksichtigt sind. In der zweiten Phase kommen die Aluminium- und Polysiliziumebene dazu. Die dritte Phase umfaßt zusätzlich Kontaktlöcher, p-Wanne, p^+- und n^+-Implantationsgebiete sowie Substrat- und Wannenkontakte. Phase 4 zeigt die komplette Standardzelle mit Rahmen und Anschlußleitungen sowie Beschriftungen.

3.7.2 Geometrische Designregeln

Beim manuellen Entwurf muß sich der Designer stets der verschiedenen technologischen Prozeßschritte bewußt sein, die sein Schaltungsentwurf bis zur physikalischen Realisierung zu durchlaufen hat. Die wichtigste Schnittstelle zwischen Designer und Technologie wird durch einen Satz von Designregeln definiert, die für einen bestimmten Prozeß die jeweils erlaubten geometrischen Strukturen sowie elektrische Parameter spezifizieren. Sie bestimmen also die in einem bestimmten Fabrikationsprozeß erreichbaren Dimensionen und elektrischen Eigenschaften.

Die geometrischen Design-Regeln sollen hier zur Veranschaulichung an Hand der Beispiele in Bild 3.19 näher erläutert werden. Geometrische Design-Regeln beschreiben die zulässigen Werte (in µm) für bestimmte Breiten, Abstände und Überlappungen geometrischer Objekte, die in den verschiedenen Maskenebenen eingehalten werden müssen (s. Kapitel 2). Diese Werte beinhalten entscheidende Informationen über den technologischen Stand eines Unternehmens und besitzen aus diesem Grund höchsten Vertraulichkeitsgrad. Daher ist es verständlich, wenn bei den hier gezeigten Beispielen die konkreten Zahlenangaben durch symbolische Angaben ersetzt sind.

Bild 3.19 (s. S. 121) zeigt Designregeln für fünf verschiedene Maskenebenen. In der Spalte MASKE sind neben der physikalischen Bezeichnung der Ebenen auch noch deren Kennzeichnung durch einen firmeninternen Buchstabencode sowie eine Zahl angegeben. Mit dieser Zahl werden die Maskenebenen an einem CAD-Graphik-Arbeitsplatz identifiziert. In der Spalte STRUKTUR werden Angaben über das Belichtungsverfahren bei der Sturkturerzeugung auf dem Chip mit Hilfe von Photolack gemacht, auf die bereits in Kapitel 2 eingegangen wurde. FARBEN/PLOT weist jeder Ebene eine Farbe zu, mit der die entsprechenden Strukturen bei grahischen Layoutdarstellungen gezeichnet werden.

In den Spalten MINDESTABSTAND, MINDESTBREITE und ÜBERLAPPUNG folgen dann die eigentlichen Design-Regeln, die für die Ebene 1 in folgender Weise zu interpretieren sind: Strukturen in der LOCOS-Ebene müssen einen Mindestabstnd von a µm besitzen. Ihre Mindestbreite muß b µm betragen. Ein Kontaktloch muß von Strukturen im LOCOS-Bereich mindestens c µm überlappt werden. Die Angaben d, e und f bzw. k, l und m gelten sinngemäß für die Polysilizium- bzw.

Metallebene. Der Hinweis auf Dickoxid bedeutet, daß diese Regel außerhalb aktiver Bereiche gilt (v. Kaptitel 2). Für die Kontaktlochmaske werden Angaben über die Abstände der Kontaktlöcher in der LOCOS-Ebene (g) sowie zu Polysiliziumstrukturen (h) gemacht und die Abmessungen (ixj) der Kontaktlöcher selbst festgelegt. Für den p-Wannenbereich ist neben Mindestabstand (n) und Mindestbreite (o) noch folgende Regel angegeben: Eine p-Wanne muß ein n-Transistorgebiet im Abstand q μm umschließen und muß gleichzeitig vom p-Transistorgebiet den Abstand p μm haben.

Aus diesen wenigen Beispielen (die Niederschriften der gesamten geometrischen Designregeln für eine Technologie ist viele Seiten dick) wird ersichtlich, wie aufwendig und fehlerträchtig der manuelle Entwurf und wie erstrebenswert eine ganze oder teilweise Automatisierung ist.

3.7.3 Regulärer Entwurf

Eine deutliche Vereinfachung des manuellen Layouts stellt die Einführung regulärer Strukturen dar. Dabei strebt man nicht eine Verkleinerung des Layouts durch Verschachtelung an (vgl. das Layout des Mikroprozessors Intel 8080, Bild 3.17), sondern versucht, den Layoutaufwand durch mehrfache Verwendung einmal gezeichneter Strukturen zu verringern. Der Regularitätsfaktor eines Entwurfs ist definiert als

$$\frac{\text{Anzahl der Strukturen im Layout}}{\text{Anzahl der manuell-intraaktiv gezeichneten Strukturen}}.$$

Moderne Layouts weisen einen Regularitätsfaktor größer als 20 auf.

Reguläre Strukturen sind aber auch eine Folge der Verwendung von Layoutgeneratoren. Die Bilder 3.20 und 3.21 (s. Seiten 121 und 122) zeigen am Beispiel automatisch generierter Layouts den dort erreichten hohen Grad an Regularität.

3.7.4 Symbolisches Layout

Seit der ersten Vorstellung von Stick-Diagrammen durch Williams 1977 [3.6, 3.7] sind eine Reihe von Verfahren entwickelt worden, die das Prinzip des symbolischen Layouts und der dazugehörigen Kompaktierungsalgorithmen weiterentwickelt und für verschiedene Technologien erweitert und verfeinert haben.

Stick-Diagramme

Während das Stick-Diagramm bei dem im vorigen Abschnitt beschriebenen manuellen Design ein Zwischenschritt des Entwurfs ist, um von Hand in das reale Layout umgesetzt zu werden, dient es nun als Eingabe für ein Programm. Dem Designer stehen in diesem Fall eine Symbolbibliothek für Transistoren, Kontakte etc. sowie eine Auswahl von Linien unterschiedlicher Farbe oder Struktur, die Verbindungen in verschiedenen Ebenen repräsentieren, zur Verfügung. Damit ist er in der Lage, an einem CAD-Terminal das symbolische Layout seiner Schaltung zu entwickeln, ohne die konkreten Designregeln zu kennen und ohne sich um die Optimierung der Fläche kümmern zu müssen. Die Qualität des generierten Layouts wird freilich bestimmt durch die Güte der relativen Plazierung der Elemente. Der Zeitbedarf für den symbolischen Entwurf eines Layouts ist natürlich geringer als für die manuelle Positionierung der realen Maskenstrukturen derselben Schaltung. Ein Stick-Diagramm ist im allgemeinen leicht zu ergänzen und zu ändern.

Mit einigen CAD-Systemen auf Stick-Diagramm-Basis ist ein hierarchischer Entwurf durch Einfügen von Makros oder von Zellen vorgefertigter Schaltungsteile, die wiederum Zellen aufrufen können, möglich. Änderungen der Designregeln können durchgeführt werden, ohne das symbolische Layout verändern zu müssen. Ein System ist um so komfortabler, je mehr Vorgabe- und Parametrisierungsmöglichkeiten der Designer bei den einzelnen Elementen der Bibliothek hat.

Kompaktierung

Die Umsetzung eines Stick-Diagramms in ein reales Layout wird von einem Stick-Compiler durchgeführt. Dieser Compiler verwendet die Plazierungsinformation aus dem symbolischen Layout und vermeidet damit das Problem einer komplexen automatischen Plazierung. Die Erzeugung des realen Layouts erfolgt meistens in zwei Stufen. Zuerst wird eine Kompaktierung des Stick-Diagramms mit dem Ziel der Flächenminimierung durchgeführt. Das kompaktierte Layout berücksichtigt dabei die in den Designregeln vorgegebenen Mindestabstände. In einem zweiten Schritt wird das kompaktierte Stick-Diagramm in die entsprechenden Rechteckstrukturen umgesetzt. Das zweidimensionale Problem der Kompaktierung wird dabei in zwei eindimensionale Probleme zerlegt, die nacheinander gelöst werden, nämlich in eine horizontale und eine vertikale Kompaktierung. Das Ergebnis ist ein fehlerfreies symbolisches Layout, das jedoch noch ungenutzte Flächen enthalten kann.

Die Zerlegung der Kompaktierung in zwei eindimensionale Kontraktionen stellt eine starke Vereinfachung dar. Bestimmte globale Situationen können nicht erkannt werden, in denen die vorangehende horizontale Kompaktierung eine geeignete nachfolgende vertikale Kompaktierung behindert. Solche Situationen können jedoch vom geübten Designer erkannt und interaktiv durch Vorgabe sogenannter „*user constraints*" behoben werden. Damit lassen sich z.B. Gebiete definieren, die von einer Kompaktierung ausgeschlossen werden sollen. Auch können Abstände absolut vorgegeben werden. Eine wichtige Anwendung von 'constraints' ist das Festhalten von Anschlüssen einer Zelle, die an eine andere Zelle angepaßt werden soll. Nach der interaktiven Kompaktierung und Nachbesserung des Stick-Diagramms wird im letzten Schritt das reale Layout automatisch generiert.

Der gesamte Ablauf des hier beschriebenen Verfahrens wird in den folgenden Abbildungen am Beispiel eines Toggle-Flipflops demonstriert. Bild 3.22 zeigt das Transistorschaltbild des Flipflops. Bild 3.23 (s. S. 123) zeigt das zugehörige Stick-Diagramm sowie dessen vertikale und horizontale Kompaktierung, Bild 3.24 (s. S. 124) eine vergrößerte Darstellung des kompaktierten Stick-Diagramms sowie das daraus generierte Layout.

3.7.5 Layout nach dem Gate-Matrix-Verfahren

Das Gate-Matrix-Verfahren wurde 1980 von Lopez und Law, Bell Laboratories, erstmals publiziert [3.8, 3.9], nachdem es erfolgreich beim Design eines 20000-Transistor-Blocks innerhalb des 32-Bit-CMOS-Prozessors BELLMAC eingesetzt worden war. Der Flächenbedarf war angeblich nicht viel größer als bei einem entsprechenden Handlayout. Dieselbe Methode wurde bei Bell später für das Design

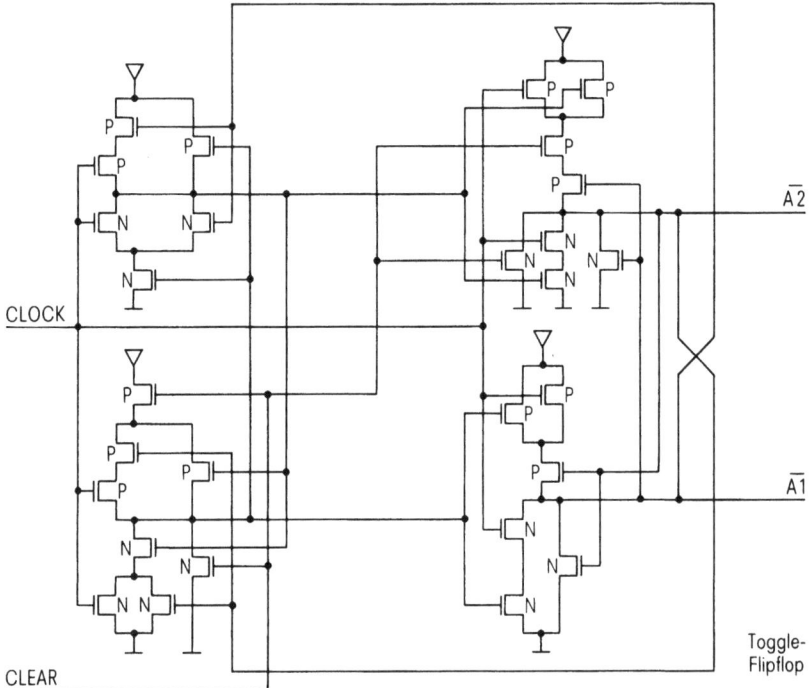

Bild 3.22. Transistorschaltbild eines Toggle-Flipflops

eines VLSI-Memory-Management-Chips und eines dritten VLSI-Chips eingesetzt. An weiteren Designs wird bei Bell gearbeitet. Das Verfahren eignet sich besonders für die Entwicklung großer Chips mit hoher Verarbeitungsleistung und eingeschränkter verfügbarer Fläche. Der einheitliche Designstil soll die Verteilung der Designaufgabe auf ein Team von Designern sowie das Zusammenfügen der Einzelergebnisse zu einem Gesamt-Layout erleichtern.

Bei Anwendung des Gate-Matrix-Verfahrens versucht man, den Layoutentwurfsprozeß durch Zugrundlegen einer regulären Struktur zu vereinfachen. Diese Struktur ist eine Matrix aus Zeilen und Spalten. Die Spalten sind in Polysilizium ausgeführt und dienen als Transistorgates und gleichzeitig als Verbindungen. Die Zeilen sind Diffusionsgebiete und bilden an den Kreuzungen mit den Spalten die Transistoren. Die Idee hinter dem Gate-Matrix-Verfahren ist, die starre Trennung zwischen Zellen mit Transistoren und Verdrahtungskanälen, die typisch für das Standardzellenkonzept ist, aufzulösen und die Transistoren in den Verdrahtungskanal zu legen.

Der Entwurfsprozeß beginnt mit einer Zeichnung oder einem Stick-Diagramm, wobei die Ebenen für Polysilizium, Metall und Diffusion farbig codiert werden können. Die Schaltung wird durch Plazierung und Verbinden der Diffusionsgebiete auf der Grundmatrix entwickelt. Bestimmte Regeln sind dabei zu beachten: Transistoren mit gleichem Eingangssignal werden auf einer Polysiliziumleitung plaziert; Transistoren, die zu einer Serien- oder Parallelschaltung gehören, werden in einer Zeile angeordnet.

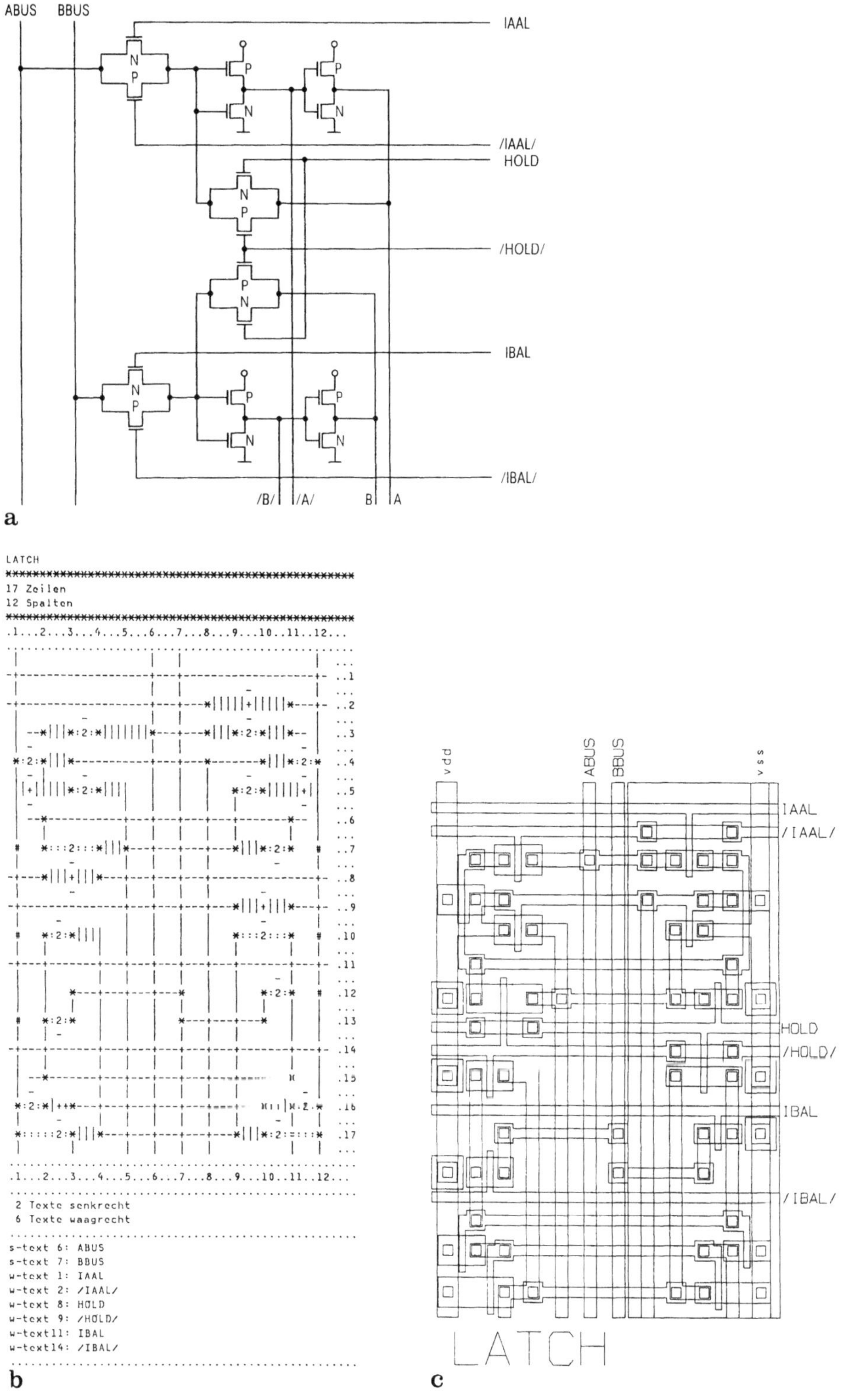

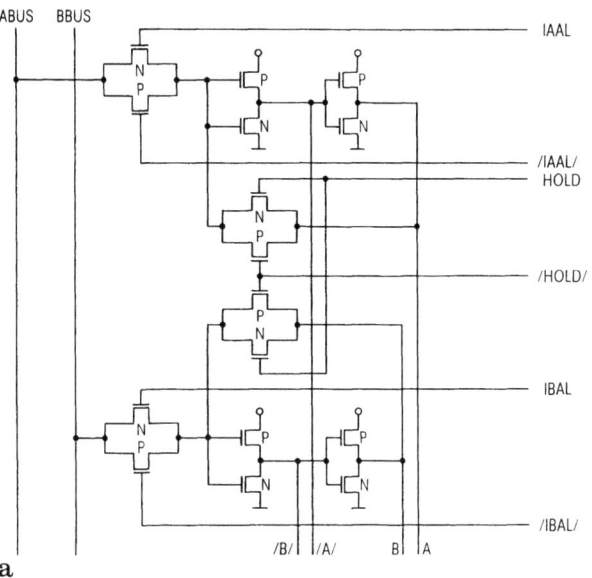

Bild 3.25. Schaltplan (a), symbolische Beschreibung (b) und Layout (c) eines im Gate-Matrix-Verfahren erstellten Latch

Die fertige Zeichnung wird für die Programmeingabe in Symbole umcodiert, wobei die Anzahl der Symbole aufgrund der regulären Matrixstruktur geringer als bei ähnlichen symbolischen Beschreibungen (z.B. Stick-Diagramm) ist. Als Symbole genügen alphanumerische Zeichen. Der Aufbau der Beschreibung ähnelt dem gezeichneten Stick-Diagramm, so daß eine visuelle Eingabekontrolle möglich ist. Das Programm übersetzt die Beschreibung mit Hilfe einer Matrix-Design-Datei, die die Matrixparameter für einen bestimmten Satz von Design-Regeln enthält, in das endgültige Layout. Ein Design kann über diese Datei leicht an andere Designregeln angepaßt werden. Bild 3.25 zeigt ein im Gate-Matrix-Verfahren erstelltes Latch [3.10].

Bemerkenswert bei diesem Layoutgenerierungsverfahren ist die Tatsache, daß die Eingabe der symbolischen Beschreibung nicht über ein CAD-Terminal erfolgt, sondern mit Hilfe von bildschirmorientierten Zeicheneditoren an einem gewöhnlichen alphanumerischen Terminal. Die symbolische Eingabe wird einer Syntax-Prüfung unterzogen. Die angezeigten Fehler können im Editor korrigiert werden. Ein weiteres Programm ermöglicht die Darstellung von Transistorschaltbildern aus der symbolischen Beschreibung und damit die Entdeckung von Designfehlern. Nach der Layoutgenerierung werden verschiedene weiterverarbeitende Programme eingesetzt, z.B. für die Generierung der Simulationsbeschreibung oder eines Transistorschaltbildes.

3.8 Besonderheiten beim Layout mit analogen Zellen

Zunehmend werden in Standardentwurfsverfahren auch Analogzellen als Makrozellen zur Verfügung stehen. Dadurch ergeben sich einige Besonderheiten beim Schaltungsentwurf. Topologisch besteht grundsätzlich kein Unterschied zwischen analogen und digitalen Makrozellen, d.h. sie besitzen rechteckigen Umriß mit definierten Anschlüssen. Da bei Analogzellen jedoch Kapazitäten, also Kondensatoren erzeugt werden müssen, ist eine zusätzliche Maskenebene erforderlich, was den Herstellungsprozeß verteuert. Folgende Kombinationen von Ebenen sind zur Bildung von Kondensatoren denkbar: Polysilizium/p-Diffusion, Aluminium/Polysilizium, Polysilizium 1/Polysilizium 2 und Aluminium 1/Aluminium 2.

Durch die Einbeziehung von Analogteilen kann bei den digitalen Teilen einer Schaltung ein Latch-up Effekt induziert werden. Diese Gefahr muß dadurch beseitigt werden, daß der analoge Teil in einem Bereich des Chips zusammengefaßt und durch sogenannte „*guard-rings*" vom digitalen Teil abgegrenzt wird. Zusätzlich muß zur Verhinderung von Spannungsschwankungen die Betriebsspannung für analoge und digitale Schaltungsteile gesondert zugeführt werden.

Weitere Besonderheiten ergeben sich bei der Simulation. Für analoge Schaltungsteile kommt nur eine elektrische Simulation in Frage. Bei der Simulation der Gesamtschaltung müssen deren Resultate in geeigneter Weise mit denen der Logiksimulation auf Gatter- oder Registertransferebene des digitalen Teils kombiniert werden.

Literatur zu Kapitel 3

3.1 Trimberger, S.: Automating chiplayout. IEEE Spectrum, June 1982.
3.2 Breuer, M. A.: A class of min-cut placement algorithms. Proc. 14th Design autom. Conf. 1977, pp. 284–290.

3.3 Kernighan, B. W.; Schweikert, D. G.; Persky, G.: An optimum channel routing algorithm for polycell layouts of integrated circuits. Proc. 10th Design Autom. Workshop, 1973, pp. 50–59.
3.4 Yoshimura, T.; Kuh, E. S.: Efficient algorithms for channel routing. IEEE Trans. on Computer-Aided Design of Integr. Circuits and Systems, Vol. CAD–1, 1982, pp. 25–35
3.5 Lauther, U.: Channelrouting in a general cell environment. Proc. VLSI 85, Tokyo 1985.
3.6 Williams, J. D.: STICKS – a new approach to LSI design. Master's thesis. Massachusetts Inst. of Technol., June 1977.
3.7 Williams, J. D.: STICKS – a graphical compiler for high-level LSI design. Nat. Comp. Conf., 1978.
3.8 Lopez, A. D.; H.-F.S. Law: A dense gate matrix layout mehtod for MOS VLSI. IEEE J. Solid-State Circuits. SC-15, No. 4, Aug. 1980.
3.9 Law, H.-F.S.: Gate matrix: a practical, stylized approach to symbolic layout. VLSI DESIGN, Sept. 1983.
3.10 Lutz, W.: Softwarezellen für Datenpfadstrukturen. Dipl. Arbeit TU München 1983.
3.11 Johnson, S. C.: VLSI circuit design reaches the level of architectural description. Electronics (May 1984) 121.
3.12 Wallich, P.: On the horizon: fast chips quickly. IEEE Spectrum (March 1984) 28–34.
3.13 Collett, R.: Silicon compilation: a revolution in VLSI design. Digital Design (Aug. 1984) 88–95.
3.14 Gajski, D. D.: Silicon compilers and expert systems for VLSI. Proc. 21st Design Autom. Conf. 1984, p. 86–87.
3.15 Steinberg, L. I.: Mitchell, T. M.: A knowledge based approach to VLSI CAD. The Redesign System. Proc. 21st Design Autom. Conf. 1984 pp. 412–418.

4 Prüftechnische Konzepte

Mit wachsender Komplexität ist die Prüftechnik zu einem zentralen Aufgabenfeld beim IC-Designprozeß geworden. Jedes leistungsfähige IC-Designsystem muß sich auf wohlfundierte Prüfkonzepte und Prüfstrategien abstützen und die entsprechenden Werkzeuge bereitstellen.

Das vorliegende Kapitel stellt zunächst die wichtigsten Prüfkonzepte für integrierte Schaltkreise vor. Dann werden die notwendigen prüftechnischen Maßnahmen für jede Phase des IC-Designprozesses beschrieben. Wichtig ist, daß bereits beim Systemdesign eine spätere Prüfung berücksichtigt wird. Abschnitt 4.1 führt in die Problematik ein. Abschnitt 4.2 gibt einen Überblick über die Methoden, die zu einem prüffreundlichen Entwurf führen. Neben Methoden für die Einhaltung eines vollsynchronen Entwurfs werden geeignete Schaltungen zur Verbesserung der Prüfbarkeit vorgestellt. CAD-Tools für die gezielte Auswahl einer passenden Strategie, die zum prüffreundlichen Entwurf führt, liegen in ersten Ansätzen vor. Über sie wird im Abschnitt 4.3. berichtet. Die Merkmale für ein CAD-System, das den prüffreundlichen Entwurf unterstützt, werden abgeleitet.

Ein großer Teil der Entwurfszeit entfällt auf die Erstellung der Prüfunterlagen (Prüfprogramm). Hier setzt die Automatisierung ein. Durch sie wird die Prüfvorbereitungszeit trotz wachsender Bausteinkomplexität reduziert. Eine Standardisierung in Form eines „prüffreundlichen" Entwurfs ist dafür Voraussetzung.

In Abschnitt 4.4 werden Werkzeuge für die Erstellung der Prüfunterlagen vorgestellt. Als Beispiel für das Ineinandergreifen der einzelnen Werkzeuge wird die Prüfvorbereitung im Rahmen des Designsystems VENUS erläutert. In Abschnitt 4.5 werden dann die eigentliche Prüfung der Bausteine und die dafür notwendigen Prüfautomaten beschrieben. Als Ausblick werden im Abschnitt 4.6 Selbsttestverfahren vorgestellt.

Die Begriffe „Prüfung" und „Test" sowie „Werkzeug" und „Tool" werden als gleichwertig betrachtet. Mit „Chip" oder „Baustein" wird allgemein ein Prüfling bezeichnet.

4.1 Einführung in die Prüfproblematik

Im Gegensatz zu den annähernd stabilen Herstellungskosten erhöhen sich die Prüfkosten für hochintegrierte Bausteine mit zunehmender Komplexität. Zwei Ursachen sind hierfür verantwortlich. Zum einem nimmt die Gatteranzahl pro Baustein zu. Zum anderen erniedrigt sich die Anzahl der Anschlußstifte pro Gatter. Da ein Baustein nur über externe Anschlüsse geprüft werden kann, folgt daraus ein Anwachsen der Anzahl der internen Zustände, die bei einer Prüfung zu durchlaufen sind. Deshalb steigt der Prüfaufwand. Man spricht von einer Zunahme der *logischen* und *sequentiel-*

4.1 Einführung in die Prüfproblematik

len Tiefe. So sind für ein Schaltwerk 2^{n+m} Testmuster notwendig, um alle m Zustände bei n Eingangsvariablen zu überprüfen, falls keine geeignete Strategie zur Reduktion vorliegt. Ein Beispiel: bei einem Mikroprozessor mit 25 Eingängen und 50 Zuständen würde die notwendige Testmusteranzahl für einen vollständigen Test 2^{25+50} betragen. Ein Tester mit 10-MHz Zykluszeit würde dazu 10^8 Jahre benötigen.

Geeignete Tools zur Reduzierung der Anzahl der Testmuster bei gleichzeitiger Sicherung des Qualitätsstandards sind daher unabdingbar.

Mußte der IC-Designingenieur bei Bausteinen geringer Komplexität nur die Randbedingungen des Leistungs- und Flächenbedarfs berücksichtigen, so muß er mit wachsender Bausteinkomplexität in zunehmendem Maße auch Randbedingungen für eine spätere Prüfung beachten. Entwicklungs- und Fertigungskosten sowie die Produktqualität werden entscheidend beeinflußt durch Prüfzeit, Prüfvorbereitung und Vollständigkeitsgrad der Prüfung.

Bei den in der Regel niedrigen Stückzahlen von Semi-Custom-Bausteinen tritt die Flächenminimierung gegenüber einer Minimierung der Entwurfszeit als Entwicklungsziel in den Hintergrund. Die Entwurfszeit aber wird immer stärker bestimmt durch den Aufwand für die Prüfvorbereitung. Ähnlich wie für die Chipkonstruktion ist daher auch für die Prüfvorbereitung eine Automatisierung erforderlich. Voraussetzung dafür ist ein gewisser Grad der Entwurfsstandardisierung. Er wird dadurch erreicht, daß bereits bei der Bausteinentwicklung prüftechnische Entwurfsregeln berücksichtigt und Testhilfen zur Unterstützung eines automatischen Ablaufs mitbenutzt werden.

Man spricht vom *prüfgerechten Entwurf* eines Bausteins, wenn neben der korrekten Funktion auch die gute Testbarkeit der Schaltungen erreicht ist. Üblicherweise wird zusätzliche Chipfläche für Redundanzen oder Modularität benötigt. Diese Zusatzfläche trägt aber nur einen geringen Anteil zu den Gesamtkosten bei. Wesentlich größer ist der Kostenaufwand, den ein Fehler, der erst auf Baugruppen- oder gar Systemebene entdeckt wird, verursacht. Bereits auf Bausteinebene muß deshalb eine hohe Fehlererkennungsrate erreicht werden. Nur dann ist ein optimaler Qualitätsstandard zu erreichen und die Kosten für das Gesamtsystem zu minimieren.

4.1.1 Prüfstrategie

Für die Prüfung eines Bausteins werden *Prüfmuster* benötigt. Diese bestehen aus den *Eingangsstimuli* und den zu erwartenden *Sollwerten* an den Ausgängen. Zur Bestimmung der Sollwerte verwendet man heute Simulationsmodelle des Bausteins in Verbindung mit Simulatoren. Bei der Prüfung werden dann die aktuellen Antworten des Prüflings mit den Sollwerten verglichen. Dieser Vergleich wird automatisch am Testautomaten durchgeführt (Bild 4.1).

Ein Fehler an einem internen Schaltungsknoten gilt als *erkennbar*, wenn der Knoten sowohl über die externen Eingänge jeweils auf die Werte 0 und 1 eingestellt, als auch durch die Wirkung an den Ausgängen beobachtet werden kann. Man spricht von *Einstell- und Beobachtbarkeit* („controllability", „observability") des internen Knotens. Liegt reine kombinatorische Logik vor, so ist jeder interne Knoten mit einem Prüfmuster einstell- und beobachtbar. Ausgenommen davon sind Schaltungsredundanzen. Die Anzahl der Gatter, die für die Einstellung und die Beobachtung zu durchlaufen sind, bestimmt die *logische Tiefe* des Pfades, auf dem sich der zu betrach-

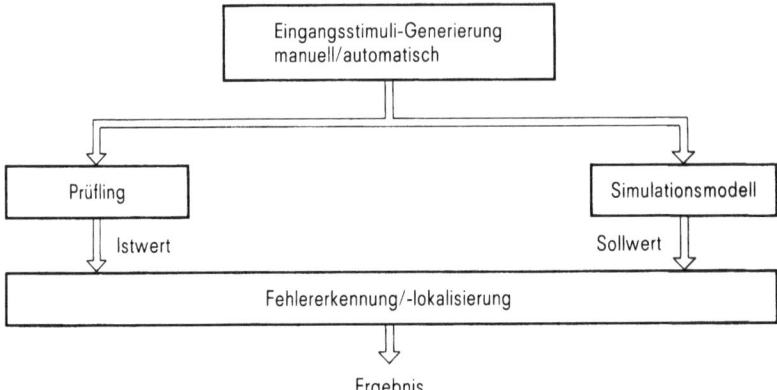

Bild 4.1. Allgemeines Prinzip einer Prüfung

tende Knoten befindet. Bei einem Baustein mit getakteten speichernden Elementen (Schaltwerk) werden mehrere Prüfmuster für den Test (Einstellen und Beobachten) eines internen Knotens benötigt. Die Anzahl der Taktschritte, die für den Test benötigt wird, ergibt die *sequentielle Tiefe* des Pfades. Aus dem Zusammenwirken von Einstell- und Beobachtbarkeit ergibt sich die *Testbarkeit*.

Zur Verbesserung der Testbarkeit sind Zusatzschaltungen — *Testhilfen* — auf dem Baustein zusätzlich zu dessen Funktionsschaltungen einzuführen. Mit der zunehmenden Komplexität der Bausteine erhöht sich die Anzahl der Fälle drastisch, bei denen ohne geeignete Testhilfen eine ausreichende Testbarkeit nicht mehr gewährleistet werden kann.

Eingangsstimuli sind in solcher Art und solchem Umfang zu erstellen, daß jeder interne Knoten (mit Ausnahme der Schaltungsredundanzen) getestet werden kann. Man unterscheidet im wesentlichen drei Arten von Eingangsstimuli:

- *Funktionale Stimuli*: Der IC-Designingenieur erstellt, ausgehend von der Funktion des Prüflings, manuell Eingangsstimuli. Jede spezifizierte Funktion ist durch sie einmal anzusprechen. Man spricht von funktionalen Stimuli. Je komplexer der Baustein ist, desto schwieriger gestaltet sich die manuelle Erstellung.
- *Strukturelle Stimuli*: Die Eingangsstimuli werden entsprechend der logischen Schaltungsstruktur durch *Stimuligeneratoren* automatisch berechnet. Eine Reihe von Algorithmen wurde dazu entwickelt [4.1 – 4.3]. Man spricht von strukturellen Stimuli. Die Bausteinkomplexität, besonders die sequentielle Tiefe verschlechtert die Effizienz der Algorithmen. Durch geeignete Strukturmaßnahmen in der Schaltung oder durch Zusatzschaltungen kann die Effizienz jedoch wieder verbessert werden.
- *Funktional-strukturelle Stimuli*: Während des Designprozesses werden bei der Simulation der Schaltung bereits funktionale Stimuli erzeugt, die jedoch für einen vollständigen Test häufig nicht ausreichen. Sie können dann jedoch mit strukturellen Stimuli geeignet ergänzt werden. Diese dritte Art ist demnach eine Mischform aus den beiden ersten Arten.

Besonders wichtig für die Sicherung des Qualitätsstandards ist der *Vollständigkeitsnachweis* für die Prüfmuster. Dazu werden *Fehlersimulatoren* eingesetzt (vgl.

4.1 Einführung in die Prüfproblematik 147

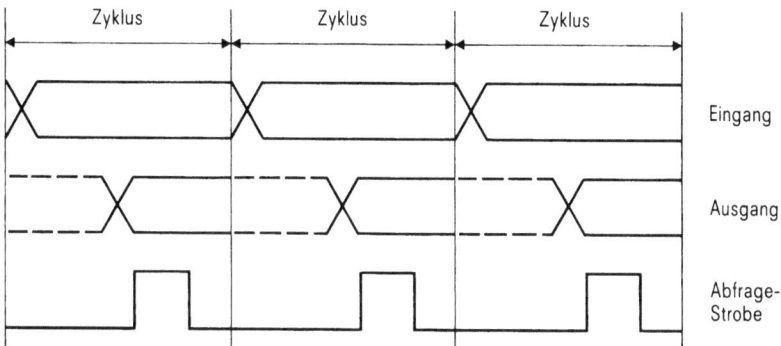

Bild 4.2. Prinzip einer statischen Prüfung

Abschnitt 4.1.2). Für den internen Knoten wird dabei berechnet, ob mit den vorhandenen Prüfmustern der Fehlerfall „ständig-auf-0" und „ständig-auf-1" beobachtet werden kann („stuck at"). Man spricht von einem „$s-a-1/s-a-0$"-Fehlermodell.[1] Ein Fehlermodell beschreibt also die Art und Anzahl der möglichen Fehler. Das „$s-a-1/s-a-0$"-Fehlermodell ist das übliche. Für das Fehlermodell wird ein *Fehlererkennungsgrad* als Maß für die Vollständigkeit der Fehlererkennung angegeben. Es errechnet sich aus der Anzahl der erkannten Fehler bezogen auf die Anzahl aller möglichen Fehler entsprechend dem zugrunde gelegten Modell.

Im Forschungsstadium befinden sich sowohl Konzepte zu neuen Fehlermodellen als auch Ansätze zu Vollständigkeitsnachweisen anhand von Kriterien auf funktionaler Ebene [4.4, 4.5].

Die bisher betrachtete Nutzung der Prüfmuster in Verbindung mit Stimuligenerator und/oder Fehlersimulator beziehen sich auf eine *statische Prüfung* des Bausteins. Darunter versteht man folgendes: Alle Eingänge des Prüflings werden zum gleichen Zeitpunkt durch ein Muster stimuliert. Nach einer Einschwingzeit des Bausteins werden alle Ausgänge gleichzeitig abgefragt. Die Einschwingzeit ist für die gesamte Prüfung konstant (Bild 4.2). Die Prüfung erfolgt in Zyklen. Jede Veränderung an den Eingängen durch ein neues Muster führt zu einem neuen Zyklus. Nachteilig ist bei dieser Prüfungsart, daß das dynamische Verhalten des Bausteins nicht beurteilt werden kann.

In vielen Fällen ist auch eine *dynamische Prüfung* erforderlich. Aufgrund der Vielfältigkeit des dynamischen Fehlerverhaltens ist ein Vollständigkeitsnachweis analog zur statischen Prüfung nur schwer zu erbringen. Erfahrungswerte zeigen jedoch, daß selbst ein stichprobenartiger dynamischer Test die Anzahl der später im System als dynamisch-fehlerhaft erkannten Bausteine (Rückläufer) drastisch reduziert. Derzeit werden in der Praxis zwei Methoden der dynamischen Prüfung angewandt:

- *Laufzeitmessung*: Es wird die Laufzeit von einem Eingang zu einem Ausgang als Sollwert berechnet und am Testautomaten mit dem gemessenen Istwert verglichen. Die Prüfung erfolgt für mehrere ausgewählte Pfade. Befinden sich darin speichernde Elemente, so kann nur jeweils der zeitlich längste Pfad zeitkritisch geprüft

---

[1] Anstatt der Schreibweise „$s-a-1/s-a-0$"-Fehlermodell wird abkürzend auch „$s-a-1/0$"- oder nur „$s-a$"-Fehlermodell verwendet.

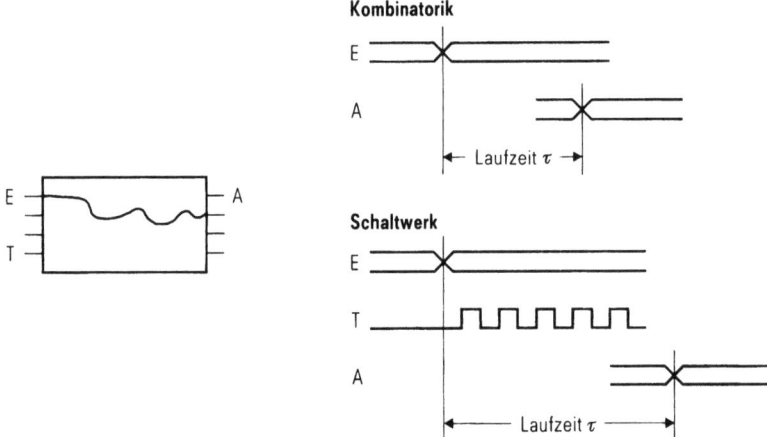

Bild 4.3. Laufzeitmessung

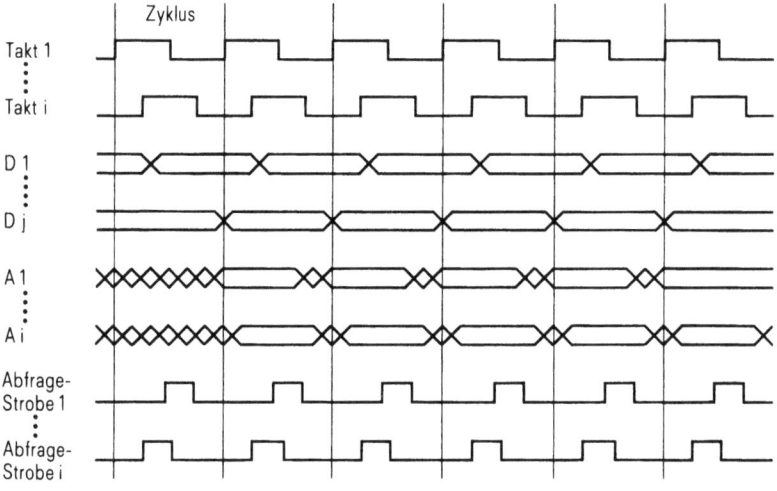

Dj = Dateneingänge,
Ai = Ausgänge bei Clockrate-Test

Bild 4.4. Allgemeines Timingschema bei „Clockrate"-Test

werden (Bild 4.3). Erste Ansätze der automatischen Stimuligenerierung zur Durchschaltung (Sensibilisierung) der zu vermessenden Pfade liegen bereits vor. Eine Veränderung am Eingang des Pfades bewirkt eine Reaktion an dessen Ausgang.
- *Clockrate-Test*: Es wird die zeitliche Spezifikation des Bausteins mit funktionalen Stimuli überprüft. Damit kann das Verhalten des Bausteins in seiner späteren Systemumgebung überprüft werden. Aufgrund der Einschränkungen jedes Testautomaten (vgl. Abschnitt 4.5) ist eine solche Prüfung jedoch nur bedingt möglich (Bild 4.4). Grundsätzlich geht man so vor: Das Zyklenraster einer statischen Prüfung wird beibehalten. Bezogen auf den Zyklusanfang werden Eingangsstimuli zu

4.1 Einführung in die Prüfproblematik 149

verschiedenen Zeiten angelegt und die Ausgänge entsprechend zeitkritisch abgefragt. Taktsignale werden ebenfalls zeitkritisch zum Zyklusanfang angelegt. Man spricht von einem *Clockrate-Test*. Er wird zum größten Teil manuell vorbereitet. Eine Methode der Unterstützung durch Simulatoren liegt in ersten Ansätzen vor.

4.4 *Parametertest*

Neben der statischen und der dynamischen Prüfung ist eine Prüfung des physikalischen Verhaltens der Ein-/Ausgangstreiber erforderlich, also eine Prüfung des Schnittstellenverhaltens zur Systemumgebung hin. Man bezeichnet diese Prüfung als *Parametertest*. Er besteht in erster Linie aus einer Strom- bzw. Spannungsmessung. Dafür stehen am Testautomaten Präzisionsmeßeinrichtungen zur Verfügung (vgl. Abschnitt 4.5).

Bei der *Prüfung*, die in der Regel an handelsüblichen Testautomaten erfolgt, werden zwei Arten unterschieden, je nachdem, ob sich der Chip noch auf dem Wafer befindet oder bereits im Gehäuse montiert ist. Der Prüfling wird dabei mehrmals getestet. Je früher ein Test im Produktleben erfolgt, desto genauer ist er durchzuführen. Zunächst wird der Prototyp als „Chip auf dem Wafer" getestet (*Prototypentest*). Die fehlerfreien Chips werden gehäust und nochmals getestet. Liegen systematische Fehler vor, so sind diese für ein Redesign zu lokalisieren. Ist der Prototyp frei von systematischen Fehlern, so erfolgt die Fertigung und der daran anschließende *Fertigungstest*. Eine Fehlerlokalisierung ist nur in Ausnahmen erforderlich. Aufgrund von Fertigungsfehlern ausgefallene Chips werden weggeworfen. Lediglich Designschwächen, die zu einer zu niedrigen Ausbeute führen, sind zu lokalisieren. Diese Untersuchung erfolgt manuell mit Spitzenmeßplatz oder Elektronenstrahlmeßgerät (vgl. Abschnitt 4.5).

Für den Systemingenieur schließt sich an den Bausteintest der Test der Baugruppe (*Baugruppentest*) und daran der Test des Systems (*Systemtest*) an.

4.1.2 Fehler und Fehlermodelle

Die wichtigsten Fehlerklassen sind

- Entwurfsfehler,
- Fertigungsfehler.

In allen Phasen des IC-Designprozesses können Fehler entstehen. *Entwurfsfehler* beim Systemdesign und bei der Bausteinspezifikation sind durch Anwendung der entsprechenden Verfahren der Verifikation auszuschließen. Bei einem Standarddesignsystem ist das Ergebnis des Logikdesigns Grundlage für die Prüfvorbereitung.

Man merke sich: Fehler, die bei der Logikverifikation unentdeckt geblieben sind, werden auch durch die Prüftechnik nicht erkannt!

Bei manueller Erstellung von Schaltplan und Layout können neben Logikfehlern auch Entwurfsfehler im elektrischen Schaltplan und im Layoutplan entstehen. Benutzt man ein Standarddesignsystem wie VENUS, so sind letztere Fehler ausgeschlossen. Die Prüftechnik muß dann nur so gestaltet sein, daß noch Fertigungsfehler erkannt werden. Fehler im Schalt- und Layoutplan sind deshalb praktisch ausgeschlossen, weil die Elemente der Zellenbibliothek von erfahrenen Schaltungsentwicklern entworfen, in Silizium umgesetzt und ausführlich ausgemessen werden. Die Zellenbibliothek unterliegt einer langfristigen strengen Qualitätssicherung. Entwurfsfehler in den Zellen von Standarddesignsystemen sind deshalb praktisch nicht vorhanden. Auch Fehler bei der automatischen Chipkonstruktion können wegen der strengen Anwendung des Prinzips der „correctness by construction" als ausgeschlossen gelten. Das gleiche trifft auf Fehler bei der Maskenbanderstellung zu.

Im folgenden werden daher nur *Fertigungsfehler* betrachtet. Sie werden verursacht durch Verunreinigungen in der Prozeßlinie oder durch sonstige Prozeßschwächen der Produktionstechnik. Sie sind statistisch auf einem Wafer verstreut. Je nach technologischer Stabilität der Prozeßlinie und je nach Schaltungskomplexität sind mehr oder weniger Chips auf einem Wafer fehlerfrei. Ihre Anzahl bestimmt die *Fertigungsausbeute* (yield). Es ist einerseits zwischen dem Fehler selbst oder dem Fehlermechanismus („error") und andererseits seiner Auswirkung („fault") zu unterscheiden. Die auftretenden Fehler sind verschiedenen Fehlertypen zuzuordnen. Oft haben unterschiedliche Fehler und Fehlertypen die gleiche Auswirkung. Die Fehlertypen oder Fehlerarten werden beschrieben durch das *Fehlermodell*.

Eine Vielzahl von Fehlertypen lassen sich in ihrer Wirkung auf das „$s-a-1/s-a-0$"-Fehlermodell zurückführen. Jedoch ist dabei Vorsicht geboten: Kurzschlußfehler zwischen benachbarten Leitungen wirken sich bei CMOS-Bausteinen wie ein „wired or" oder „wired and" aus. Daher ist nicht sichergestellt, ob das „$s-a-1/0$"-Fehlermodell allgemein Gültigkeit besitzt. Dies kann bedeuten, daß trotz einer 100%igen Fehlererkennung, bezogen auf obiges Fehlermodell, durch die erstellten Prüfmuster unter Umständen nicht alle *Kurzschlußfehler* erkannt werden. Die Wahrscheinlichkeit dafür ist jedoch gering. Trotzdem werden in neueren Fehlersimulatoren bereits Maßnahmen zum Aufspüren von Kurzschlußfehlern berücksichtigt.

Noch problematischer sind *Unterbrechungsfehler* in CMOS-Gattern („stuckopen"). Während sich diese bei bipolaren Schaltungen (z.B. ECL) wie $s-a$-Fehler auswirken, läßt sich bei CMOS-Schaltungen ein nicht unbedeutender Teil von Fehlern durch Fehlersimulation auf der Basis dieses Modells nicht erfassen. Dieser bei CMOS neue Fehlertyp führt zu einem *spezifischen sequentiellen Verhalten* des fehlerhaften Gatters. Dies bedeutet, daß auch bei einem kombinatorischen Schaltelement eine *Folge* von Eingangsstimuli erforderlich ist, um die Fehler zu erfassen. Die bisher angewandten Tests erkennen diese Fehlerart nur zufällig und unvollständig. Untersuchungen zur Ableitung passender Fehlermodelle befinden sich noch im Forschungsstadium [4.6, 4.7]. Erschwerend kommt hinzu, daß komplexere Modelle den ohnehin bereits sehr hohen Rechenaufwand einer Fehlersimulation weiter ansteigen lassen. Außerdem ist noch nicht statistisch untersucht, wie hoch die Auftretenswahrscheinlichkeit für derartige Fehler ist. Eine weitere Verbesserung der Fehlererkennung kann durch Einführung spezieller Designregeln für die Layouterstellung, die so angelegt sind, daß etwaige „open"-Fehler sich wiederum auf $s-a$-Fehler abbilden lassen, erreicht werden.

Bild 4.5 zeigt eine Fehlerklassifizierung. Dabei wird in erster Linie zwischen Entwurfs- und Fertigungsfehlern unterschieden. Mit VENUS können derzeit die Bausteine auf statische Fehler und auf Parameterfehler geprüft werden. Eine dynamische Prüfung kann in Form eines Clock-Rate-Tests stichprobenartig durchgeführt werden.

4.1 Einführung in die Prüfproblematik

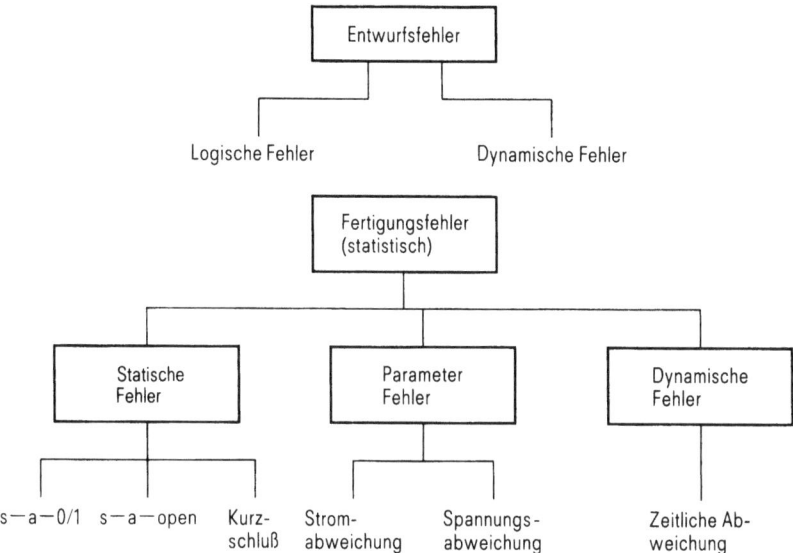

Bild 4.5. Fehlerklassifizierung

4.1.3 Phasen der Prüftechnik im IC-Designprozeß

Das vorliegende Buch beschränkt sich auf Designtechniken für integrierte Schaltkreise. Dennoch muß kurz auf Zusammenhänge zur Bausteinumgebung (Baugruppe, System) bei der Prüfvorbereitung verwiesen werden. Erst dann werden die Phasen der Prüftechnik im IC-Designprozeß beschrieben. Ziel ist dabei, eine geschlossene Prüfstrategie über die Ebenen System-Baugruppe-Baustein hinweg zu erreichen. Bei einer hierarchischen Vorgehensweise können im allgemeinen die Testhilfen auf Baustein- und Baugruppenebene auch für den Systemtest eingesetzt werden.

Betrachtet man nun den IC-Designprozeß, so ist auf jeder Designebene die spätere Prüfung für alle nachgefolgenden Designebenen vorzubereiten:

Bereits beim Architekturentwurf ist die *Prüfstrategie* auszuwählen. Bei Festlegung der Funktionsstruktur ist eine Partitionierung in voneinander unabhängig testbare Module vorzunehmen. Diese Maßnahmen werden bei weiter anwachsender Bausteinkomplexität immer wichtiger. So gelangt man zur Methode des *hierarchischen Testens*: Zunächst werden die Einzelmodule getestet; dann wird auf den bisher gewonnenen Ergebnissen aufbauend der Gesamtbaustein getestet. Bereits auf der Architekturebene ist festzulegen, wie die Partitionierung zu erfolgen hat und was bei den Modulen zu testen ist.

Beim Logikentwurf werden die auf Architekturebene festgelegten Funktionsmodule implementiert. Zur Erzielung eines prüffreundlichen Entwurfs existiert bei einigen Standardentwurfssystemen eine Sammlung von *prüftechnischen Entwurfsregeln*, die den Entwickler führen, aber auch seinen Freiraum einengen. Diese Regeln stehen teilweise als formalisierte Algorithmen zur Verfügung, teilweise auch nur als heuristisches Wissen des Designingenieurs. Man kann jedoch immer ein solches Paket von prüftechnischen Designregeln definieren, das, werden sie alle eingehalten, sicherstellt, daß der Baustein vollständig prüfbar ist und daß nach der Logikverifikation neben den Fertigungs- auch die Prüfunterlagen weitgehend automatisch erstellt werden können. Standarddesignsysteme besitzen diese Fähigkeit.

4.2 Prüffreundlicher Entwurf

Der prüffreundliche Entwurf („design for testability") dient zur Sicherung der Testbarkeit und zur Unterstützung der Automatisierung der Prüfvorbereitung. Geeignete Maßnahmen sind dabei sowohl beim Architktur- als auch beim Logikentwurf durchzuführen.

Alle Verfahren und Methoden des prüffreundlichen Entwurfs haben gemeinsam, daß für die Verbesserung der Testbarkeit zusätzliche Chipfläche erforderlich ist. Sogenannte Testhilfen werden eingebaut. Andererseits ist bei komplexen Bausteinen eine Verkürzung der Entwurfszeit einschließlich der Zeit für die Prüfvorbereitung unter gleichzeitiger Sicherung einer hohen Qualität ohne solche Testhilfen praktisch nicht mehr möglich.

Der prüffreundliche Entwurf erfordert Maßnahmen auf allen Entwurfsebenen. Für den Designingenieur, der Standardentwurfssysteme anwendet, sind dabei nur die Ebenen des Architektur- und des Logikentwurfs wichtig.

Im folgenden werden geeignete Testhilfen für Architektur und Logikentwurf exemplarisch vorgestellt.

4.2.1 Entwurf nach prüftechnischen Entwurfsregeln

In Standardentwurfssystemen für integrierte Schaltungen wird durch *prüftechnische Entwurfsregeln* die Grundlage für eine Automatisierung der Prüfvorbereitung geschaffen. Analog zu den Standardisierungskonzepten für die Chipkonstruktion, die den zellenorientierten Designmethoden zugrundeliegen, wird auch für die Prüftechnik eine Standardisierung des Entwurfs auf der Ebene des Logikdesigns empfohlen. Dazu werden prüftechnische Entwurfsregeln *vorgeschrieben*. Diejenigen, die für VENUS gelten, seien näher betrachtet. Sie lassen folgende Ziele erreichen:

- Gewährleistung der vollständigen Prüfbarkeit,
- Verbesserung der dynamischen Störsicherheit,
- Begrenzung des Aufwands für die Prüfvorbereitung,
- Verbesserung der Übersichtlichkeit des Entwurfs,
- Gezielte Entwurfsanleitung für den Bausteinentwickler auch in bezug auf den Einbau von Testhilfen,
- Abstimmung auf das in VENUS integrierte Prüfsystem.

Das Grundprinzip, das den prüftechnischen Entwurfsregeln zugrundeliegt, heißt: *Absicherung eines vollsynchronen Entwurfs*: die internen Schaltungszustände können sich nur zu fest vorgegebenen Zeitpunkten entsprechend einer Taktrasterung verändern.

Dies wird erreicht durch

- Verwendung flankengesteuerter speichernder Elemente,
- Einschränkungen bei der Taktaktivierung über Datensignale,

4.2 Prüffreundlicher Entwurf   153

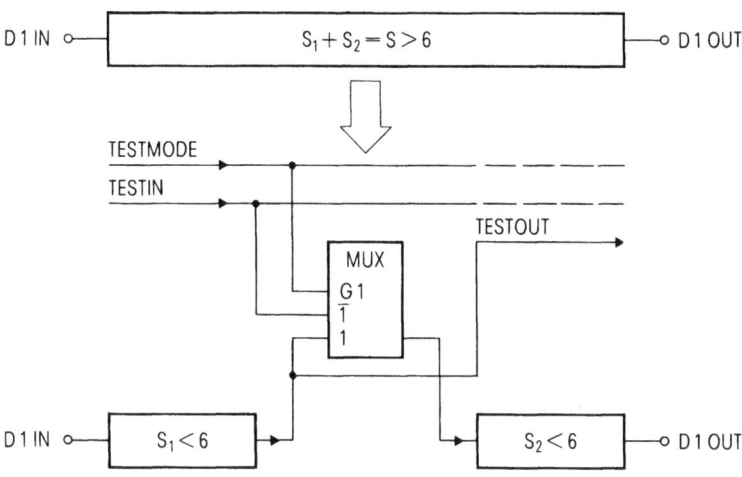

Bild 4.6. Multiplexer zur Reduzierung der sequentiellen Tiefe

- strikte Unterscheidung zwischen Takt und Daten,
- eine unabhängige Einstellbarkeit intern abgeleiteter Taktphasen im Testmode.

Weiter wird durch Beschränkung der sequentiellen Tiefe die automatische Prüfmustergenerierung unterstützt. Durch den Einsatz von Multiplexern zusammen mit zusätzlichen externen Testein- und Ausgängen kann die Regel der „Beschränkung der sequentiellen Tiefe" immer eingehalten werden (Bild 4.6). Bei aktivem TESTMODE wird über TESTIN der Pfad S_2 eingestellt und über TESTOUT der Pfad S_1 beobachtet.

Bei komplexen Bausteinen kann der IC-Designingenieur nur schwer den Überblick über die Einhaltung der Regeln bewahren. Daher ist eine *automatische Regelkontrolle* als Teil der Logikverifikation erforderlich. In Abschnitt 4.3.2 wird ein Softwarewerkzeug beschrieben, das alle Regeln, die sich auf den Logikplan der Schaltung beziehen, auf Einhaltung überprüft und das dem Designingenieur Hinweise zur Vermeidung von Verstößen gibt. Die in Tabelle 4.1 aufgelisteten prüftechnischen Entwurfsregeln sind im Designsystem VENUS festgelegt. Sie gelten *sowohl für CMOS- als auch für ECL-Technologien*, da sie sich in erster Linie auf die logische Struktur der Schaltung beziehen.

Im folgenden werden die genannten Regeln näher erläutert und begründet.

Regel 1

Ein Pad der Schaltung muß immer mit einem Pin des Bausteins direkt verbunden sein, da für Scheibe und Baustein das gleiche Prüfprogramm verwendet wird. Bei Nichteinhaltung der Regel ist manuell ein zweites Prüfprogramm zu erstellen. Ein automatischer Ablauf, ausgehend von einer gültigen Schaltungsbeschreibung, ist dann nicht mehr zu gewährleisten.

Tabelle 4.1. Allgemeine prüftechnische Entwurfsregeln des Designsystems VENUS

Regel 1:	Jedes Pad der Schaltung muß mit einem Anschluß des Bausteins (Gehäuses) direkt verbunden sein.
Regel 2:	Im Stromlaufplan muß logische und schaltungstechnische Redundanz vermieden werden.
Regel 3:	Ein definierter Prüfanfangszustand der Schaltung muß extern einstellbar sein.
Regel 4:	Erzeugung und Ableitung von Impulsen dürfen nicht durch schaltungsinterne Verzögerungen erfolgen.
Regel 5:	Zur Prüfung der Schaltung sind Takte erforderlich, die im TESTMODE unabhängig voneinander extern einstellbar sind.
Regel 6:	Schaltungen, die Störimpulse auf Taktleitungen erzeugen können, sind unzulässig.
Regel 7:	Takte und Daten müssen in getrennten Pfaden von den Bausteinanschlüssen an die Eingänge der Schaltelemente (Zellen) geführt werden.
Regel 8:	Im TESTMODE dürfen in einem Datenpfad der Schaltung zwischen Eingangs- und Ausgangsanschluß nur maximal sechs speichernde Schaltelemente liegen.
Regel 9:	Der rückgekoppelte Teil eines Datenpfades darf im TESTMODE nur maximal zwei speichernde Schaltelemente einschließen.
Regel 10:	Rückkopplungen in rein kombinatorischen Schaltungsteilen sind nicht zugelassen.

Regel 2

Logische Redundanz erschwert die automatische Stimuligenerierung und senkt scheinbar den Fehlererkennungsgrad. Schwerwiegender wirken sich schaltungstechnische Redundanzen aus. Treten beispielsweise bei parallel geschalteten Elementen Leitungsunterbrechungen auf, so kann die Schaltung eventuell statisch funktionieren. Das dynamische Verhalten dagegen ist fehlerhaft, was oft erst beim Systemtest erkannt wird und entsprechend hohe Kosten verursacht.

Regel 3

Für die Einstellung eines definierten Prüfanfangszustands der Schaltung sind entweder ein zentrales, extern einstellbares SET/RESET-Signal oder als Notbehelf kurze Initialisierungsroutinen nötig. Die Generierung der Prüfmuster und die Prüfung selbst wird durch die schnelle Einstellmöglichkeit eines definierten Anfangszustands wesentlich erleichtert.

Regel 4

Die Erzeugung von Impulsen über Monoflops oder deren gezieltes Verzögern, Verkürzen und Verlängern darf nicht zur Realisierung der Schaltungsfunktion genutzt werden. Das resultierende zeitliche Verhalten wäre von Laufzeitstreuungen und der Geometrie der Schaltung abhängig. Gerade die geometrische Anordnung ist jedoch bei automatischer Plazierung und Verdrahtung nicht vorherzubestimmen. Das dynamische Verhalten der Schaltung wäre außerdem abhängig von Temperatur und Versorgungsspannung, was nur rein zufällig geprüft werden könnte.

4.2 Prüffreundlicher Entwurf

Regel 5

Zur teilweisen Absicherung des dynamischen Verhaltens eines Bausteins sind SET-UP und HOLD-Zeiten der getakteten speichernden Elemente zu überprüfen. Bei einer automatischen Stimuligenerierung für eine derartige Prüfung ist zwischen Takt und Daten zu unterscheiden, um diese zueinander zeitkritisch anlegen zu können. Im TESTMODE müssen daher alle bausteinintern-abgeleiteten Taktsignale direkt über einen externen Anschluß einstellbar sein. Für eine Prüfung, die sich im dynamischen Bereich auf das Messen von SET-UP und HOLD-Zeiten beschränkt, ist es dabei unwesentlich, daß im TESTMODE alle speichernden Elemente mit dem gleichen Takt versorgt werden. Bild 4.7a zeigt exemplarisch die Vorgehensweise bei einer Schaltung mit zentraler Taktableitung. Im TESTMODE werden alle speichernden Elemente vom gleichen Takt (TESTCLOCK), gesteuert über zusätzliche Multiplexer, versorgt. Die Ausgänge der Taktableitung sind über externe Testausgänge zu beobachten. In VENUS wird das Schaltungsmodell für die Prüfmustererstellung entsprechend aufbereitet. Taktgenerierschaltungen sind daher nach Möglichkeit zentral anzuordnen.

Regel 6

Außerhalb von Phasengenerierschaltungen dürfen Takte nur über bestimmte Schaltungen mit kombinatorischer Logik (s. Bild 4.7b) durch Datensignale ausgewählt bzw. gesperrt werden. Es ist dabei zu gewährleisten, daß sich während des aktiven

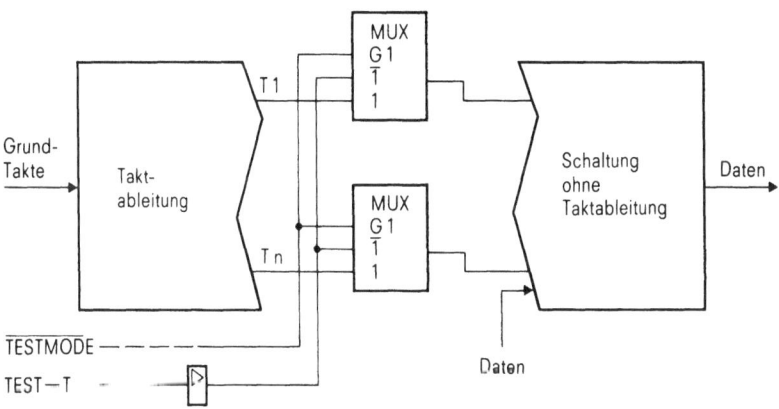

Bild 4.7a. Abtrennung der Taktableitung

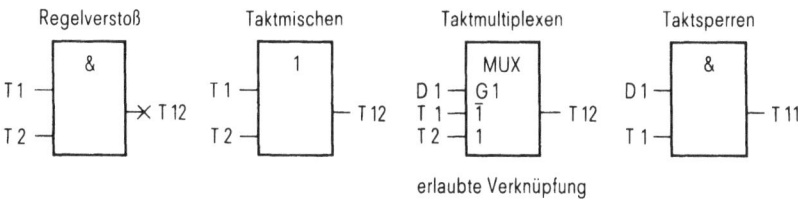

Bild 4.7b. Kombinatorik im Taktpfad

Taktzustands die Steuerdaten nicht ändern. Bei einer UND-Verknüpfung von Takten können diese nicht mehr unabhängig voneinander eingestellt werden. Außerdem könnte eine sich durch Laufzeitstreuungen ergebende Impulsverkürzung zu Störungen führen.

Regel 7

Nur durch eine strikte Trennung von Takt und Daten ist ein synchroner Betrieb zu verwirklichen. Bei dem ansonsten entstehenden asynchronen Schaltverhalten sind dynamische Störeinflüsse in ihrer Wirkung schwer einzugrenzen. Eine dynamische Prüfung, deren Vollständigkeitsnachweis nicht zu erbringen ist, wäre erforderlich. Bild 4.7c zeigt exemplarisch einige Verstöße gegen Regel 7.

Regel 8

Für Schaltungen mit hoher sequentieller Tiefe ist eine automatische Stimuligenerierung in vielen Fällen unmöglich. Die Folge ist ein zeitintensives manuelles Nacharbeiten. Die Praxis zeigt, daß eine maximale sequentielle Tiefe S von 6 in einem Datenpfad von Stimuligeneratoren noch zu bewältigen ist.

Datenpfade mit $S>6$ sind daher in extern prüfbare Teilpfade mit $S \leq 6$ aufzuteilen. Das Prinzip der Reduzierung der sequentiellen Tiefe durch Multiplexer ist bereits in Bild 4.6 dargestellt.

Regel 9

Der Aufwand bei der Prüfdatenerstellung wird durch das Auftrennen des Rückkopplungszweigs über sequentiell tiefe Datenpfade wesentlich reduziert. Die Unterteilung in seriellen Datenpfad und Rückkopplung erfolgt ebenfalls nach der bereits behandelten Multiplexermethode.

Regel 10

Rückkopplungen in rein kombinatorischen Schaltungsteilen sind nicht zugelassen. Die Schleife aus vorwärtsgerichtetem Pfad und Signalrückführung muß mindestens ein speicherndes Schaltelement als Trennglied enthalten (Bild 4.7d).

Die Bildung sequentieller oder oszillierender Schaltungsteile aus kombinatorischen Elementen soll verhindert werden. Bei einer Verletzung dieser Regel ist die Prüfbarkeit der gesamten Schaltung durch asynchrones Verhalten gefährdet. Transparent schaltbare speichernde Elemente (z.B. Latches) reichen allein als Trennglieder nicht aus.

4.2.2 Ad-Hoc-Techniken

Unter Ad-Hoc-Techniken versteht man die Methoden, welche für spezielle Entwürfe angewendet werden können und individuell entwickelt werden. Ad-Hoc-Techniken führen nicht zu einer allgemein gültigen Methode für die Lösung des Problems der Testmustererzeugung für sequentielle Schaltungen, im Gegensatz zu den in Abschnitt 4.2.3 behandelten strukturierten Verfahren. Sie erleichtern nur die Lösung des Pro-

4.2 Prüffreundlicher Entwurf

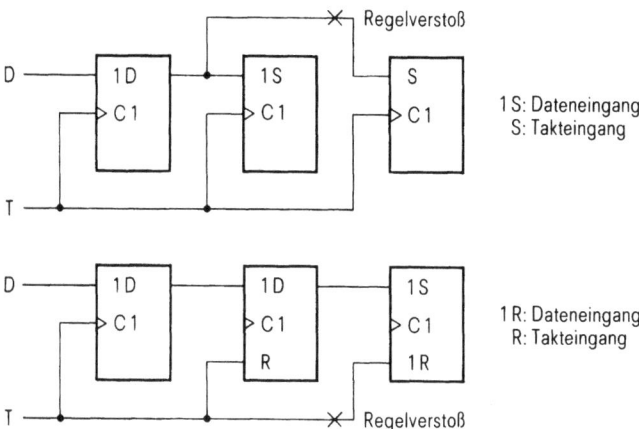

Bild 4.7c. Beispiele für Verstöße gegen Regel 7

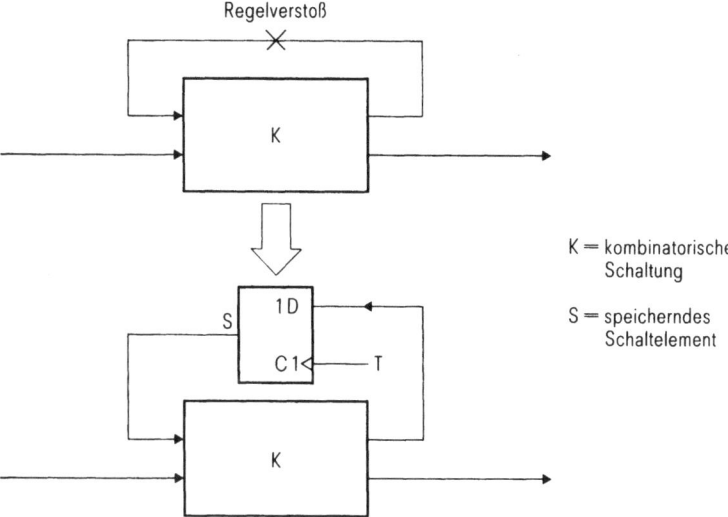

Bild 4.7d. Trennung kombinatorischer Rückkopplungen

blems. Sie werden speziell der jeweiligen Schaltung angepaßt und benötigen daher im allgemeinen weniger zusätzliche Siliziumfläche. Sie lassen sich andererseits auch nur schwer so in ein CAD-System implementieren, daß sie automatisch unterstützt werden. Auch bringen sie erhebliche Nachteile für CAD-Werkzeuge zur Automatisierung der Prüfvorbereitung mit sich.

Bei den im folgenden vorgestellten Ad-Hoc-Techniken wird eine Schaltung immer so zerlegt, daß man überschaubare und leicht handhabbare Blöcke erhält. Verfahren, die darauf beruhen, werden daher oft auch unter dem Begriff „Partitionierungstechniken" zusammengefaßt. Gesichtspunkte der Zerlegung können sein:

- Zerlegung in Funktionsmodule (z.B. in ALU, Operationswerk, Steuerwerk),
- Zerlegung nach systematisch generierbaren Teilen (z.B. in Schaltwerk, Schaltnetz),
- Zerlegung gemäß der logischen Struktur.

Gemeinsame Basis für die Partitionierung ist die Verwendung von Multiplexern und von Bussystemen. Die einzelnen Maßnahmen selbst sind im Detail abhängig vom Funktionsplan und von den Zielsetzungen für den jeweiligen Baustein.

Die Generierzeit für Testmuster steigt in etwa kubisch mit der Gatteranzahl an. Die Unterteilung einer Schaltung in zwei getrennt testbare Hälften bedeutet schon, daß nur noch der vierte Teil der Generierzeit anfällt. Als die zu testenden Systeme noch auf einer Leiterplatte aufgebaut waren, konnte eine Partitionierung relativ leicht durch mechanische Mittel bewerkstelligt werden. Ist jedoch das zu testende System gänzlich auf einem Chip integriert, so müssen zur Partitionierung entsprechende Logikgatter verwendet werden. Neben diesem Zusatzaufwand sind auch noch zusätzliche externe Anschlüsse (Pins) vorzusehen, über welche sowohl Information über den gerade eingestellten Modus (Test-oder Funktionsmodus) geleitet wird als auch chipinterne Schaltungsknoten eingestellt und beobachtet werden können. Gerade zusätzliche Anschlüsse sind aber bei integrierten Schaltungen kostspielig.

Die Auswahl der Schritte, nach denen partitioniert wird, kann durch den Designingenieur der Schaltung durchgeführt werden. Dabei wird er normalerweise einer durch die Funktion vorgegebenen Aufteilung folgen. Alternativen der Aufteilung können durch Prüfbarkeitsanalysen (s. Abschnitt 4.3.1) oder durch versuchsweise durchgeführte Stimuligenerierungen (s. Abschnitt 4.4.1), welche das Ziel haben, die Schaltungsknoten zu finden, welche am schwierigsten zu testen sind, erarbeitet werden.

Einige Beispiele verdeutlichen im folgenden die Möglichkeiten einer Partitionierung. Bild 4.8 zeigt zwei Module, die gemeinsam auf einem Baustein integriert sind und miteinander kommunizieren. Durch Einsatz von Multiplexern können beide Module voneinander unabhängig getestet werden. Je breiter jedoch die Schnittstelle zwischen beiden Modulen ist, desto größer werden der Flächenaufwand und die Anzahl der Testanschlüsse. Eine weitere Partitionierungsmaßnahme zeigt Bild 4.6. Sie zielt auf eine Strukturverbesserung ab, um die automatische Prüfmustergenerierug zu unterstützen. Pfade mit hoher sequentieller Tiefe wirken sich erschwerend auf eine Generierung aus oder verhindern diese sogar in ungünstigen Fällen. Wiederum durch Einsatz von Multiplexern können derartige Pfade zerlegt werden. Das Modell für die Generierung ist so abzuändern, daß anstelle des Multiplexers je ein Ein- und Ausgang eingefügt wird.

Einen Sonderfall einer Partitionierung bietet die Busarchitektur. Relativ einfach kann die Testbarkeit erhöht werden, wenn entweder durch die geforderte Funktion schon eine Busarchitektur vorliegt oder wenn eine solche verwendet werden kann. Unter einem Bus versteht man ein Signalbündel, welches viele Schaltungsteile verbindet, wobei durch ein Kontrollsystem gesteuert wird, welcher Teil als Sender und welche Teile aktuell als Empfänger wirken. Um die Busarchitektur als Ad-Hoc-Technik zur Verbesserung der Testbarkeit verwenden zu können, müssen zum einen die Busse extern zugänglich sein und zum anderen muß durch Zusätze im Kontrollsystem dafür gesorgt werden, daß der Testautomat speziell für jede Teilschaltung *als Sender und als Empfänger* auftreten kann. Sind diese Voraussetzungen gegeben, so

4.2 Prüffreundlicher Entwurf

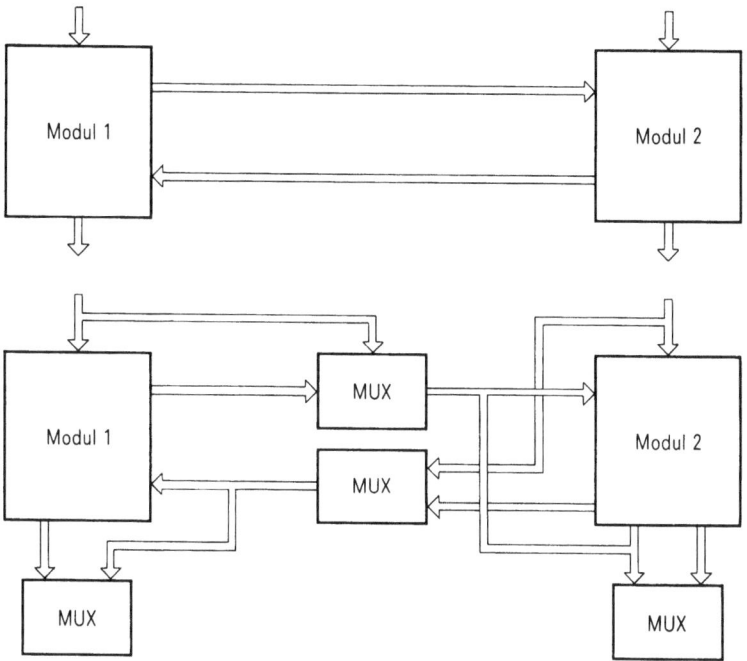

Bild 4.8. Partitionierung zweier Module auf einem Baustein

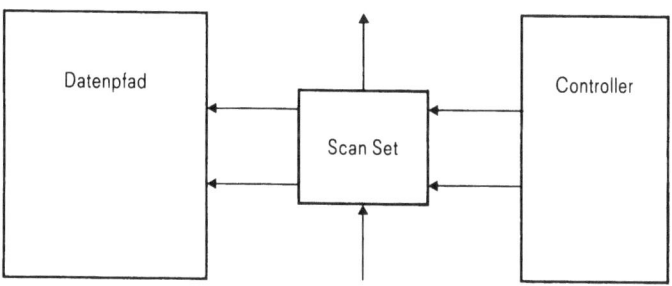

Bild 4.9. Scan Set zur Partitionierung von Datenpfad und Controller

kann jede Teilschaltung unabhängig von den anderen Teilschaltungen getestet werden.

Eine weitere Möglichkeit der Partitionierung auf funktionaler Ebene ergibt sich durch die Verwendung von Schieberegistern (Scan-set-Prinzip). Interne Funktionseinheiten können so durch serielles Schieben eingestellt bzw. beobachtet werden. Im Gegensatz zu einem Scan-Path (vgl. Abschnitt 4.2.3.1), der die vorhandenen Flipflops einbindet, werden bei einem Scan-Set meist keine funktionalen Flipflops verwendet. Ein typischer Anwendungsfall für ein Scan-Set ist die Partitionierung von Datenpfad und Controller bei Prozessorbausteinen (Bild 4.9).

4.2.3 Strukturierte Verfahren

Für Standarddesignsysteme ist die Verkürzung der Entwurfszeit durch Automatisierung oberstes Ziel. Die beschriebenen Ad-Hoc-Techniken sind wegen ihres Individualcharakters nur begrenzt für ein durchgängiges System geeignet. Besonders vorteilhaft sind dagegen strukturierte Verfahren, die unabhängig von der jeweiligen Funktion und Zielsetzung des Bausteins eingesetzt und in das Designsystem automatisch integriert werden können. Zwei wichtige Vertreter dieser Verfahren sind

- das Scan-Path-Verfahren,
- das Random-Access-Scan-Verfahren.

Im folgenden wird das Scan-Path-Verfahren detailliert beschrieben. Es wird im Designsystem VENUS standardmäßig unterstützt. Das Random-Access-Scan-Verfahren wird nur kurz angesprochen.

4.2.3.1 Scan-Path

Der Scan-Path, auch als Prüfbus bezeichnet, bietet die Möglichkeit, ein Schaltwerk in ein Schaltnetz zu transformieren. Dazu werden alle speichernden Elemente so erweitert, daß sie in einem speziellen Betriebsmodus zu einer Reihe zusammengeschlossen werden und als Schieberegister arbeiten. Dadurch gelingt es, Information durch serielles Einschieben internen Schaltungsknoten zuzuführen (Einstellen) und durch serielles Ausschieben deren Reaktion zu beobachten. Die Prüfung von Kombinatorik- und Speicheranteil erfolgt voneinander unabhängig. Daraus ergibt sich eine vereinfachte Prüfmustergenerierung, da nur rein kombinatorische Logik zu betrachten ist. Gemäß dem „s−a"-Fehlermodell kann eine 100%ige Fehlerüberdeckung mit automatisch generierten Prüfmustern erreicht werden. Wesentlich bei der Methode ist, daß durch das CAD-System sowohl der Scan-Path automatisch in die Schaltung integriert als auch das Generierungsmodell für Prüfmuster automatisch abgeleitet wird. Bild 4.10 illustriert diese Vorgehensweise. Für jedes speichernde Element wird für die Generierung ein fiktiver Ein-/Ausgang eingeführt.

Scan-Path-Flipflop

Das Scan-Path-Konzept hängt vom Typ der verwendeten speichernden Elemente (Flipflops) ab. Zu unterscheiden ist zwischen zustands- und flankengesteuerten Flipflops.

Bei zustandsgesteuerten Flipflops (Latches) wird das LSSD-Prinzip (*l*evel *s*ensitive *s*can *d*esign) eingesetzt. In VENUS ist es für Schaltungen mit überwiegend zustandsgesteuerten Flipflops vorgesehen. Die unterschiedlichen Hardwarerealisierungen wirken sich jedoch nur bei der Modellaufbereitung, nicht aber bei der Stimuligenerierung selbst aus. Die Konzepte sind unabhängig von der verwendeten Technologie.

Stellvertretend für die vielen Scan-Path-Konzepte [4.8, 4.9] wird das von VENUS für Zellenbibliotheken mit überwiegend flankengesteuerten Flipflops unterstützte Konzept vorgestellt. Seine Zellenbibliotheken bieten überwiegend flankengesteuerte speichernde Elemente an. Alle Typen dieser Flipflops sind nach dem gleichen Schema aufgebaut (Bild 4.11).

4.2 Prüffreundlicher Entwurf

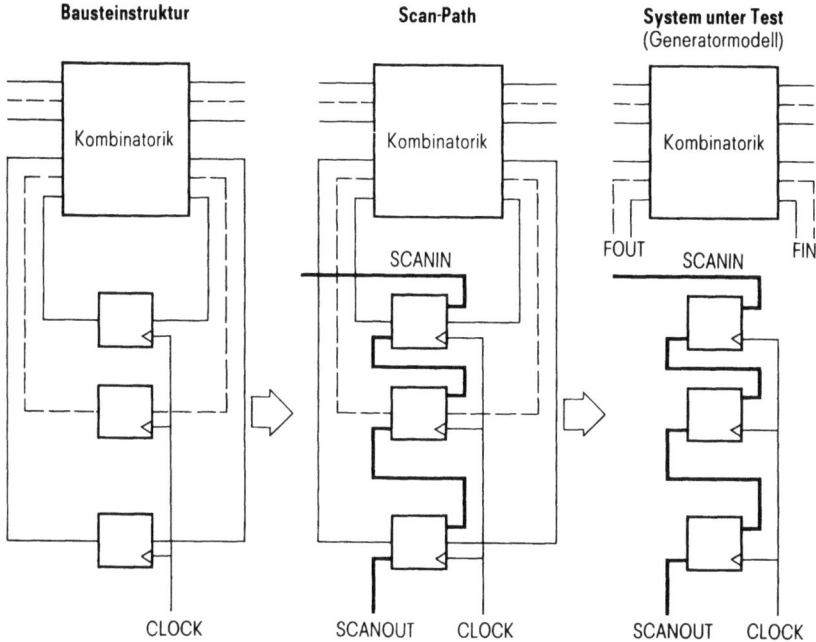

Bild 4.10. Einführung eines Scan-Path

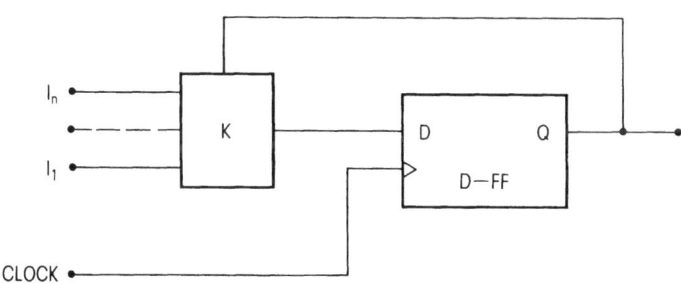

Bild 4.11. Aufbau eines Flipflops

Ein Master-Slave-Flipflop dient als Grundschaltung. Die Art des speichernden Elements wird durch die zusätzliche Kombinatorik K bestimmt. Alle Typen wie RS-, JK-Flipflop, Zähler, Schieberegister usw. werden daraus abgeleitet. Für die Erweiterung zum Scan-Path-Flipflop ist nur der D-Master-Slave-Anteil zu betrachten. Dieser wird durch einen Multiplexer ergänzt, der über ein TESTMODE-Signal entweder den Daten- oder SCANIN-Eingang aktiviert (Bild 4.12). Die hier beschriebene Methode beruht auf einem vollständig synchronen Design für die Schaltung. Die SCANOUT- und SCANIN-Anschlüsse aufeinanderfolgender speichernder Elemente werden verknüpft, wodurch ein Schieberegister entsteht, das sich über die gesamte Schaltung erstreckt.

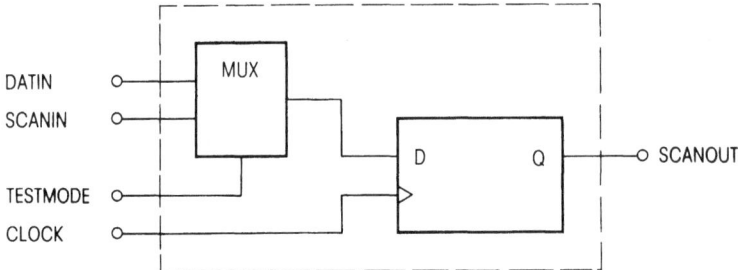

Bild 4.12. Scan-Path — Grundzelle

Scan-Path-Entwurfsregeln

Zur Sicherung der Schiebefunktion (Systemtakt = Schiebetakt) und zur korrekten Bestimmung der Prüfmuster sind vom Designingenieur spezielle Entwurfsregeln einzuhalten (siehe auch 4.2.1):

Tabelle 4.2. Prüftechnische Entwurfsregeln beim Scan-Path

Regel 1:	Im TESTMODE ist eine strikte Trennung von Takt und Daten zu gewährleisten.
Regel 2:	Im TESTMODE ist jedes speichernde Element mit dem gleichen Takt zu versorgen.
Regel 3:	Alle speichernden Elemente müssen Scan-Path-fähig sein und in den Scan-Path eingebunden sein.
Regel 4:	Rückkopplungen in kombinatorischen Schaltungsteilen sind nicht erlaubt.

Layouterstellung

Die Einführung eines Scan-Path mit seinen zusätzlichen Anschlüssen stellt an Standarddesignsysteme neue Randbedingungen bezüglich der automatischen Plazierung und Verdrahtung. Bei der Optimierung wird folgendermaßen verfahren:

- In einem ersten Schritt werden die Bibliothekselemente plaziert und verdrahtet, ohne daß die Verdrahtung des Scan-Path berücksichtigt wird.
- In einem zweiten Schritt wird der Scan-Path verdrahtet. Da die Reihenfolge der Scan-Path-Zellen beliebig ist, können sie unter Beibehaltung der im ersten Schritt gefundenen Topographie verbunden werden. Lediglich eine Aufweitung einiger Verdrahtungskanäle für die Leitungen TESTMODE und SCAN IN/OUT kann erforderlich werden.

Ersatzschaltung der Scan-Path-Zellen für die Prüfmustergenerierung

Der Scan-Path führt für die Generierung der Testmuster (s. Abschnitt 4.4.1) zu einer rein kombinatorischen Schaltung. Durch den Scan-Path können die Eingänge der kombinatorischen Logik eingestellt und deren Ausgänge beobachtet werden. Für den Generator vereinfacht sich dann das Modell eines Scan-Path-Flipflops gemäß Bild 4.12. Jedes Flipflop ergibt je einen zusätzlichen Ein- und Ausgang (FIN, FOUT), die

4.2 Prüffreundlicher Entwurf

vom Prüfmustergenerator wie externe Anschlüsse behandelt werden. Die Folge sind kurze kombinatorische Pfade und daher kurze Generierungszeiten.

Durchführung des Tests am Automaten

Die eigentliche Prüfung mit dem Testautomaten unterteilt sich in zwei Abschnitte:

- Durch Ein- und Ausschieben verschiedener Bitfolgen wird zunächst die speichernde Wirkung und die korrekte Funktion des Scan-Path überprüft.
- Anschließend erfolgt die Überprüfung der kombinatorischen Logik. Dazu werden die vom Generator erzeugten Prüfmuster verwendet. Ein Prüfzyklus hat folgenden Ablauf:
  ○ Im TESTMODE wird ein Prüfmuster eingeschoben und die externen Eingänge stimuliert,
  ○ im Betriebsmode wird die Antwort der kombinatorischen Logik im eingeschwungenen Zustand durch das Anlegen eines Taktimpulses in den Scan-Path übernommen,
  ○ wiederum im TESTMODE wird die Information ausgeschoben und mit den Sollwerten verglichen.

4.2.3.2 Random-Access-Scan

Eine weitere strukturierte Methode zur Verbesserung der Testbarkeit bietet das Random-Access-Scan-Prinzip [4.10, 4.11]. Ebenso wie beim Scan-Path-Prinzip wird die Schaltung in Kombinatorik und Speicher unterteilt. Der Generator für die Prüfmuster hat wiederum nur den Teil der kombinatorischen Logik zu betrachten. Das Ersatzmodell ist analog zu dem bei Einführung eines Scan-Path.

Alle speichernden Elemente werden im TESTMODE zu einem Speicherfeld zusammengeschlossen. Über zwei Decoder für *X*- und *Y*-Adreßleitungen kann jedes Flipflop gezielt angesprochen werden. Die Einstellung der Flipflops erfolgt über SET- und RESET-Leitungen. Bild 4.13 zeigt die Struktur eines Flipflops für das Random-Access-Scan-Verfahren. Alle SCANOUT-Signale werden über ein NAND verknüpft und sind über einen externen Ausgang beobachtbar. Bild 4.14 zeigt die logische Struktur der Schaltung mit der Einteilung in Kombinatorik und Speicherfeld.

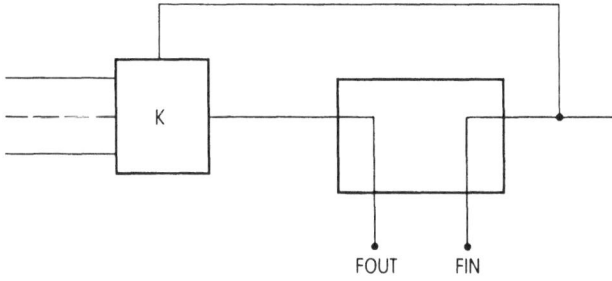

Bild 4.13. Generatormodell eines Scan-Path — Flipflops

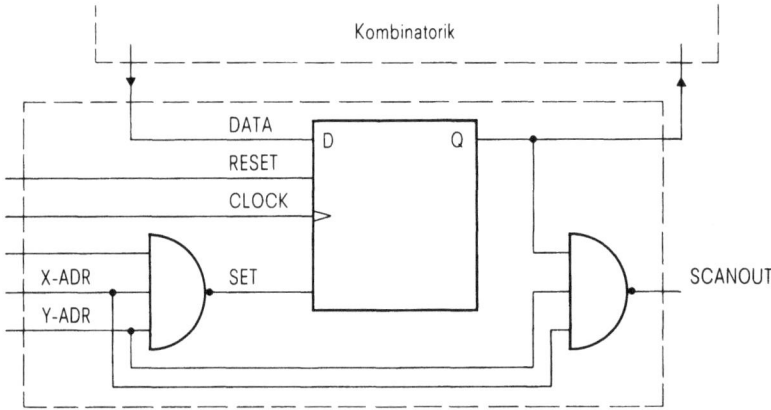

Bild 4.14. Flipflop für Random-Access-Scan

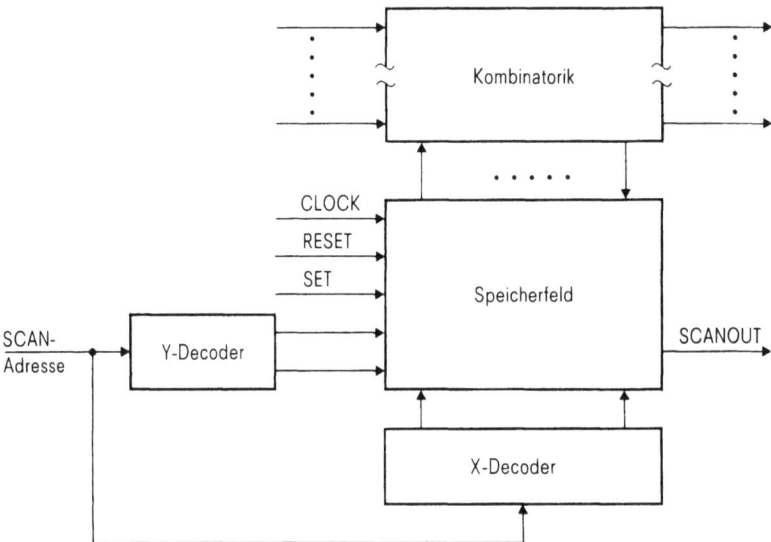

Bild 4.15. Schaltungsstruktur bei Random-Access-Scan

Ein Prüfschritt für die Kombinatorik wird nach folgendem Schema durchgeführt:

- Alle externen Eingänge werden belegt.
- Das Speicherfeld wird über RESET rückgesetzt.
- Durch Anlegen der relevanten SCAN-Adressen und jeweiliges Aktivieren des SET-Signals wird die für einen Prüfschritt vom Generator berechnete Scan-Information in das Speicherfeld eingetragen.
- Nach der Einschwingzeit der Kombinatorik wird über einen Systemtakt das Ergebnis in das Speicherfeld übernommen.
- Das Ergebnis wird durch Anlegen der relevanten Scan-Adressen am SCANOUT-Ausgang überprüft.

Für das Random-Access-Scan-Verfahren gibt es eine Reihe von Modifikationen, die das Ziel haben, den Aufwand an Fläche und zusätzlichen Anschlüssen zu reduzieren. Beispielsweise können an Stelle der Decoder Schieberegister verwendet werden, in die die bereits decodierte SCAN-Adresse über externe Anschlüsse eingeschoben wird. Besonders geeignet erscheint das Verfahren bei Prozessorbausteinen, bei denen durch reguläre Strukturen die Implementierung eines Speicherfeldes vereinfacht wird. Ansonsten ist die Scan-Path-Methode als die flexiblere und flächengünstigere Methode zu betrachten.

4.2.4 Prüffreundlicher Entwurf mit VENUS

Durch das CAD-System VENUS werden folgende Designmaßnahmen, mit denen ein prüffreundliches Design erreicht werden kann, unterstützt:

- Anwendung prüftechnischer Entwurfsregeln für Schaltungen mit und ohne Scan-Path: Die Einhaltung der Entwurfsregeln wird vom CAD-System automatisch abgeprüft. Hinweise für Schaltungsänderungen zur Vermeidung von Regelverstößen werden an den Designingenieur gegeben.
- Einführung von Multiplexern zur Reduzierung der sequentiellen Tiefe bei Schaltungen ohne Scan-Path: Die Durchgängigkeit wird durch das CAD-System gewährleistet. Das Schaltungsmodell für den Prüfmustergenerator wird automatisch aufbereitet und die Ansteuersignale für den/die Multiplexer werden in die Prüfmuster eingefügt.
- Einführung eines Scan-Path: Der Scan-Path wird automatisch verdrahtet. Die vom CAD-System garantierte Durchgängigkeit gewährleistet dem Designingenieur, daß bei Einhaltung der prüftechnischen Entwurfsregeln die Prüfvorbereitung automatisch erfolgen kann.

4.3 Werkzeuge für den prüffreundlichen Entwurf

Die Schwierigkeiten, bei weiter wachsender Schaltungskomplexität ein prüffreundliches Design zu erreichen, haben ihre Ursachen unter anderem darin, daß die Prüfbarkeit selbst immer schwerer zu beurteilen ist. Dem Designingenieur müssen deshalb CAD-Werkzeuge zur Verfügung gestellt werden, die ihn während der Designphase im Hinblick auf das Erreichen der Prüffreundlichkeit einer Schaltung unterstützen. Diese Werkzeuge sollen folgenden Anforderungen genügen:

- Sie sollen in bereits frühen Stadien des Designprozesses einsetzbar sein, möglichst bereits beim Architektur- und Logikdesign.
- Sie sollen interaktiv aufgerufen werden können und müssen deshalb schnell ablaufen.
- Sie sollen den hierarchischen Entwurf dadurch unterstützen, daß Teilschaltungen und Komplexe von Teilschaltungen auf Prüffreundlichkeit untersucht werden können.
- Sie sollen konkrete Hinweise auf prüftechnische Schwachstellen in der Schaltung geben sowie Hilfestellungen und Empfehlungen zur Behebung dieser Schwachstellen anbieten.

Die im CAD-System VENUS eingesetzten CAD-Tools geben Hinweise auf nicht und unvollständig testbare Schaltungsteile. In Vorbereitung sind Werkzeuge, die zusätzlich Maßnahmen zur geeigneten Schaltungsabänderung vorschlagen und Möglichkeiten zum automatischen Einbau von Testhilfen aufzeigen.

Im CAD-System VENUS können derzeit zwei Arten von Werkzeugen aufgerufen werden, die obige Anforderungen erfüllen:

- Werkzeuge für die *Prüfbarkeitsanalyse*
- Werkzeuge für die *Prüfregelkontrolle*.

4.3.1 Prüfbarkeitsanalyse mit VENUS

Die Prüfbarkeitsanalyse liefert für jeden internen Knoten eine Maßzahl für Einstellbarkeit und Beobachtbarkeit.

Die Maßzahl für die Einstellbarkeit gibt den Aufwand an, der notwendig ist, um einen beliebigen Knoten der Schaltung auf einen bestimmten logischen Wert zu bringen. Er hängt ab von der Anzahl der Gatter, die zu durchlaufen sind, um einen logischen Zustandswechsel von den externen Eingängen zu dem betrachteten Knoten zu übermitteln.

Die Maßzahl für die Beobachtbarkeit gibt den Aufwand an, der notwendig ist, um einen eingestellten logischen Wert eines Knotens über einen externen Ausgang zu überprüfen. Er ist wiederum abhängig von der Anzahl der zu durchlaufenden Knoten bis zu diesem Ausgang hin.

Im folgenden wird kurz der Berechnungsalgorithmus exemplarisch beschrieben [4.12].

Für jeden Schaltungsknoten N werden folgende Werte berechnet:

CC0/1(N): Kombinatorische Einstellbarkeit auf 0/1,
SC0/1(N): Sequentielle Einstellbarkeit auf 0/1,
CO(N): Kombinatorische Beobachtbarkeit,
SO(N): Sequentielle Beobachtbarkeit.

Für ein 3-input-NOR-Gatter ergeben sich folgende Gleichungen für die Einstellbarkeit:

$CC1(Y) = CC0(X1) + CC0(X2) + CC0(X3) + 1$,
$SC1(Y) = SC0(X1) + SC0(X2) + SCO(X3)$.

Um den Ausgang Y auf 1 einzustellen, sind die Eingänge X1, X2 X3 auf 0 einzustellen. Die Erhöhung um 1 ergibt sich durch die kombinatorische Tiefe 1 des NOR-Gatters.

Soll Y auf 0 eingestellt werden, so ergeben sich folgende Gleichungen:

$CC0(Y) = \min[CC1(X1), CC1(X2), CC1(X3)] + 1$,
$SC0(Y) = \min[SC1(X1), SC1(X2), SC1(X3)]$.

Für die Einstellung von Y auf 0 genügt es, einen der Eingänge X1 bis X3 auf 1 einzustellen. Daher wird der am einfachsten einzustellende Eingang betrachtet (Minimalprinzip).

4.3 Werkzeuge für den prüffreundlichen Entwurf

Bei der Prüfbarkeitsanalyse werden ausgehend von den externen Eingängen die Werte für die Einstellbarkeit jedes einzelnen Knotens berechnet. Sequentielle Elemente führen dabei zu einer Erhöhung der sequentiellen Tiefe um 1.

Für ein 3-input-NOR-Gatter ergeben sich folgende Gleichungen für die Beobachtbarkeit eines der Eingänge (z.B. des Eingangs X1):

$$CO(X1) = CO(Y) + CC0(X2) + CC0(X3) + 1,$$
$$SO(X1) = SO(Y) + SC0(X2) + SC0(X3).$$

Für die Beobactung von X1 ist sowohl Y zu beobachten als auch X2, X3 auf 0 einzustellen.

Für die Gesamtschaltung werden ausgehend von den externen Ausgängen die Werte für jeden internen Knoten nach dem exemplarisch angegebenen Schema berechnet.

Das Ergebnis der Prüfbarkeitsanalyse liegt in Form einer Tabelle vor, in der die für jeden Knoten berechneten Werte eingetragen sind. Schwer zugängliche Knoten werden anhand der Tabelle erkannt. Durch geeignete Schaltungsmodifikation ist deren Einstellbarkeit/Beobachtbarkeit zu verbessern.

Durch iterativen Einsatz der Prüfbarkeitsanalyse wird die Wirksamkeit der verwendeten Testhilfen systematisch geprüft.

Durch die Prüfbarkeitsanalyse können alle Arten, auch die in Abschnitt 4.2.2 beschriebenen Ad-Hoc-Techniken, für ein prüffreundliches Design unterstützt werden.

4.3.2 Prüfregelkontrolle mit VENUS

Ein weiteres CAD-Werkzeug, das hilft, zu einem prüffreundlichen Design zu kommen, ist die *Prüfregelkontrolle*. Auch sie dient dazu, nicht oder schwer testbare Schaltungsteile aufzuspüren. Man muß jedoch anders vorgehen als in Abschnitt 4.3.1 beschrieben.

Die Basis für den Designingenieur sind die in Abschnitt 4.2.1 erläuterten prüftechnischen Entwurfsregeln. Durch Anwendung dieser Regeln wird er zu einer prüffreundlichen Schaltung geführt. Die Einhaltung dieser Regeln garantiert Schaltungen, für die automatisch die Testmuster erzeugt werden können.

Als Maß für die Prüffreundlichkeit gilt die *Anzahl und Art* der in einer Schaltung vorhandenen *Regelverstöße*. Das CAD-Programm zur Regelkontrolle benötigt die Netzliste der Schaltung sowie Zusatzinformationen über die verwendeten Zellen. Diese Zusatzinformationen sind in der Zellenbibliothek abgelegt. Anhand dieser Vorgaben wird eine Strukturanalyse der Schaltung durchgeführt, wobei graphentheoretische Algorithmen zur Pfadsuche und Pfadverfolgung eingesetzt werden.

Anhand des Pfadverlaufs und der im Pfad befindlichen Zellentypen lassen sich *Verstöße* gegen Regeln, die sich auf die *Struktur* beziehen, feststellen. Regeln, die sich auf das *zeitliche Verhalten* beziehen, können nicht direkt überprüft werden. Aus der Struktur der Schaltung lassen sich aber teilweise auch Rückschlüsse auf zeitkritische Pfade und Schaltungsteile ziehen (Asynchronitäten).

Als Ergebnis der Regelkontrolle erhält man ein Protokoll, in dem der Ort und die Art der Verstöße aufgelistet sind.

Der Designingenieur hat somit Hinweise, anhand derer er die Schaltung gezielt zur Beseitigung der Regelverstöße abändern kann, um ihre Prüffreundlichkeit zu erhöhen. Die prüftechnischen Regeln geben ihm eine Hilfestellung zur Art der Änderung.

In Weiterentwicklung dieser Methode ist geplant, durch das CAD-System automatisch Testhilfen zur Behebung von Verstößen in die bestehende Schaltung integrieren zu lassen.

Ein Vorteil der durch Regeln und Regelkontrolle unterstützten Methode liegt in der Förderung des hierarchischen Entwurfs. Es können Teilschaltungen auf Einhaltung der Regeln überprüft werden. Der Designingenieur muß dann nur darauf achten, daß er für die Gesamtschaltung die einzelnen Teilschaltungen richtig verbindet.

4.4 Erstellen der Prüfunterlagen

Das Erstellen der Prüfunterlagen erfolgt im wesentlichen in drei aufeinanderfolgenden Schritten:

- Generieren der Eingangsstimuli,
- Erstellen und Bewerten der Prüfmuster,
- Erstellen des Prüfprogramms.

In den Anfängen der Mikroelektronik wurden die drei genannten Schritte manuell ausgeführt. Bei großer Bausteinkomplexität ist jedoch eine weitgehende Automatisierung der Prüfunterlagenerstellung erforderlich. Im folgenden werden CAD-Tools vorgestellt, die dies gewährleisten. Voraussetzung dafür ist ein prüffreundliches Design des Bausteins.

4.4.1 Generierung der Eingangsstimuli

Eine Reihe von Algorithmen [4.13 – 4.15] ist bekannt, die mehr oder weniger effektiv Eingangsstimuli für eine vollständige Prüfung zu generieren erlauben. In erster Linie wird dabei auf eine statische Prüfung abgezielt. Bei rein kombinatorischen Schaltungen arbeiten die Methoden zur Stimuligenerierung wesentlich effektiver in bezug auf eine vollständige Prüfung als bei sequentiell tiefen Schaltungen. Bei letzteren kann nur in wenigen Fällen ein ausreichender Fehlererkennungsgrad ohne manuelle Eingriffe erreicht werden. Die Transformation einer Schaltung in reine Kombinatorik, z.B. mit der Scan-Path-Methode, ist daher für eine vollständige Automatisierung bei gleichzeitigem hohen Qualitätsstandard sehr nützlich.

Im folgenden wird exemplarisch das Prinzip der Generierung für kombinatorische Schaltungen erläutert. Eine weit verbreitete Methode stellt der D-Algorithmus [4.15] dar. Die meisten der derzeit vorhandenen Stimuligeneratoren verwenden Algorithmen, die von ihm abgeleitet sind. Als Grundlage dient ein auf Gatterebene beschriebenes Schaltungsmodell, d.h. es wird nur die Struktur der Schaltung, nicht aber deren Funktion, wie bei der manuellen Stimulierzeugung üblich, betrachtet.

Der Generator versucht, beginnend von einem Schaltungsausgang, Pfade in Richtung der Schaltungseingänge zu sensibilisieren. Ein Pfad ist *sensibilisiert*, wenn ein Zustandswechsel an seinem Startpunkt (Eingang) am jeweiligen Endpunkt (Ausgang) beobachtet werden kann. Dazu sind Stimuli für jene Eingänge zu berechnen, von

4.4 Erstellen der Prüfunterlagen

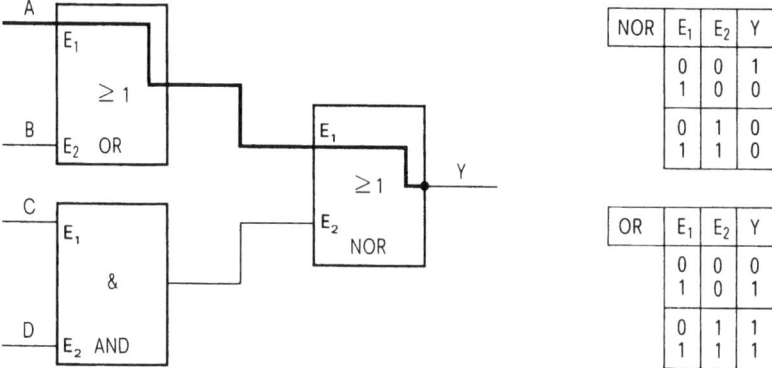

Bild 4.16. Beispiel zur Pfadsensibilisierung

denen die Pfadsensibilisierung abhängt. Jede Änderung der Solleinstellung eines beliebigen Knotens auf einem sensibilisierten Pfad gemäß dem „s − a"-Fehlermodell führt zu einer Änderung des Sollwerts am externen Ausgang.

Am Schaltungsbeispiel von Bild 4.16 soll die Pfadsensibilisierung für kombinatorische Schaltungen erläutert werden. Der fett gezeichnete Pfad ist zu sensibilisieren. Der Generator beginnt am Ausgang Y des Pfades. Um eine Änderung am Eingang E1 des NOR-Gatters an dessen Ausgang sichtbar zu machen ist E2 auf 0 zu setzen (vgl. Wahrheitstabelle NOR). Um diesen Wert zu erhalten, ist zumindest ein Eingang des AND-Gatters auf 0 zu setzen. Der zweite Eingang kann beliebig sein. Zur weiteren Sensibilisierung des Pfades bis zu dessen Startpunkt A ist noch das OR-Gatter an dessen Eingang E2 auf 0 zu setzen. Eine Änderung bei A führt demnach zu einer Reaktion an Y, wenn die externen Eingänge folgende Belegung haben:

B = 0, C = 0, D = beliebig.

Bei sequentiell tiefen Schaltungen wird die Generierung dadurch erschwert, daß zur Sensibilisierung für mehrere Zeitschritte Taktphasen zu betrachten sind.

4.4.2 Erstellen und Bewerten der Prüfmuster

Für die manuell oder automatisch erstellten Eingangsstimuli werden sowohl die zugehörigen Ausgangssollwerte als auch die Fehlererkennungsgrade berechnet.

Die Ausgangssollwerte werden durch Zyklensimulation ermittelt. Dazu wird die gleiche Modellbeschreibung wie bei der Generierung zu Grunde gelegt, nur mit dem Unterschied, daß Laufzeiten berücksichtigt werden. Die vom Simulator berechneten Sollwerte gelten beim eingeschwungenen Zustand der Schaltung.

Als wertvolle Hilfe bieten einige Zyklensimulatoren eine Race- und Spikeanalyse an. Dabei wird untersucht, ob aufgrund von unterschiedlichen Gatter- und Leitungslaufzeiten (Race) Störimpulse (Spikes) an Ausgängen kombinatorischer Zellen auftreten und zu einem unerlaubten Zustandwechsel eines speichernden Elementes führen. Prüfmuster, die einen derartigen, nicht definierten Zustand der Schaltung ergeben, sind geeignet zu ergänzen.

Der Vollständigkeitsnachweis für die erstellten Prüfmuster wird mit Hilfe der Fehlersimulation durchgeführt. Dabei wird festgestellt, wieviele und welche Fehler mit den vorhandenen Prüfmustern erkannt werden. Dazu wird das „$s-a-0/1$"-Fehlermodell zugrunde gelegt. Handelsübliche Fehlersimulatoren berücksichtigen zur Zeit noch keine Unterbrechungsfehler in CMOS-Schaltungen. Für die Fehlersimulation ist eine Reihe von Algorithmen bekannt. Man vergleiche die einschlägige Literatur [4.16—4.18]. Alle Algorithmen beruhen auf dem Prinzip, daß ein oder mehrere Fehler parallel in das Schaltungsmodell eingebaut werden. Dann wird simuliert, um zu erkennen, ob diese Fehler zu einer Änderung der Ausgangssollwerte führen. Ist dies der Fall, so gelten die Fehler als erkennbar. Da für jedes Prüfmuster mehrere Simulationen erforderlich sind, bis für alle Fehler festgestellt werden kann, ob sie erkennbar sind, ist die Fehlersimulation der rechenzeitintensivste Teil der Prüfvorbereitung. Wird der gewünschte Fehlererkennungsgrad nicht erreicht, müssen weitere Prüfmuster manuell erstellt oder automatisch nachgeneriert werden. An den Ausgängen erkennbare Fehler werden aus der Fehlerliste gestrichen. Diese Maßnahme ist ebenfalls Grundlage für die Pfadsensibilisierung des Generators. Dieser versucht dann, nur mehr für die verbleibenden Fehler Pfade zu sensibilisieren.

4.4.3 Prüfprogrammgenerierung

Ein Prüfprogramm enthält Teilprogramme für folgende Funktionen:

- *Parametertest zur Prüfung des physikalischen Verhaltens*: Neben der Überprüfung der Stromaufnahme werden vor allem die Strom-Spannungs-Charakteristiken der Ein-/Ausgangstreiber gemessen.
- *Funktionstests zur Prüfung des logischen Verhaltens*: Für diese Prüfung werden zunächst die generierten Prüfmuster verwendet. Bei dieser statischen Prüfung wird eine Fehlererkennung, jedoch keine Fehlerlokalisierung durchgeführt. Eine Ergänzung dieses Tests mit dynamischen Prüfmustern (vgl. Abschnitt 4.1.1) ist für das Erreichen eines hohen Qualitätsstandards wesentlich.
- *Statistik und Shmooplots*: Die Statistikauswertung dient einerseits zur Bestimmung der Ausbeute, andererseits zur Aufdeckung von Designschwächen. Mit Shmooplots wird ermittelt, in welchem Bereich (z.B. Betriebsspannung, Betriebsfrequenz) der Baustein funktionsfähig ist.

Die manuelle Erstellung eines Prüfprogrammes in der Sprache des jeweiligen Testautomten ist sehr zeitaufwendig (vgl. Abschnitt 4.5.2). Durch Verwendung von *Postprozessoren* (spezielle Programmsysteme) kann auch hier automatisiert werden. In Abhängigkeit von technologischen Parametern und einem einmal zu erstellenden Musterprogramm in der Sprache des jeweiligen Automaten wird das ablauffähige Prüfprogramm erzeugt. Dazu werden die Prüfmuster in testerspezifische Anweisungen umgesetzt, die verschiedenen Parametertests der Bausteingröße angepaßt und die vom Designingenieur ausgewählten Statistiken und Shmooplots in das Prüfprogramm integriert.

Die genannten Prüfprogrammgeneratoren ergeben eine wesentliche Verkürzung der Prüfvorbereitungszeit.

4.4.4 Prüfvorbereitung mit VENUS

Die gesamte Prüfvorbereitung mit VENUS ist weitgehend automatisiert. Voraussetzung dafür ist ein strukturierter Entwurf des Bausteins entsprechend den prüftechni-

4.4 Erstellen der Prüfunterlagen

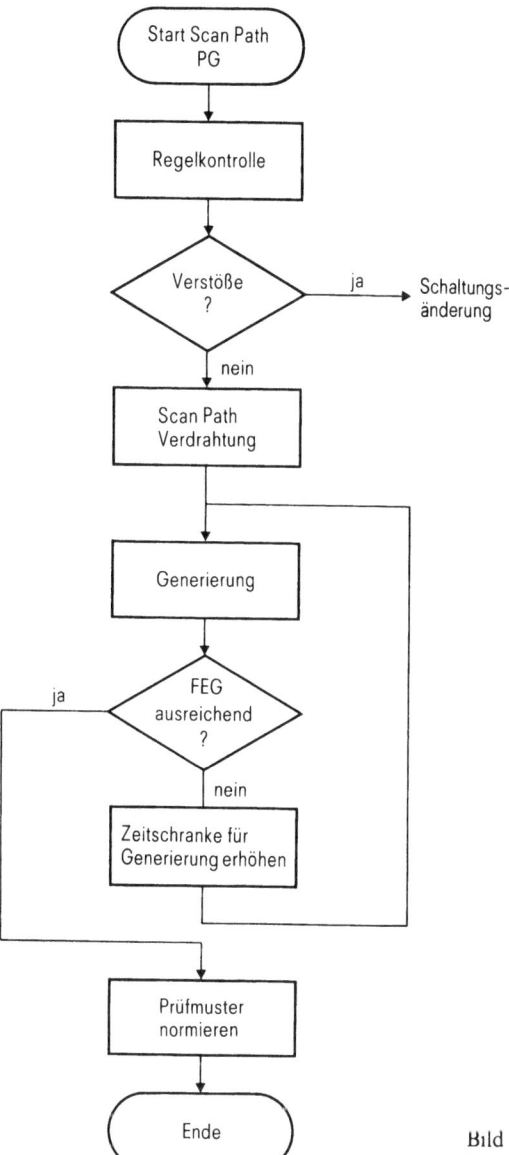

Bild 4.17. Prüfmustergenerierung für Schaltungen mit Scan-Path

schen Entwurfsregeln von Abschnitt 4.2.1. Sowohl die Prüfmuster als auch das Prüfprogramm können dann automatisch generiert werden. Das zugrundeliegende Modell ist auch für die Verifikation gültig und wird aus der Datenhaltung abgeleitet. In VENUS werden zwei Strategien unterstützt:

- *Schaltung mit Scan-Path*: Lagen keine Verstöße gegen prüftechnische Entwurfsregeln vor und ist die Bausteinverifikation abgeschlossen, so wird der Scan-Path automatisch nach dem in Abschnitt 4.2.3.1 vorgestellten Prinzip verdrahtet. Nach

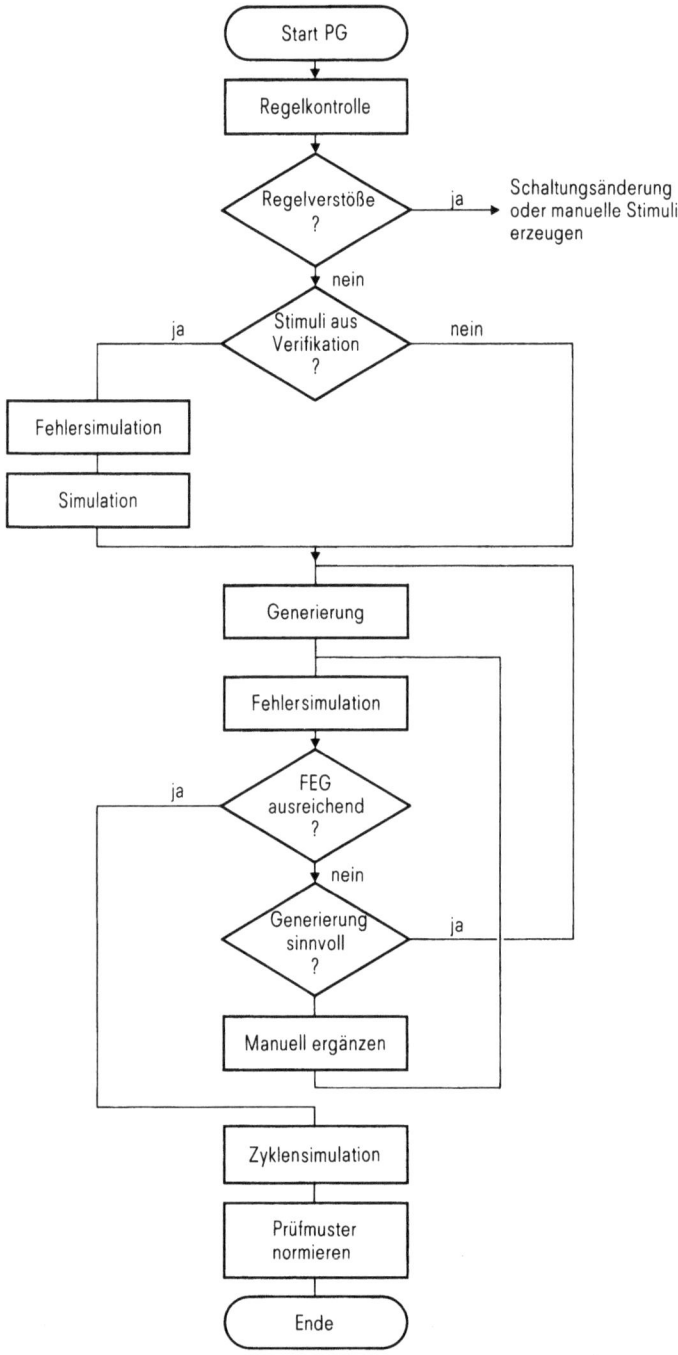

Bild 4.18. Prüfmustergenerierung für sequentiell tiefe Schaltung

4.4 Erstellen der Prüfunterlagen

Ergänzung des Schaltungsmodells mit dem Scan-Path-Verlauf erfolgt die Prüfmustergenerierung. Eine Besonderheit des Generators liegt darin, daß eine Fehler- und Zyklensimulation nicht mehr erforderlich sind. Die vom Generator für die fiktiven Ein-/Ausgänge zunächst parallel generierten Prüfmuster werden durch ein Umsetzprogramm in serielle Schiebeanweisungen verwandelt. Das Ergebnis der Generierung ist der erzielte Fehlererkennungsgrad (FEG) und eine Prüfmusterdatei, die einer normierten Schnittstelle entspricht. Für Schaltungen mit Scan-Path wird mit Ausnahme von Redundanzen eine vollständige Fehlererfassung nach dem „s−a"-Fehlermodell ohne manuelle Nacharbeit gewährleistet. Bild 4.17 zeigt den Ablauf aus Benutzersicht.

- *Schaltung ohne Scan-Path*: Auch hier ist bei Einhaltung der prüftechnischen Entwurfsregeln eine automatische Prüfmustergenerierung möglich. Je nach Schaltungsstruktur ist ein mehr oder weniger großer manueller Aufwand zusätzlich zu leisten. Werden Multiplexer zur Reduzierung der sequentiellen Tiefe verwendet, so erfolgt für die Generierung eine automatische Aufbereitung des Schaltungsmodells. Bei sequentiell tiefen Schaltungen wird neben der Generierung der Eingangsstimuli eine Zyklen- bzw. Fehlersimulation durchgeführt. Die funktionalen Stimuli aus der Verifikation werden zunächst auf eine Zyklenrasterung abgebildet und dienen als Eingabe für den Fehlersimulator. Für die dadurch erkannten Fehler muß der Generator keine Pfade sensibilisieren. Bei ausreichendem Fehlererkennungsgrad, erzielt durch eine Kombination aus manuell und automatisch erstellten Eingangsstimuli, werden abschließend die Ausgangssollwerte über Zyklensimulation ermittelt. Bild 4.18 zeigt den Ablauf aus Benutzersicht. Die generierten Prüfmuster werden dann über einen Postprozessor in die Anweisungen des Testautomaten umgesetzt. Zusätzlich werden die Programmteile für Parametertest, Shmooplots und Statistikteil angefügt. Eine dynamische Prüfung in Form eines Clockrate-Tests ist vorgesehen. Dazu sind manuell funktionale Stimuli zu erzeugen. Die dafür

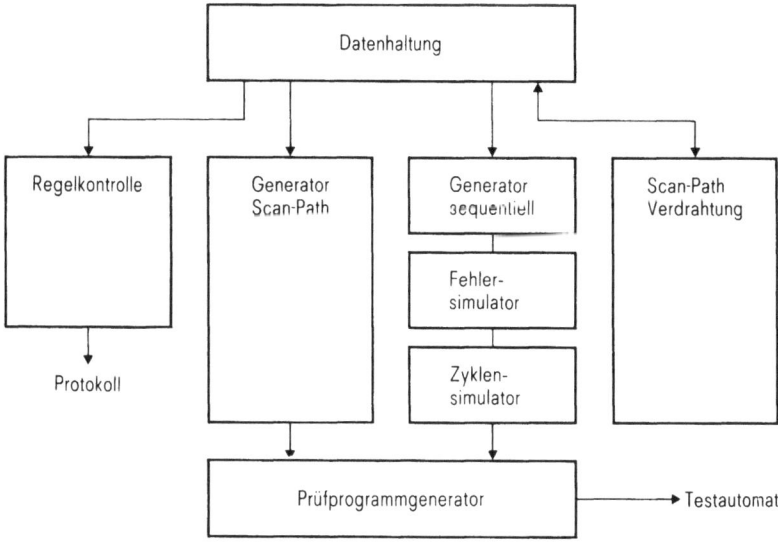

Bild 4.19. Prüfvorbereitung in VENUS

entwickelte Eingabesprache berücksichtigt die Möglichkeiten des Testautomaten. In Bild 4.19 ist das gesamte System zur Prüfvorbereitung dargestellt. Für die Fehler- und Zyklensimulation wird der gleiche Simulator wie für die Verifikation verwendet.

4.5 Werkzeuge zur Prüfung

In den vorangegangenen Kapiteln sind Verfahren und Softwarewerkzeuge zur effektiven Testvorbereitung und Testunterstützung dargestellt. Der folgende Abschnitt stellt die Geräte vor, mit denen der eigentliche Test durchgeführt wird. Testautomten sind seit längerer Zeit in der Halbleiterindustrie im Einsatz. Mit steigender Integrationsdichte und Schaltungsgeschwindigkeit ergeben sich aber auch auf diesem Gebiet stets wachsende Anforderungen an die Komplexität und die elektrischen Eigenschaften. Während der Testautomat in der Produktion meist „nur" einen „Go" – „No – Go"- Test durchzuführen hat, muß der Prototypentest auch die Möglichkeit der Fehlerlokalisierung und Fehleranalyse bieten. Dazu bedient sich der Designingenieur eines *Labormeßplatzes*, den er nach seinen schaltungsspezifischen Erfordernissen selbst zusammenstellen kann. Da die Testgeschwindigkeit dabei eine geringe Rolle spielt, ist der Grad der Automatisierung meist gering, die Flexibilität jedoch groß. Bei Untersuchungen an schwer von extern zugänglichen Schaltungsknoten leistet das *Elektronenstrahlmeßgerät* gute Dienste. Es ist Ergebnis einer Entwicklung, die in letzter Zeit aus dem Experimentierstadium heraus zu einem universell einsetzbaren Werkzeug geführt hat.

4.5.1 Labormeßplatz

Labormeßplätze werden für den Prototypentest und die laufende Qualitätskontrolle der Produktion benötigt. Bei der Entwicklung von Standardzellen werden z.B. Testchips hergestellt, auf denen mehrere einzelne Zellen unabhängig voneinander gemessen werden können. Wichtig dabei ist die Ermittlung der elektrischen Eigenschaften, wie der Verzögerungszeiten und der Treiberfähigkeit sowie der Vergleich mit den durch Simulation gewonnenen Werten und der Spezifikation der Zelle. Die Testschaltung wird über die Nadeln eines rechnergesteuerten Spitzenmeßplatzes mit dem Meßsystem verbunden. Dieses wird in der Regel von einem Kleincomputer gesteuert und besteht unter anderem aus programmierbaren Spannungsquellen, Pulsgeneratoren, Oszillograph, Frequenzzähler. Die Positionierung der einzelnen Chips des Wafers zu den Meßnadeln wird nach Eingabe der Bausteindimensionen und der Plazierung vom Meßprogramm selbständig erledigt. Dadurch können zeitaufwendige Serienmessungen ganzer Scheiben ohne manuellen Eingriff durchgeführt werden. Die gewonnenen Meßergebnisse werden abgespeichert, anschließend aufbereitet und ausgegeben. Durch graphische Darstellung kann der Designingenieur Informationen über die räumliche Verteilung der Meßgrößen auf dem Wafer erhalten. Das Temperaturverhalten kann durch Erwärmen der Scheibe im Waferprober (hot-chuck) ermittelt werden. Neben eigens entworfenen Testchips können am Labormeßplatz natürlich auch Kundenschaltungen überprüft werden. Zur Funktionsüberprüfung stehen dabei seit neustem intelligente Logikanalysatoren, teils mit eingebauten Patterngeneratoren (Pulsquellen) zur Verfügung. Diese Geräte besitzen viele Eigenschaften der im Abschnitt

4.5 Werkzeuge zur Prüfung

4.5.3 beschriebenen Testautomaten, sind jedoch weitaus langsamer, besitzen weniger und billigere Kanäle. Beim Test im Entwicklungslabor sind diese Nachteile jedoch von geringer Bedeutung. Die Anschaffungskosten sind das wichtigere Kriterium. Bei der Suche nach systematischen Fehlern, die alle Chips betreffen (Logikfehler, Maskenfehler etc.) ist es oft wünschenswert, Spannungsverläufe an schaltungsinternen Knoten zu beobachten. Das ist bei Verwendung sogenannter Mikromanipulatoren in gewissem Maße möglich. Hierbei werden mittels einer hochpräzisen Mechanik feinste Meßspitzen mit Leiterbahnen auf dem Chip in Kontakt gebracht. Das Verfahren erlaubt natürlich nur Messungen an nichtpassivierten Scheiben. Auch kann nur die oberste Verdrahtungsebene erfaßt werden. Bei dynamischen Messungen macht sich die große kapazitive Belastung durch die Meßsonden als Signalverzerrung bemerkbar. Dies kann durch Verwenden von einigen Meßspitzen mit eingebautem Impedanzwandler reduziert oder durch Verwendung eines Elektronenstrahlmeßgeräts vermieden werden. Mit mechanischen Meßspitzen lassen sich auch Pegel an Schaltungsknoten einprägen, was z. B. bei fehlenden Verbindungen ein, wenn auch eingeschränktes, Weitertesten erlaubt.

4.5.2 Elektronenstrahlmeßgerät

Den Wünschen der Schaltungsentwickler nach belastungsfreien Messungen an hochohmigen schaltungsinternen Punkten trägt die Entwicklung des Elektronenstrahlmeßgeräts (EMG), die in den Forschungslaboratorien der Siemens AG maßgeblich vorangetrieben wurde, Rechnung [4.19]. Dieses Verfahren hat als Grundlage die seit längerem bekannte Spannungskontrasttechnik [4.20]. Das EMG ist aufgrund mehrerer noch zu erwähnender Eigenschaften als Diagnosewerkzeug gut geeignet für den Einsatz im Labor.

Der Aufbau eines EMG ähnelt, wie Bild 4.20 zeigt, einem Elektronenmikroskop. Auch hier wird die Oberfläche des Meßobjekts mit einem gebündelten Primärelektro-

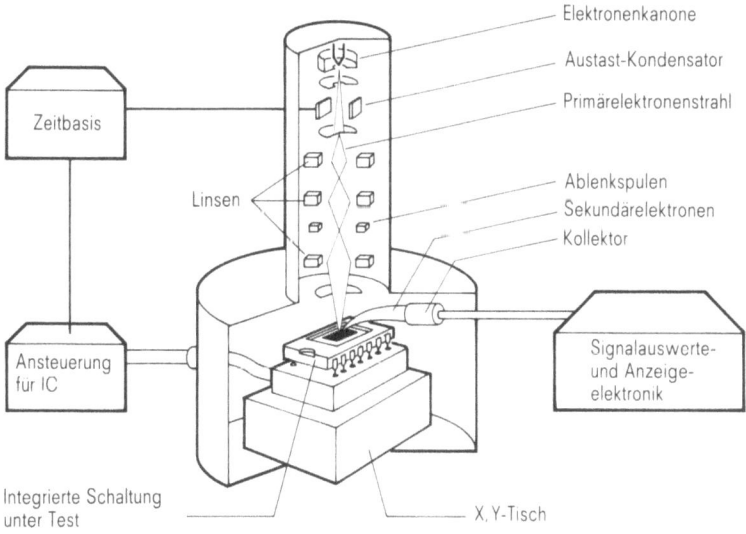

Bild 4.20. Prinzipieller Aufbau eines Elektronenstrahlmeßgeräts

nenstrahl beschossen. Die aus der Leiterbahn austretenden, energiearmen Sekundärelektronen werden von einem Kollektor aufgefangen, verstärkt und auf einem Monitor sichtbar gemacht. Wird an die Testschaltung Spannung angelegt, so erscheinen Leitungen mit positiver Spannung auf dem Schirm dunkler, Punkte mit Massepotential dagegen heller. Positive elektrische Felder halten die Sekundärelektronen zurück, während negative Felder eine beschleunigende Wirkung zeigen. Der Effekt ist nichtlinear, es lassen sich aber logische Zustände gut erkennen. Diese relativ einfache Anordnung gestattet es, nur statische Messungen durchzuführen und ist seit längerem so in Anwendung. Die großen Vorteile dieses berührungslosen Verfahrens kommen allerdings erst bei dynamischen Messungen zum Tragen. Dazu muß der Primärelektronenstrahl gepulst und die erzeugten Sekundärelektronen mit einem Elektronenspektrometer gemessen werden. Aus der Energieverteilung kann auf die am Meßpunkt anliegende Spannung geschlossen werden. Durch das Anlegen von Primärelektronenpulsen ist analog der bei einem Sampling-Oszillographen angewandten Technik eine hohe Bandbreite bei der dynamischen Messung erzielbar. Allerdings existiert dabei eine untere Grenzfrequenz und einmalige, kurze Impulse (z.B. Spikes) sind nicht erfaßbar. Die folgenden Vor- und Nachteile des EMG bei heutigem Entwicklungsstand sind zu beachten:

- *Vorteile*
  o Belastungsloses Messen — bei geeigneter Primärelektronenenergie ergibt sich ein Ladungsausgleich, so daß kein Elektronenstrom fließen kann.
  o Zerstörungsfreies Abtasten — die niedrige Elektronenenergie erzeugt keine Strahlenschäden im Baustein. Mechanische Schäden können im Gegensatz zu Meßspitzen nicht auftreten.
  o Einfache Positionierung auf jeden Punkt der Schaltung: wegen des kleinen Strahldurchmessers können schmale Leiterbahnen erfaßt werden.
  o Mit Einbußen an das Auflösungsvermögen sind Messungen auch an mit Oxid bedeckten Schaltungsknoten möglich.
- *Nachteile*
  o Wegen der Sampling-Technik (Stroboskopeffekt) sind periodische Signale notwendig.
  o Gleichspannungsmessungen sind nicht möglich.
  o Im Gegensatz zur mechanischen Probe ist kein Einprägen von Spannungen in die Schaltung möglich. Es ist also nur zur Messung geeignet.
  o Die Messung muß im Vakuum erfolgen. Es wird daher wegen des dann geringeren Aufwands bevorzugt angewendet zur Analyse von in Gehäusen montierten Chips (natürlich mit offenem Deckel).

Erste Geräte befinden sich bereits auf dem Markt. In nächster Zeit kann deshalb mit besserer Handlichkeit und einfacherer Handhabbarkeit gerechnet werden. Einem praktischen Einsatz zur Designverifikation stehen dann keine gravierenden Nachteile entgegen.

4.5.3 Testautomat

Während beim Labormeßplatz die benötigte Testzeit eine untergeordnete Bedeutung hat, ist beim Testen in der Produktion die Zeit, die pro Baustein zum Testen benötigt

4.5 Werkzeuge zur Prüfung

wird, neben der Vollständigkeit des Tests das wichtigste Kriterium. Bei der Entwicklung kompletter Testsysteme geht der Trend daher in Richtung zu noch kürzeren Taktzyklen, um möglichst bei der Betriebsfrequenz des Bausteins prüfen zu können. Daneben erhöht sich mit steigender Komplexität der Schaltungen die Anzahl der benötigten Pins und damit die Zahl der notwendigen Meßkanäle. Die Konsequenz ist ein großer Hardwareaufwand bei den Testautomaten, der sich im relativ hohen Preis derartiger Geräte widerspiegelt.

Stellvertretend für die funktional ähnlich aufgebauten Testautomaten soll hier der SITEST 764 von SIEMENS beschrieben werden [4.2.1]. Der SITEST 764 erlaubt das Testen von Bausteinen mit bis zu 64 (128) Pins bei einer maximalen Blockfrequenz von 20 MHz. Dazu stehen 16 unabhängige Timinggeneratoren und 4-Kbit-Pufferspeicher für die Prüfmuster pro Bausteinanschluß zur Verfügung. Zu den wichtigsten Baugruppen eines Testautomaten zählen außerdem die CPU, Arbeitsspeicher, Plattenspeicher, Magnetbandgerät und die Pin-Elektronik als Schnittstelle zum Testobjekt. An einer Konsole können Anweisungen eingegeben werden. Die Ausgabe kann auch auf einem angeschlossenen Drucker erfolgen.

Mit Testautomaten können sowohl in Gehäuse montierte Bausteine als auch Chips auf dem Wafer getestet werden. In der Produktion werden zuerst Scheibentests durchgeführt, da defekte Bausteine möglichst vor dem kostenintensiven Einbau ins Gehäuse erkannt werden sollen. Die Anpassung der Pinelektronik an den Baustein erfolgt bei beiden Testarten mittels eines sogenannten Loadboards, das im Fall des Wafertests für den Baustein passende Meßspitzen und beim Test im Gehäuse eine geeignete Testfassung enthält. Die Anweisungen für den Test können in einer testorientierten Sprache in Form eines Programms niedergelegt werden, oder wie bei VENUS mittels Postprozessor automatisch in diese Programmform übergeführt werden.

Im ersten Prüfabschnitt werden die Gleichstromparameter des Prüflings ermittelt und mit den Sollwerten verglichen. Dazu kann unter Programmkontrolle jeder Anschluß mit einem Präzisions-Spannungs-Strom-Meßgerät kombiniert mit einer programmierbaren Spannungs- Strom-Quelle verbunden werden. Dann wird z.B. die Spannung von einem Anfangswert beginnend in bestimmten Schritten bis zu einem Maximalwert erhöht und der fließende Strom digital erfaßt. Bei Erreichen eines vorgegebenen Maximalwerts von Strom oder Spannung wird die Messung abgebrochen und die ermittelten Werte registriert. Fehler beim Bonden des Bausteins oder Meßspitzen mit schlechtem Kontakt zu den Kontaktflecken des Chips können durch Anlegen einer negativen Spannung an die Eingänge der Schaltung erkannt werden. Bei gutem Kontakt beginnen bei etwa $-0{,}7$ V die Eingangsschutzdioden des Bausteins zu leiten und der Stromfluß zeigt das Verhalten einer Diode in Flußrichtung. Aus der geforderten Genauigkeit der Meßwerte beim Parametertest und der fehlenden Möglichkeit des gleichzeitigen Messens mehrerer Stifte folgt eine relativ geringe Zahl von maximal 1000 Messungen pro Sekunde, was zu den bereits früher erwähnten langen Testzeiten führt.

Nach bestandenem Parametertest folgt die Prüfung mit den im Testprogramm enthaltenen Prüfmustern. Dazu kann jeder Kanal des Testers entweder als Treiber für die Schaltungseingänge, als Ausgangskomparator oder als bidirektionaler Anschluß programmiert werden. Die möglichen Pegel der Treiber und die Schaltschwellen der Komparatoren werden durch programmierbare Referenz-Spannungsquellen festge-

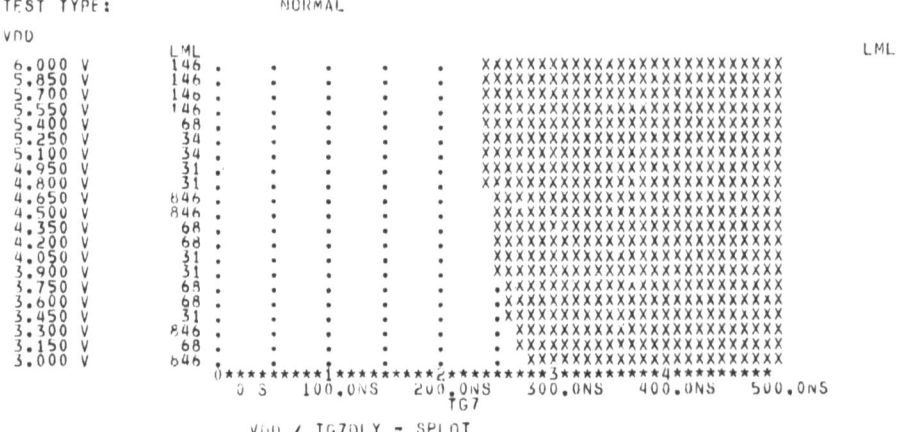

Bild 4.21. Shmooplot

legt. Der SITEST 764 besitzt die Möglichkeit, jeden Pin zwischen dem Meßobjekt und einem Referenzpin durch ein Relais umzuschalten. Damit können die unterschiedlichen Laufzeiten auf den Meßleitungen ermittelt und durch programmierbare Verzögerungsleitungen einander angeglichen werden. Eingangs- und Ausgangsprüfmuster werden in einen sehr schnellen Schreib/Lese-Speicher eingelesen und seriell ausgegeben. Die Antwort der zu prüfenden Schaltung auf die Stimuli wird mit den Ausgangsprüfmustern verglichen und Abweichungen können zur Wiederholung eines Teils des Testprogramms oder zum Abbruch führen. Zusätzliche Hardware unterstützt den Test bei Vorhandensein eines Scan-Path.

Nach Beendigung jedes Bausteintests werden die Ergebnisse auf Platte oder Magnetband abgespeichert bzw. auf dem Drucker ausgegeben. Beim Scheibentest werden die defekten Chips mit Farbmarkierungen versehen (inken). Für jede Scheibe oder nach einer bestimmten Anzahl von getesteten Bausteinen kann eine Statistik über Typ und Anzahl der ermittelten Fehler oder über die gemessenen Baustein-Parameter in Form von Tabellen oder Shmooplots ausgegeben werden. Damit lassen sich Aussagen über die Qualität der Charge bzw. Hinweise für eventuelle Schwachpunkte ableiten.

Bild 4.21 zeigt ein Beispiel für einen Shmooplot. Es wird in diesem Fall der Prüfling charakterisiert bezüglich der Schaltungsverzögerung (TG7) in Abhängigkeit von der Versorgungsspannung (VDD). Eine fehlerfreie Funktion wird durch ein Kreuz ($\times$) gekennzeichnet. Der Grenzbereich gut/schlecht entspricht der maximal möglichen Schaltgeschwindigkeit. Die Spalte LML gibt an, bei welchem Testmuster der Ausfall mit fallendem TG7 zum ersten Mal auftritt.

4.6 Selbsttest

Die bisher betrachteten Prüfstrategien gehen davon aus, daß der Testautomat den Baustein sowohl stimuliert als auch den Soll/Ist-Vergleich zur Fehlererkennung durchführt. Bei zunehmender Bausteinkomplexität wird es jedoch immer schwieriger, sowohl geeignete Testautomaten für die dynamischen Anforderungen zu finden als

4.6 Selbsttest

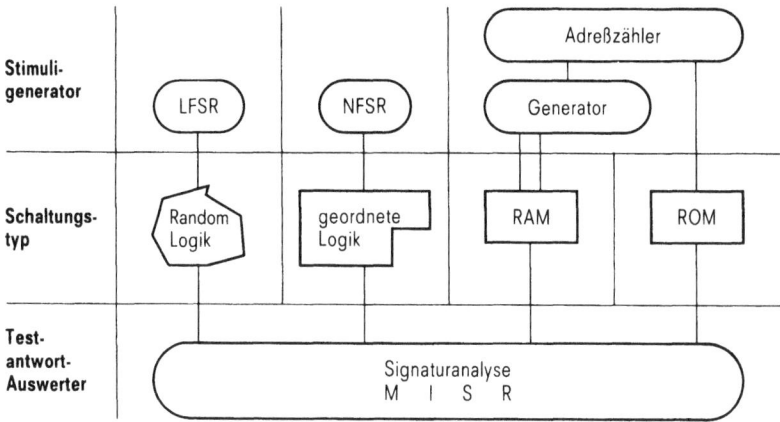

Bild 4.22. Selbsttestmethoden

auch in wirtschaftlich vertretbarer Zeit einen qualitätssichernden Funktionstest durchzuführen. Einen möglichen Ausweg bietet das „Konzept des Selbsttestens". Dabei wird die Erzeugung von Stimuli und die Fehlererkennung auf dem Baustein selbst durchgeführt. Die daraus resultierenden Vorteile sind:

- Einsatzmöglichkeit einfacherer Testautomaten mit reduzierter Anschlußzahl,
- paralleler Selbsttest mehrerer Bausteinmodule unter Betriebsfrequenz,
- weitere Automatisierung der Prüfvorbereitung durch Partitionierung.

Der zu bezahlende Preis dafür liegt beim Chip in

- der zusätzlichen Fläche für die Selbsttestschaltung,
- in der erhöhten Anschlußzahl,
- und möglicherweise in einer Performanceeinbuße.

Die bisher aus der Literatur bekannten Selbstteststrategien werden im folgenden exemplarisch erläutert. Auf notwendige Softwaretools wird nur verwiesen. Oft können die funktional notwendigen Schaltungen durch geeignete Ergänzungen für Selbsttesteinrichtungen ausgenutzt werden. Diese sind hauptsächlich Stimuligeneratoren (SG) zur Stimulierung und Testantwortenauswerter (TAA) für die Fehlererkennung. Im Überblick sind sie in Bild 4.22 dargestellt. Die verschiedenen Schaltungsstrukturen erfordern für einen optimalen Test programmierbare Stimuligeneratoren.

4.6.1 Stimuligeneratoren

Die einfachste Methode, die Stimuli bereitzustellen, besteht darin, diese in einem ROM abzuspeichern, das zusätzlich auf dem Chip integriert wird (*ROM-Methode*). Die Stimuli werden mit einem Generator berechnet (s. Abschnitt 4.4.1). Dieses sehr flächenintensive Verfahren wird in der Praxis nur in Ausnahmefällen als Ad-Hoc-Methode zum Einsatz kommen. Für eine strukturierte Vorgehensweise besser geeignet sind die im folgenden beschriebenen Stimuligeneratoren.

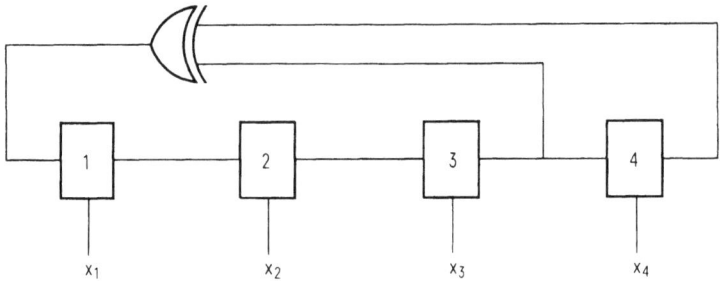

Bild 4.23. Linear rückgekoppeltes Schieberegister

Beim RAM-Speichertest kommt als Stimuligenerator für Adressen und Daten häufig ein Zähler zur Anwendung (*Zählermethode*). Beim ROM-Test vereinfacht sich die Generierung auf das Bereitstellen von Adressen in aufsteigender Reihenfolge.

Bei „Random Logic" (wilde Logik) führt oft das Anlegen sämtlicher Stimulikombinationen bei großer Eingangszahl zu sehr langen Testzeiten. In der Praxis ergeben Pseudozufallsstimuli mit verkürzter Folge bereits einen sehr guten Fehlererkennungsgrad [4.21]. Derartige Folgen können mit relativ geringem Hardwareaufwand durch linear rückgekoppelte Schieberegister („*linear feedback shift register*", LFSR) erzeugt werden. Bild 4.23 zeigt das Prinzip einer vierstelligen Zufallsfolge. Die Folge der Zufallsmuster wird im wesentlichen durch die Art der Rückkopplung mit EXOR-Gattern bestimmt. Die Ausgänge X_1 bis X_4 dienen zur Stimulierung des Prüflings.

Dieses Konzept erreicht erst bei Schaltungen mit vielen Eingängen seine Grenzen. Eine geeignete Partitionierung kann auch dann noch Abhilfe schaffen.

Eine andere Möglichkeit zur Stimulierzeugung auf dem Baustein bietet sich durch den Einsatz von *nicht linear rückgekoppelten Schieberegistern* an („*non linear feedback shift register*", NFSR). Diese sind vor allem für geordnete Logik wie etwa PLAs geeignet.

Bei diesen Schaltungen mit oft hohem Logik-Fan-In (= Gatter mit großer Eingangszahl) ergeben Zufallsmuster einen geringen Fehlererkennungsgrad. Die NFSRs können durch geeignete Rückkopplungslogik so festgelegt werden, daß sie eine zuvor berechnete Stimulifolge mit guter Fehlererkennung wiedergeben [4.22].

4.6.2 Testantwortauswerter

Nachdem die generierten Stimuli an die zu testende Schaltung angelegt sind, müssen deren Antworten bewertet werden. In einfachen Fällen werden die Testantworten mit den erwarteten Werten verglichen. Da auch hier viel Platz für die Speicherung der erwarteten Testantworten nötig ist, wird dieses Verfahren selten angewendet. Lediglich bei Speichern, wo das Komparatorwort oft als Abfall der Testmustererzeugung anfällt, wird auf diese Methode zurückgegriffen. Üblicher ist die Bewertung der Testantwort mittels Signaturanalyse. Die dazu erforderliche Hardware, das Signaturregister (*multiple input shift register* MISR) [4.24, 4.25] ist in Bild 4.24 dargestellt. Vom linear rückgekoppelten Schieberegister unterscheidet es sich dadurch, daß die einzelnen Testantworten über EXOR-Gatter parallel eingespeist werden. Diese Schaltungen erkennen sicher alle Fehler, die sich in einer einzigen fehlerhaften Testantwort

4.6 Selbsttest

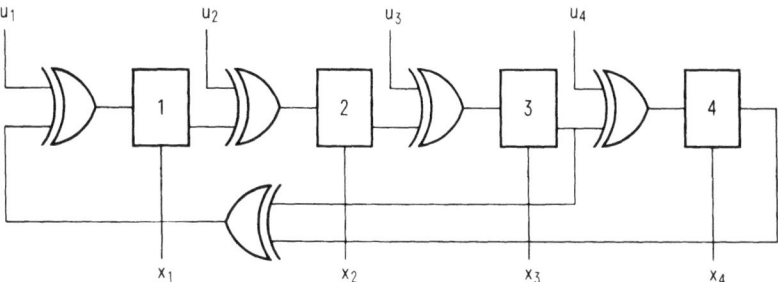

Bild 4.24. Signaturregister

niederschlagen. Mehrfachfehler werden nur mit einer bestimmten Wahrscheinlichkeit erkannt. Die Sollsignatur wird durch Simulation berechnet. LFSRs und MISRs lassen sich hardwaresparend zum BILBO, dem „*b*uilt-*i*n-*l*ogic-*b*lock-*o*bserver" vereinigen. Dieser läßt sich, abhängig von einem Steuereingang, als Testmustergenerator oder als Testantwortauswerter einsetzen [4.26].

Literatur zu Kapitel 4

4.1 Johansson, M.: The GENESYS-algorithm for ATPG without fault simulation. IEEE Test Conf., 1983.
4.2 Bottorf, P. S.; France, R. E.; Garages, N. H.; Orosz, E. J.: Test generation for large logic networks. Proc. 14th Design Autom. Conf., 1977.
4.3 Bowder, K. R.: A technique for automatic test generation for digital circuits. Proc. IEEE Intercon 1975.
4.4 Lai, K.-W.: Functional testing of digital systems. Ph. D. Thesis. Dep. of Computer Sci., Carnegie-Mellon-University, 1981.
4.5 Sridhar, T.; Mayes, J. P.: A functional approach to testing bit-sliced microprocessors. IEEE Trans. C−30, 1981.
4.6 Bashiera, D.; Courtois, B.: Testing CMOS: A challenge. VLSI-Design 1984.
4.7 Wadsack, R. L.: Fault modeling and logic simulation of MOS and MOS integrated circuits. Bell Syst. Tech. J. 57 (1978).
4.8 Eichelberger, E. B.; Williams, T. W.: A logic design structure for LSI testability. J. DAFTC 2 (1978).
4.9 Gerner, M.; Nertinger, H.: Scan-path in CMOS-semicustom LSI chips? IEEE Test Conf. 1984.
4.10 Ando, H.: Testing VLSI with random access scan. Digest of Papers Compcon 80 (1980).
4.11 Funatsu, S.; Wakatsuki, N.; Yamada, A.: Easily testable design of large digital circuits. NEC Res. & Develop., No. 54, 1979.
4.12 Goldstein, L. H.: Controllability/Observability analysis of digital circuits. IEEE Trans. on Circuits & Systems, Vol. LAS−26, No. 9 (1979).
4.13 Thomas, J. J.: Automated diagnostic test program for digital networks. Computer Design 10, No. 8 (1971).
4.14 Armstrong, D. B.: On finding a nearly minimal set of fault detection tests for combinational logic nets. IEEETC, Vol. C−21 (1972).
4.15 Roth, J. P.: Diagnosis of automata failures: A calculus and a method. IBM J. 10, No. 7 (1967).
4.16 Szygenda, S. A.; Thompson, E. W.: Modeling and digital simulation for design verification and diagnosis. IEEETC, Vol. C−25 (1976).

4.17 Armstrong, D. B.: A deductive method for simulating faults in logic circuits. IEEETC, Vol. C−21 (1972).
4.18 Abramovici, M.; Breuer, M. A., Kumar, K.: Concurrent fault simulation of digital circuits described with gate and functional models. Proc. STL (1979).
4.19 Fazekas, P.; Feuerbaum H-P., Wolfgang E.: Scanning electron beam probes VLSI chips, Electronics, July 14 (1981).
4.20 Croshwait, D. L.; Ivey, F. W.: Voltage contrast, Methods for seminconductor device failure analysis, SEM (1974) 935−940.
4.21 Kurzbeschreibung SITEST 764: Das rechnergesteuerte Prüfsystem für LSI/VLSI-Bausteine. Siemens AG, Best. Nr. A 19100−E611−A5V2.
4.22 Daehn, W.: Deterministische Testmustergenerierung für den eingegebenen Selbsttest von integrierten Schaltungen, NTG Fachber. Nr. 82 (1983) 16−19.
4.23 Zuxi Sun; Laung-Terng Wang: Self-testing of embedded RAMs, 1984 Int. Test Conf, pp. 148−156.
4.24 Frohwerk, R. A.: Signature analysis: A new digital field service method, Hewlett Packard J. May 1977, pp. 2−8.
4.25 Bhavsar, D.; Krishnamurthy, B.: Can we eliminate fault escape in self testing by polynamical division (Signature analysis) 1984 Int. Test Conf., pp. 134−139.
4.26 Koenemann, B.; Mucha, J.; Zwiehoff, G.: Built-in logic block-observation technique. Digest 1979 Int. Test Conf., pp. 37−41.

5 Zellen und Bibliotheken

Standarddesignsysteme weisen dann besondere Einsatz- und Leistungsfähigkeit auf, wenn sie mehrere Designmethoden (Gate-Array, Standardzellen, Makrozellen) und mehrere Prozeßtechnologien (CMOS, ECL) unterstützen. In diesem Kapitel werden einige derzeit mit dem Entwurfssystem VENUS verbundene Zellenbibliotheken unter folgenden Gesichtspunkten für den Designingenieur erläutert:

- Er erhält einen Überblick über den Funktionsumfang des Zellenspektrums, die technischen Daten der Zellen sowie den Aufbau des Datenblatts.
- Die Ähnlichkeiten beim Übergang von einer Designmethode (Gate-Array) zu einer anderen (Standardzellen) bei gleicher Prozeßtechnologie werden verdeutlicht.
- Die Besonderheiten beim Übergang von einer Prozeßtechnologie (3 µm CMOS) zu einer höher integrierten (2 µm CMOS) werden aufgezeigt.
- Die Unterschiede zwischen verschiedenartigen Prozeßtechnologien (CMOS und ECL) werden dargelegt.

Auch wird die Entwicklung der Zellenbibliothek durch den CAD-Ingenieur beschrieben. Allerdings ist dies keine Anleitung zum Nachbau von Zellen; vielmehr soll Vertrauen in die Konsistenz der verschiedenen Zellenbeschreibungen und somit letztendlich Vertrauen in die Qualität der Zellen und der damit zu realisierenden Bausteine geschaffen werden.

Aus dem Vergleich der beiden Aspekte wird besonders deutlich, daß der Benutzer von der Komplexität der Bibliothekserstellung und dem dafür nötigen Arbeitsaufwand entkoppelt und somit entlastet wird.

Die Beschreibung der Zellen und Bibliotheken ist so angelegt, daß lediglich die grundsätzlichen Nutzungsmöglichkeiten abgeleitet werden können. Die Darstellung ist nicht verbindlich im Sinne einer Produktbeschreibung.

5.1 Einsatz der Zellenbibliotheken

5.1.1 Funktionaler Umfang

Bei der Festlegung des Umfangs einer Zellenbibliothek wird üblicherweise zunächst ein Grundvorrat von ca. 100 Funktionen angeboten. Er reicht für die meisten Anwendungen aus. Im Laufe der Lebenszeit einer Zellenbibliothek wird sich dieser Grundvorrat aber zwangsläufig aufgrund vielfältiger Sonderwünsche erweitern. Um die Handhabbarkeit nicht zu erschweren, sollte das Spektrum angebotener Zellenfunktionen jedoch nicht über etwa 200 Typen hinausgehen. Unter Beachtung der folgenden Punkte kann diese Zahl eingehalten werden:

- Die Komplexität der Zellen wird auf diejenige von diskreten SSI-, höchstens MSI-Bausteinen beschränkt.
- Die unterschiedlichen elektrischen Treiberfähigkeiten der Zellen werden durch Parametrisierung, nicht durch Vervielfachung der Zellentypen erreicht.
- Die Anforderungen der Zielgruppe der Designingenieure, welche die Zellenbibliothek verwendet, werden äußerst kritisch geprüft.

Der Entwicklung der VENUS-Zellenbibliotheken gingen Analysen voraus, die folgende Punkte umfaßten:

- Eine Zellenstatistik über eine große Anzahl projektierter Bausteine wurde durchgeführt.
- Eine Statistik der zur Zeit von Leiterplattenentwicklern benützten SSI- und MSI-Bausteinen wurde erstellt, da speziell diese Entwickler als zukünftige Bausteinentwickler gewonnen werden sollten.
- Erfahrene Bausteinentwickler wurden an der Planung beteiligt.
- Zum Vergleich wurden Datenbücher „niedrig-integrierter" Bausteinfamilien ausgewertet.

VENUS bietet Bausteinfamilien aus drei verschiedenen Technologien (zwei CMOS-Prozesse und ein Bipolarprozeß) an. Wir wollen im folgenden zunächst die CMOS-Bibliotheken genauer betrachten.

5.1.1.1 CMOS-Bibliotheken

Das VENUS-CMOS-Zellenspektrum für die 3-µm-Technologie ist in seiner Komplexität vergleichbar mit der TTL 74xxx- oder der CMOS 4xxx-Serie. Es besteht allerdings keine 1:1-Entsprechung: eine vollautomatische 1:1-Umsetzung etwa einer mit TTL-Bausteinen bestückten Leiterplatte auf einen Chip ist infolge der sehr unterschiedlichen Randbedingungen ohnehin nicht sinnvoll.

Zur besseren Übersicht wurden die VENUS-Zellen in 10 Gruppen mit jeweils verwandten Funktionen eingeteilt:

1. *Gatter*: Neben den Grundgattern mit bis zu acht Eingängen (AND, NAND, OR, NOR) sind auch zweistufige Mischgatter mit drei Eingängen implementiert. Es hat sich gezeigt, daß Mischgatter eine wesentliche Vereinfachung und Platzersparnis bei Schaltungsteilen mit „krauser" Logik bringen.
2. *Treiber*: Treiberzellen werden sowohl invertierend wie auch nichtinvertierend angeboten. Jede Treiberzelle gibt es mit vier verschieden starken Ausgangsstufen. Treiber mit ENABLE-Eingang (Tri-State Ausgangszustand) sind nur bei Standardzellen, nicht aber bei Gate-Array-Zellen sinnvoll.
3. *Multiplexer*: Diese Gruppe umfaßt einen 2-bit- und zwei 4-bit-Multiplexer. Eine Multiplexerzelle mit ENABLE ermöglicht den Aufbau größerer Multiplexer durch Kaskadierung.
4. *Flipflops*: Die implementierten Flipflops sind flankengesteuerte Master-Slave Flipflops. Es werden die gewohnten Typen D-, RS-, JK- und T-Flipflop in allen Variationen mit und ohne PRESET und/oder CLEAR angeboten.
5. *Latches*: Ein einfaches Latch wird mit und ohne ENABLE angeboten. Die Latches sind mit Transfergates realisiert.

5.1 Einsatz der Zellenbibliotheken

6. *Schieberegister*.
7. *Zähler*: Diese Zellen sind die komplexesten im VENUS-Spektrum. Da sie auch mit verschiedenen Zusatzeigenschaften (synchron oder asynchron ladbar, mit Vorwärts/Rückwärts-Schalter, setzbar oder rücksetzbar) angeboten werden und reihungsfähig sind, kann damit den meisten Anwenderanforderungen entsprochen werden.
8. *Arithmetische Elemente*: Es sind Halb- und Volladdierer sowie Komparatoren implementiert. 2-bit-Komparatoren sind zu größeren Einheiten kaskadierbar.
9. *Dekodierer*: Je ein 1-aus-4- und ein 1-aus-8-Decodierer wird angeboten.
10. *Padzellen*: Als Pads werden die etwa 200 µm × 200 µm großen Metallflecken bezeichnet, die zum Anschluß der Eingangs- und Ausgangspins dienen. Padzellen enthalten außer diesen Bondflecken auch Schaltungsteile wie Treiber oder Pegelwandler sowie Schutzstrukturen.
Eingangspadzellen gibt es als CMOS- oder TTL-kompatible Versionen, mit oder ohne Schmitt-Trigger-Charakteristik. Ausgangspadzellen sind so ausgelegt, daß sie CMOS- und TTL-Eingänge treiben können. Es gibt sie mit oder ohne ENABLE-Anschluß. Bidirektionale Padzellen gibt es mit CMOS- und mit TTL-kompatiblem Eingang.
Benötigt ein Chip eine im Verhältnis zur Kernfläche große Anzahl von Padzellen, so wird möglicherweise die Chipfläche durch den durch die Padzellen gebildeten Rahmen bestimmt (vgl. Kapitel 6). Im diesem Fall ist es günstiger, hohe und schmale Padzellen einzusetzen.
11. *Sonstige*: In dieser Gruppe sind einige Sonderzellen zusammengefaßt. Die VDD- und VSS-Anzapfung dient zur Versorgung mit fixen H- bzw. L-Pegeln. Pull-up- und Pull-down-Zellen werden benützt, um zu verhindern, daß Tri-State-Leitungen auf undefiniertem Potential liegen.

3-µm-CMOS-Bibliotheken

Zur Zeit werden drei verschiedene 3-µm-CMOS-Zellenbibliotheksversionen bedient: Zwei Standardzellenversionen (A und B) und eine Gate-Array-Version (G).

In den technischen Daten unterscheiden sich die 3-µm-CMOS-Familien A, B und G nur wenig: Allen dreien liegt ein Prozeß zugrunde in einer 3-µm-CMOS-Technologie mit p-Wanne. Zellenintern werden Aluminium 1 und Polysilizium als Verdrahtungsebenen benutzt. Für die Interzellenverdrahtung kommt bei Version A Aluminium 1 und Polysilizium, bei den Versionen B und G Aluminium 1 und Aluminium 2 zur Anwendung. Dies ist auch für die Zellenbeschreibungen wichtig, weil die Zellenanschlüsse in entsprechenden Ebenen zur Verfügung gestellt werden müssen. Der wesentliche Effekt der zusätzlichen niederohmigen Verdrahtungsebene ist, neben einer gewissen Flächenersparnis, die Verkürzung der Leitungslaufzeiten.

Die Spannungsversorgung beträgt 5V ± 10%, eine typische Gatterlaufzeit ist 2ns. Die intern nutzbaren maximalen Taktfrequenzen hängen sehr stark von den verwendeten Zellen und ihrem Einbau in eine konkrete Schaltung ab, liegen aber bei etwa 40 MHz.

Die statische Verlustleistung der Kernzellen ist mit 2pW vernachlässigbar klein, die der Padzellen beträgt 0,8 mW im L-Zustand und 0,4mW im H-Zustand.

Die dynamische Verlustleistung ist durch kapazitive Umladevorgänge bestimmt, den Hauptbeitrag liefern hochbelastete Ausgänge. Sie ist der Frequenz proportional.

Typische dynamische Ströme für einen Ausgangstreiber bei einer Last von 50pF betragen 300 µA/MHz.

In der Gate-Array-Familie G werden z.Z. vier verschiedene Master angeboten:

- 1000 Kernbereichsgrundzellen, 42 Padzellen (niedrig und breit: G1-Variante);
- 2000 Kernbereichsgrundzellen, 64 Padzellen (niedrig und breit: G1 Variante);
- 1000 Kernbereichsgrundzellen, 82 Padzellen (hoch und schmal: G2-Variante);
- 2000 Kernbereichsgrundzellen, 124 Padzellen (hoch und schmal: G2-Variante).

Tabelle 5.1 bietet für alle z.Z. angebotenen 3-µm-CMOS-Zellen jeweils eine kurze Beschreibung der Funktion und die im Verlaufe des VENUS-Entwurfsprozesses verwendete Kurzbezeichnung.

Tabelle 5.1. Übersichtsliste der 3-µm-CMOS-Familien, geordnet nach funktionalen Gruppen

Kurzbezeichnung			**Funktion**
A-Familie	B-Familie	G-Familie	
1.	**Gatter**		
CANnnA	CANnnB	CANnnG	AND, nn-fach, realisiert für nn = 2 bis 8
		CNAB2G	NAND, 2-fach, ohne Ausgangstreiber
CNAnnA	CNAnnB	CNAnnG	NAND, nn-fach, realisiert für nn = 2 bis 8
CORnnA	CORnnB	CORnnG	OR, nn-fach, realisiert für nn = 2 bis 8
		CNOB2G	NOR, 2-fach, ohne Ausgangstreiber
CNOnnA	CNOnnB	CNOnnG	NOR, nn-fach, realisiert für nn = 2 bis 8
CXR02A	CXR02B	CXR02G	EXOR, 2-fach
CXN02A	CXN02B	CXN02G	EXNOR, 2-fach
CA003A	CA003B	CA003G	AND-OR, 3 Eingänge
COA03A	COA03B	COA03G	OR-AND, 3 Eingänge
CAI03A	CAI03B	CAI03G	AND-NOR, 3 Eingänge
COI03A	COI03B	COI03G	OR-NAND, 3 Eingänge
2.	**Treiber**		
CDRs1A	CDRs1B	CDRs1G	Treiber, invertierend
CDRs2A	CDRs2B	CDRs2G	Treiber, nicht-invertierend
CDRs3A	CDRs3B		Treiber, invertierend mit Enable
CDRs4A	CDRs4B		Treiber, nicht-invertierend mit Enable
		CDD01G	2 Treiber, invertierend
3.	**Multiplexer**		
CXA01A	CXA01B	CXA01G	2-Bit-Multiplexer
CXB01A	CXB01B	CXB01G	4-Bit-Multiplexer
CXB02A	CXB02B	CXB02G	4-Bit-Multiplexer mit Enable
4.	**Flipflops**		
CDF01A	CDF01B	CDF01G	D-Flipflop
CDF02A	CDF02B	CDF02G	D-Flipflop mit Clear
CDF03A	CDF03B	CDF03G	D-Flipflop mit Preset und Clear
CRS01A	CRS01B	CRS01G	RS-Flipflop
CRS04A	CRS04B	CRS04G	RS-Flipflop
CRS05A	CRS05B	CRS05G	RS-Flipflop mit Clear
CRS06A	CRS06B	CRS06G	RS-Flipflop mit Preset und Clear
CJK05A	CJK05B	CJK05G	JK-Flipflop mit Clear
CJK06A	CJK06B	CJK06G	JK-Flipflop mit Preset und Clear
CTF02A	CTF02B	CTF02G	T-Flipflop mit Clear

5.1 Einsatz der Zellenbibliotheken

Kurzbezeichnung			Funktion
A-Familie	B-Familie	G-Familie	
5.	**Latches**		
CLA01A	CLA01B	CLA01G	Latch
CLA02A	CLA02B		Latch mit Enable
		CLA41G	4-fach-Latch
6.	**Schieberegister**		
CSS01A	CSS01B	CSS01G	Schieberegisterzelle
CSP01A	CSP01B	CSP01G	Schieberegisterzelle, synchron, parallel ladbar
CSA01A	CSA01B	CSA01G	Schieberegisterzelle, asynchron, parallel ladbar
7.	**Zähler**		
CBC02A	CBC02B	CBC02G	Zählerzelle, synchron, synchron ladbar
CUD02A	CUD02B	CUD02G	Zählerzelle, synchron, vor-/rückwaerts
CCR02A	CCR02B	CCR02G	Zählerzelle, synchron, rücksetzbar
CCS02A	CCS02B	CCS02G	Zählerzelle, synchron, setzbar
8.	**Arithmetische Elemente**		
CHA01A	CHA01B	CHA01G	Halbaddierer (einstufig)
CFA01A	CFA01B	CFA01G	Volladdierer (einstufig)
CCE02A	CCE02B	CCE02G	2-Bit-Komparator (P = Q), steuerbar
CCP02A	CCP02B	CCP02G	2-Bit-Komparator (P>, <, = Q), kaskadierbar
9.	**Dekodierer**		
CDX02A	CDX02B	CDX02G	Dekodierer, binär, 1 aus 4
CDX03A	CDX03B	CDX03G	Dekodierer, binär, 1 aus 8
10.	**Padzellen**		
CIN01A	CIN01B	CIN01G1/G2	Eingangstreiber, CMOS-kompatibel
CIN02A	CIN02B(P)	CIN02G1/G2	Eingangstreiber, TTL-kompatibel
CIS01A	CIS01B	CIS01G2	Eingangstreiber, Schmitt-Trigger, CMOS-kompatibel
CIS02A	CIS02B(P)	CIS02G2	Eingangstreiber, Schmitt-Trigger, TTL-kompatibel
COT01A	COT01B(P)	COT01G1/G2	Ausgangstreiber (tristate) mit Enable
COT02A	COT02B	COT02G	Ausgangstreiber
	COT05B(P)		Ausgangsteiber (tristate) mit Enable, 8 mA
	COT06B		Ausgangstreiber, 8 mA
CIO01A	CIO01B	CIO01G1/G2	Ein-/Ausgangstreiber (bidirektional), CMOS-kompatibel
CIO02A	CIO02B(P)	CIO02G1/G2	Ein-/Ausgangstreiber (bidirektional), TTL-kompatibel
		CIC01G1/G2	Clocktreiber, CMOS-kompatibel
	CIO06B		Ein-/Ausgangstreiber (bidirektional), TTL-kompatibel, 8 mA
	CIOD2B		Ein-/Ausgangstreiber (bidirektional), TTL-kompatibel, "open drain", 40 mA
	CIOSDRP		Ein-/Ausgangstreiber (bidirektional), Schmitt-Trigger, TTL-kompatibel, "open drain", 4 mA
		CIC02G1/G2	Clocktreiber, TTL-kompatibel
		CIC03G1/G2	Clocktreiber, invertierend, CMOS-kompatibel
		CIC04G1/G2	Clocktreiber, invertierend, TTL kompatibel
		CIT01G1/G2	Feed-Through, mit Schutzstruktur
		CIT02G1/G2	Feed-Through, ohne Schutzstruktur
CVD01A	CVD01B(P)	CVD01G1/G2	VDD-Pad
CVS01A	CVS01B(P)	CVS01G1/G2	VSS-Pad
11.	**Sonstige**		
CVD00A	CVD00B	CVD00G	VDD-Anzapfung
CVS00A	CVS00B	CVS00G	VSS-Anzapfung
CPU00A	CPU00B		Pull-up-Zelle für Tristate-Leitungen
CPD00A	CPD00B		Pull-down-Zelle für Tristate-Leitungen

Die sechsstellige Kurzbezeichnung der Zellen besitzt eine einheitliche Struktur: Der erste Buchstabe bezeichnet die verwendete Technologie, also in den drei hier betrachteten Fällen C für CMOS. An sechster Stelle steht der die Version bezeichnende Buchstabe. Die Buchstaben der Stellen 2 und 3 sind eine mnemotechnische Kurzbezeichnung der Funktion, etwa AN für AND, DF für D-Flipflop u.ä. Die beiden Ziffern der Stellen 4 und 5 können entweder die Anzahl der Eingänge bezeichnen (nn in Gruppe 1) oder sie dienen einfach zur Durchnumerierung innerhalb einer Gruppe. Im Falle der in verschiedenen Stärken angebotenen Treiber beschreibt s ($0 \leq s \leq 4$) die Treiberstärke.

Im Falle der Padzellen muß noch zwischen der niedrigen breiten und hohen schmalen Variante unterschieden werden. Dazu wird die siebte Stelle benützt. Die schmalen Padzellen der B-Familie haben ein „P" an der siebten Stelle. Ein in Klammern gesetztes „P" bedeutet, daß die Padzelle in beiden Varianten angeboten wird. Für die G-Familie bezeichnet ein „G1" die niedrige, ein „G2" die hohe Version.

2-µm-CMOS-Technologie (s. auch Tabelle 5.2)

Zur Zeit werden zwei in einer 2-µm-CMOS-Technologie implementierte Bibliotheken bedient: eine Standardzellenfamilie F und eine Gate-Array-Familie K. Alle funktionalen Gruppen der 3-µm-Familien sind auch hier vorhanden.

Aus Gründen der Platzersparnis wurden bei den Zählern und Flipflops auch Mehrbitzellen realisiert.

Die verwendete CMOS-Technologie mit typischen Strukturbreiten von 2µm führt zu kleineren Chipflächen und kürzeren Laufzeiten. Eine typische Gatterlaufzeit beträgt 1 ns. Für die Interzellenverdrahtung stehen zwei Aluminiumebenen zur Verfügung.

In der Standardzellenfamilie F existieren z.Z. vier Typen von Makrozellen:

- RAM (1K statisch, Organisation 256×4),
- ROM (4K getaktet, Organisation 512×8),
- PLA (dynamische CMOS-Technik, maximal 50 Eingänge, maximal 50 Ausgänge, maximal 75 Produktterme),
- Standardzellenblock (vom Anwender aus Standardzellen vorentwickelt).

In der Gate-Array-Familie K existieren z.Z. zwei Master:

- 4000 Kernbereichsgrundzellen, 120 Padzellen;
- 10000 Kernbereichsgrundzellen, 180 Padzellen.

In der Kurzbezeichnung der Zellen ist der Buchstabe C für die Technologie weggelassen worden, um mehr Stellen für die mnemotechnische Bezeichnung zur Verfügung zu haben. Der Parameter s gibt die Treiberstärke an:
$s = B$:Basic, $s = L$:Low, $s = M$:Medium, $s = H$:High, $s = U$:Ultrahigh.

5.1.1.2 ECL-Bibliothek

In ECL-Technologie existiert z.Z. eine Gate-Array-Familie (Z-Familie). Zur Verdrahtung werden dabei drei Metallisierungsebenen verwendet. Die typische interne Gatterlaufzeit beträgt 0,35 ns. Zwei Master mit 36 bzw. 120 Kernbereichsgrundzellen sind vorhanden.

5.1 Einsatz der Zellenbibliotheken

Tabelle 5.2. Übersichtsliste der 2 μm-CMOS-Familien, geordnet nach funktionalen Gruppen

Name	Bitanzahl (n)	Treiber-stärke (s)	Funktion	
1.	Gatter			
1.1	AND/NAND			
AN2s	-	L-H	2-input AND	
AN3s	-	L-H	3-input AND	
AN4s	-	L-H	4-input AND	
AN5s	-	B-H	5-input AND	
AN6s	-	B-H	6-input AND	
AN7s	-	B-H	7-input AND	
AN8s	-	B-H	8-input AND	
NA2s	-	B-H	2-input NAND	
NA3s	-	B-H	3-input NAND	
NA4s	-	B-H	4-input NAND	
NA5s	-	L-H	5-input NAND	
NA6s	-	L-H	6-input NAND	
NA7s	-	L-H	7-input NAND	
NA8s	-	L-H	8-input NAND	
1.2	OR / NOR			
OR2s	-	L-H	2-input OR	
OR3s	-	L-H	3-input OR	
OR4s	-	B-H	4-input OR	
OR5s	-	B-H	5-input OR	
OR6s	-	B-H	6-input OR	
OR7s	-	B-H	7-input OR	
OR8s	-	B-H	8-input OR	
NO2s	-	B-H	2-input NOR	
NO3s	-	B-H	3-input NOR	
NO4s	-	L-H	4-input NOR	
NO5s	-	L-H	5-input NOR	
NO6s	-	L-H	6-input NOR	
NO7s	-	L-H	7-input NOR	
NO8s	-	L-H	8-input NOR	
1.3	EXOR / EXNOR			
XR2s	-	L-H	2-input EXOR	
XN2s	-	L-H	2-input EXNOR	
1.4	AND-OR / AND-NOR			
AO03s	-	L-H	AND-OR	2-2-3
AOI03s	-	B-H	AND-NOR	2-2-3
AOI04s	-	B-H	AND-NOR	3-2-4
AOI14s	-	B-H	AND-NOR	2-2-4
AOI24s	-	B-H	AND-NOR	2-3-4
AOI34s	-	B-H	AND-NOR	2-2-2-4
AOI0Cs	-	B-H	AND-NOR	4-3-12
1.5	OR-AND / OR-NAND			
OA03s	-	L-H	OR-AND	2-2-3
OAI03S	-	B-H	OR-NAND	2-2-3
OAI04s	-	B-H	OR-NAND	3-2-4
OAI14s	-	B-H	OR-NAND	2-2-4
OAI24s	-	B-H	OR-NAND	2-3-4
OAI34s	-	B-H	OR-NAND	2-2-2-4

Name	Bitanzahl (n)	Treiber-stärke (s)	Funktion	
2.	**Treiber**			
DRIL	-	L	Invertierend	
DRIM	-	M	Invertierend	
DRIH	-	H	Invertierend	
DRIU	-	U	Invertierend	
DRM	-	M	nicht invertierend	
DRH	-	H	nicht invertierend	
DRU	-	U	nicht invertierend	
DREM	-	M	nicht invertierend mit Enable	
DREH	-	H	nicht invertierend mit Enable	
DREU	-	U	nicht invertierend mit Enable	
DRGH	-	H	Gated (AND)	
3.	**Multiplexer**			
MXAns	1...8	L-H	Multiplexer 1 aus 2	
MXBns	1...8	L-H	Multiplexer 1 aus 4	
MXBEns	1...8	L-H	Multiplexer 1 aus 4 mit Enable	
MXCEns	1...4	L-H	Multiplexer 1 aus 8 mit Enable	
4.	**Flipflops**			
4.1	**D-Flipflops**			
DFAns	1...8	L-H	D-Flipflops	.CK
DFBns	1...8	L-H	D-Flipflops	.CK,CLN
DFCns	1...8	L-H	D-Flipflops	.CK,CLN,PRN
DFDns	1...8	L-H	D-Flipflops	.CKN
DFEns	1...8	L-H	D-Flipflops	.CKN,CLN
DFFns	1...8	L-H	D-Flipflops	.CKN,CLN,PRN
DFBSns	1...8	L-H	D-Flipflop mit Prüfbus	.CK,CLN
DFLSs	-	L-H	D-Flipflop mit LSSD	.CK,CLN
4.2	**RS-Flipflops**			
RSBs	-	L-H	RS-Flipflop	.CK,CLN,RN,SN
RSGs	-	L-H	RS-Flipflop	.CK,CLN,RN,SN (Ereignis)
RSHs	-	L-H	RS-Flipflop	.CK,RN,SN (einstufig)
4.3	**JK/T-Flipflops**			
JKBs	-	L-H	JK-Flipflop	.CK,CLN,JN,KN
JKCs	-	L-H	JK-Flipflop	.CK,CLN,PRN,JN,KN
JKBSs	-	L-H	JK-Flipflop mit Prüfbus	.CK,CLN,JN,KN
JKLSs	-	L-H	JK-Flipflop mit LSSD	.CK,CLN,JN,KN
TFBs	-	L-H	T-Flipflop	.CK,CLN
5.	**Latches**			
LATnns	1..16	L-H	Latch	.LN
LATBns	1...8	L-H	Latch	.LN,CLN
6.	**Schieberegister**			
SSnns	1..16	L-H	Seriell-In, seriell-Out	
SSSnns	1..16	L-H	wie vor, mit Prüfbus	
SSDnns	16..64	L-H	wie vor, dynamisches Schieberegister	
SSAnns	1..16	L-H	Seriell-In, seriell-Out, Bit 1 parallel ladbar	
SSBnns	1..16	L-H	Seriell-In, parallel-Out	
SPns	1...8	L-H	Parallel-In, parallel-Out	
SPSns	1...8	L-H	wie vor, mit Prüfbus	
SPAns	1...8	L-H	Parallel-In,Parallel-Out, asynchron ladbar	

5.1 Einsatz der Zellenbibliotheken

Name	Bitanzahl (n)	Treiber-stärke (s)	Funktion
7.	**Zähler**		
CTRns	1...8	L-H	Synchron, rücksetzbar, mit Ripple Carry: .CK,CLN,CIN,CON
CTLns	1...8	L-H	Synchron, synchron ladbar, mit Enable, rücksetzbar: CK,CLN,LN,EN,CI,CO
CTLSns	1...8	L-H	wie vor, mit Prüfbus
CTUDns	1...8	L-H	Synchron, synchron ladbar, vorwärts/rückwärts, mit Enable, mit Ripple Carry: .CK,LN,ENN,UPN,CIN,CON
CTRCs	4	L-H	wie CTRns, jedoch: 4-bit mit Carry Look-Ahead
CTLCs	4	L-H	wie CTLns, jedoch: 4-bit mit Carry Look-Ahead
CTUCs	4	L-H	wie CTUDns (ohne CIN), aber: 4-bit mit Carry Look-Ahead, asynchron ladbar
8.	**Arithmetische Elemente**		
HADs	-	L-H	Halbaddierer
FADns	1...4	L-H	Volladdierer (Ripple Carry)
FADCs	4	L-H	4-bit Volladdierer mit Carry Look-Ahead und Propagate- u. Generate-Ausgängen
CG4s	-	L-H	Carry Generator für 4 Volladdierer
CEQ2s	2	L-H	Komparator 2 bit-Equal
CMK4s	4	L-H	Komparator 4 bit-Magnitude (kaskadierbar)
PGC9s	9	L-H	Parity Generator/Checker 9 bit mit Inhibit
9.	**Dekodierer**		
DCKBs	-	L,M	Dekodierer, kaskadierbar 1 aus 4 (2:4)
DCKCs	-	L,M	Dekodierer, kaskadierbar 1 aus 8 (3:8)
DXAns	1...8	L,M	Demultiplexer 1 auf 2
DXBns	1...8	L,M	Demultiplexer 1 auf 4
DXBEns	1...8	L,M	Demultiplexer 1 auf 4 mit Enable
ENP8s	-	L, M	Priority Encoder (8:3) mit Enable
10.	**Padzellen**		
10.1	**Eingangspads**		
ICM		M	CMOS-kompatibel
ICU		U	CMOS-kompatibel
ICIU		U	CMOS-kompatibel, invertierend
ICPM		M	CMOS-kompatibel, mit Pullup (ca. 50 KOhm)
ITM		M	TTL kompatibel
ITU		U	TTL kompatibel
ITIU		U	TTL kompatibel, invertierend
ITPM		M	TTL kompatibel, mit Pullup (ca. 50 KOhm)
ISCM		M	Schmitt-Trigger, CMOS kompatibel
ISTM		M	Schmitt-Trigger, TTL kompatibel
IFT		-	Feed Through IN
10.2	**Ausgangspads**		
ON3			normal I_{out} = 3mA
ON8			normal I_{out} = 8mA
OZ3			Tristate I_{out} = 3mA
OZ8			Tristate I_{out} = 8mA
OFT			Feed Through Out
10.3	**Bidirektionale Pads**		
BCM3		M	Eingang CMOS-kompatibel I_{out} = 3mA
BCM8		M	Eingang CMOS-kompatibel I_{out} = 8mA
BTM3		M	Eingang TTL-kompatibel I_{out} = 3mA
BTM8		M	Eingang TTL-kompatibel I_{out} = 8mA

Name	Bitanzahl (n)	Treiberstärke (s)	Funktion
10.4		Versorgungspads	
VDP			VDD - Pad
VDPP			VDD-Pad - nur für Padzellen
VDPK			VDD-Pad- nur für Kernzellen
VSP			VSS - Pad
VSPP			VSS-Pad nur für Padzellen
VSPK			VSS-Pad nur für Kernzellen

Im Gegensatz zu den ACMOS-Gate-Arrays können die Zellen der ECL-Technologie auch mehrere logische Funktionen enthalten. Diese Schaltelemente in einer Zelle können etwa über einen gemeinsamen Steuerteil (z.B. ENABLE) miteinander verbunden, aber auch völlig unabhängig voneinander sein. Es besteht eine N:1-Zuordnung zwischen bestimmten Schaltzeichen (logischen Funktionen) und der auf dem Baustein plazierten Zelle. Der Designingenieur verwendet bei der Logikplaneingabe Schaltzeichen (Schaltelemente). Die Zuordnung von Schaltzeichen zu Zellen wird automatisch durch das Entflechtungsprogramm nach dem Kriterium der Minimierung der Gesamtverbindungslängen vorgenommen. Darüber hinaus kann der Benutzer bereits bei der Logikplaneingabe eine Zuordnung einzelner Schaltzeichen zu Zellen (d.h. zu dem Ort einer zu plazierenden Zelle) vorgeben: nicht benützte Padzellenplätze können auch von Kernzellen (Logik) belegt werden.

Die Zellenliste der Z-Familie (Tabelle 5.3) enthält in der ersten Spalte den Namen des Schaltelements (Name der logischen Funktionseinheit) und in der zweiten Spalte den Zellennamen, der das genannte Schaltelement enthält. Die dritte Spalte beschreibt die Funktion des Schaltelements. Wegen der meist hohen Komplexität der logischen Funktionen eines Schaltelements ist es nicht in allen Fällen möglich, diese in Kurzform exakt zu beschreiben. Die genaue Funktion ist dem Datenblatt zu entnehmen.

Diejenigen Schaltelemente, die ausschließlich auf dem größeren der beiden Master, dem 120-Zeller, verwendbar sind, sind durch „*" gekennzeichnet. Alle übrigen Schaltelemente sind sowohl auf dem 36-Zellen- als auch auf dem 120-Zellen-Master verwendbar.

5.1.2 Aufbau der Datenblätter

Der VENUS-Anwender kommt als erstes mit dem Zellenkatalog in Berührung. Er bildet die Grundlage für die Entscheidung, ob ein bestimmtes Designproblem mit einem Standardentwurfsverfahren lösbar ist. Die den Zellenkatalog bildenden Datenblätter müssen deshalb umfassend über alle für die Anwendung relevanten Eigenschaften jeder Zelle informieren. Das Datenblatt enthält drei Gruppen von Daten:

- *Aufrufinformation*: Hierzu gehören Name, Nummer und das Symbol (Schaltzeichen), welches für die Zelle im Logikplan steht.
- *Verhaltensinformation*: Zweck jeder Zelle ist die Verwirklichung eines bestimmten logischen Verhaltens, dargestellt in Form einer Funktionstabelle. Daneben benötigt

5.1 Einsatz der Zellenbibliotheken

Tabelle 5.3. Übersichtsliste der ECL-Z-Familie, geordnet nach funktionalen Gruppen

Schalt-element	Zelle	Funktion
1.	**Gatter**	
1.1	**OR / NOR**	
OR145	KGT01	OR/NOR, mit Enable
OR174	KGT02	OR/NOR, mit Enable
OR146	KGT03	OR/NOR, mit Enable und Erweiterungseingang
OR147	KGT04	OR/NOR, mit Enable
OR175	KGT05	OR/NOR, mit Enable und Erweiterungseingang
OR149	KGT06	OR/NOR, mit Enable und Erweiterungseingang
OR176	KGT06	NOR
OR151	KGT07	OR/NOR, mit Erweiterungseingang
OR 172	KGT08	OR/NOR, mit erweiterbarem Enable und Erweiterungseingang
1.2	**EXOR / EXNOR**	
EXOR44	KEX03	EXOR/EXNOR, 2 + 2 Eingänge
EXOR46	KEX04	2 OR-EXOR/NOR, je 2 + 2 Eingänge, je ein Erweiterungseingang
1.3	**OR-AND/OR**	
OA45	KGT 22	OR-AND/NAND, 2 + 1 Eingänge
OA46	KGT 22	OR-AND, 2 + 1 Eingänge
OA51	KGT 20	OR-AND/NAND, 3 + 2 Eingänge
OA52	KGT 21	OR-AND/NAND, 3 + 2 + 2 Eingänge
OA53	KGT 23	OR-AND/NAND, 3 + 2 Eingänge
OA54	KGT24	OR-AND/NAND, 3 + 2 + 2 + 3 Eingänge
2.	**Multiplexer**	
MU60	KMX01	2 2-Bit-Multiplexer mit gemeinsamem Select-Eingang
MU61	KMX02	3 2-Bit-Multiplexer mit gemeinsamem Select-Eingang
MU62	KMX05	2 4-Bit-Multiplexer mit gemeinsamem Select-Eingang
MU63	KMX06	4 2-Bit-Multiplexer
MU66	KMX07	4 2-Bit-Multiplexer mit erweiterbarem Select-Eingang
3.	**Flipflops**	
3.1	**D-Flipflops**	
FFMS27	KMS02	1 D-Masterslave Flipflop mit Reset
FFMS21	KMS04	2 D-Masterslave Flipflops
FFMS28	KMS05	1 D-Masterslave Flipflop mit Set und 2-Bit-Eingangsmultiplexer
FFMSP2	KMS81	2 D-Masterslave Flipflops mit Set, erweiterbarem Takteingang und Scan Path
FFMSP3	KMS83	1 D-Masterslave Flipflop mit Set, erweiterbarem Takteingang, 2-Bit-Eingangsmultiplexer und Scan Path
3.2	**RS-Flipflops**	
FFRSP2	KRS81	2 RS-Flipflops mit je 3 Set- und Reset-Eingängen und Scan Path
4.	**Latches**	
FFD101	KLA01	2 D-Flipflops mit 2 gemeinsamen Takt-Eingängen
FFD102	KLA03	2 D-Flipflops mit 2-Bit-Eingangsmultiplexer
FFD119	KLA05	2 D-Flipflops mit Reset und erweiterbarem Takteingang
FFD1PB6	KLA81	3 D-Flipflops mit erweiterbarem Takteingang und Scan Path
FFD1PB7	KLA83	2 D-Flipflops mit erweiterbarem Takteingang, 2-Bit-Eingangsmultiplexer und Scan Path
FFD1PB8	KLA85	2 D-Flipflops mit erweiterbarem Takteingang und Scan Path
FFD1PB9	KLA86	1 D-Flipflops mit Set, Reset und Scan Path

Schalt-element	Zelle	Funktion
5.		**Arithmetische Elemente**
ADD14	KEX02	1-Bit Volladdierer
ADD15	KVA83	2-Bit Addierer mit Ripple Carry
ADDP1	KAU01	Halbaddierer
ALUP1	KAU02	Halbaddierer
ALUP2	KAU09	Dekoder und Treiber für Kontrollsignale
CPG1	KAU11	4-Bit Carry-Look-Ahead
ADDP3	KAU21	2-Bit Summengenerator für Addierer
ALUP3	KAU22	2-Bit Summengenerator für ALU
ALUP9	KAU23	Binärer BCD-Konverter für ALU
CPG3	KAU81	8-Bit Carry-Look-Ahead
ALUP12	KAU84	Binärer BCD-Konverter für ALU
6.		**Dekodierer**
DEM21	KDM03	Demultiplexer 1 aus 4 mit 2 Dateneingängen
DEM20	KDM81	Demultiplexer 1 aus 8 mit 2 Dateneingängen
7.		**Padzellen**
7.1		**Eingangszellen**
7.1.1		**OR/NOR**
OR149	KGTE1	OR/NOR mit Erweiterungseingang
OR173	KGTE2	OR/NOR
7.1.2		**Eingangspegelumsetzer**
EIN1	KITE1	Eingangspegelumsetzer, Inverter
EIN2	KITE3	Eingangspegelumsetzer, Inverter
7.1.3		**Eingangspegelumsetzer - Kombinationen**
EIN 17	KKOED *	2 OR/NOR Eingangspegelumsetzer mit 2 Eingängen und 1 Eingangspegelumsetzer/Inverter
EIN21	KKOEI *	3 OR/NOR Eingangspegelumsetzer mit 2 Eingängen
EIN7	KKOE1	1 OR/NOR Eingangspegelumsetzer mit 2 Eingängen und 1 Eingangspegelumsetzer/Inverter
EIN3	KKOE2	1 OR/NOR Eingangspegelumsetzer mit 2 Eingängen
EIN3	KKOE3	1 OR/NOR Eingangspegelumsetzer mit 2 Eingängen
EIN9	KKOE5	2 OR/NOR Eingangspegelumsetzer mit 2 Eingängen und 1 Eingangspegelumsetzer/Inverter
EIN11	KKOE6	2 OR/NOR Eingangspegelumsetzer mit 2 Eingängen
EIN11	KKOE7	2 OR/NOR Eingangspegelumsetzer mit 2 Eingängen
EIN13	KKOE9 *	3 OR/NOR Eingangspegelumsetzer mit 2 Eingängen und 1 Eingangspegelumsetzer/Inverter
7.1.4		**Differential-Leitungsempfänger**
ECLDIF	KDFE1A	Eingangspegelumsetzer/Inverter mit Differential-Leitungsempfänger
7.2		**Ausgangszellen**
7.2.1		**OR/NOR**
OR150	KGTA4	OR/NOR mit Erweiterungseingang
7.2.2		**Ausgangs-Multiplexer**
MU64	KMXA1	2-Bit-Multiplexer mit erweiterbarer Adresse und Ausgangspegelumsetzer
MU65	KMXA2	2-Bit-Multiplexer mit erweiterbarer Adresse und invertierendem Ausgangspegelumsetzer
MU66	KMXA4	2-Bit-Multiplexer mit erweiterbarer Adresse
MU67	KMXA5	2-Bit-Multiplexer mit externer Adresse und 2 OR-Dateneingängen

5.1 Einsatz der Zellenbibliotheken

Schalt-element	Zelle		Funktion
MU73	KMXA6	*	2-Bit-Multiplexer mit erweiterbarer Adresse und Ausgangspegelumsetzer
MU74	KMXA7	*	2-Bit-Multiplexer mit erweiterbarer Adresse und invertierendem Ausgangspegelumsetzer

7.2.3 Ausgangs-Multiplexer mit Delay

MU79	KMDA1	*	2-Bit-Multiplexer mit erweiterbarer Adresse und Ausgangspegelumsetzer
MU80	KMDA2	*	2-Bit-Multiplexer mit erweiterbarer Adresse und invertierendem Ausgangspegelumsetzer
MU81	KMDA6	*	2-Bit-Multiplexer mit erweiterbarer Adresse und Ausgangspegelumsetzer
MU82	KMDA7	*	2-Bit-Multiplexer mit erweiterbarer Adresse und invertierendem Ausgangspegelumsetzer

7.2.4 Ausgangspegelumsetzer

EO5	KOTA1	*	OR-Ausgangspegelumsetzer mit erweiterbarem Eingang
EO7	KOTA2	*	NOR-Ausgangspegelumsetzer mit erweiterbarem Eingang
EO1	KOTA5		OR-Ausgangspegelumsetzer mit erweiterbarem Eingang
EO3	KOTA6		NOR-Ausgangspegelumsetzer mit erweiterbarem Eingang
OR152	KOTA7		OR/NOR mit erweiterbarem Eingang und OR-Ausgangspegelumsetzer
OR153	KOTA8		OR/NOR mit erweiterbarem Eingang und NOR-Ausgangspegelumsetzer

7.2.5 Ausgangspegelumsetzer mit Delay

EO11	KODA1	*	OR-Ausgangspegelumsetzer mit erweiterbarem Eingang
EO13	KODA2	*	NOR-Ausgangspegelumsetzer mit erweiterbarem Eingang
EO15	KODA5	*	OR-Ausgangspegelumsetzer mit erweiterbarem Eingang
EO17	KODA6	*	NOR-Ausgangspegelumsetzer mit erweiterbarem Eingang
OR177	KODA7	*	OR/NOR mit erweiterbarem Eingang und OR Ausgangspegelumsetzer
OR178	KODA8	*	OR/NOR mit erweiterbarem Eingang und NOR Ausgangspegelumsetzer

7.2.6 Ausgangspegelumsetzer-Kombinationen

EO19	KKOAA	*	OR/NOR-Ausgangspegelumsetzer mit erweiterbarem Eingang
EO19	KKOAB	*	OR/NOR-Ausgangspegelumsetzer mit erweiterbarem Eingang
EO19	KKOAC	*	OR/NOR-Ausgangspegelumsetzer mit erweiterbarem Eingang
OR182	KKOAD	*	OR/NOR mit erweiterbarem Eingang und OR/NOR-Ausgangspegelumsetzer
OR 182	KKOAE	*	OR/NOR mit erweiterbarem Eingang und OR/NOR-Ausgangspegelumsetzer
OR182	KKOAF	*	OR/NOR mit erweiterbarem Eingang und OR/NOR-Ausgangspegelumsetzer
MU84	KKOAG	*	2-Bit Multiplexer mit erweiterbarer Adresse und invertierendem Ausgangspegelumsetzer
MU84	KKOAH	*	2-Bit-Multiplexer mit erweiterbarer Adresse und invertierendem Ausgangspegelumsetzer
MU84	KKOAI	*	2-Bit-Multiplexer mit erweiterbarer Adresse und invertierendem Ausgangspegelumsetzer
EO9	KKOA1		OR/NOR-Ausgangspegelumsetzer mit Erweiterungseingang
EO9	KKOA2		OR/NOR-Ausgangspegelumsetzer mit Erweiterungseingang
EO9	KKOA3		OR/NOR-Ausgangspegelumsetzer mit Erweiterungseingang
OR155	KKOA4		OR/NOR mit Erweiterungseingang und OR/NOR-Ausgangspegelumsetzer
OR155	KKOA5		OR/NOR mit Erweiterungseingang und OR/NOR-Ausgangspegelumsetzer
OR155	KKOA6		OR/NOR mit Erweiterungseingang und OR/NOR-Ausgangspegelumsetzer
MU75	KKOA7		2-Bit-Multiplexer mit erweiterbarer Adresse und invertierendem und nicht invertierendem Ausgangspegelumsetzer
MU75	KKOA8		2-Bit-Multiplexer mit erweiterbarer Adresse und invertierendem und nichtinvertierendem Ausgangspegelumsetzer

Schalt-element	Zelle	Funktion
MU75	KKOA9	2-Bit-Multiplexer mit erweiterbarer Adresse und invertierendem und nicht invertierendem Ausgangspegelumsetzer
8.		Erweiterungseinheiten
POR11	-	Erweiterungseinheit mit 2 Eingängen
POR12	-	Erweiterungseinheit mit 4 Eingängen

der Designingenieur Angaben zu den Schalterzeiten und zur kapazitiven Last jedes Zelleneingangs.
- *Zusatzinformation*: Daten über die Abmessungen der Zellen, ihre Komplexität und ihren inneren Aufbau sind zwar für den Einsatz der Zelle nicht unbedingt notwendig, erleichtern aber oft die Entscheidung für eine von mehreren Schaltungsalternativen.

Anhand eines Beispiels aus der Standardzellenbibliothek der A-Familie (CDF01A) wird im folgenden der Inhalt des Datenblatts erläutert.

- *Schaltzeichen (Bild 5.1)* Sie entsprechen der IEC-Norm DIN 40 900 und beschreiben das komplette logische Verhalten der betreffenden Zelle, [5.1] oder [5.2]. Für den geübten Leser sollten die IEC-Symbole das Verhalten der Zelle vollständig beschreiben. Üblicher ist jedoch die Darstellung als Funktionstabelle.
- Funktionstabelle (Bild 5.2): Sie enthält die logischen Verknüpfungen zwischen Ein- und Ausgängen der Zelle. In der ersten Zeile stehen die im gesamten System VENUS einheitlichen Bezeichnungen der Ein- und Ausgänge. Der Inhalt der zweiten Zeile ist als Kommentar aufzufassen (z.B. CLOCK). Es wird positive Logik verwendet, d.h. $H = U_{DD}$-Pegel, $L = U_{SS}$-Pegel.
- *Abmessungen (Bild 5.3)*: Höhe und Breite der Zelle werden in µm angegeben.
- *Anzahl der äquivalenten Gatter (Bild 5.3)*: Sie ist ein Maß für die Komplexität einer Zelle. Sie ergibt sich aus der Gesamtzahl ihrer Transistoren abzüglich Treibertransistoren geteilt durch vier. (Ein 2-input-NAND-Gatter enthält gerade vier Logiktransistoren.) Durch Aufaddition erhält man die Gesamtzahl der äquivalenten Gatter eines Bausteins; diese ist eine übliche Meßzahl für die Größe eines Chips.
- *Zeitverhalten (Bild 5.4)*: Zur Abschätzung maximal erreichbarer Taktfrequenzen werden Angaben über die Verzögerungszeiten benötigt. Darunter versteht man die Zeit vom Erreichen der Schaltschwelle des Eingangssignals bis zum Erreichen der Schaltschwelle des Ausgangs. Als Symbol für die Verzögerungszeit wird t_d (d = delay) verwendet. Dabei ist jeweils noch zu unterscheiden, ob der Ausgang von 0 auf 1 (LH) oder von 1 auf 0 (HL) geht. Wegen unterschiedlich langen zellinternen Pfaden und unterschiedlichen kapazitiven Belastungen sind die Verzögerungszeiten auch von der jeweiligen Eingangs-/Ausgangskombination abhängig.

Die Verzögerungszeiten hängen aber noch von einer Reihe weiterer Einflußgrößen ab:

5.1 Einsatz der Zellenbibliotheken

- Der zulässige Versorgungsspannungsbereich (Betriebswerte) ist 3 bis 6V. Eine höhere Versorgungsspannung hat kürzere Verzögerungszeiten zur Folge.
- Die Betriebstemperatur (Umgebung) liegt zwischen 0 und 70°C. Mit steigender Temperatur werden die Verzögerungszeiten länger.
- Technologieschwankungen bewirken, daß gewisse physikalische und geometrische Parameter nicht exakt, sondern nur innerhalb bestimmter Bandbreiten reproduzierbar sind. Eine Kombination dieser Werte, die zu kurzen Verzögerungszeiten führt, wird als FAST-Parametersatz bezeichnet. Eine Variation in der entgegengesetzten Richtung (SLOW-Parametersatz) bewirkt längere Zeiten. Die Nenn-Verzögerungszeiten werden mit dem TYP-Parametersatz erreicht.
- Je höher eine den Ausgang belastende Kapazität C_L ist, desto größer werden die Verzögerungszeiten.

Das Zeitverhalten der Zellen wird nun im Datenblatt unter drei Bedingungen angegeben:

- TYP: TYP-Parametersatz, Nenngeometrie,
  Raumtemperatur $T = 27°C$,
  Versorgungsspannung $U_{DD} = 5V$;
- FAST: FAST-Parametersatz, minimale Kanallänge, maximale Kanalbreite,
  Raumtemperatur $T = 27°C$,
  Versorgungsspannung $U_{DD} = 5V + 10\%$;
- SLOW: SLOW-Parametersatz, maximale Kanallänge, minimale Kanalbreite,
  Temperatur $T = 120°C$ (junction),
  Versorgungsspannung $U_{DD} = 5V - 10\%$.

Dabei ist für alle Kernzellen eine kapazitive Last von $C_L = 225$ fF angesetzt. Dies entspricht der Belastung durch einen typischen Eingang und ein Stück Aluminiumleitung von 400 µm Länge. Für die Ausgangstreiber ist eine wesentlich größere Ausgangsbelastung, nämlich von $C_L = 50$ pF, zugrunde gelegt. Zur Berücksichtigung davon abweichender Lastkapazitäten verwendet man zur groben Abschätzung Näherungsformeln.

Alle im Zellenkatalog angegebenen Zeiten sind mit einem Circuitsimulator ermittelt und danach durch Messungen bestätigt.

- *Logikschaltung (Bild 5.5)*: Die Grundphilosophie eines Zellenkonzepts ist es, die Zellen als „*black boxes*" zu betrachten: für den Anwender ist es unwichtig, wie die Zelle realisiert wurde, wenn sie sich nur verhält wie im Datenblatt angegeben. Trotzdem wurde bei den VENUS-Datenblättern dem Wunsch vieler Benutzer entsprochen, durch eine Darstellung der schaltungstechnischen Realisierung bis auf Gatterebene die Transparenz zu erhöhen.
- *Lastfaktoren (Bild 5.6)*: Sie geben die Eingangskapazität eines Zelleneingangs in Vielfachen einer Lasteinheit LE an. 1 LE = 150 fF (durchschnittliche Kapazität eines Gattereingangs). Die Kenntnis der Lastfaktoren ist nötig, wenn die Verzögerungszeiten von den Einheitslasten auf wirkliche Lastverhältnisse umgerechnet werden sollen.
- *Zeitdiagramme*: Sie definieren exakt verschiedene Anstiegs-, Abfall- und Verzögerungszeiten sowie Set-up-und Hold-Zeiten. Die Bilder 5.7 und 5.8 zeigen als Bei-

spiel die für die Zelle DF01 relevanten Zeitdiagramme 1 (Set-up- und Hold-Zeiten) und 7 (minimale Pulsbreiten).

Die Datenblätter für die Gate-Array-Zellen unterscheiden sich nur bei der Angabe der Größe der Zelle: Es wird die Zahl der verwendeten Grundzellen angegeben.

Schaltzeichen

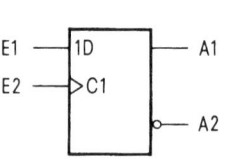

Funktionstabelle

Eingänge		Ausgänge	
E1	E2	A1	A2
	Clock	Q	QN
H	↑	H	L
L	↑	L	H

Abmessungen

[µm]	A	B
Breite	156	154
Höhe	240	255

Äqu. Gatter
6.5

Bild 5.1. Schaltzeichen DF01   Bild 5.2. Funktionstabelle DF01   Bild 5.3. Abmessungen und äquivalente Gatter DF01

Zeitverhalten

[ns]	Von (Eingang)	Nach (Ausgang)	Fast	Typ	Slow
t_s	E1; E2*	—	3.0	5.0	13
t_h	E1; E2*	—	1.0	1.0	2.5
t_{dHL}	E2	A1, A2	3.5	7.0	20
t_{dLH}	E2	A1, A2	2.0	4.0	10
t_{CWL}	E2 @	—	5.5	8.5	18
t_{CWH}	E2 @	—	5.0	6.0	11
Typ: $U_{DD} = 5$ V, T = 300 K, $C_L = 225$ fF					

* s. Zeitdiagramm 1
@ s. Zeitdiagramm 7

Bild 5.4. Zeitverhalten DF01

Logikschaltung

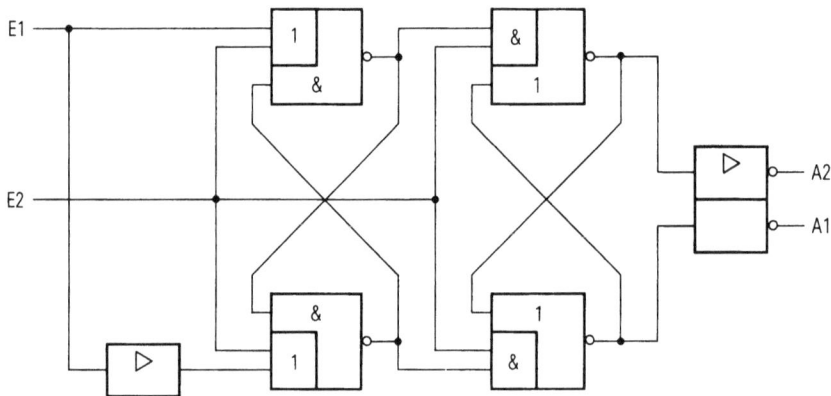

Bild 5.5. Logikschaltung DF01

5.1 Einsatz der Zellenbibliotheken

Lastfaktoren

Eingang	LE
E1	2
E2	4

Bild 5.6. Lastfaktoren DF01

Zeitdiagramm 1

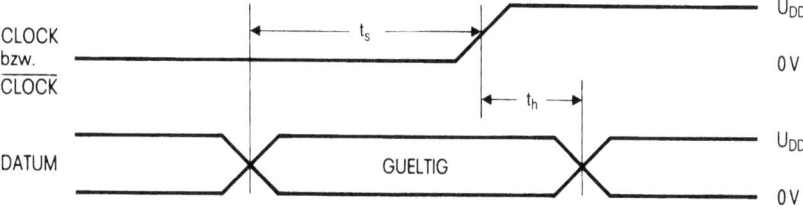

t_s: SETUP-ZEIT
t_h: HOLD-ZEIT

Bild 5.7. Zeitdiagramm 1: Set-up und Hold-Zeiten

Zeitdiagramm 7 (minimale Pulsbreiten)

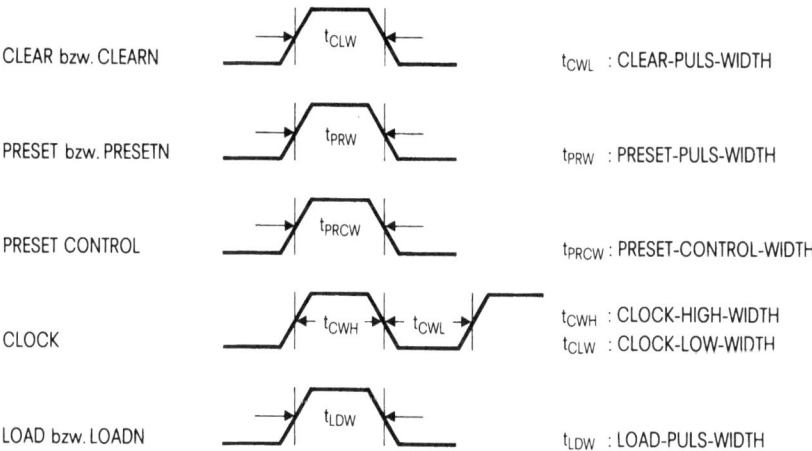

Bild 5.8. Zeitdiagramm 7: Minimale Pulsbreiten

Für eine ausführliche Beschreibung des Datenblatts wird auf das Handbuch „SEMICUSTOM: Zellenorientierter Bausteinentwurf" [6.1] verwiesen.

Das Format der ECL-Datenblätter unterscheidet sich (noch) etwas von dem der CMOS-Familien, aber der Inhalt ist im Prinzip der gleiche. Zu beachten ist, daß bei den ECL-Gate-Arrays einem sogenannten Bauelement mehrere sogenannte Schaltelemente (d.h. Zellen) zugeordnet sein können. Dies entspricht dem Vorgehen bei

„diskreten" Bausteinfamilien: In einem IC etwa der TTL-Serie können mehrere voneinander unabhängige Gatterfunktionen verwirklicht sein. Nähere Angaben hierzu und eine ausführliche Beschreibung der Datenblätter sind im ECL-Gate-Array-Family-Design-Manual [5.3] enthalten.

5.1.3 Auszug aus dem Zellenkatalog der A/B-Familien

Um einen besseren Einblick zu geben, ist im folgenden eine repräsentative Auswahl von 19 Datenblättern der 3-µm-CMOS-Bibliotheken (A- und B-Familien) angefügt. Diese Zellen sollten ausreichen, um probeweise einfache Entwürfe selbst durchzuführen.

5.1 Einsatz der Zellenbibliotheken

AND, N-fach, N = nn = 2...8		CANnnA/CANnnB	S. 1+
BLATTVERSION: 1.3	Zellengruppe: AND/NAND		1

SCHALTZEICHEN

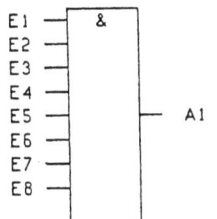

FUNKTIONSTABELLE

EINGÄNGE			AUSGANG
E1	E2 ...	EN	A1
H SONST	H	... H	H L

ABMESSUNGEN

N	2		3		4		5		6		7		8	
[um]	A	B	A	B	A	B	A	B	A	B	A	B	A	B
Breite	48	56	60	70	72	70	96	98	96	98	108	112	120	126
Höhe	240	255	240	255	240	255	240	255	240	255	240	255	240	255

ÄQUIVALENTE GATTER

N	2	3	4	5	6	7	8
ÄQU.GATTER	1.5	2	2.5	3.5	4	4.5	5

ZEITVERHALTEN

N	2			3			4			5		
[ns]	FAST	TYP	SLOW	FAST	TYP	SLOW	FAST	TYP	SLOW	FAST	TYP	SLOW
tdHL	1.0	2.0	5.0	1.0	2.5	5.5	1.0	2.5	5.5	2.0	3.5	9.5
tdLH	1.5	2.5	6.5	2.0	3.5	9.0	2.5	4.5	13	3.0	5.5	14

TYP: VDD = 5V, T = 300K, CL = 225fF

N	6			7			8		
[ns]	FAST	TYP	SLOW	FAST	TYP	SLOW	FAST	TYP	SLOW
tdHL	2.0	4.0	10	2.0	4.0	9.5	2.0	4.0	10
tdLH	3.0	5.5	15	3.5	6.5	18	3.5	6.5	17

TYP: VDD = 5V, T = 300K, CL = 225fF

AND, N-fach, N = nn = 2...8		CANnnA/CANnnB	S. 2-
BLATTVERSION: 1.3	Zellengruppe: AND/NAND		1

LOGIKSCHALTUNG

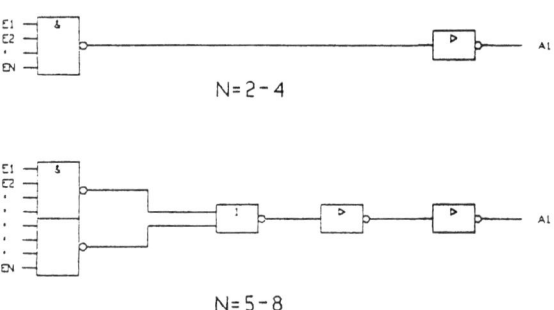

N=2-4

N=5-8

LASTFAKTOREN

EINGANG	LE
E1	1
.	.
.	.
.	.
EN	1

5.1 Einsatz der Zellenbibliotheken

NAND, N-fach, N = nn = 2...8		CNAnnA/CNAnnB	S. 1+
BLATTVERSION: 1.3	Zellengruppe: AND/NAND		1

SCHALTZEICHEN

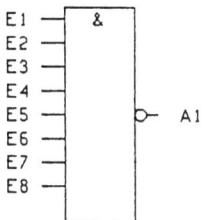

FUNKTIONSTABELLE

EINGÄNGE	AUSGANG
E1 E2 .... EN	A1
H H .... H	L
SONST	H

ABMESSUNGEN

N	2		3		4		5		6		7		8	
[um]	A	B	A	B	A	B	A	B	A	B	A	B	A	B
Breite	60	56	60	70	72	70	84	84	96	98	108	112	120	126
Höhe	240	255	240	255	240	255	240	255	240	255	240	255	240	255

ÄQUIVALENTE GATTER

N	2	3	4	5	6	7	8
ÄQU.GATTER	1	1.5	2	4	4.5	5	5.5

ZEITVERHALTEN

N	2			3			4			5		
[ns]	FAST	TYP	SLOW	FAST	TYP	SLOW	FAST	TYP	SLOW	FAST	TYP	SLOW
tdHL	2.0	3.5	8.0	2.5	4.0	11	3.0	5.5	14	3.0	5.5	14
tdLH	1.5	2.5	6.5	1.5	3.0	7.5	1.5	3.0	7.5	1.5	3.0	7.0

TYP: VDD = 5V, T = 300K, CL = 225fF

N	6			7			8		
[ns]	FAST	TYP	SLOW	FAST	TYP	SLOW	FAST	TYP	SLOW
tdHL	3.0	5.5	14	3.0	6.0	17	3.0	6.0	17
tdLH	1.5	3.0	8.0	1.5	3.0	8	1.5	3.5	8.5

TYP: VDD = 5V, T = 300K, CL = 225fF

NAND, N-fach, N = nn = 2...8		CNAnnA/CNAnnB	S. 2-
BLATTVERSION: 1.3	Zellengruppe: AND/NAND		1

LOGIKSCHALTUNG

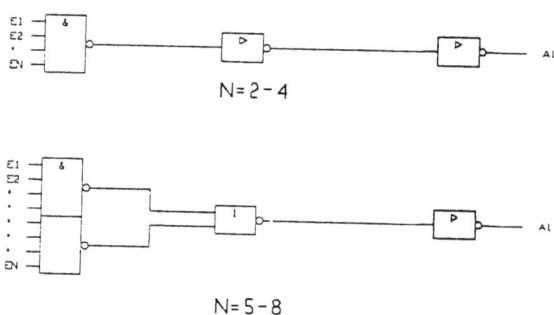

LASTFAKTOREN

EINGANG	LE
E1	1
.	.
.	.
.	.
EN	1

5.1 Einsatz der Zellenbibliotheken

NOR, N-fach, N = nn = 2...8		CN0nnA/CN0nnB	S. 1+
BLATTVERSION: 1.3	Zellengruppe: OR/NOR		2

SCHALTZEICHEN

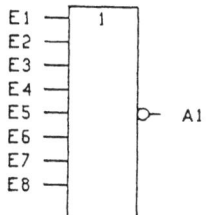

FUNKTIONSTABELLE

EINGÄNGE	AUSGANG
E1 E2 .... EN	A1
L L L	H
SONST	L

ABMESSUNGEN

N	2		3		4		5		6		7		8	
[um]	A	B	A	B	A	B	A	B	A	B	A	B	A	B
Breite	60	56	60	70	72	70	84	84	96	98	108	112	120	126
Höhe	240	255	240	255	240	255	240	255	240	255	240	255	240	255

ÄQUIVALENTE GATTER

N	2	3	4	5	6	7	8
ÄQU.GATTER	1	1.5	2	4	4.5	5	5.5

ZEITVERHALTEN

N	2			3			4			5		
[ns]	FAST	TYP	SLOW	FAST	TYP	SLOW	FAST	TYP	SLOW	FAST	TYP	SLOW
tdHL	1.5	3.0	7.5	1.5	3.0	7.5	3.0	3.0	7.5	1.5	3.5	8.5
tdLH	2.0	3.5	9.0	2.5	4.5	13	1.5	6.0	17	2.5	5.5	15

TYP: VDD = 5V, T = 300K, CL = 225fF

N	6			7			8		
[ns]	FAST	TYP	SLOW	FAST	TYP	SLOW	FAST	TYP	SLOW
tdHL	1.5	3.5	8.5	1.5	3.5	8.5	1.5	3.5	8.5
tdLH	2.5	5.5	15	3.0	6.5	18	3.5	7.0	20

TYP: VDD = 5V, T = 300K, CL = 225fF

NOR, N-fach, N = nn = 2...8		CNOnnA/CNOnnB	S. 2-
BLATTVERSION: 1.3	Zellengruppe: OR/NOR		2

LOGIKSCHALTUNG

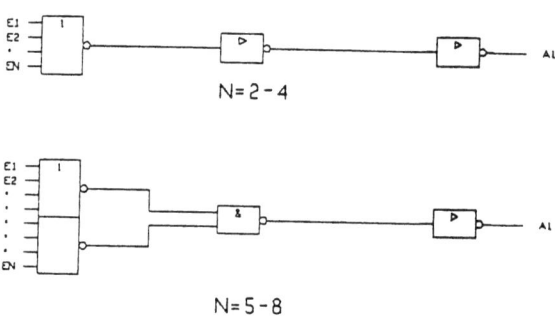

N=2-4

N=5-8

LASTFAKTOREN

EINGANG	LE
E1	1
.	.
.	.
.	.
EN	1

5.1 Einsatz der Zellenbibliotheken

OR, N-fach, N = nn = 2...8		CORnnA/CORnnB	S. 1+
BLATTVERSION: 1.3	Zellengruppe: OR/NOR		2

SCHALTZEICHEN

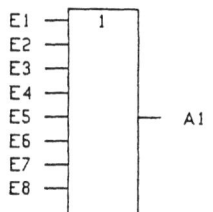

FUNKTIONSTABELLE

EINGÄNGE	AUSGANG
E1 E2 .... EN	A1
L L L	L
SONST	H

ABMESSUNGEN

N	2		3		4		5		6		7		8	
[um]	A	B	A	B	A	B	A	B	A	B	A	B	A	B
Breite	48	56	60	56	72	70	96	98	96	98	108	112	120	126
Höhe	240	255	240	255	240	255	240	255	240	255	240	255	240	255

ÄQUIVALENTE GATTER

N	2	3	4	5	6	7	8
ÄQU.GATTER	1.5	2	2.5	3.5	4	4.5	5

ZEITVERHALTEN

N	2			3			4			5		
[ns]	FAST	TYP	SLOW	FAST	TYP	SLOW	FAST	TYP	SLOW	FAST	TYP	SLOW
tdHL	2.0	3.5	8.0	2.5	4.5	13	3.0	6.0	19	3.0	6.0	16
tdLH	1.0	2.0	5.0	1.5	2.5	5.0	1.5	2.5	5.5	2.0	3.5	9.0

TYP: VDD = 5V, T = 300K, CL = 225fF

N	6			7			8		
[ns]	FAST	TYP	SLOW	FAST	TYP	SLOW	FAST	TYP	SLOW
tdHL	3.0	6.0	16	3.5	7.0	19	3.5	7.0	20
tdLH	2.0	4.0	9.5	2.0	4.0	9.5	2.0	3.5	9.0

TYP: VDD = 5V, T = 300K, CL = 225fF

OR, N-fach, N = nn = 2...8		CORnnA/CORnnB	S. 2-
BLATTVERSION: 1.3	Zellengruppe: OR/NOR		2

LOGIKSCHALTUNG

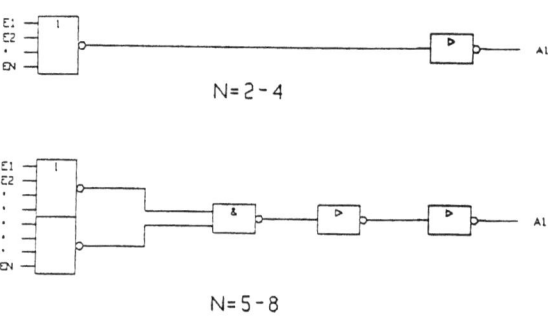

N=2-4

N=5-8

LASTFAKTOREN

EINGANG	LE
E1	1
.	.
.	.
.	.
EN	1

5.1 Einsatz der Zellenbibliotheken

Nicht-invertierende Treiber, Stärke s = 0...4		CDRs2A/CDRs2B	S. 1+
BLATTVERSION: 1.3	Zellengruppe: Treiber		8

SCHALTZEICHEN

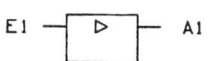

FUNKTIONSTABELLE

EINGANG	AUSGANG
E1	A1
H	H
L	L

ABMESSUNGEN

s	0		1		2		3		4	
[um]	A	B	A	B	A	B	A	B	A	B
Breite	48	56	84	84	120	126	144	154	156	168
Höhe	240	255	240	255	240	255	240	255	240	255

ÄQU. GATTER
1

ZEITVERHALTEN

s	0			1			2		
[ns]	FAST	TYP	SLOW	FAST	TYP	SLOW	FAST	TYP	SLOW
tdHL	1.0	2.0	5.0	1.5	3.0	6.5	2.0	3.5	8.0
tdLH	1.0	2.0	4.5	1.5	2.5	5.5	1.5	2.5	6.0

TYP: VDD = 5V, T = 300K, CL = 225fF

s	3			4		
[ns]	FAST	TYP	SLOW	FAST	TYP	SLOW
tdHL	2.0	4.5	11	2.0	4.0	10
tdLH	2.0	4.0	10	2.0	3.5	9.0

TYP: VDD = 5V, T = 300K, CL = 225fF

Nicht-invertierende Treiber, Stärke s = 0...4	CDRs2A/CDRs2B	S. 2-
BLATTVERSION: 1.3	Zellengruppe: Treiber	8

LOGIKSCHALTUNG

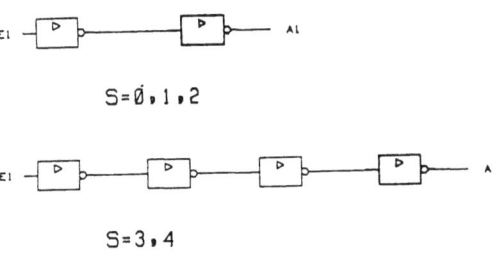

$S = 0, 1, 2$

$S = 3, 4$

LASTFAKTOR

EINGANG	LE
E1	1

5.1 Einsatz der Zellenbibliotheken

Invertierende Treiber, Stärke s = 0...4		CDRs1A/CDRs1B	S. 1+
BLATTVERSION: 1.3	Zellengruppe: Treiber		8

SCHALTZEICHEN

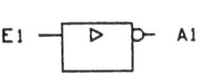

FUNKTIONSTABELLE

EINGANG	AUSGANG
E1	A1
L	H
H	L

ABMESSUNGEN

s	0		1		2		3		4	
[um]	A	B	A	B	A	B	A	B	A	B
Breite	48	56	96	98	120	140	132	140	144	154
Höhe	240	255	240	255	240	255	240	255	240	255

ÄQU. GATTER
0.5

ZEITVERHALTEN

s	0			1			2		
[ns]	FAST	TYP	SLOW	FAST	TYP	SLOW	FAST	TYP	SLOW
tdHL	1.5	3.0	7.0	1.5	3.0	7.0	2.0	3.0	8.0
tdLH	1.5	3.0	6.5	1.5	3.0	7.0	1.5	3.0	7.5

TYP: VDD = 5V, T = 300K, CL = 225fF

s	3			4		
[ns]	FAST	TYP	SLOW	FAST	TYP	SLOW
tdHL	2.0	3.5	8.5	2.0	3.5	8.5
tdLH	2.0	3.5	8.0	2.0	3.5	8.0

TYP: VDD = 5V, T = 300K, CL = 225fF

Invertierende Treiber, Stärke s = 0...4	CDRs1A/CDRs1B	S. 2-
BLATTVERSION: 1.3	Zellengruppe: Treiber	8

LOGIKSCHALTUNG

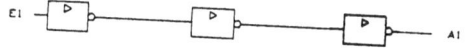

LASTFAKTOR

EINGANG	LE
E1	1

5.1 Einsatz der Zellenbibliotheken

Latch		CLA01A/CLA01B	S. 1+
BLATTVERSION: 1.3	Zellengruppe: Latches		9

SCHALTZEICHEN   FUNKTIONSTABELLE

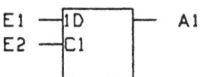

EINGÄNGE		AUSGANG
E1	E2	A1
LOAD		
L	H	L ⟩ = E1
H	H	H ⟩
X	L	UNVERÄNDERT

ABMESSUNGEN

[um]	A	B
Breite	96	98
Höhe	240	255

ÄQU. GATTER
3

ZEITVERHALTEN

[ns]	VON (EINGANG)	NACH (AUSGANG)	FAST	TYP	SLOW
ts	E1; E2*	—	3.0	3.0	4.5
th	E1; E2*	—	1.0	1.0	2.0
tdHL	E1 (E2=H)	A1	1.5	3.0	7.0
tdLH	E1 (E2=H)	A1	1.5	2.5	6.0
tdHL	E2	A1	2.0	4.0	11
tdLH	E2	A1	2.0	4.0	9.0
tLDW	E2 #	—	4.0	5.5	13
TYP: VDD = 5V, T = 300K, CL = 225fF					

* s. Zeitdiagramm 11.2   # s. Zeitdiagramm 7

214 5 Zellen und Bibliotheken

Latch		CLA01A/CLA01B	S. 2-
BLATTVERSION: 1.3	Zellengruppe: Latches		9

LOGIKSCHALTUNG

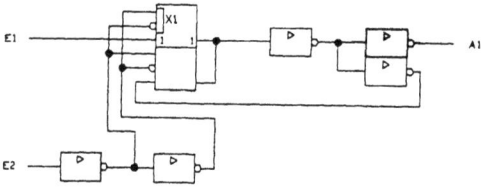

LASTFAKTOREN

EINGANG	LE
E1	3
E2	1

5.1 Einsatz der Zellenbibliotheken

D-Flipflop mit Preset und Clear		CDF03A/CDF03B	S. 1+
BLATTVERSION: 1.3	Zellengruppe: D-Flipflops		10

SCHALTZEICHEN

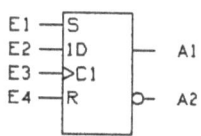

FUNKTIONSTABELLE

EINGÄNGE				AUSGÄNGE		BEMERKUNGEN
E2	E3	E4	E1	A1	A2	
	CLOCK	CLEAR	PRESET	Q	QN	
X	X	H	H	H	H	VERBOTEN
X	X	L	H	H	L	
X	X	H	L	L	H	
H	↑	L	L	H	L	
L	↑	L	L	L	H	

ABMESSUNGEN

[um]	A	B
Breite	180	182
Höhe	240	255

ÄQU. GATTER
8.5

ZEITVERHALTEN

[ns]	VON (EINGANG)	NACH (AUSGANG)	FAST	TYP	SLOW
ts	E2; E3*	-	4.0	7.0	19
th	E2; E3*	-	1.0	1.0	3.0
th	E1,E4; E3+	-	0	0	0
tR	E1,E4; E3&	-	4.5	7.5	17
tdHL	E3	A1, A2	4.5	8.5	34
tdLH	E3	A1, A2	2.0	4.0	17
tdHL	E1	A2	3.5	6.5	18
tdLH	E1	A1	1.5	3.0	6.5
tdHL	E4	A1	3.5	6.5	18
tdLH	E4	A2	1.5	3.0	6.5
tCWL	E3 ∂	-	6.0	9.0	17
tCWH	E3 ∂	-	5.0	6.5	12
tCLW	E4 ∂	-	4.5	5.5	11
tPRW	E1 ∂	-	4.5	5.5	11

TYP: VDD = 5V, T = 300K, CL = 225fF

* s. Zeitdiagramm 1 + s. Zeitdiagramm 9
∂ s. Zeitdiagramm 7 & s. Zeitdiagramm 12

D-Flipflop mit Preset und Clear	CDF03A/CDF03B	S. 2-
BLATTVERSION: 1.3	Zellengruppe: D-Flipflops	10

LOGIKSCHALTUNG

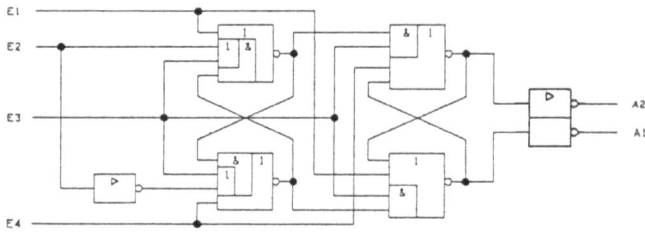

LASTFAKTOREN

EINGANG	LE
E1	2
E2	2
E3	4
E4	2

5.1 Einsatz der Zellenbibliotheken

D-Flipflop mit Clear		CDF02A/CDF02B	S. 1+
BLATTVERSION: 1.3	Zellengruppe: D-Flipflops		10

SCHALTZEICHEN   **FUNKTIONSTABELLE**

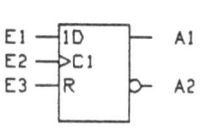

EINGÄNGE			AUSGÄNGE	
E1	E2	E3	A1	A2
	CLOCK	CLEAR	Q	QN
X	X	H	L	H
H	↑	L	H	L
L	↑	L	L	H

ABMESSUNGEN

[um]	A	B
Breite	168	168
Höhe	240	255

ÄQU. GATTER
7.5

ZEITVERHALTEN

[ns]	VON (EINGANG)	NACH (AUSGANG)	FAST	TYP	SLOW
ts	E1; E2✱	–	4.0	7.0	18
th	E1; E2✱	–	1.0	1.0	2.0
th	E3; E2 +	–	0	0	0
tR	E3; E2 &	–	4.5	7.5	17
tdHL	E2	A1, A2	4.5	9.0	26
tdLH	E2	A1, A2	2.0	4.0	12
tdHL	E3	A1	2.5	4.5	12
tdLH	E3	A2	1.0	2.5	5.5
tCWL	E2 ∂	–	6.0	9.0	17
tCWH	E2 ∂	–	5.0	6.5	12
tCLW	E3 ∂	–	4.0	4.5	9.0
TYP: VDD = 5V, T = 300K, CL = 225fF					

✱ s. Zeitdiagramm 1   + s. Zeitdiagramm 9
∂ s. Zeitdiagramm 7   & s. Zeitdiagramm 12

218 5 Zellen und Bibliotheken

D-Flipflop mit Clear		CDF02A/CDF02B	S. 2-
BLATTVERSION: 1.3	Zellengruppe: D-Flipflops		10

LOGIKSCHALTUNG

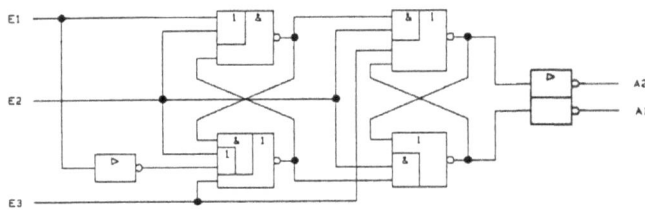

LASTFAKTOREN

EINGANG	LE
E1	2
E2	4
E3	2

5.1 Einsatz der Zellenbibliotheken

JK-Flipflop mit Clear		CJK05A/CJK05B	S. 1+
BLATTVERSION: 1.2	Zellengruppe: JK/T-Flipflops		12

SCHALTZEICHEN   FUNKTIONSTABELLE

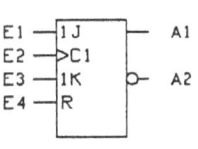

EINGÄNGE				AUSGÄNGE	
E1	E2	E3	E4	A1	A2
	CLOCK		CLEAR	Q	QN
X	X	X	H	L	H
L	↑	L	L	UNVERÄNDERT	
L	↑	H	L	L	H
H	↑	L	L	H	L
H	↑	H	L	TOGGLE	

ABMESSUNGEN

[um]	A	B
Breite	216	210
Höhe	240	255

ÄQU. GATTER
10

ZEITVERHALTEN

[ns]	VON (EINGANG)	NACH (AUSGANG)	FAST	TYP	SLOW
ts	E1,E3;E2*	–	6.0	11	29
th	E1,E3;E2*	–	0.5	1.0	1.0
th	E4;E2 +	–	0	0	0
tR	E4;E2 &	–	4.5	7.5	17
tdHL	E2	A1	4.5	8.5	23
tdLH	E2	A1	2.0	4.5	14
tdHL	E2	A2	5.0	10	30
tdLH	E2	A2	2.0	4.5	11
tdHL	E4	A1	2.5	5.5	14
tdLH	E4	A2	1.5	2.5	5.5
tCWL	E2 ə	–	6.0	9.0	18
tCWH	E2 ə	–	6.0	9.0	18
tCLW	E4 ə	–	4.0	4.5	9.0

TYP: VDD = 5V, T = 300K, CL = 225fF

* s. Zeitdiagramm 1   + s. Zeitdiagramm 9
ə s. Zeitdiagramm 7   & s. Zeitdiagramm 12

220　　　　　　　　　　　　　　　　　　　　　　　　5 Zellen und Bibliotheken

JK-Flipflop mit Clear		CJK05A/CJK05B	S. 2-
BLATTVERSION: 1.2	Zellengruppe: JK/T-Flipflops		12

LOGIKSCHALTUNG

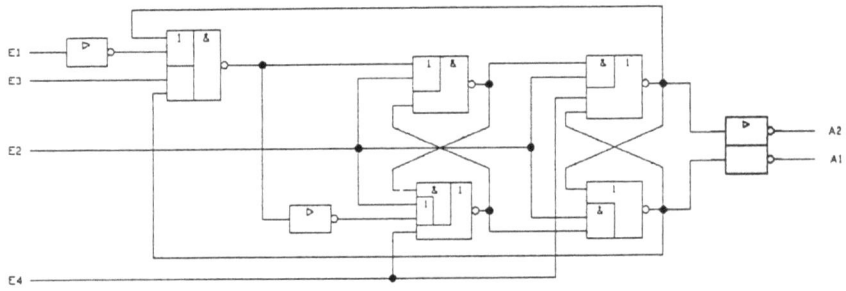

LASTFAKTOREN

EINGANG	LE
E1	1
E2	4
E3	1
E4	2

5.1 Einsatz der Zellenbibliotheken

Zählerzelle, synchron, synchron ladbar		CBC02A/CBC02B	S. 1+
BLATTVERSION: 1.2	Zellengruppe: Zähler		14

SCHALTZEICHEN   **FUNKTIONSTABELLE**

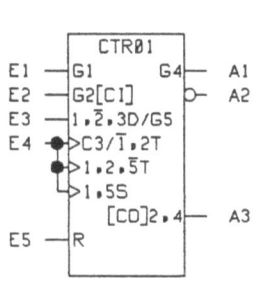

EINGÄNGE					AUSGÄNGE			BEM.
E1	E2	E3	E4	E5	A1	A2	A3	
LOAD	DATA	CLEAR	CARRY-IN	CLOCK	Q	QN	CARRY-OUT	
X	X	X	X	H	L	H	L	
H	H	X	↑	L	WIRD AUSGESCHLOSSEN			Bem.1
L	L	X	↑	L	UNVERÄNDERT		L	
H	L	H	↑	L	H	L	L	⟩sync.
H	L	L	↑	L	L	H	L	⟩laden
X	H	X	X*)	L	UNVERÄNDERT		⟨H(A1=H) ⟨L(A1=L)	]]**)]
X	L	X	X*)	L	UNVERÄNDERT		L	]
L	H	X	↑	L	TOGGLE		⟨H(A1=H) ⟨L(A1=L)	⟩zäh- ⟩len ⟩

*) Umschaltung von E4=L auf E4=H nicht erlaubt!
**) Zusammenhang Carry-In / Carry-Out
Logisch gilt: A3 = (E2 UND A1)

ABMESSUNG

[um]	A	B
Breite	264	266
Höhe	240	255

ÄQU. GATTER
12.5

LASTFAKTOREN

EINGANG	LE
E1	2
E2 *)	3.5
E3	1
E4	4
E5	2

Bemerkung: 1. Es ist zu beachten, daß ein sync. Laden nur bei E1=H und E2=L möglich ist. Bei einer Zählerkette wird dies durch geeignete Ansteuerung der ersten Zelle (Bit 0) erreicht (s. Hinweis 1 in Kap. 4.4).

2. Ausgang A3 (Carry-Out) besitzt keinen Treiber. Durchschaltung von E2 (Carry--In) auf A3 erfordert entsprechende Treiberfähigkeit vor E2!

*) s. Bemerkung 2

			CBC02A/CBC02B	S. 2-
Zählerzelle, synchron, synchron ladbar				
BLATTVERSION: 1.2	Zellengruppe: Zähler			14

ZEITVERHALTEN

[ns]	VON (EINGANG)		NACH (AUSGANG)	FAST	TYP	SLOW
ts	E3; E4	*	–	5.0	9.0	24
ts	E1,E2;E4	#=	–	4.0	9.0	21
th	E1,E2,E3;E4	#*=	–	0.5	1.0	1.0
th	E5;E4	–	–	0	0	0
tR	E5;E4	&	–	4.5	7.5	17
td $	E2		A3	1.0	1.0	3.5
tdHL	E4		A1	4.5	9.5	27
tdLH	E4		A1	2.5	5.0	12
tdHL	E4		A2	5.5	11	29
tdLH	E4		A2	2.0	5.0	12
tdHL	E4		A3	5.0	10	27
tdLH	E4		A3	2.5	5.0	13
tdHL	E5		A1	3.0	6.0	15
tdLH	E5		A2	1.5	2.5	5.5
tdHL	E5		A3	3.5	6.5	16
tCWL	E4	+	–	6.5	9.5	19
tCWH	E4	+	–	6.5	9.5	19
tCLW	E5	+	–	4.0	4.5	9.0
tLDW	E1	+	–	4.5	6.0	15

TYP: VDD = 5V, T = 300K, CL = 225fF

* s. Zeitdiagramm 1   + s. Zeitdiagramm 7   = s. Zeitdiagramm 11.1
\# s. Zeitdiagramm 2 $ td = tdHL = tdLH   – s. Zeitdiagramm 9
                                              & s. Zeitdiagramm 12

LOGIKSCHALTUNG

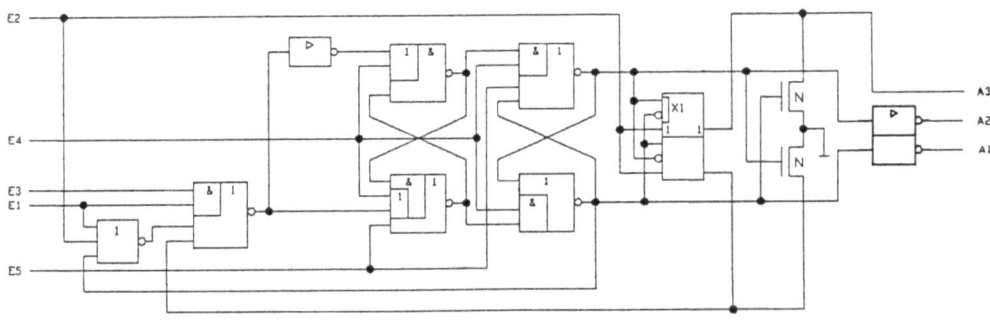

5.1 Einsatz der Zellenbibliotheken

Zählerzelle, synchron, rücksetzbar		CCR02A/CCR02B	S. 1+
BLATTVERSION: 1.2	Zellengruppe: Zähler		14

SCHALTZEICHEN   **FUNKTIONSTABELLE**

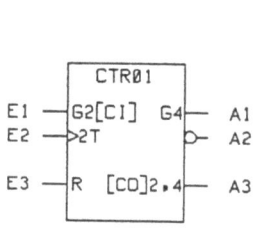

EINGÄNGE			AUSGÄNGE			Bem.
E1	E2	E3	A1	A2	A3	
CARRY-IN	CLOCK	CLEAR	Q	QN	CARRY-OUT	
X	X	H	L	H	L	
L	↑	L	UNVERÄNDERT		L	
					<H(A1=H)	>
H	X*)	L	UNVERÄNDERT		<	>**)
					<L(A1=L)	>
L	X*)	L	UNVERÄNDERT		L	>
					<H(A1=H)	]zäh-
H	↑	L	TOGGLE		<	]len
					<L(A1=L)	]

ABMESSUNGEN

[um]	A	B
Breite	240	238
Höhe	240	255

*) Umschaltung von E2=L auf E2=H nicht erlaubt!
**) Zusammenhang Carry-In / Carry-Out

ÄQU. GATTER
11

Bemerkung: Ausgang A3 (Carry-Out) besitzt keinen Treiber. Durchschaltung von E1 (Carry-In) auf A3 erfordert entsprechende Treiberfähigkeit vor E1!

LASTFAKTOREN

EINGANG	LE
E1 *)	3.5
E2	4
E3	2

*) s. Bemerkung

Zählerzelle, synchron, rücksetzbar			CCR02A/CCR02B		S. 2-
BLATTVERSION: 1.2		Zellengruppe: Zähler			14

ZEITVERHALTEN

[ns]	VON (EINGANG)	NACH (AUSGANG)	FAST	TYP	SLOW
tc	E1; E2 ✻	–	4.0	8.0	20
th	E1, E3; E2 ✻+	–	0	0	0
tR	E3; E2 &	–	4.5	7.5	17
td $	E1	A3	1.0	1.0	3.5
tdHL	E2	A1	5.5	11	28
tdLH	E2	A1	2.5	5.0	12
tdHL	E2	A2	5.5	11	30
tdLH	E2	A2	2.5	5.0	15
tdHL	E2	A3	5.0	10	29
tdLH	E2	A3	2.5	5.0	12
tdHL	E3	A1	3.0	5.5	15
tdLH	E3	A2	1.5	3.0	6.5
tdHL	E3	A3	3.5	6.0	16
tCWL	E2 ∂	–	6.5	9.5	19
tCWH	E2 ∂	–	6.5	9.5	19
tCLW	E3 ∂	–	4.0	4.5	9.0

TYP: VDD = 5V, T = 300K, CL = 225fF

✻ s. Zeitdiagramm 2 $ td = tdHL = tdLH   + s. Zeitdiagramm 9
∂ s. Zeitdiagramm 7   & s. Zeitdiagramm 12

LOGIKSCHALTUNG

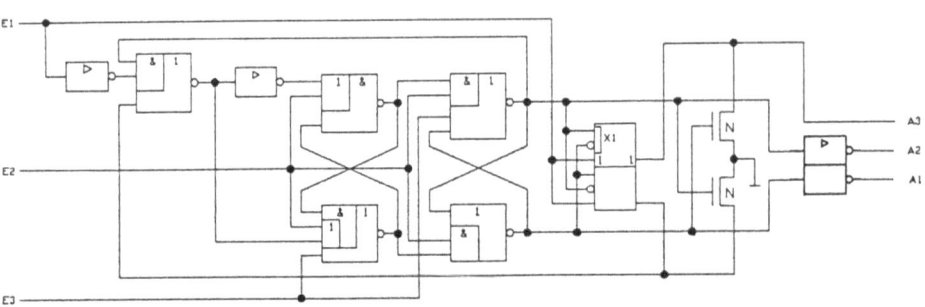

5.1 Einsatz der Zellenbibliotheken

VDD-Anzapfung		CVD00A/CVD00B	S. 1-
BLATTVERSION: 1.3	Zellengruppe: Sonstige		16

SCHALTZEICHEN

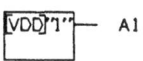 — A1

FUNKTIONSTABELLE

AUSGANG
A1
H

ABMESSUNGEN

[um]	A	B
Breite	24	28
Höhe	240	255

LOGIKSCHALTUNG

 A1

VSS-Anzapfung		CVS00A/CVS00B	S. 1-
BLATTVERSION: 1.3	Zellengruppe: Sonstige		16

SCHALTZEICHEN

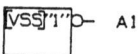 A1

FUNKTIONSTABELLE

AUSGANG
A1
L

ABMESSUNGEN

[um]	A	B
Breite	24	28
Höhe	240	255

LOGIKSCHALTUNG

 A1

5.1 Einsatz der Zellenbibliotheken

Eingangstreiber, CMOS-kompatibel		CIN01A/CIN01B	S. 1-
BLATTVERSION: 1.3	Zellengruppe: Eingangspads		17

SCHALTZEICHEN

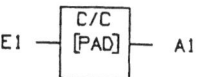

FUNKTIONSTABELLE

EINGANG	AUSGANG
E1	A1
(PAD)	
L	L
H	H

ABMESSUNGEN

[um]	A	B
Breite	240	240
Höhe	480	480

ZEITVERHALTEN

[ns]	VON (EINGANG)	NACH (AUSGANG)	FAST	TYP	MAX
tdHL	E1 *	A1	1.0	2.0	7.5
tdLH	E1 *	A1	1.0	2.0	5.0

TYP: VDD = 5V, T = 300K, CL = 225fF

* Eingang:
CMOS-Pegel
UIL = 1.5 V
UIH = 3.5 V
s. Zeitdiagramm 13.1

LOGIKSCHALTUNG

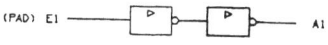

LASTFAKTOR

EINGANG	LE
E1	6 *

* ohne Gehäusekapazität

Hinweise: 1. Die Treiberstärke beträgt s = 0
2. Der Eingang darf nicht floaten

Eingangstreiber, TTL-kompatibel		CIN02A/CIN02B	S. 1-
BLATTVERSION: 1.3	Zellengruppe: Eingangspads		17

SCHALTZEICHEN

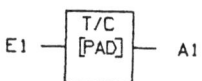

FUNKTIONSTABELLE

EINGANG	AUSGANG
E1	A1
(PAD)	
L	L
H	H

ABMESSUNG

[um]	A	B
Breite	240	240
Höhe	480	480

ZEITVERHALTEN

[ns]	VON (EINGANG)	NACH (AUSGANG)	FAST	TYP	MAX
tdHL	E1 *	A1	2.5	4.5	15
tdLH	E1 *	A1	1.0	2.0	6.5
TYP: VDD = 5V, T = 300K, CL = 225fF					

* Eingang:
TTL-Pegel
UIL = 0.8 V
UIH = 2.0 V
s. Zeitdiagramm 13.2

LOGIKSCHALTUNG

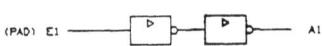

LASTFAKTOR

EINGANG	LE
E1	6 *

* ohne Gehäusekapazität

Hinweise: 1. Die Treiberstärke beträgt s = 0
2. Der Eingang darf nicht floaten

5.1 Einsatz der Zellenbibliotheken

Ausgangstreiber		COT02A/COT02B	S. 1+
BLATTVERSION: 1.3	Zellengruppe: Ausgangspads		18

SCHALTZEICHEN

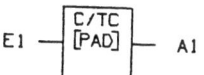

FUNKTIONSTABELLE

EINGANG	AUSGANG
E1	A1
	(PAD)
L	L
H	H

ABMESSUNGEN

[um]	A	B
Breite	240	240
Höhe	480	480

ZEITVERHALTEN

[ns]	VON (EINGANG)	NACH (AUSGANG)	FAST	TYP	SLOW	BEMERKUNG
tdHL	E1 *	A1	5.0	9.0	22	TTL-
tdLH	E1 *	A1	3.0	6.5	15	Ansteuerung
tdHL	E1 *	A1	3.5	6.5	18	CMOS-
tdLH	E1 *	A1	5.5	11	28	Ansteuerung
TYP:	VDD = 5V, T = 300K, CL = 50 pF					

* s. Zeitdiagramm 14

Ausgangstreiber		COT02A/COT02B	S. 2-
BLATTVERSION: 1.3	Zellengruppe: Ausgangspads		18

LOGIKSCHALTUNG

LASTFAKTOR

EINGANG	LE
E1	3

5.1 Einsatz der Zellenbibliotheken

VDD-Pad		CVD01A/CVD01B	S. 1-
BLATTVERSION: 1.3	Zellengruppe: Versorgungspads		20

VDD-Versorgungspad

Dieses Element wird im Logikplan nicht ver-
verwendet.
Die Zuweisung an das Entwurfssystem erfolgt im
Zusammenhang mit der Chipkonstruktion (Vorgabe
für die Generierung des Baustein-Randes,
Pad-Anordnung).

ABMESSUNGEN

[um]	A	B
Breite	240	240
Höhe	480	480

Kein Signalanschluß, nur VDD-Zuführung zu den
Padzellen (Signalanschlüsse), die ihrerseits die
Kernzellen (Logikzellen) automatisch versorgen.

VSS-Pad		CVS01A/CVS01B	S. 1-
BLATTVERSION: 1.3	Zellengruppe: Versorgungspads		20

VSS-Versorgungspad

Dieses Element wird im Logikplan nicht ver-
verwendet.
Die Zuweisung an das Entwurfssystem erfolgt im
Zusammenhang mit der Chipkonstruktion (Vorgabe
für die Generierung des Baustein-Randes,
Pad-Anordnung).

ABMESSUNGEN

[um]	A	B
Breite	240	240
Höhe	480	480

Kein Signalanschluß, nur VSS-Zuführung zu den
Padzellen (Signalanschlüsse), die ihrerseits die
Kernzellen (Logikzellen) automatisch versorgen.

5.1 Einsatz der Zellenbibliotheken

5.1.4 Datenblatt G-Familie

D-Flipflop		CDF01G	S.1+
BLATTVERSION: 1.2	Zellengruppe: D-Flipflops		10

SCHALTZEICHEN FUNKTIONSTABELLE

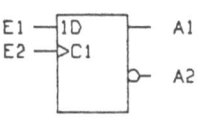

EINGÄNGE		AUSGÄNGE	
E1	E2	A1	A2
	CLOCK	Q	QN
H	↑	H	L
L	↑	L	H

ANZAHL DER GRUNDZELLEN

	ER	DR
8	-	X

ZEITVERHALTEN

[ns]	VON (EINGANG)	NACH (AUSGANG)	FAST	TYP	SLOW
ts	E1; E2*	-	3.5	6.5	19
th	E1; E2*	-	0	0	0
tdHL	E2	A1, A2	2.5	7.0	20
tdLH	E2	A1, A2	1.5	3.5	9.5
tCWL	E2 $	-	3.5	6.5	19
tCWH	E2 $	-	4.5	5.5	17

TYP: VDD = 5V, T = 300K, CL = 200fF

* s. Zeitdiagramm 1

$ s. Zeitdiagramm 7

D-Flipflop		CDF01G	S.2-
BLATTVERSION: 1.2	Zellengruppe: D-Flipflops		10

LOGIKSCHALTUNG

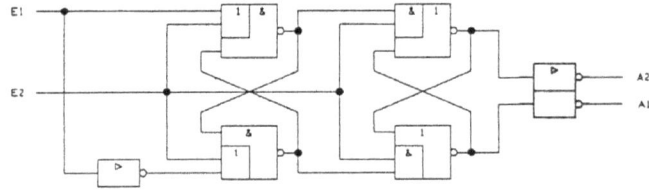

LASTFAKTOREN

EINGANG	LE
E1	2
E2	4

5.1 Einsatz der Zellenbibliotheken

5.1.5 Datenblätter der K- und F-Familien

D-FLIPFLOP MIT CLEARN		DFB1L1K	S. 1 +
BLATTVERSION: 1.0	ZELLENGRUPPE:	D-FLIPFLOPS	1.10

SCHALTZEICHEN

```
       DFB1L1K
D  ───┤1D    ├── Q
CK ───┤>C1   │
CLN ──┤R     ├── QN
```

FUNKTIONSTABELLE				
EINGÄNGE			AUSGÄNGE	
D	CK	CLN	Q	QN
X	X	L	L	H
L	↑	H	L	H
H	↑	H	H	L

ANZAHL DER GRUNDZELLEN:	8 (DR)
ÄQUIVALENTE GATTER:	6

ZEITVERHALTEN		CL = 0			
[ns]	VON (EINGANG)	NACH (AUSGANG)	MIN	TYP	MAX
tCWL	CK	−		3.0	
tCWH	CK *	−		3.0	
tCLW	CLN	−		3.0	
ts	D ; CK #	−		1.5	
th	D ; CK #	−		1.5	
th	CLN; CK $	−		2.5	
tR	CLN; CK +	−		0.5	
tdHL	CK	Q		2.5	
tdLH	CK	Q		3.5	
tdHL	CK	QN		4.0	
tdLH	CK	QN		3.5	
tdHL	CLN	Q		3.0	
tdLH	CLN	QN		3.5	

* S. ZEITDIAGRAMM 1.11 $ S. ZEITDIAGRAMM 1.13
\# S. ZEITDIAGRAMM 1.12   + S. ZEITDIAGRAMM 1.14

LASTABHÄNGIGKEIT	TYP	
AUSGANG	kLH [ns/LE]	kHL [ns/LE]
Q, QN	0.23	0.14

LASTFAKTOREN	TYP
EINGANG	[LE]
D	3
CK	1
CLN	2

D-FLIPFLOP MIT CLEARN		DFB1L1K	S. 2 -
BLATTVERSION: 1.0	ZELLENGRUPPE:	D-FLIPFLOPS	1.10

LOGIKSCHALTUNG

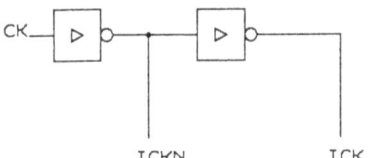

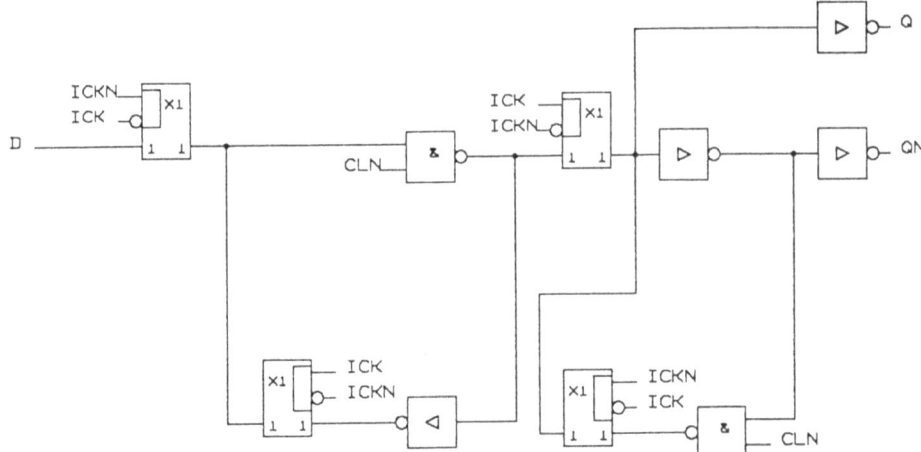

5.1 Einsatz der Zellenbibliotheken

D-FLIPFLOP		DFA1L1F	S. 1 +
BLATTVERSION: 1.0	ZELLENGRUPPE:	D - FLIPFLOPS	1.10

SCHALTZEICHEN

```
        DFA1L1F
  D ───┤ 1D  ├── Q
  CK ──┤>C1  ├○─ QN
```

FUNKTIONSTABELLE			
EINGÄNGE		AUSGÄNGE	
D	CK	Q	QN
H	↑	H	L
L	↑	L	H

ZEITVERHALTEN			CL = 0		
[ns]	VON (EINGANG)	NACH (AUSGANG)	MIN	TYP	MAX
tCWL	CK *	−		3.0	
tCWH	CK *	−		4.0	
ts	D; CK #	−		1.5	
th	D; CK #	−		2.0	
tdHL	CK	Q		5.0	
tdLH	CK	Q		5.0	
tdHL	CK	QN		4.5	
tdLH	CK	QN		4.0	

* S. ZEITDIAGRAMM 1.11
\# S. ZEITDIAGRAMM 1.12

LASTABHÄNGIGKEIT	TYP	
AUSGANG	kLH [ns/LE]	kHL [ns/LE]
Q, QN	0.18	0.18

LASTFAKTOREN	TYP
EINGANG	[LE]
D	0.9
CK	1.1

D-FLIPFLOP		DFA1L1F	S. 2 -
BLATTVERSION: 1.0	ZELLENGRUPPE:	D - FLIPFLOPS	1.10

LOGIKSCHALTUNG

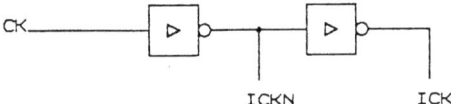

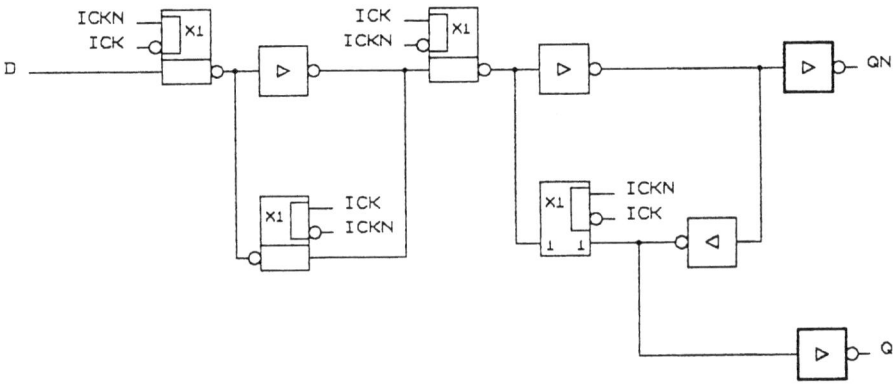

ÄQUIVALENTE GATTER
6

ABMESSUNG [µm]	
BREITE	90.2
HÖHE	134

STROMAUFNAHME TYP, CL=0	
STAT [µA]	DYN [µA/MHZ]
-	7

5.1 Einsatz der Zellenbibliotheken

5.1.6 Datenblatt Z-Familie

| SIEMENS SH 100 C | 2 D-MASTER-SLAVE-FLIPFLOPS WITH COMMON CLOCK | KMS04 |

FFDMS 21

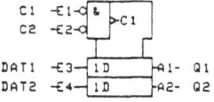

TRUTH TABLE

C1	C2	Q1	Q2
L	L	Q1	Q2
L	H	Q1	Q2
L	↧	DAT1	DAT2
H	L	Q1	Q2
↧	L	DAT1	DAT2

CELL-SITES	1 L	SH100C1	SH100C2	SH100C3
		X		X
CURRENT CONSUMPTION (typ)	7.5 mA	VERS.	DATE	DES.
POWER DISSIPATION (typ)	33.8 mW			
		1	10.84	DF
GATE FUNCTIONS	14		PAGE :	1+

| SIEMENS SH 100 C | KMS04 |

CORRELATION OF PIN CONNECTIONS, FAN-IN AND FAN-OUT, EXCHANGEABLE INPUTS

SYMBOLIC CONNECTIONS		E1	E2	E3	E4	A1	A2
ACTUAL CONNECTIONS		2	3	5	6	23	17
INPUT OR OUTPUT LOADS	DYN.	0.45	0.45	0.4	0.4	8.5	8.5
	STAT.	1	1	3*)	3*)	9	9
EXCHANGEABLE INPUTS		A	A				
REF. No.							

*) ONLY FOR C1 + C2 = H ; OTHERWISE STATIC INPUT LOAD = 0.

PROPAGATION DELAY (TYP)

INPUT	OUTPUT	tpd [NS]
C1, C2	Q1, Q2	1,20

5.1 Einsatz der Zellenbibliotheken

SIEMENS SH 100 C		KMS04

TIMING

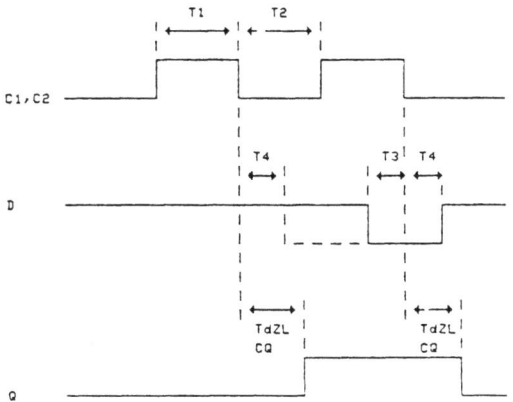

PULSE WIDTH SIGNAL C	2,0 NS <= T1
PULSE PAUSE INTERVAL SIGNAL C	2,8 NS <= T2
INTERVAL FROM TRAILING EDGE OF SIGNAL C TO SIGNAL CHANGE AT D (Tset up)	1,2 NS <= T3
INTERVAL FROM TRAILING EDGE OF SIGNAL C TO SIGNAL CHANGE AT D (Thold)	1,2 NS <= T4 *

* WHEN MASTER-SLAVE-FLIPFLOPS WHICH ARE DRIVEN BY THE SAME CLOCK ARE DIRECTLY CASCADED (E.G. SHIFT REGISTERS, COUNTERS), THE TIME T4 (Thold) REQUIRED IS SMALLER THAN OR EQUAL TO THE PROPAGATION DELAY C1,C2 → Q.

PAGE : 3+

| SIEMENS SH 100 C | KMS04 |

OVERVIEW DIAGRAM

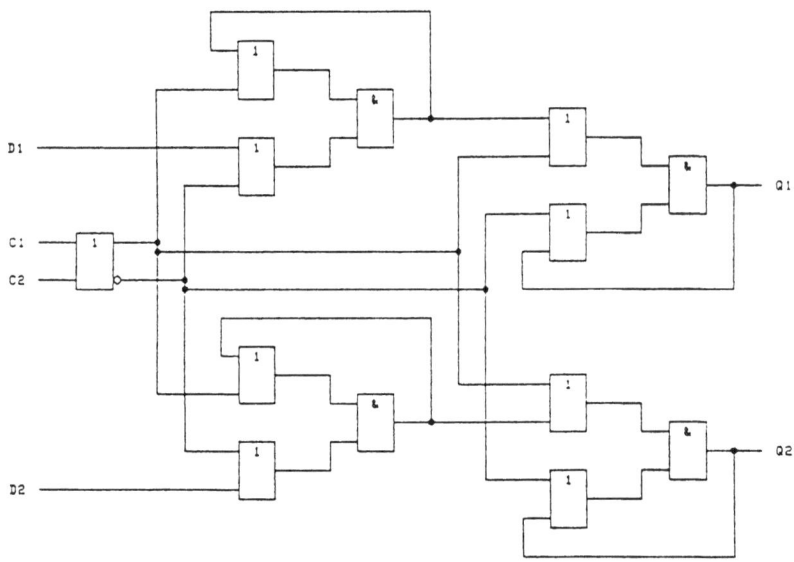

PAGE : 4-

5.2 Entwicklung der Zellenbibliotheken

Wie in den vorherigen Abschnitten erläutert ist, beruht die vereinfachende Sicht des IC-Designingenieurs zum großen Teil auf beträchtlichen Vorarbeiten des CAD-Ingenieurs: er durchläuft während der Vorentwicklung der Zellen vor allem diejenigen Schritte des Allgemeinen IC-Designprozesses, die dem Anwender, also dem IC-Designingenieur, verborgen bleiben (vgl. Bild 1.30). Im folgenden wollen wir die Schritte genauer betrachten, die zur Vorbereitung und Realisierung der verschiedenen in Abschnitt 1.5.2 betrachteten Modelle und Bibliotheken nötig sind. Daß es sich bei der Bibliothekserstellung nicht um eine einfache Aufgabe handelt, wird aus der Tatsache ersichtlich, daß zwar seit Jahren brauchbare Verdrahtungsalgorithmen existieren, aber nicht die für einen vollständigen Entwurfsablauf nötigen Modellbibliotheken.

5.2.1 Zielvorgaben und Zellenkonzept

Die Entscheidung, welche den größten Einfluß auf die Verwirklichung der Bibliotheken hat, ist die Festlegung des Standardverfahrensablaufs. Ist erst einmal bekannt, welche Entwurfsschritte das CAD-System unterstützen soll und welcher Automatisierungsgrad jeweils erreicht werden soll, dann liegt auch fest, welche Modellbibliotheken zu erstellen sind.

Der Schwerpunkt der Arbeiten zur Erstellung einer Zellenbibliothek liegt auf der Schaltkreis- und der Layoutebene. Mit dem *Zellenkonzept* wird festgeschrieben, wie die Zellen elektrisch und geometrisch gestaltet werden. Dabei ist auf eine Reihe von Randbedingungen zu achten:

- Die Zellenbibliotheken sind integraler Bestandteil eines *CAD-Systems* und müssen auf dieses abgestimmt sein.
- Die Zellen müssen, angepaßt an die Fähigkeiten des CAD-Systems, auch die *Chip-Infrastruktur* zur Verfügung stellen. Damit sind z.B. die Stromversorgungsleitungen, die externen Anschlüsse (die Pads), spezielle Taktleitungen und fertigungsspezifische Strukturen gemeint.
- Der spätere Einsatz der Zellen bestimmt die *Fertigungstechnik*.
- Zellen sind Schaltungsteile, die in unterschiedlichen Nachbarschaften einwandfrei funktionieren müssen. Sie sind deshalb elektrisch robust und *einfach handhabbar* zu konstruieren.

Im folgenden werden die einzelnen Aspekte des Zellenkonzepts genauer behandelt.

Technologie

Für schnelle Gate-Arrays werden Zellenbibliotheken in ECL-Technologie angeboten. Die Technologie für die Breitenanwendung wird jedoch CMOS sein. Gründe dafür sind (vgl. Kapitel 2) die niedrige Ruheverlustleistung, hohe Störsicherheit, symmetrische Impedanzen und vernachlässigbare Restspannungen: all diese Eigenschaften weisen die CMOS-Technologie als besonders robust und leicht standardisierbar aus.

Handhabbarkeit

Um den Designingenieur bei der Schaltungsentwicklung nicht durch zu viele Regeln und Einschränkungen zu belasten, müssen die Zellen elektrisch untereinander kompatibel sein. Das bedeutet, daß die Treiberstärke am Ausgang einer Zelle eine größere Anzahl von Eingängen genauso sicher schalten muß wie einen einzelnen Eingang. Die Treiberstufe ist außerdem so zu dimensionieren, daß steigende und fallende Flanken auch dann gleich lang sind, wenn die Belastung stark variiert.

Die Eingangskapazitäten sind durch Pufferung niedrig zu halten. Der Einsatz von Transfergattern anstelle von Logikgattern ist platzsparend. Andererseits bringen Eingänge, die ohne Zwischenpufferung auf Transfergatter geführt werden, Probleme mit sich: ihr elektrisches Verhalten ist stark belastungsabhängig. Im Sinne der einfachen Handhabbarkeit werden deshalb alle Eingänge gepuffert.

Stromversorgung

Davon, daß ein Baustein auch eine Spannungsversorgung braucht, sollte der Anwender des Entwurfssystems möglichst nichts bemerken. Die Spannungsversorgung, die aus breiten Metallbahnen besteht, ist so zu konzipieren, daß man für die Verdrahtung der Signale nicht zu viele Brücken benötigt, was insbesondere bei Polysilizium/Aluminium-Verdrahtung wichtig ist. Es bietet sich eine kammförmige, von den Padzellen ausgehende Versorgung an (Bild 5.9).

Die in den Zellen verlaufenden Teile der Stromversorgung sind bereits in deren Layout integriert, der Rest wird vom Verdrahtungsprogramm generiert.

Geometrische Grundstruktur

Die geometrische Grundstruktur von Standardzellen ist dem Plazierungs- und Verdrahtungsprogramm angepaßt: eine einheitliche Zellenhöhe erleichtert die Verdrahtung; Zellenanschlüsse sind nur an bestimmten Rändern erlaubt.

Für komplexe Zellen ist es günstig, zwei Transistorpaare übereinander anzuordnen und dementsprechend je eine V_{DD}-Leitung am oberen und unteren Rand der Zelle sowie eine V_{SS}-Leitung in der Mitte vorzusehen. Dieser Aufbau führt zu einer für einfache Gatterzellen ungünstigen Zellenhöhe, die jedoch in Kauf genommen werden muß, da gezackte Ufer der Zellenzeilen im allgemeinen vom Verdrahtungsprogramm nicht ausgenützt werden können. Eine Beschränkung auf einheitliche Transistorgrößen und die dadurch erzeugte Regelmäßigkeit erleichtert das Zellenlayout erheblich.

Da bei einer automatisch ablaufenden Entflechtung nicht vorhergesagt werden kann, in welcher Umgebung eine Zelle schließlich eingesetzt wird, müssen die Zellen geometrisch untereinander und zu den Ufern der Verdrahtungskanäle so passen, daß keine Verletzungen der geometrischen Entwurfsregeln auftreten können. Dies ist nur durch eine genaue Spezifiktion des Randes in allen Maskenebenen möglich.

Interessanterweise finden wir hier wieder eine Parallele zur Softwareentwicklung: nicht alle denkbaren Kombinationsmöglichkeiten können ausgetestet werden. Allerdings erreicht man durch systematische Realisierung möglichst vieler Pilotbausteine eine hohe Wahrscheinlichkeit der Fehlerfreiheit.

5.2 Entwicklung der Zellenbibliotheken

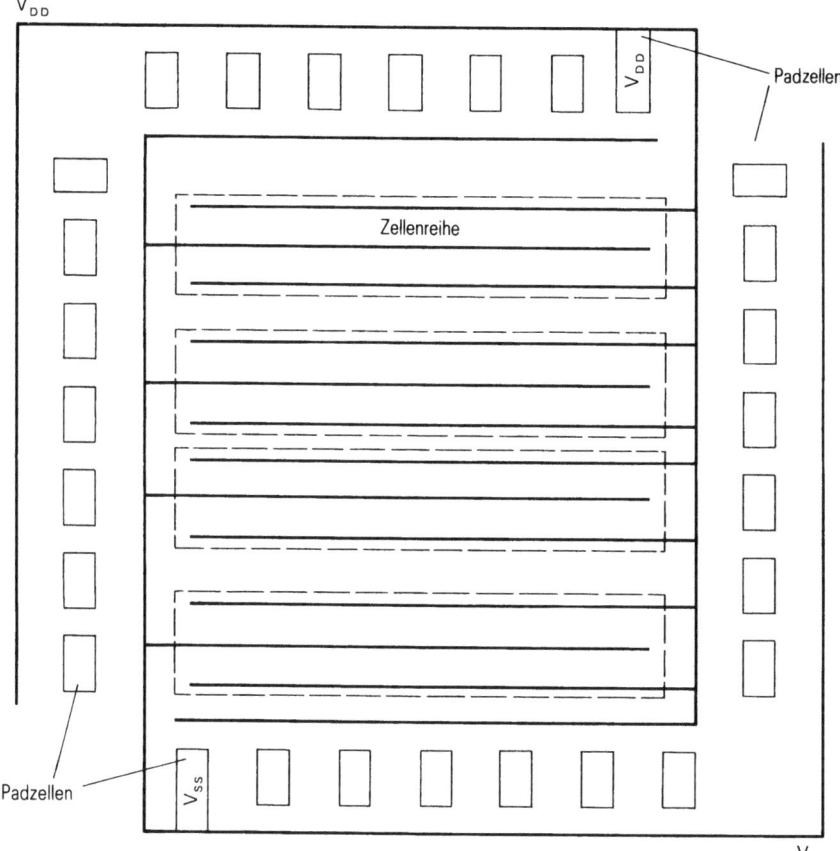

Bild 5.9. Struktur der Versorgungsleitungen und Lage der Padzellen

Padzellen

Die Padzellen haben die Aufgabe, die inneren Zellen (Logik- oder Kernzellen genannt) mit der Außenwelt zu verbinden. Sie enthalten den Bondfleck, Schutzstrukturen, Treiber, Pegelwandler und z.T. auch Logikschaltungen (Tri-State-Logik). Außerdem sind die Stromzuführungen in die Padzellen integriert (vgl. Bild 5.9).

Bausteine mit vielen Logikzellen und wenigen Padzellen heißen „kernbestimmt". Für sie sollten die Padzellen zur Platzersparnis niedrig und breit sein. „Anschlußbestimmte" Bausteine haben einen Kern von Logikzellen, welche die durch die Padzellen definierte Fläche nicht ausfüllen. Hier sollten die Padzellen schmal und hoch sein. Die optimale Lösung ist, beide Varianten anzubieten.

Muttertaktleitungen

An Taktleitungen werden besondere Anforderungen hinsichtlich kurzer Laufzeiten gestellt. Man kann deshalb innerhalb der Zellen spezielle Leitungen vorsehen, die vorzugsweise in Aluminium geführt werden und so eine schnelle Taktverteilung gewährleisten (sogenannte Muttertaktleitungen). Dagegen spricht, daß damit Fläche verschenkt wird. Denn diese Leitungen müssen auch in den Zellen geführt werden, in denen sie gar nicht benötigt werden, z.B. in den Logikgattern. Außerdem benötigen die meisten Bausteine ohnehin mehrere Takte, die dann doch im Verdrahtungskanal zu führen und deren Laufzeiten abzugleichen sind. Aus diesen Gründen werden in VENUS derzeit keine Muttertaktleitungen vorgesehen.

Statische Schaltungstechnik

Mit der durchgehenden Verwendung statischer Schaltungstechnik reizt man zwar die Möglichkeiten einer Technologie nicht aus, liegt aber im Sinne problemloser Handhabbarkeit auf der sicheren Seite. Dynamische Schaltungstechnik ist nur für optimierte manuelle Entwürfe angebracht.

Ein optimales Zellenkonzept, das die durch das System angesprochene Zielgruppe der Bausteinentwickler berücksichtigt, bildet die wesentliche Grundlage eines CAD-Systems. Das Konzept muß bis ins Detail spezifiziert sein, ehe auch nur eine Zelle entworfen wird. Jede Stunde Arbeit, die in dieser Weise in die Konzeptüberlegungen investiert wird, spart später ein Vielfaches bei der Implementierung des Systems und bei der Behebung von Fehlern im fertigen Baustein.

5.2.2 Erstellung der Modellbibliotheken

Jede Zelle des VENUS-Systems erscheint in mindestens acht verschiedenen Beschreibungsarten oder Modellen (vgl. Bilder 1.20 und 1.30). Jedes Modell ist auf eine ganz bestimmte Verarbeitungsart zugeschnitten und enthält nur die dafür nötigen Daten. So „sieht" z.B. das Plazierungs- und Verdrahtungsprogramm von jeder Zelle außer ihrem Namen nur den Umriß und Lage und Namen der Anschlüsse.

Tabelle 5.4. Modelle und ihre Verarbeitung in VENUS

Entwurfsschritt	Zellenmodell	Verarbeitung
	Datenblatt	Designingenieur
3	Schaltzeichen	Logikplan-Eingabe
4	Logik-Modell	Logiksimulator
5	Prüftechnisches Modell	Prüfsimulator
8	Layout-Kontur	Plazierung und Verdrahtung
9	Laufzeitanalyse-Modell	Laufzeit-Analysator
10	Layout	Maskengenerator
11	Elektrische Daten	Prüfprogramm-Generator
zusätzlich während der Entwicklung:		
7	Schaltkreis-Modell	Schaltkreis-Simulator
7,9	Schalter-Modell	Switch-Level-Simulator

5.2 Entwicklung der Zellenbibliotheken

Der Entwickler der Zellen verwendet zusätzliche Zellenmodelle auf der elektrischen Schaltkreisebene. Tabelle 5.4 zeigt die Zuordnung der Modelle zu den Verarbeitungsarten. Im folgenden werden die einzelnen Modelle aus Sicht des für ihre Realisierung zuständigen CAD-Ingenieurs beschrieben.

Datenblatt

Dies ist die einzige Beschreibungsebene, mit deren Inhalt sich der Designingenieur explizit und ausführlich auseinandersetzen muß. Eine Erläuterung erfolgte bereits in Abschnitts 5.1.3.

Für den CAD-Ingenieur stellt das Datenblatt sowohl die Entwicklungsvorgabe (in Form der Funktionstabelle) wie auch eine Zusammenfassung der Entwicklungsergebnisse (z.B. Verzögerungszeiten) dar.

Schaltzeichen

Die im Datenblatt angegebenen IEC-Normzeichen findet der Designingenieur in Form eines graphischen Menues an der Arbeitsplatzstation wieder, an der er den Logikplan eingibt. Für jedes im Rahmen von VENUS angebotene Eingabegerät ist eine eigene Schaltzeichenbibliothek zu erstellen, die sowohl die graphischen Erscheinungsformen wie auch die in der Netzliste[1] abzulegenden Aufrufe enthält.

Logikmodell

Die Grundlage für die Bibliothek des Logiksimulators sind die Funktionstabelle und die Werte des Zeitverhaltens. Zur Beschreibung wird zunächst das logische Verhalten der Zellen durch Verschaltung logischer Funktionen modelliert. Hinzu kommen dann noch zellinterne Verzögerungszeiten, und zwar derart, daß nach außen Verzögerungszeiten entstehen, die den im Datenblatt angegebenen Werten entsprechen. In der so entstandenen Modellbeschreibung einer Zelle (ein Beispiel zeigt Bild 5.10) werden wiederum Basismodelle (wie AND, CHFFR, EXOR) aufgerufen, die an anderer Stelle beschrieben sind. Durch Anlegen geeigneter Stimuli wird das Modell mit dem Logiksimulator ausgiebig getestet. Die Summe der ausgetesteten Modellbeschreibungen über alle Zellen bildet die Logikbibliothek.

Bei dem in der aktuellen VENUS-Version verwendeten modernen Simulator erfolgt die Beschreibung der Logikfunktion wesentlich durchsichtiger und präziser in einer Funktionsbeschreibungssprache. Dies ist eine Sprache etwa auf dem Niveau von PASCAL mit Anweisungen wie „while", „case" usw.

Prüftechnisches Modell

In ähnlicher Weise wie für den Logiksimulator wird jede Zelle für den Prüfsimulator aufbereitet. Nur der Detaillierungsgrad ist hier tiefer. Da der Prüfsimulator im Prinzip die gleiche Information wie der Logiksimulator, lediglich erweitert um die möglichen Fehlermechanismen, benötigt, ist es naheliegend, ein und dasselbe Modell für

---

[1] Als Netzliste wird ein Datensatz bezeichnet, welcher alle Zellen eines Logikplans und deren Verbindungen enthält.

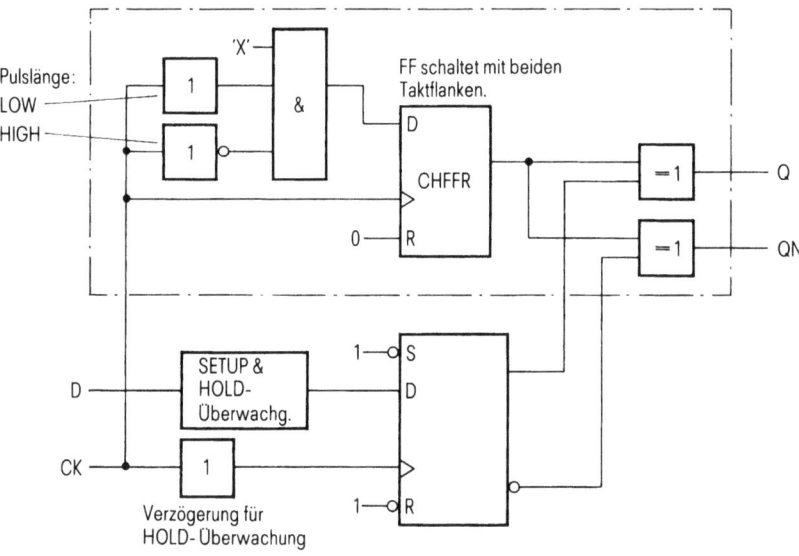

Bild 5.10. Beschreibung des Logikmodells der Zelle CDF01A mit Basismodellen

beide Simulatoren zu verwenden. Für den Prüfsimulator brauchen dann nur mehr die Fehlermodelle hinzugefügt zu werden.

Layoutkonturen

In dieser Bibliothek sind der Umriß sowie die Anschlußlagen und Anschlußbezeichnungen jeder Zelle abgelegt. Nur diese im Vergleich zum kompletten Layout kleine Datenmenge wird für die automatische Chipkonstruktion benötigt. Erst für die Fertigungsdatenerstellung wird auf das vollständige Layout jeder verwendeten Zelle zurückgegriffen.

Das Plazierungs- und Verdrahtungsprogramm führt die Interzellenverdrahtung genau an die von der Layoutkontur angegebene Stelle heran. Dabei ist zu gewährleisten, daß beim späteren Ersetzen der Kontur durch das tatsächliche Layout der exakte Anschluß von Inter- an Intrazellverdrahtung gegeben ist. Ein besonders sorgfältiger Abgleich der Layoutkonturbibliothek mit der Bibliothek der Layoutteile ist deshalb nötig.

Laufzeitanalysemodell

Der Laufzeitanalysator ermittelt, abhängig von der geometrischen Leitungsführung und Widerstandsverteilung der Interzellenverdrahtung, die Leitungslaufzeiten zwischen den Zellen. Dazu benötigt er Angaben über die Treiberfähigkeit der ansteuernden Zelle sowie über die Last, welche die angesteuerten Zellen darstellen. Das Laufzeitanalysemodell jeder Zelle enthält dafür die Innenwiderstände jedes Ausgangs und die Eingangskapazität jedes Eingangs.

5.2 Entwicklung der Zellenbibliotheken 249

Elektrische Daten für die Prüfprogrammgenerierung

Neben einigen generellen technologiespezifischen Daten (z.B. Leckströme) benötigt der Prüfprogrammgenerator auch elektrische Daten jeder einzelnen Zelle: So kann er z.B. aus der Ruhestromaufnahme aller Zellen die maximal zu erwartende Ruhestromaufnahme des gesamten Bausteins berechnen.

Layoutteile

Von allen Zellenbeschreibungsarten erfordert die Layouterstellung den größten Aufwand. In der Layoutbibliothek sind für jede Zelle diejenigen Maskenstrukturen in einer geometrischen Beschreibungssprache abgelegt, die später in Silizium realisiert werden. Wenn die Chipkonstruktion zur Zufriedenheit des Bausteinentwicklers abgeschlossen ist, werden die Layoutkonturen durch die Layoutteile ersetzt. Bild 5.11 zeigt das Layout des D-Flipflops CDF01A und die zugehörige Layoutkontur.

Die genannten Modellbibliotheken sind in der VENUS-Datenhaltungsbibliothek zusammengefaßt: Auf sie greifen die Programme des VENUS-Verfahrensablaufs zu. Die Benutzer können sich durch lesenden Zugriff über den Inhalt dieser Bibliothek informieren.

Zu den bisher aufgelisteten acht Modellbibliotheken kommen für den Zellenentwickler zwei weitere hinzu:

Schaltkreismodell

Die elektrische Realisierung jeder Zelle erfolgt in Form einer Transistor-Darstellung. Eine Umsetzung dieser Darstellung in ein Schaltkreismodell ergibt die Grundlage für die elektrische Schaltkreissimulation, z.B. mit SPICE. Ergebnisse der Schaltkreissimulation jeder Zelle sind der prinzipielle Funktionsnachweis sowie die in das Datenblatt zu übernehmenden Verzögerungszeiten.

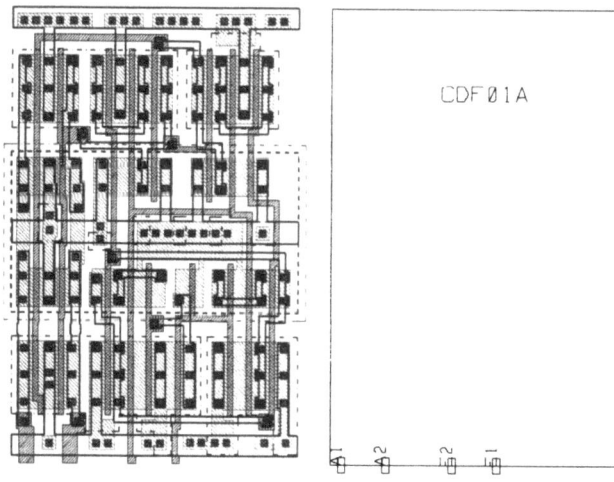

Bild 5.11. Layout und Kontur eines D-Flipflops

Schaltermodell

Ist der Entwickler nur an einer Aussage über die logische Funktion einer Zelle interessiert und nicht an Spannungsverläufen oder Schaltzeiten, so kann er ein vereinfachtes Schaltermodell verwenden: dabei wird jeder Transistor als steuerbarer Schalter dargestellt. Die sogenannten Switch-level-Simulatoren haben um den Faktor 100 kürzere Programmlaufzeiten als die Schaltkreissimulatoren.

5.2.3 Entwicklungsablauf

Der Entwicklungsabluf einer Zellenbibliothek enthält im Kern die Schritte 3 bis einschließlich 9 des Allgemeinen IC-Designprozesses, also Logikkonstruktion bis Layoutverifikation (Bild 5.12). Dabei kann im allgemeinen auf Schritt 4, die Logikverifikation, verzichtet werden, da zum einen die Zellen noch relativ leicht überschaubar sind und andererseits bei der späteren Schaltkreisverifikation auch eventuelle Logikfehler mitgefunden werden. Vom Verifikationsverfahren wird im Abschnitt 5.2.5 über Qualitätssicherung ausführlicher die Rede sein.

Um diesen Verfahrenskern gruppiert sich nun eine Reihe zusätzlicher Tätigkeiten, die alle mit der Erstellung der acht Modellbeschreibungen zu tun haben:

Ist die prüftechnische Beurteilung der Zellen mit positivem Ergebnis abgeschlossen, kann bereits mit der Erstellung der Schaltzeichenbibliotheken begonnen werden; pro verwendeter Workstation ist eine Schaltzeichenbibliothek zu erstellen.

Der nächste große Abschnitt ist mit erfolgreicher Layoutverifikation erreicht. Nun können alle aus dem Layout abgeleiteten Daten ermittelt und in die jeweilige Bibliothek eingebracht werden. Mit der Erstellung der Logikmodelle und der prüftechnischen Modelle wird gewöhnlich schon nach Schritt 5 begonnen, abgeschlossen werden kann sie allerdings erst, nachdem das genaue Zeitverhalten der Zellen unter Berücksichtigung der aus dem Layout extrahierten Kapazitäten bekannt ist.

Schließlich entsteht, oft schon sukzessive parallel zur Entwicklung, das Datenblatt.

Stark automatisierte Entwurfsverfahren können heute noch nicht optimal sein in bezug auf Fläche oder Geschwindigkeit, verglichen mit einem manuell-optimierten Layout. Wird der Chipentwurf, wie bei VENUS, automatisch vorgenommen, so will man im allgemeinen wenigstens beim Zellenentwurf so flächenoptiml wie möglich arbeiten. Aus diesem Grunde erfolgt die Zellenkonstruktion noch vorwiegend manuell. Allerdings beginnen auch hier Verfahren auf Basis des symbolischen Layouts oder der automatischen Zellengenerierung (analog zu den Chipgeneratoren) einen Wandel zu bringen.

5.2.4 Besonderheiten bei der Entwicklung anwenderspezifischer Zellen

Wie auch bei den starren Zellen beinhaltet die Entwicklung anwenderspezifischer Zellen die Erstellung des Layouts und aller weiteren von den Folgeprogrammen benötigten Modellbeschreibungen. Das Entwicklungsergebnis ist in diesem Falle allerdings nicht eine Zelle mit ihren Modellbeschreibungen, sondern Programme zur dynamischen Erzeugung dieser Modelle.

Bei der Erzeugung des Layouts werden zwei Methoden unterschieden:

5.2 Entwicklung der Zellenbibliotheken

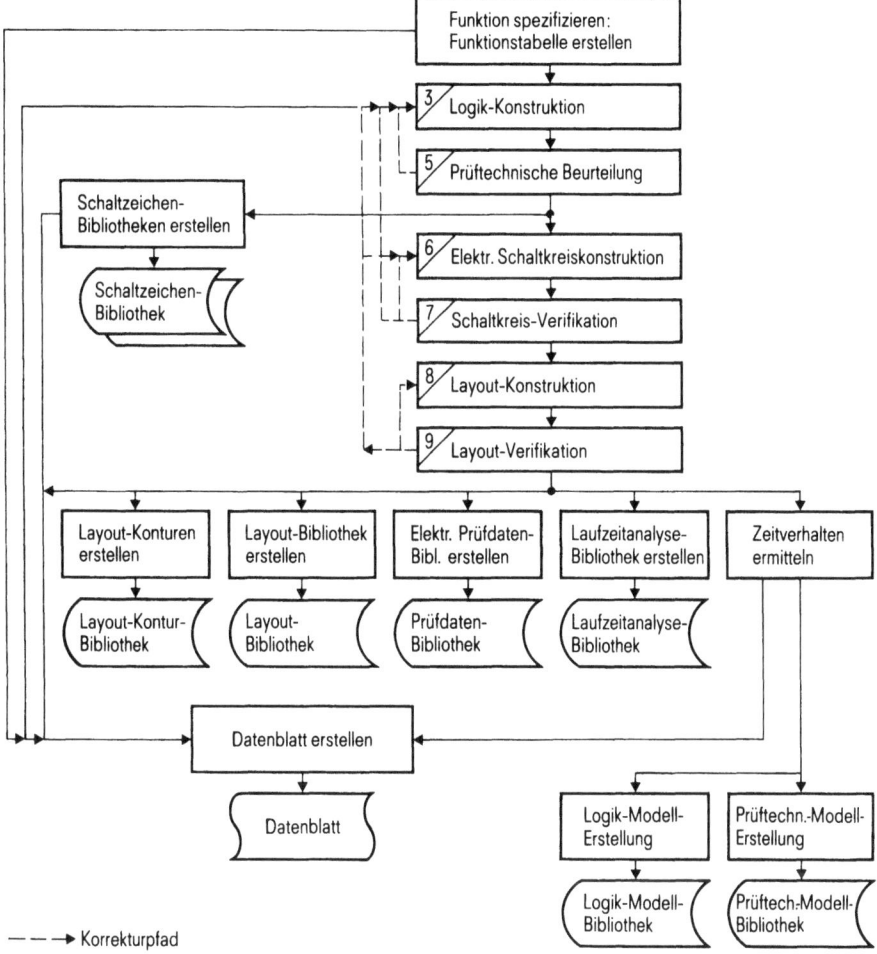

Bild 5.12. Entwicklungsablauf für eine Zellenbibliothek

- Das Layout wird manuell in Form von Zellenelementen an einem graphischen Arbeitsplatz erstellt. Diese Zellenelemente werden per Programm aneinandergefügt. Das so entstandene Layout ist technologieabhängig.
- Das Layout wird prozedural generiert. Das Generierungsprogramm kennt die Designregeln und kann das Layout den laufenden Technologieverbesserungen „auf Knopfdruck" anpassen. Diesen Vorteil bezahlt man mit evtl. erheblich vergrößertem Aufwand bei der Programmentwicklung.

Die Generatoren für anwenderspezifische Zellen sind in VENUS in folgender Weise eingebunden:

- Schnittstelle zum Anwender
  o *Datenblatt*: Die vom Generator gelieferten Informationen sind Laufzeiten, Flächen, Transistorzahl und Verlustleistung der Zelle. Diese Daten werden jeweils

als aktuelle Werte der anwenderspezifischen Zellen in das Datenblatt übernommen. Für die Ermittlung der Laufzeiten ist es aufgrund hoher Rechenzeiten nicht sinnvoll, jede generierte Zelle mit Schaltkreissimulatoren zu simulieren. Daher werden die Zeitparameter aus Tabellen entnommen, die die Laufzeiten von Zellenelementen oder Schaltungsteilen beinhalten. Diese Laufzeiten wurden durch Schaltkreissimulation gewonnen. Wird eine Zelle generiert, so berechnet der Generator ihre Laufzeiten durch Addition oder Interpolation der in der Tabelle eingetragenen Werte.

  o *Spezifikation der Zelle*: In einem Eingabefile spezifiziert der Designingenieur die Organisation des Speichers und die gewünschte geometrische Form, im Falle des ROM gibt er zusätzlich die Belegung an. Für das PLA beschreibt er z.B. die Funktion über boolesche Verknüpfungen und spezifiziert die Zahl der Eingänge und Ausgänge. Der Generator überprüft anschließend die Grammatik und den Inhalt der Beschreibung auf Konsistenz und gibt, falls nötig, ein Fehlerprotokoll aus.

- *Schnittstelle zur Technologie*: Im Falle der prozeduralen Beschreibung des Layouts benötigt der Generator ein Technologiefile, in dem die Designregeln eingetragen sind.
- Vom Generator erzeugte Schnittstellen zum CAD-System
  o *Logikmodell*: Das Kernstück des Modells ist eine Verhaltensbeschreibung („*functional block description*"), die PASCAL-ähnlich aufgebaut ist. Sie simuliert das Verhalten nicht nur auf logischer Ebene, sondern überwacht auch Zeiten (wie Set-up- und Hold-Zeiten) und gibt im Fehlerfall entsprechende Meldungen aus. Die dazu nötigen Zeitangaben werden vom Generator errechnet und in das Modell eingetragen.
  o *Prüftechnisches Modell*: Der Generator erzeugt ein äquivalentes Gatterersatzschaltbild für die automatische Prüfmustergenerierung.
  o *Rahmenbeschreibungen und elektrische Daten*: Das Programmsystem für die Chipkonstruktion benötigt Angaben über die Lage und Art der Signal- und Versorgungsanschlüsse und die Größe der Zellen (geometrische Rahmenbeschreibung). Die logische Rahmenbeschreibung beinhaltet logische Anschlußklassen für die Erzeugung des Schaltzeichens und die Netzlistenprüfung. Die elektrischen Daten geben Ein-/Ausgangskapazitäten und Ausgangswiderstände der Anschlüsse für die Laufzeitermittlung auf Chipebene an.
  o *Schaltzeichen*: Ausgehend von der logischen Rahmenbeschreibung erzeugt ein Generator das Schaltzeichen für die Logikplaneingabe. Ein Pascal-Rahmenprogramm erstellt hierbei ein Kommandofile für den graphischen Editor, welcher das Schaltzeichen generiert.

Anwenderspezifische Zellen anzubieten, ist mit einem gewissen Risiko behaftet. Da es nicht möglich ist, jede denkbare Ausprägung auf einem Testchip zu messen (die Anzahl möglicher Varianten ist viel zu groß), muß über umfangreiche Tests gewährleistet werden, daß der Generator korrekte Ergebnisse liefert. Hierzu wird eine Vielzahl von Varianten den auch für starre Zellen üblichen Verifikationsprozeduren unterzogen.

5.2.5 Qualitätssicherung

Die Qualitätssicherung beginnt bereits bei der exakten Planung des Entwicklungsablaufs für Zellen. Ziel ist es, sicherzustellen, daß alle Modellbeschreibungen der Zellenbibliothek

- vollständig,
- in sich korrekt,
- untereinander konsistent

sind. Man unterscheidet drei Überprüfungsschritte:

- Überprüfung der Datenbestände auf Zellenebene,
- Überprüfung der Datenbestände auf Chipebene,
- Überprüfung gefertigter Zellen und Bausteine.

Überprüfung der Datenbestände auf Zellenebene

Ebenso, wie der Entwurfsablauf für Zellen den Schritten des Allgemeinen IC-Designprozesses folgt, entspricht der Verifiktionsablauf für Zellen dem in Abschnitt 1.5.4 beschriebenen. Bild 5.13 zeigt den allgemeinen Verifikationsprozeß, und, im schraffierten Rahmen, den für den Zellenentwurf relevanten Teil.

Der Logikkonstruktion folgt zunächst nur eine „personelle" prüftechnische Beurteilung. Der elektrische Schaltkreisentwurf jeder Zelle wird einer horizontalen Verifikation durch Schaltkreissimulation unterzogen. Falls hier noch Fehler im Logikplan erkannt werden, muß bei der Logikkonstruktion erneut aufgesetzt werden.

Der Layoutplan der Zelle wird der aufwendigsten Prüfung unterzogen: Programme der Layoutverifikation melden Verletzungen der geometrischen Entwurfsregeln; nach einer Layoutextraktion wird auf Schaltkreisebene auf einwandfreie elektrische Funktion geprüft; schließlich wird vom Layout bis auf Logikebene extrahiert; hier kann ein Switch-level-Simulator überprüfen, ob die vorhandene Funktion der in der Funktionstabelle vorgegebenen entspricht.

Beispielhaft ist für die wichtigste, weil zentrale, Bibliothek, nämlich die Layoutbibliothek, die Methode der Verifikation beschrieben. Alle anderen Modellbibliotheken werden in ähnlicher Weise überprüft. Dazu werden vielfältige Quervergleiche und ausgiebige Testläufe verwendet.

Überprüfung der Datenbestände auf Chipebene

Weiterhin muß das Zusammenwirken der Zellen im Chipverbund überprüft werden. Gleichzeitig sollen auch die CAD-Programme des Verfahrensablaufs auf einwandfreie Funktion getestet werden. Für diese Überprüfung wird ein Testnormal definiert und einem VENUS-Durchlauf unterzogen. Ein Testnormal ist eine Schaltung, die jede Zelle der Bibliothek mindestens einmal enthält und die wenigstens so sinnvoll ist, daß jedes Programm des CAD-Systems fehlerfrei auf die Schaltung angewendet werden kann. Insbesondere soll die Schaltung so strukturiert sein, daß die Logiksimulation zu gut interpretierbaren Ergebnissen führt. Bei einem Bibliotheksumfang von 100 Zellen kann man ein Testnormal erstellen, das mit etwa 200 Zellen auskommt. Mit dem Testnormal wird die Konsistenz zwischen Zellenbeschreibungen und Programmen geprüft und an allen Stellen des CAD-Systems, wo ein Programm auf mehrere

254 5 Zellen und Bibliotheken

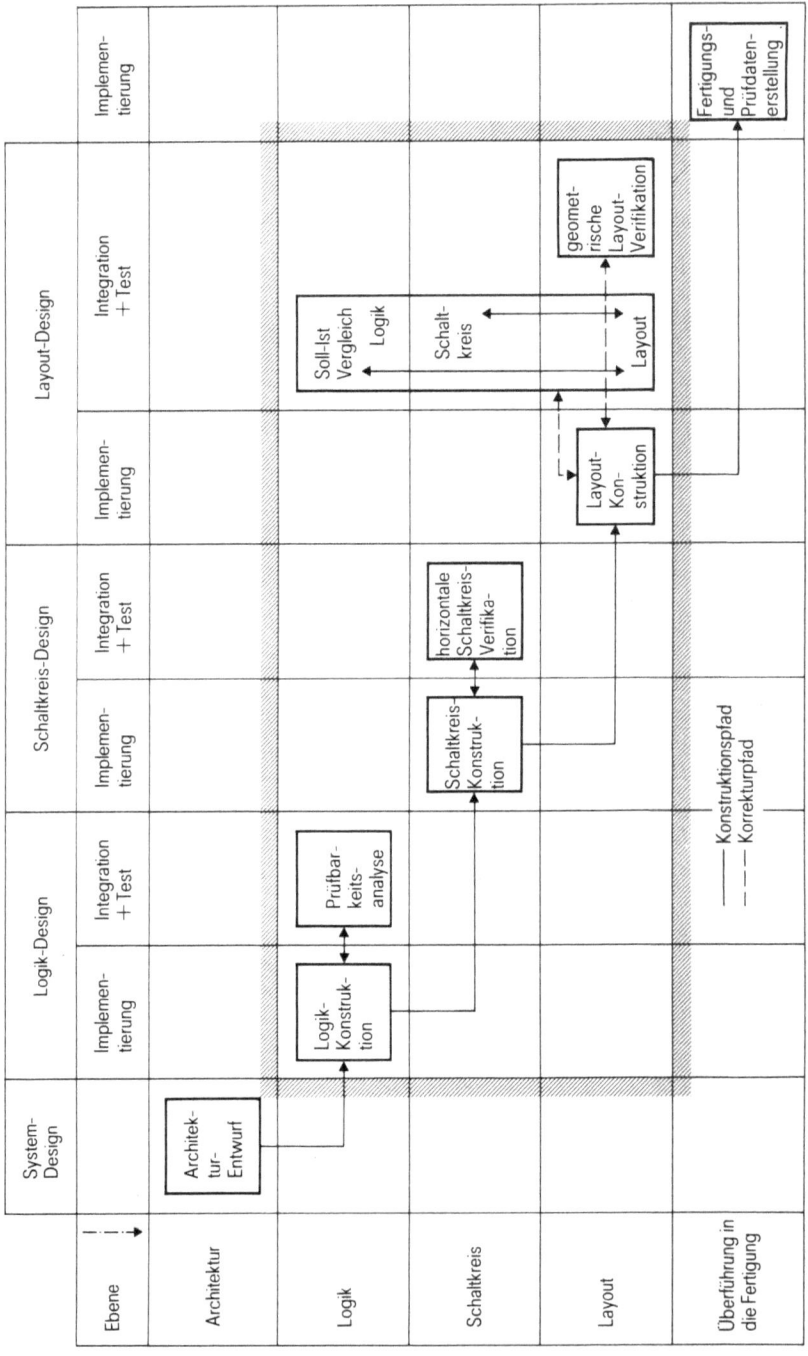

5.2 Entwicklung der Zellenbibliotheken

Zellenbeschreibungen zugreift, auch noch die Konsistenz dieser Zellenbeschreibungen untereinander.

Der fertige Layoutplan des Testnormals wird schließlich noch einer Überprüfung der geometrischen sowie der elektrischen Entwurfsregeln unterzogen (Design Rule Check, Electrical Rule Check). Diese Checks dienen erstens zur Überprüfung des Programmsystems, insbesondere der Verdrahtungsprogramme, und zweitens zur Überprüfung der Zellen in einer echten Chipumgebung. Obwohl bei den Einzelchecks über die Zellen auch deren Rand geprüft wird, haben die Erfahrungen bei der VENUS-Bibliothekserstellung gezeigt, daß trotzdem noch bei den Checks über das Layout des Testnormals Fehler gefunden werden. Diese Prüfung ist zur Qualitätssicherung also unumgänglich.

In weiteren Ausbaustufen von Testnormalen können definierte Fehler eingebaut werden, um die Reaktion des Systems auf diese Fehler zu testen.

Überprüfung der Zellen und Bausteine an gefertigten Mustern

Alle bisher beschriebenen Ergebnisse und Zwischenergebnisse des Zellenentwurfsablaufs sind noch immateriell: sie sind als Datensätze im Computer gespeichert. Dementsprechend können auch noch keine echten Messungen vorgenommen werden.

Wie schon bei der Überprüfung der Datenbestände ist der Entwickler auch hier daran interessiert, die logische Funktion und das elektrische Verhalten (insbesondere das Zeitverhalten) jeder Zelle sowie ihr Zusammenwirken im Chipverbund zu überprüfen. Dazu dienen mehrere Testbausteine.

- Zur *Funktionsprüfung* der Zellen wird ein Baustein in Silizium realisiert, der jede Zelle mindestens einmal enthält (Funktionstestchip). Jede Zelle muß dabei separat angesprochen werden können. Dazu wären etwa 500 Anschlüsse nötig. Diese Zahl kann durch die Verwendung von Multiplexern reduziert werden. Dennoch ist es nicht möglich, den Chip voll in VENUS abzuwickeln: Es müssen z.B. Testanschlüsse (kleine Aluminiumflecken) direkt in die Schaltung eingebracht werden. Zur Messung wird der Chip nicht in ein Gehäuse eingebaut. Die Anschlüsse werden vielmehr direkt von feinen Meßspitzen abgegriffen. Bild 5.14 (s. S. 261) zeigt einen solchen Spitzenmeßplatz und das Layout eines Funktionstestchips.
- Will man am eben besprochenen Funktionstestchip auch *Schaltzeiten* messen, so wird man meist nur sehr ungenaue Ergebnisse erhalten. Das liegt daran, daß die zu messenden, im ns-Bereich liegenden Zeiten sehr leicht durch die Streukapazitäten der Meßspitzen verfälscht werden können. Zudem sind die Zellenausgangstreiber natürlich nicht für große kapazitive Lasten ausgelegt, wie sie die Meßspitzen darstellen. Schaltet man zusätzliche Meßzellen (etwa ein Meßflipflop und einen Padtreiber) hinter den Probanden, dann gehen Unsicherheiten bei der Schaltzeitbestimmung dieser Meßzellen in das Meßergebnis ein.

Aus diesen Gründen beschränkt man sich darauf, für einige wenige repräsentative Zellen die Übereinstimmung der Meßergebnisse mit den Simulationen zu überprüfen. Man kann dann, wie die Erfahrung gezeigt hat, mit großer Sicherheit auch auf die restlichen Zellen schließen. Auf einem Schaltzeitmeßchip wird für diese wenigen Zellen dann auch entsprechend höherer Aufwand getrieben. Um leichter meßbare Zeiten zu erzielen, wird der zu messende Zellentyp 10 bis 20 mal hintereinandergeschaltet. Bei invertierenden Zellen wird durch zwischengeschaltete Inverter dafür gesorgt, daß alle Zellen mit steigender (LH) bzw. mit fallender (HL) Flanke angesprochen werden. Alle nur meßtechnisch bedingten Schaltungsteile (z.B. die zwischengeschalteten Inverter) werden in unmittelbarer Nachbarschaft nochmals separat angeordnet. Durch Messung der beiden Vergleichsketten und Subtraktion erhält man so sehr zuverlässig genaue Zellenschaltzeiten.

Eine Möglichkeit, die Genauigkeit noch zu erhöhen, besteht im Einsatz des Rasterelektronenmikroskops: Hier wird statt einer mechanischen Meßspitze ein Elektronenstrahl als Meßsonde verwendet [5.4, 5.5].

- Ein weiterer Testchip muß für die *Untersuchung der Padzellen* realisiert werden. Neben den Schaltzeiten interessieren dabei vor allem elektrische Charakteristika wie Eingangsleckströme, Kurzschlußströme, Lastabhängigkeiten und Pegel.

Als Ergebnis der Messungen an allen diesen Testbausteinen sind eventuell Korrekturen der Datenblätter oder sogar Redesigns nötig. Derartige Korrekturen konnten bei der VENUS-Zellenentwicklung fast ganz vermieden werden, da bei stabiler Technologie die SPICE-Simulationsergebnisse ausreichend genau die gemessenen Werte vorhersagen. Eine erfolgreiche, die Angaben des Datenblatts bestätigende Messung ist jedoch unbedingte Voraussetzung für die Freigabe einer Zelle.

Neben den speziell zu Testzwecken konstruierten Bausteinen wird man gewöhnlich noch eine möglichst große Anzahl von Pilotbausteinen abwickeln, um die Zuverlässigkeit und Stabilität des CAD-Systems zu bestätigen. Die Pilotbausteine entsprechen bereits realen Aufgabenstellungen. Auf diese Weise werden nicht nur die Zellenbibliotheken, sondern auch die Verfahrensabläufe einem letzten praxisnahen Test vor der endgültigen Freigabe unterzogen.

5.2.6 Qualitätsstand

Der Qualitätsstand eines Produkts, insbesondere eines so komplexen Systems wie VENUS, zeigt sich letzten Endes erst beim praktischen Einsatz. Die erste Version von VENUS befindet sich seit 1983 im produktiven Einsatz. Die Komplexität der in dieser Zeit mit dem System entwickelten Zellenbausteine, die auch gefertigt und getestet wurden reichte dabei von kleinen Schaltungen, wie sie Studenten als Semesterarbeit entwickeln, bis zu Bausteinen, die bzgl. der Gatterzahl, der Größe oder der Geschwindigkeit eigentlich die spezifizierten Grenzen des Systems überschritten. Alle bisher entworfenen Bausteine funktionierten auf Anhieb. Die bei manuellen Entwürfen üblichen Redesigns konnten entfallen. Dies spricht sowohl für eine ausgereifte Zellenbibliothek als auch für einen hohen Qualitätsstandard des Programmsystems.

Literatur zu Kapitel 5

5.1   TTL data book, Texas Instruments.
5.2   Schaltzeichen für integrierte Schaltungen. Siemens A 49 000 – C1 – B – * – 7435.
5.3   ECL-gate-array-family-design-manual. Siemens.
5.4   Feuerbaum, H. P.: Electron beam testing: Methods and applications, Scanning 5 (1983) 14 – 24.
5.5   Wolfgang, E.: Electron beam testing: Problems in practice, Scanning, 5 (1983) 71 – 83.

6 Einsatz des Entwurfssystems VENUS

6.1 Überblick

Im folgenden werden die Überlegungen, Entscheidungen, Tätigkeiten und Absprachen dargestellt, die im Zusammenhang mit Definition, Entwicklung, Fertigung, Test und Erstauslieferung eines Halbleiterbausteins zu beachten sind, der mit Hilfe des Entwurfssystems VENUS entwickelt wird.

Bei der Darstellung wird vorausgesetzt, daß ein oder mehrere Systementwickler solche Bausteine entwickeln, mit denen ein spezifisches Systemproblem schnell und besser gelöst wird als mit Standardbausteinen bzw. Standardbaugruppen. Diese Systementwickler sollen unter Verwendung des Entwurfssystems VENUS in die Lage versetzt werden, sämtliche Entwicklungsschritte und Entwurfsarbeiten selbständig auszuführen. Ihre diesbezügliche Tätigkeit ist mit der Übergabe der Fertigungs- und Prüfdaten an den Bausteinhersteller abgeschlossen. Die Darstellung endet mit Hinweisen über den Ablauf einer Musterfertigung und das Einschalten des Prüfprogramms.

Im vorliegenden Abschnitt wird besonders Wert gelegt auf praktische Hilfestellungen für den Einsatz von VENUS oder dessen Vorbereitung. Dies äußert sich insbesondere durch die vielfache Anführung von Checklisten.

Die im Abschnitt 6.5 im Detail erläuterten Verfahrensschritte werden, parallel zu einer allgemein gehaltenen Erklärung, zusätzlich durch einen VENUS-Durchlauf am Beispiel des HW-ADUS (vgl. Kapitel 1) illustriert.

Unabhängig von den bereits erläuterten Stärken eines Standarddesignsystems sollen in jedem Einzelfall die Gründe, ein solches Entwurfssystem für die Entwicklung integrierter Schaltungen einzusetzen, an folgender Checkliste abgeprüft werden:

Checkliste 1: Gründe für den Einsatz von VENUS:

- ☐ Im betreffenden Entwicklungsbereich ist das halbleiterspezifische oder layoutbezogene Wissen nicht vorhanden.

- ☐ Im betreffenden Entwicklungsbereich ist das transistorbezogene Schaltungswissen nicht vorhanden.

- ☐ Die für den Schaltungsentwurf auf Transistorebene notwendigen Informationen - wie Entwurfsregeln des Halbleiterfertigungsprozesses oder Parameter des elektrischen Verhaltens der gefertigten Schaltelemente - sind nicht zugänglich.

- ☐ Bei Anwendung des zellenorientierten Bausteinentwurfs kann auf vorhandene - beispielsweise für den Systementwurf genutzte - Geräteausrüstung zurückgegriffen werden. Es müssen keine - nur für diesen Zweck nutzbaren - Spezialgeräte angeschafft werden.

- ☐ Eine vorhandene Systemlösung auf Flachbaugruppenebene soll rasch und möglichst problemlos ganz oder teilweise auf einen Baustein umgesetzt werden, da erstere funktional die Anforderungen nicht erfüllt, zuviel Platz benötigt, eine zu große Leistung aufnimmt oder teure Standardbausteine nur teilweise ausnutzt.

- ☐ Eine Systemlösung auf Flachbaugruppenebene ist nicht möglich, da die Systemumgebung das ausschließt (Umweltbedingungen), die Fehleranfälligkeit im Betrieb zu groß ist oder z. B. die dynamische Spezifikation so nicht erreichbar ist.

- ☐ Die in der Systemlösung enthaltenen Ideen müssen vor Mitbewerbern verborgen bleiben. Eine Flachbaugruppe, bestückt mit Standardbausteinen, ist leicht nachzubauen. Einen Zellenbaustein dagegen zu analysieren und nachzubauen erfordert großes Expertenwissen und hohen Apparate- und Zeitaufwand.

- ☐ Entwicklungs- und Fertigungszeit müssen besonders kurz sein. Nur bei Zellenbausteinen ist in wenigen Monaten mit ersten Bemusterungen zu rechnen. Nur bei Zellenbausteinen ist mit hoher Sicherheit die Notwendigkeit eines Redesigns auszuschließen.

- ☐ Das Risiko eines Entwurfs auf Transistorebene ist zu groß. Für die Entwurfssicherheit bei Zellenbausteinen kann als Preis deren größere Fläche hingenommen werden.

- ☐ Die Komplexität des zu lösenden Problems ist so groß, daß nur über das hierarchische Vorgehen über Blöcke, Makros und Zellen der Entwurf überhaupt zu meistern ist. Bei transistororientierten Entwürfen wäre die Sicherung der Funktionalität und der Qualität eine zu schwierige Aufgabe.

- ☐ Die Qualität der Schaltung ist Zielkriterium. Der zellenorientierte Entwurf stützt sich ab auf Zellen, die - während ihrer Entwicklung durch Experten - in Bausteinen zur Einzeluntersuchung der Zellen selbst sowie in speziellen Bausteinen desselben Entwurfsverfahrens bereits zahlreichen Qualitätssicherungsroutinen unterworfen worden sind. Die Qualität des entwickelten Produktes ist damit - im Gegensatz zu Transistorentwürfen - als Teil einer "Serien"-Fertigung von vornherein gewährleistet.

6.1 Überblick

☐ Der Bausteinentwickler erwartet die Unterstützung durch ein geschlossenes Entwurfssystem (Datenhaltung, Simulator, problemlose Fertigungsdatenerstellung, garantierte Prüfprogrammgenerierung).

☐ Es werden nur wenige Exemplare des zu entwickelnden Bausteins benötigt. Der zellenorientierte Entwurf ist wegen des niedrigen Entwicklungsaufwandes kostengünstig. Die gegenüber dem transistororientiertem Entwurf höheren Fertigungskosten können deshalb leicht in Kauf genommen werden.

☐ Während der Systementwicklung kommt es möglicherweise zu Änderungen in der Bausteinspezifikation. Der zellenorientierte Entwurf erlaubt, darauf in kurzer Zeit mit neu entworfenen Bausteinen gleicher Qualität zu reagieren.

☐ Der Vorteil, auf Stückzahlanforderungen angepaßt antworten zu können, ist von Bedeutung: Bemusterung mittels Gate-Array-Bausteinen in Wochen; Musterserien mit Standardzellen-Bausteinen - nach gleicher Entwurfsmethodik - in 1 bis 2 Monaten; Groß-Serien mit optimierten Entwürfen auf Transistorebene nach ein bis zwei Jahren.

Ist die Entscheidung gefallen, ein Standardentwurfsystem einzusetzen, so sollte man sich einen guten Überblick über die zugesagten Leistungen des CAD-Systems und seiner Zellenbibliotheken verschaffen. Bei diesem Überblick muß auch deutlich werden, welche Überlegungen und Entwicklungsschritte in der Verantwortung des Systementwicklers liegen und welche halbleiterspezifischen und nahe der Halbleiterfertigung angesiedelten Probleme er nicht bearbeiten muß. Weiterhin muß der Systementwickler kennenlernen, welche technischen Daten — dokumentiert in den Datenblättern des Zellenkatalogs und in seinen Kommentaren — das Entwurfsystem garantiert.

Das zellenorientierte Entwurfssystem VENUS wird dem Designingenieur anhand folgender Unterlagen zugänglich gemacht:

- SEMICUSTOM. Zellenorientierter Bausteinentwurf:
  o Standardzellen und Gate-Arrays,
  o Handbuch 1: Schaltungsentwicklung [6.1];
- VENUS. Arbeitsunterlagen für den Benutzer [6.2].

Die dem vorliegenden Kapitel zugrundeliegende VENUS-Version entspricht dem Stand September 1985. Sie unterstützt einen Standardverfahrensablauf im Sinne von Abschnitt 1.5.5 (Bild 1.31) mit den Schritten:

- Logikkonstruktion,
- Logikverifikation,
- Prüfbarkeitsanalyse,

- Chipkonstruktion,
- Layoutanalyse,
- Fertigungsdatenerstellung,
- Prüfdatenerstellung.

VENUS bietet folgendes Leistungsspektrum an:
Für die CMOS-Gate-Array-Bausteine werden Master der Komplexität 1K, 2K, 4K und 10K Gatterfunktionen angeboten.

Bausteine auf Basis von CMOS-Standardzellen sind in Komplexitäten bis 5 000 äquivalente Gatterfunktionen mit bis zu 120 Anschlüssen und auf Basis von Makrozellen bis zu 20 000 äquivalenten Gatterfunktionen mit bis zu 256 Anschlüssen realisierbar.

Für ECL-Gate-Array-Bausteine werden Master der Komplexitäten 960 und 2600 Gatterfunktionen angeboten.

Das System VENUS läuft auf SIEMENS-Computern unter dem Betriebssystem BS2000. Der Benutzerdialog wird über einen Monitor geführt. Generell wird der Benutzer dabei durch Menueausgaben, Hinweistexte und leicht interpretierbare Meldungen unterstützt. Die Eingabe des Logikplans erfolgt graphisch an einem Arbeitsplatzcomputer. Das Entflechtungsergebnis (Plazierung und Verdrahtung der Zellen) wird am Farbgraphikterminal ausgegeben, das direkt mit der BS2000-Anlage verbunden ist. An diesem Terminal erfolgt auch die interaktive Nacharbeit. Der rein alphanumerische Dialog, der bei einigen Entwicklungsschritten – z.B. Verifiktion und Prüfvorbereitung – erforderlich ist, kann ebenfalls über den Arbeitsplatzcomputer abgewickelt werden.

Bild 6.1 zeigt eine typische VENUS-Gerätekonfiguration. Die Nutzung der VENUS-Komponenten und der Geräte erfolgt durch verschiedene Anwender mit sehr unterschiedlicher Betonung und Intensität. Entsprechend diesen vielseitigen Nutzungsvarianten von VENUS ergibt sich eine Reihe von möglichen Aufgabenverteilungen zwischen Kunden, Designcenter und Hersteller, von denen im folgenden Abschnitt die Rede sein wird.

6.2 Kunden/Hersteller-Schnittstellen

Das zellenorientierte Entwurfssystem VENUS ist so angelegt, daß es eine Vielzahl unterschiedlicher Schnittstellen für das Zusammenwirken zwischen Kunde und Bauelementeproduzent in verschiedenen Abläufen anbietet. Zugrundegelegt wird ein Dreiecksverhältnis zwischen Kunde, Designcenter und Hersteller.

- *Kunde*: Der Kunde ist der Systementwickler (Designingenieur), der sein Systemproblem vollständig oder teilweise mit Hilfe eines anwendungsspezifischen Bausteins lösen will.
- *Designcenter*: Die Mitarbeiter des Designcenters sind erfahrene Kenner des Entwurfssystems VENUS und seiner Zellenbibliotheken. Sie haben die Aufgabe, die Probleme der Systementwickler im Beratungsgespräch zu analysieren, technische Randbedingungen einzubringen und insbesondere den Sinn und Zweck der prüftechnischen Entwurfsregeln zu vermitteln, die schon bei der Logikkonstruktion zu beachten sind.

6.2 Kunden/Hersteller-Schnittstellen

Bild 5.14. Spitzenmeßplatz (a) und Funktionstestchip (b)

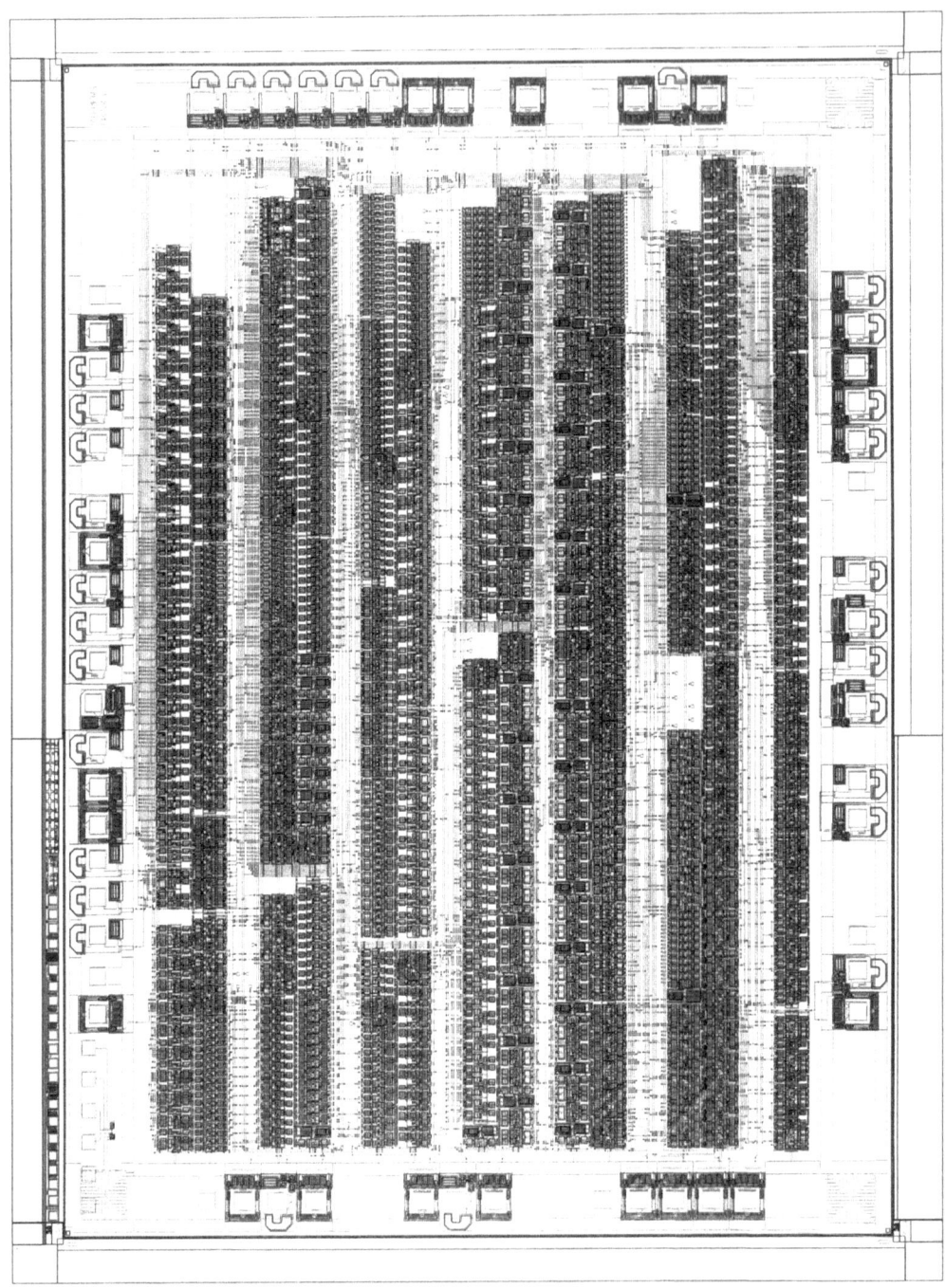

Bild 5.14 b.

6.2 Kunden/Hersteller-Schnittstellen

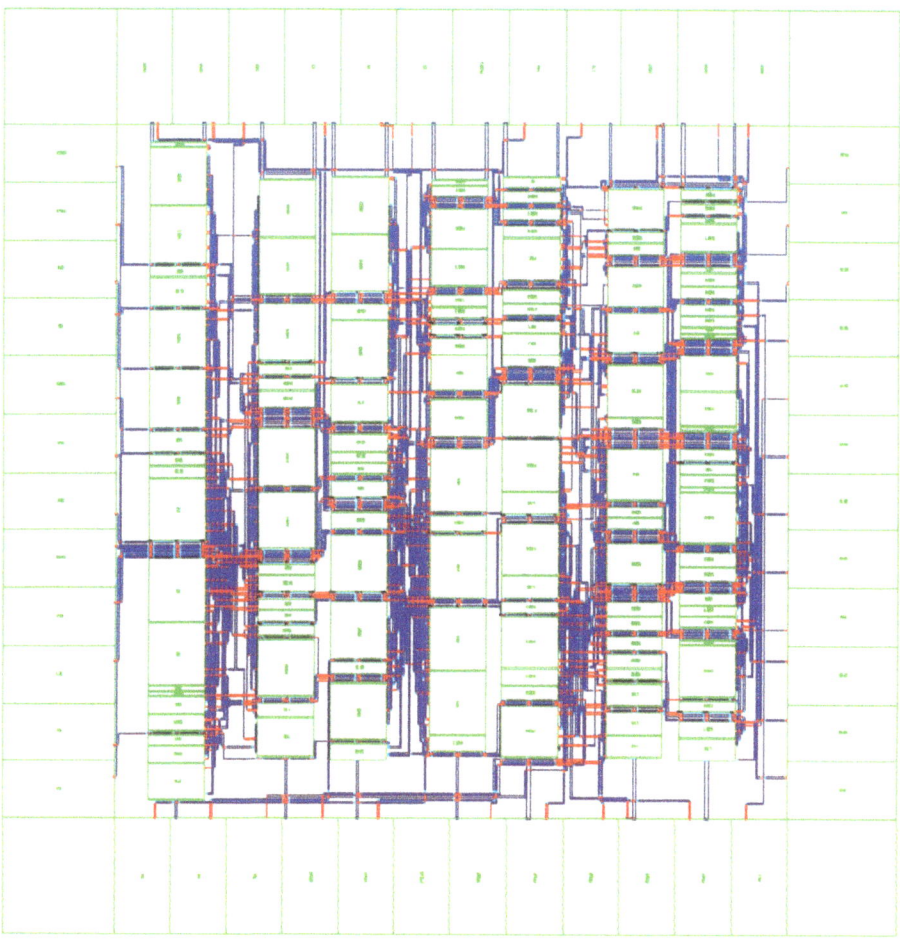

ADUS 11a. Chipkonstruktion. Gesamtlayout

```
%-----------------%
% C L U S T E R N %
%-----------------%
#CL/
CLULT = (0)/LT0,LT1,LT2,LT3,LT4,LT5/
%=================%
```

ADUS 11b. Chipkonstruktion. Clusterbefehl

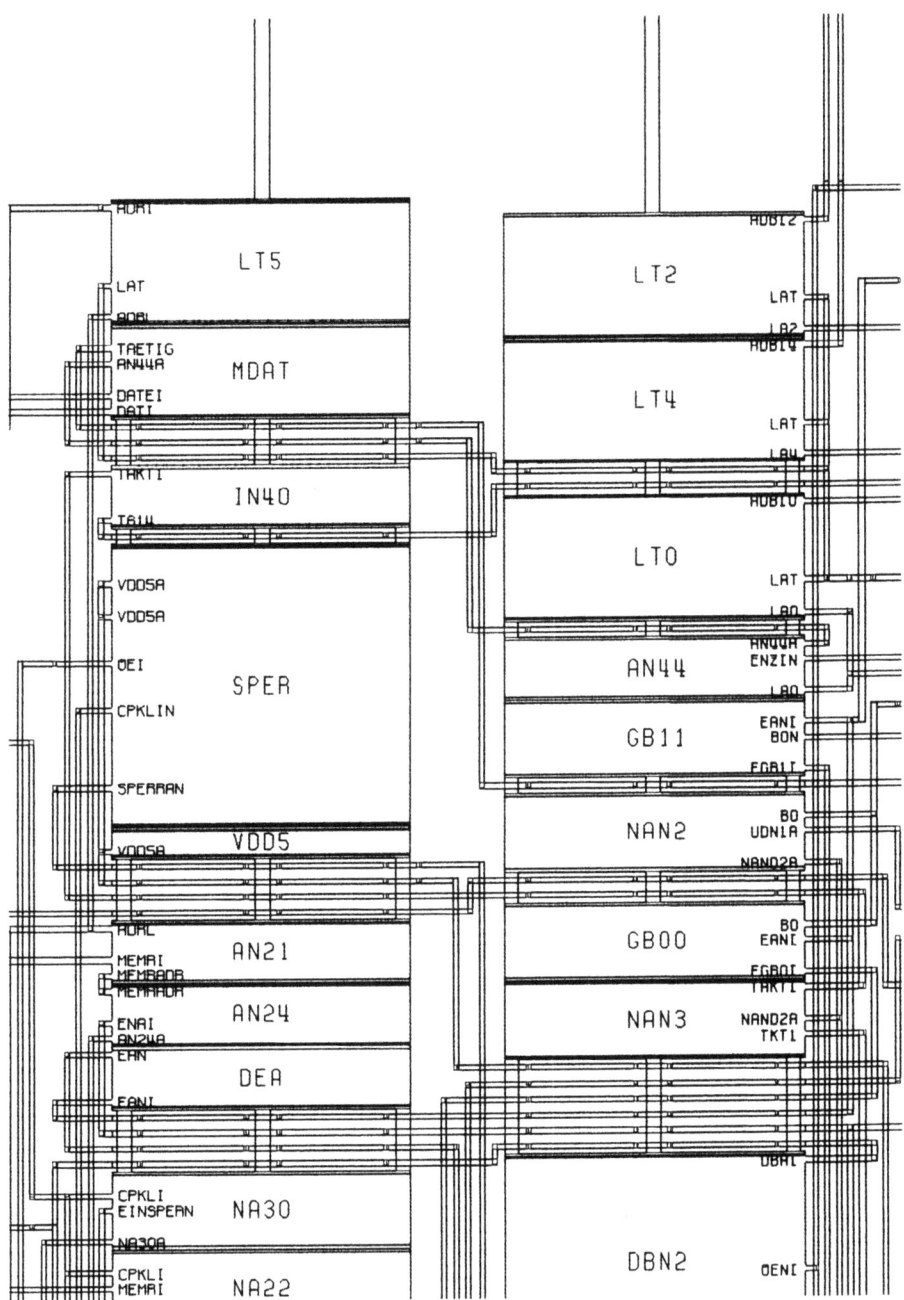

ADUS 11c. Chipkonstruktion. Layout: Ausschnitt ohne Cluster

6.2 Kunden/Hersteller-Schnittstellen

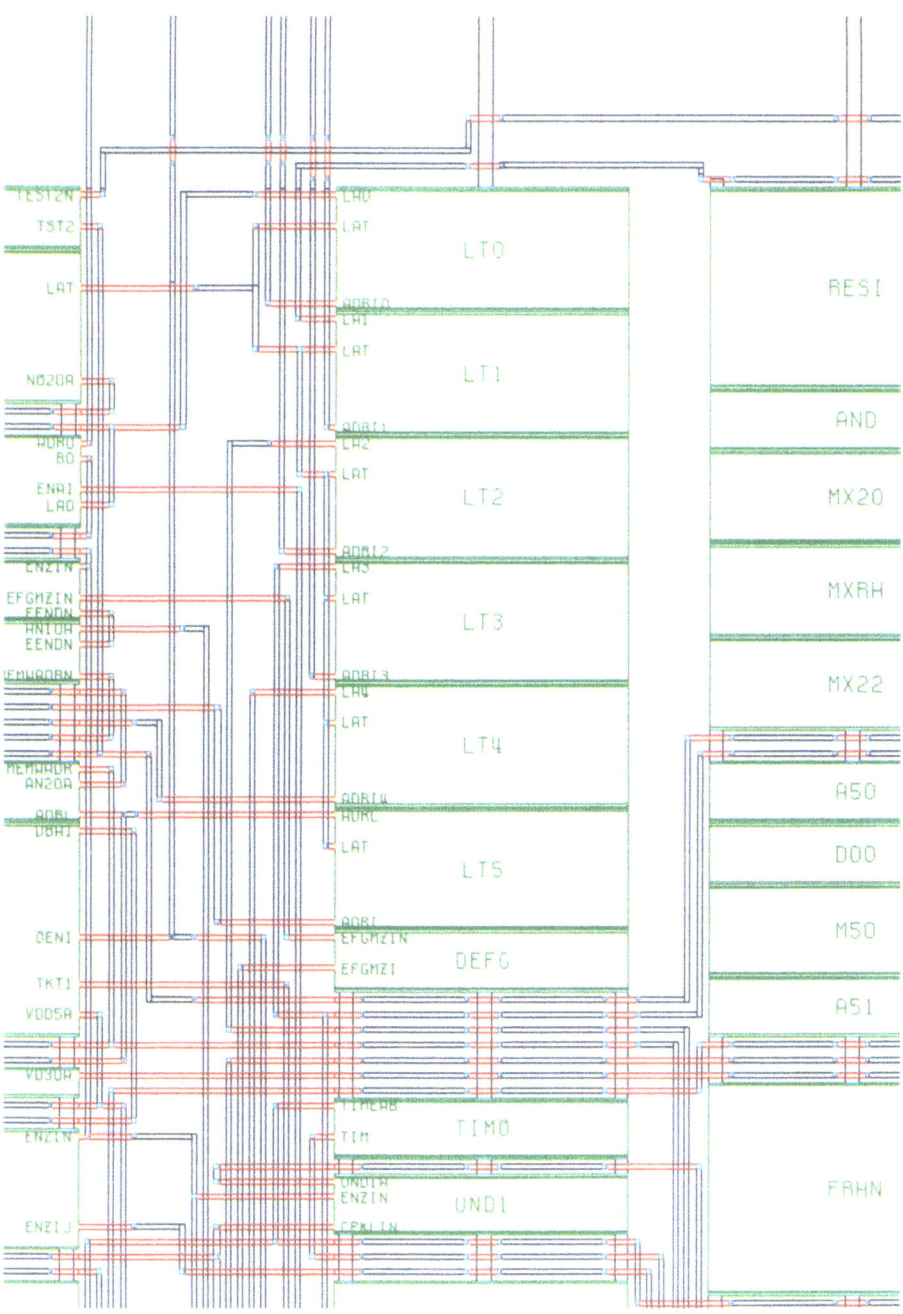

ADUS 11d. Chipkonstruktion. Layout: Ausschnitt mit Cluster

```
+------------------------------------------------------------------+
| TT.MM.YY              PLOTMASK VERSION XXX                    1  |
+------------------------------------------------------------------+
|                                                                  |
|   ERZEUGUNG EINES STEUERBANDES FUER                              |
|                                                                  |
|           PLOT CALCOMP 925 FORMAT        < >                     |
|           MEBES-MASKEN                   <*>                     |
|           PATTERN-GENERATOR-MASKEN       < >                     |
|                                                                  |
|   WAEHLEN SIE BITTE DURCH ANKREUZEN  E I N E  DER MOEGLICHKEITEN AUS |
|                                                                  |
|   SCHALTUNGSNAME (NAME DER HKP-DATEI OHNE HP.): <adus.1        > |
|                                                                  |
|   MASTERKENNUNG                          <masterk >              |
|                                                                  |
|   BANDNUMMER                             <xxxxxx>                |
|   BEI BANDAUSGABE MIT MAREN MUSS DAS BAND VOR DEM LAUF ANGEFORDERT WERDEN |
|   SYSOUT                                 <                    > |
|                                                                  |
|                            BEENDEN DES PROGRAMMS  < >            |
+------------------------------------------------------------------+
|                                           UHRZEIT: SS:MM:SS      |
+------------------------------------------------------------------+
```

ADUS 14a. Fertigungsunterlagen: PLOTMASK-Maske

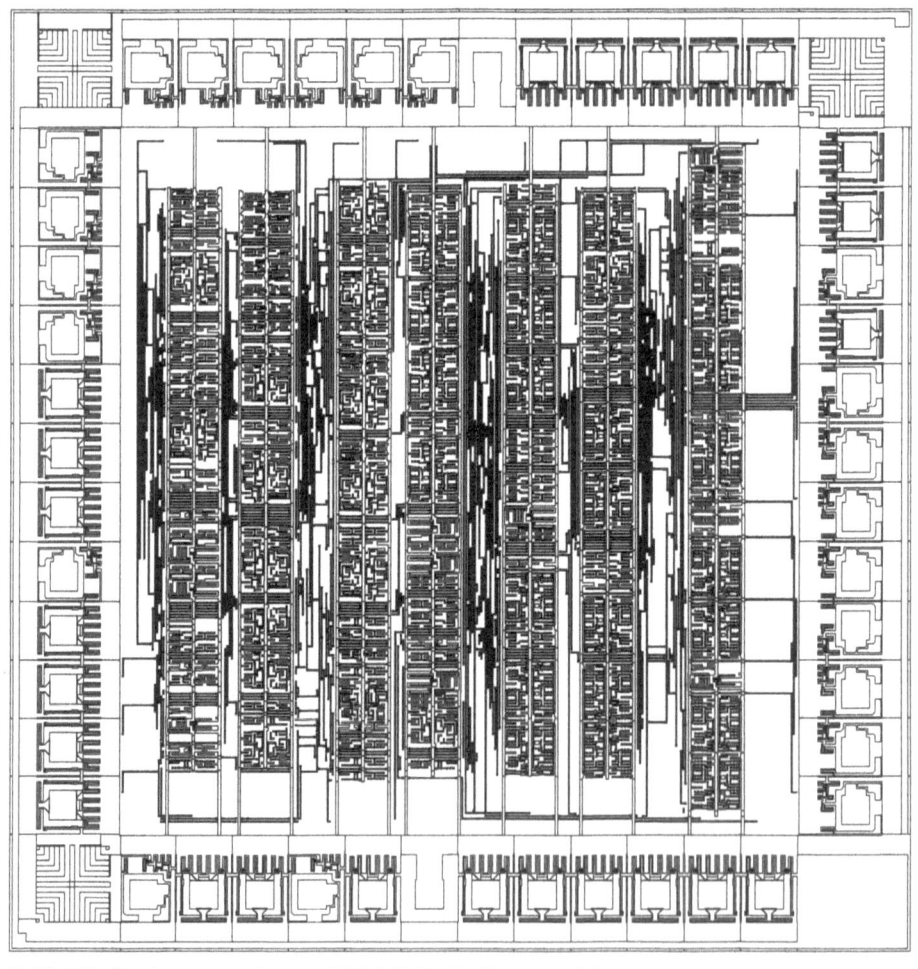

ADUS 14b. Fertigungsunterlagen: CALCOMP-PLOT (Aluminiumebene)

6.2 Kunden/Hersteller-Schnittstellen

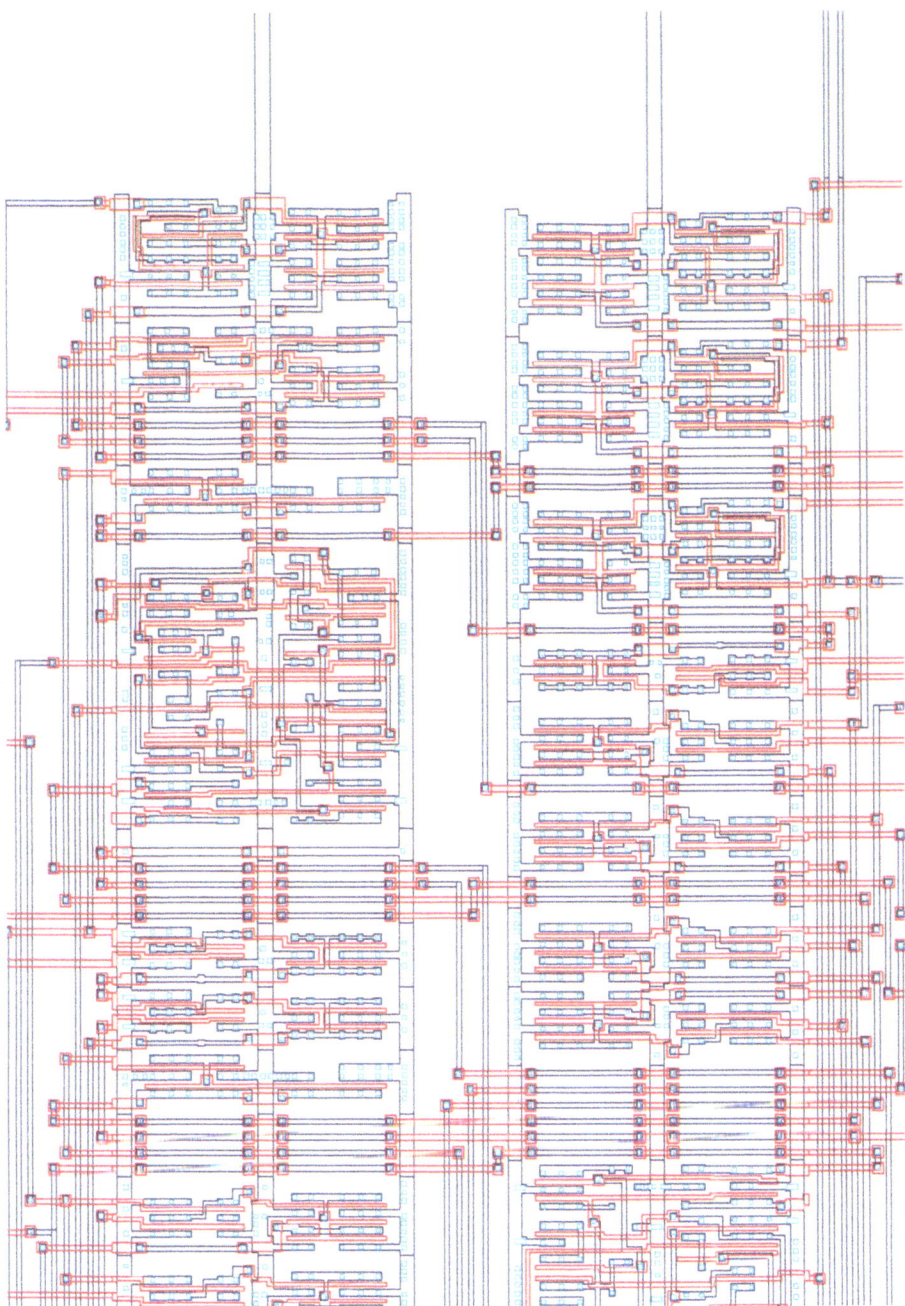

ADUS 14c. Fertigungsunterlagen: HKP BILD-Plot (drei Ebenen)

Bild 6.3. Ansteuerbaugruppe

6.2 Kunden/Hersteller-Schnittstellen

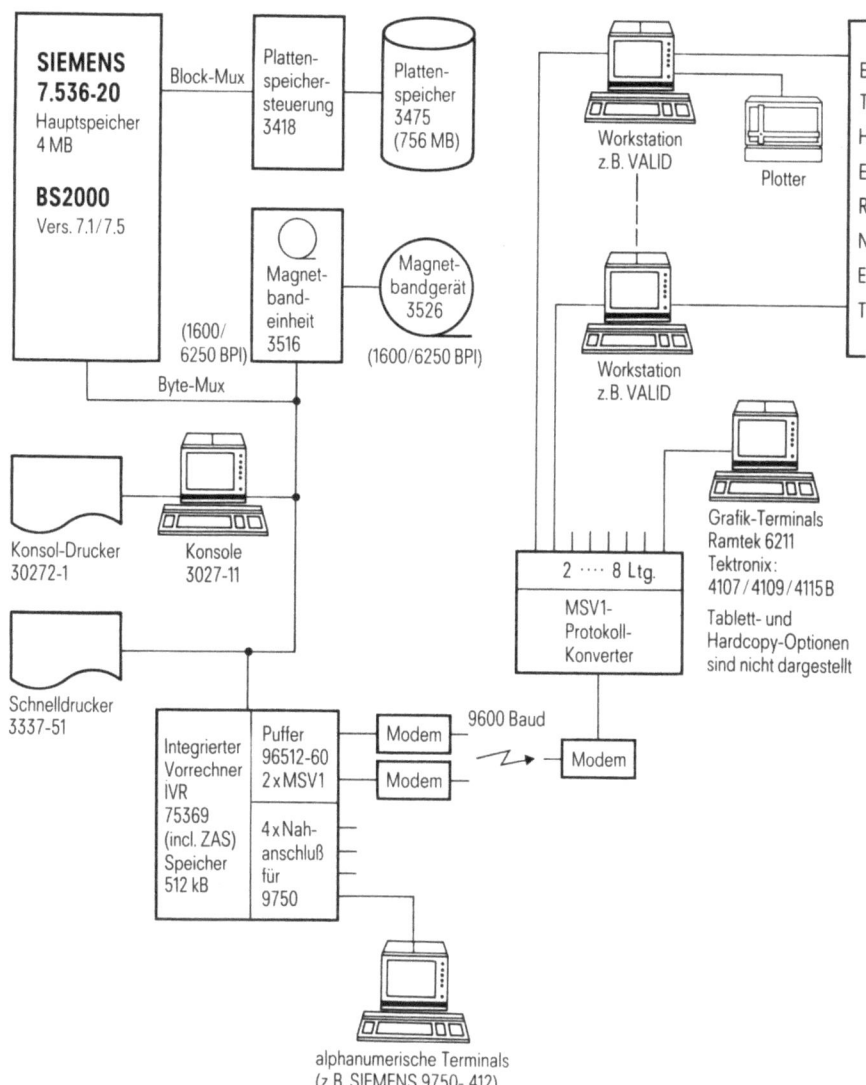

Bild 6.1. Typische VENUS-Konfiguration

Daneben halten sie regelmäßig Schulungskurse ab: einerseits zur Heranführung des Systementwicklers an die Möglichkeiten des Systementwurfs mit anwendungsspezifischen Bausteinen, andererseits zur Ausbildung der Designingenieure an den Geräten des Designcenters.

Das Designcenter hält das Entwurfssystem VENUS, die notwendige Gerätekonfiguration und die datentechnischen Schnittstellen zum Hersteller bereit. Die Zellenbibliotheken sind ebenfalls auf den Anlagen des Designcenters vorhanden.

- *Hersteller*: Der Hersteller produziert die mit VENUS entwickelten Bausteine. Er akzeptiert die Fertigungsdaten (Maskenbänder) und Prüfprogramme, die mit dem Entwurfssystem VENUS erstellt sind und die ihm vom Designcenter übergeben werden. Der Hersteller steht in bezug auf Kosten, Gewährleistung und Fertigungstermine mit dem Kunden in einem direkten Vertragsverhältnis.

Sechs unterschiedliche Abläufe des Zusammenwirkens werden im folgenden dargestellt. Nicht in die Betrachtung einbezogen sind die vor Einsatz des Entwurfssystems nötigen Beratungsaufgaben bei der Systemspezifikation sowie bei der Logikentwicklung, also vor den eigentlichen VENUS-Entwicklungsschritten, sowie die Fertigung und der Test.

Ablauf 1

Der Kunde beschreibt das Systemproblem nur funktional und gibt die zugehörigen Zeitbedingungen bekannt.

Das Designcenter führt die Logikentwicklung aus, bearbeitet sämtliche VENUS-Entwicklungsschritte und veranlaßt Fertigung und Test beim Hersteller. Nach der Logikverifikation (einschließlich Layoutanalyse) ist die Freigabe des Zwischenergebnisses der Entwicklung durch den Kunden erforderlich.

Der Kunde hat in diesem Fall keine ausreichenden Kenntnisse für die Logikentwicklung eines elektronischen Systems und überläßt deswegen dem Designcenter sein Systemwissen.

Ablauf 2

Der Kunde erarbeitet anhand des SEMICUSTOM-Handbuchs „Schaltungsentwicklung" die Systemlösung. Er führt die Logikentwicklung selbst durch und legt die Funktionsbitmuster fest. Beides wird dem Designcenter übergeben.

Das Designcenter führt — ohne tiefere Kenntnisse über das System des Kunden gewinnen zu müssen — alle weiteren Schritte wie bei Ablauf 1 durch.

Der Kunde hat hier keine Kenntnisse über das Entwurfssystem, ist jedoch in der Lage, seine systemspezifische Schaltung als groben Logikplan bereitzustellen und anhand der Benutzerunterlagen in einen skizzenhaften VENUS-Logikplan umzusetzen. Die Prüfvorbereitung erfordert genaue Absprachen zwischen Kunde und Designcenter.

Ablauf 3

Der Kunde arbeitet selbst in einem VENUS-Designcenter und führt dort die Entwicklungsschritte bis zur Logikverifikation aus. Die Schritte Prüfbarkeitsanalyse, Chipkonstruktion, Layoutanalyse, Fertigungs- und Prüfdatenerstellung werden vom Designcenter bearbeitet.

Eine Variante ist, daß dem Kunden ein Arbeitsplatzcomputer mit einem Teil der VENUS-Software und den benötigten Bibliotheken für eigene Entwicklungsschritte zur Verfügung steht.

Dieser Kunde hat keine ausreichenden Kenntnisse oder Geräte für die Lösung der Prüfproblematik und die Durchführung der Chipkonstruktion. Während der Prüfvorbereitung sind Absprachen zwischen Kunde und Designcenter nötig.

6.2 Kunden/Hersteller-Schnittstellen

Tabelle 6.1. Mögliche Aufgabenteilung zwischen Kunde (K), Hersteller (H) und Designcenter (DC)

Ablauf → Schritt ↓	1	2	3	4	5	6
System- spezi- fikation	K	K	K	K	K	K
Logik- Entwicklung	DC	K	K	K	K	K
VENUS Logikkon- struktion	DC	DC	K im DC	K im DC	K im DC	K im DC
VENUS Logikverifi- kation	DC	DC	K im DC	K im DC	K im DC	K im DC
VENUS Prüfbarkeits- analyse	DC	DC	DC	K im DC	K im DC	K im DC
VENUS Chipkon- struktion	DC	DC	DC	DC	K im DC	K im DC
VENUS Layout- analyse	DC	DC	DC	DC	K im DC	K im DC
VENUS Fertigungs- datenerstell.	DC	DC	DC	DC	K im DC	K im DC
VENUS Prüfdaten- erstellung	DC	DC	DC	K im DC	K im DC	K im DC
Fertigung	H	H	H	H	H	H
Test	H	H	H	H	H	K

Ablauf 4

Der Kunde übernimmt zusätzlich – im Designcenter arbeitend – auch die Entwicklungsschritte Prüfbarkeitsanalyse und Prüfdatenerstellung. Das Designcenter führt nur die Schritte Chipkonstruktion und Fertigungsdatenerstellung aus.

Der Kunde hat keine ausreichenden Kenntnisse oder Geräte für die Chipkonstruktion. Er braucht jedoch seine Systemideen nicht mit dem Designcenter zu diskutieren. Denn auch die Prüfvorbereitung liegt in seiner Verantwortung.

Ablauf 5

Der Kunde führt sämtliche Entwurfsschritte selbst durch. Er arbeitet selbständig im Designcenter und übergibt nach den Vorgaben des Designcenters die Fertigungsdaten sowie das Prüfprogramm an den Hersteller.

Dieser Kunde nutzt das CAD-System VENUS in vollem Umfang selbst. Seine Systemideen bleiben ganz unter seiner Kontrolle. Er muß jedoch bereit sein, einen Teil seines Systemwissens wenigstens in Form des Prüfprogramms dem Hersteller zu überlassen.

Da der Kunde auch die Chipkonstruktion selbst übernimmt, kann er dabei unter Nutzung seines Systemwissens optimale Ergebnisse erzielen.

Ablauf 6

Der Kunde erstellt anders als bei Ablauf 5 das Prüfprogramm für seinen eigenen Testautomaten oder für den Testautomaten eines für prüftechnische Aufgaben speziell eingerichteten Designcenters. Er läßt sich vom Hersteller nur die Technologie garantieren.

Damit bleibt das Systemwissen voll beim Kunden. Nur die Fertigungsdaten (Maskenbänder) gehen zum Hersteller.

Das Entwurfssystem VENUS ist so konzipiert, daß Kunden besonders die Nutzung gemäß den Abläufen 5 und 6 erleichtert wird. Der Kunde als Systementwickler benötigt kein halbleitertechnisches Spezialwissen und muß nur kurz in die Benutzung der anwenderfreundlichen VENUS-Software eingewiesen werden. In gleicher Weise läßt sich das Entwurfssystem jedoch auch nach den Abläufen 1 bis 4 nutzen, je nachdem wieviel der Kunde an Wissen und Geräten selbst investieren will.

6.3 Organisatorische Vorbereitung des VENUS-Einsatzes

Vor Beginn der eigentlichen Entwicklungstätigkeit unter Benutzung der Unterlagen, Geräte, Programme und Zellenbibliotheken des Entwurfssystems VENUS sind wichtige Vorbereitungen durchzuführen und Entscheidungen zu treffen. Sie können anhand der folgenden Checklisten abgeprüft werden.

Vorüberlegungen

Der Systemingenieur, der Kenntnisse über den Leistungsumfang der mit VENUS zu entwickelnden Bausteine hat, sollte u.a. folgende Fragen klären:

Checkliste 2: Vorüberlegungen

☐ Sind im System (Gerät), für das der Baustein gedacht ist, die erforderlichen Umgebungsbedingungen für Temperatur, Stromversorgung, Trockenheit, chemische Luftreinheit, Intensität von Hochfrequenz- und Hochenergie-Strahlen, mechanische Schockbelastung so gegeben, daß sie den Spezifikationen des Herstellers der Bausteine entsprechen?

6.3 Organisatorische Vorbereitung des VENUS-Einsatzes

- ☐ Sind die elektrischen und zeitlichen Anforderungen für Eingangspegel, Ausgangspegel, Ausgangstreiberfähigkeit, Betriebsfrequenz zu erfüllen?
- ☐ Deckt der Umfang der Zellenbibliotheken die funktionalen Anforderungen ab?
- ☐ Werden auf dem Baustein RAM, ROM oder PLA benötigt?
- ☐ Ist das Problem für eine rein digitale Lösung aufbereitet?
- ☐ Ist die Komplexität der Aufgabe geeignet, vollständig in nur einem Baustein integriert zu werden?
- ☐ Ist bei zu großer Komplexität eine sinnvolle Aufteilung auf mehrere Bausteine möglich (Partitionierung)?
- ☐ Hält sich bei der Definition der einzelnen Bausteine die Anzahl der erforderlichen Signal- und Versorgungsanschlüsse in realisierbaren Grenzen?
- ☐ Steht für den spezifizierten Baustein beim Hersteller oder andernorts ein geeigneter von VENUS unterstützter Testautomat zur Verfügung (Anschlußzahl, Frequenz)?
- ☐ Ist jeder Baustein vollständig funktional beschrieben und elektrisch spezifiziert?
- ☐ Erwartet das übergeordnete System eine Beschreibung des Bausteins als Modell für Systemsimulationen o.ä.?
- ☐ Welche prüftechnischen Randbedingungen für Systemtest und -wartung sind vom Baustein zu erfüllen?

Ressourcenplanung und Vertragsvorbereitung

Wenn die genannten Vorüberlegungen positiv abgeschlossen sind, beginnt die Planung der Ressourcen, Termine und Kosten. Einige Fragen, die dabei nicht außer acht gelassen werden dürfen, seien hier aufgelistet:

Checkliste 3: Ressourcen-Planung und Vertragsvorbereitung

- ☐ Wo ist ein Zugriff zum Entwurfssystem VENUS möglich?
- ☐ Empfiehlt es sich, selbst die nötigen Investitionen zum Kauf von CAD-Arbeitsplatzcomputern zu erbringen?

- ☐ Soll der Zugriff zum Entwurfssystem VENUS als Service-Leistung in einem Design-Center garantiert sein?

- ☐ Welche Kosten entstehen je nach Nutzungsart (Kunden/Hersteller-Schnittstelle) für die Nutzung des Entwurfsystems VENUS?

- ☐ Wann und für welchen Zeitraum ist der Zugang zum Entwurfssystem / zum Design-Center gewährleistet?

- ☐ Welchen Zeit- und Personalaufwand erfordern die einzelnen Entwurfsschritte (beim Kunden, beim Design-Center)?

- ☐ Hat der beratende Systemingenieur die nötigen Kenntnisse, steht er zum vorgesehenen Zeitraum zur Verfügung?

- ☐ Soll, z.B. während der Logikkonstruktion, ein Ingenieur-Team gebildet werden, aus dessen Mitte ein Mitarbeiter den eigentlichen VENUS-Durchlauf abwickelt?

- ☐ Sind Terminzusagen vom Halbleiterhersteller abgesichert (Maskenzentrum, Prozeßtechnik, Baustein-Montage, Prüftechnik)?

- ☐ Sollen die Bausteine als Scheiben (Wafer) oder in Gehäuse montiert geliefert werden?

- ☐ Welche Gehäuse kommen für die Montage der Bausteine in Frage (Baugruppenanforderungen, Anschlußzahlen, Bausteingröße, Vorräte beim Hersteller)?

- ☐ Besteht eine Zusage des Herstellers uber die Bereitstellung der notwendigen Gehäuse und über die Bausteinmontage?

- ☐ Sind die Kostenfragen geklärt (Maskenkosten, Scheibenkosten, Stückzahlen, Gehäusekosten, Prüfkosten)?

- ☐ Sollen geprüfte oder nur ungeprüfte Bausteine geliefert werden?

- ☐ Sind der Scheiben- und der Bausteintest in der Prüftechnik des Herstellers zugesagt? Welche Testautomaten stehen dort zur Verfügung?

- ☐ Welchen Qualitätsstandard gewährleistet der Hersteller in Bezug auf die verwendete Technologie?

6.3 Organisatorische Vorbereitung des VENUS-Einsatzes

☐ Über welchen Zeitraum garantiert der Hersteller gegebenenfalls die fortlaufende Belieferung mit Bausteinen unveränderter Spezifikation?

☐ Erlaubt es der Einsatzfall des Bausteins, auf einen Zweithersteller zu verzichten (kein "Second-Sourcing")?

Technische Spezifikation als Vertragsgrundlage

Sind die Vorüberlegungen, Planungen und Vertragsvorbereitungen abgeschlossen, kann die technische Spezifikation erstellt werden.

Es empfiehlt sich, auf der Grundlage der Kenntnis der Systemumgebung zuerst die Grobskizze einer technischen Spezifiktion des Entwurfsobjekts zu erstellen. Diese noch recht vorläufige Spezifiktion sollte frühzeitig mit dem technischen Ansprechpartner des Halbleiterherstellers diskutiert werden. Die Spezifikation ist laufend zu bearbeiten und nachzubessern, denn spätestens zum Zeitpunkt der Erstellung der Fertigungsdaten muß sie einen endgültigen Zustand erreicht haben, da sie Teil der vertraglichen Regelungen mit dem Hersteller ist und zugleich in wesentlichen Teilen in das Prüfprogramm eingeht.

Checkliste 4: Technische Spezifikation

☐ Erzeugnis- bzw. Fertigungsnummer

☐ Temperaturbereich (Umgebung)

☐ sonstige Umgebungsbedingungen (u.a. Luftfeuchtigkeit, mechanische Belastung, Störpegel auf der Versorgungsspannung, elektrodynamische Störfelder)

☐ Versorgungsspannungsbereich

☐ Eingangspegel

☐ Ausgangspegel

☐ Betriebsfrequenz

☐ Zeitbedingungen (Timing) der Eingangs- und Ausgangs-Bitmuster

☐ Vorgesehene Baugruppentechnik

☐ Anzahl und Lage der Versorgungsanschlüsse

- ☐ Anzahl der Signaleingänge, Signalausgänge, bidirektionalen Anschlüsse
- ☐ Angaben über eventuell vorgegebene Lage der Signalanschlüsse
- ☐ maximale Ruhestromaufnahme
- ☐ maximale dynamische Stromaufnahme
- ☐ maximale Verlustleistung
- ☐ vorgesehener Gehäusetyp einschließlich konstruktiver Details wie z. B. Inselgröße und Winkelbereich für Bonddrähte
- ☐ minimale und maximale Bausteingröße einschließlich zugehöriger Bonddrahtlängen

Schulung

Zwar ist die Benutzung des zellenorientierten Entwurfssystems VENUS so einfach, daß es sicher keiner Experten bedarf, mit VENUS Bausteine zu entwickeln. Doch reicht die Lektüre der Handbücher und Unterlagen allein nicht aus, den Ingenieur, der bisher mittels Standardbausteinen Systemlösungen auf Flachbaugruppen entwickelte, zu einem erfolgreichen Anwender dieses Entwurfssystems für Zellenbausteine zu machen.

Es zeigte sich, daß insbesondere zwei Aspekte der Vorbereitung besser durch kurze Schulungen und Übungen zu erlernen sind:

Da ist einmal das *Bedienen der Geräte*, im wesentlichen des Arbeitsplatzcomputers, des Graphikterminals und des Sichtgeräts für die Programmbedienung. Mancher Ingenieur lernt erstmals mit der Nutzung von VENUS die computerunterstützte Entwicklungsmethode kennen.

Zum anderen müssen auch die Ingenieure, die bisher nur die Logikkonstruktion als den eigentlichen Inhalt einer Systementwicklung ansehen, von Beginn ihrer Überlegungen an die *prüftechnischen Aspekte* voll berücksichtigen. Sie müssen sich wegen der schwierigen Testsituation hochintegrierter Bausteine mit einer Problematik vertraut machen, die bisher Spezialingenieure — meistens dann ohne Systemkenntnisse — nach Abschluß der Systementwicklung bearbeiteten. Oft lernt der Entwicklungsingenieur erstmals bei der Verwendung von VENUS die Bedeutung dieser neuen prüftechnischen Aspekte kennen.

6.4 Technische Vorbereitung des VENUS-Einsatzes

Logikkonstruktion

Nach Abschluß der oben aufgelisteten Vorbereitungen kann die eigentliche Entwurfstätigkeit beginnen. Als Grundlage zur Erstellung des Logikplans dienen die Daten-

6.4 Technische Vorbereitung des VENUS-Einsatzes

blätter der Zellenkataloge. Inhaltlich wird auf die — nicht von VENUS unterstützten — Vorarbeiten der Systemdesignphase aufgesetzt.

Die in den Zellenbibliotheken niedergelegten Beschreibungen und die Aufbereitung des Logikmodells sind so genau, daß es zwecklos ist, im Rahmen des Logikentwurfs die Schaltung etwa modellmäßig als Flachbaugruppe mit Standardbausteinen zu erstellen und auszumessen. Der Logiksimulator bietet eine wesentlich genauere Verifikation, als sie eine Untersuchung einer Flachbaugruppe ermöglichen würde.

Der Logikplan stellt die zentrale Dokumentation des mit dem Entwurfssystem VENUS entwickelten Bausteins dar:

- Er dient dem VENUS-Anwender als Arbeitsgrundlage;
- er ist Teil der Bausteinspezifikation;
- er dient der Prüftechnik bei der Analyse prüftechnischer Probleme während der Einschaltphase des Prüfprogramms;
- er ist die Unterlage für die Systementwicklung (Flachbaugruppe, Gerät), für die der betreffende Baustein eine Teilaufgabe erfüllt;
- er ist schließlich Teil der Gerätedokumenttion, die eventuell bis zum Kunden gelangt.

Deshalb sollte auf eine saubere hierarchische Strukturierung des Logikplans große Sorgfalt verwendet werden. Je transparenter die funktionalen Abläufe sind, desto leichter fallen im Rahmen der Logikverifikation, Prüfbarkeitsanalyse und Layoutanalyse die Verfolgung der Signalwege und der gegebenenfalls notwendigen Nachbesserungen.

Neben den funktionalen Teilen des Logikplans, also den Zellen und den Verbindungsleitungen (Netze) lassen sich auch Parameter z.B. für Leitungsgewichtung, Affinitätsangaben usw., die in die spätere Chipkonstruktion eingehen, bereits jetzt niederlegen. Damit werden sie ebenfalls dokumentiert. Weiterhin sind kommentierende Texte und Beschriftungsfelder zu empfehlen. Sie sollten möglichst die Bezeichnungen des Systemdesigns wieder aufgreifen.

Eine den Blöcken innerhalb der Hierarchiestufen angepaßte Namensgebung der Netze und Zellen erleichtert alle weiteren Entwicklungsarbeiten.

Erst in der jeweils untersten Hierarchiestufe erscheinen als eigentliche Grundlage für die weiteren Entwurfsschritte die Schaltzeichen der Datenblätter. Sie kennzeichnen die in den Bibliotheken bereitgehaltenen Zellen.

Ein nicht zu unterschätzender Effekt der graphischen Logikplanerfassung und der zugehörigen Dokumentation ist es, die Schaltzeichen auf der untersten Hierarchieebene so anzuordnen, daß der Designingenieur ihre funktionalen Wechselwirkungen sieht. Das CAD-System verändert diese Anordnung nicht. Deshalb erkennt der Designingenieur seine Vorstellungen immer wieder.

Im folgenden werden die Erläuterungen der VENUS-Verfahrensschritte jeweils durch das Beispiel der ADUS-Schaltung (vgl. Kapitel 1) illustriert. Die Texte dieses Beispiels sind durch Kleindruck hervorgehoben.

Vorbereitung des Logikplans

Mit Standardzellen, wie sie in den Datenblättern des VENUS-Zellenkatalogs beschrieben sind, wird ein handschriftlicher Entwurf des Logikplans erstellt. Bild ADUS 1 zeigt die Handskizze eines Ausschnitts des Logikplans (vgl. auch Bild ADUS 4c).

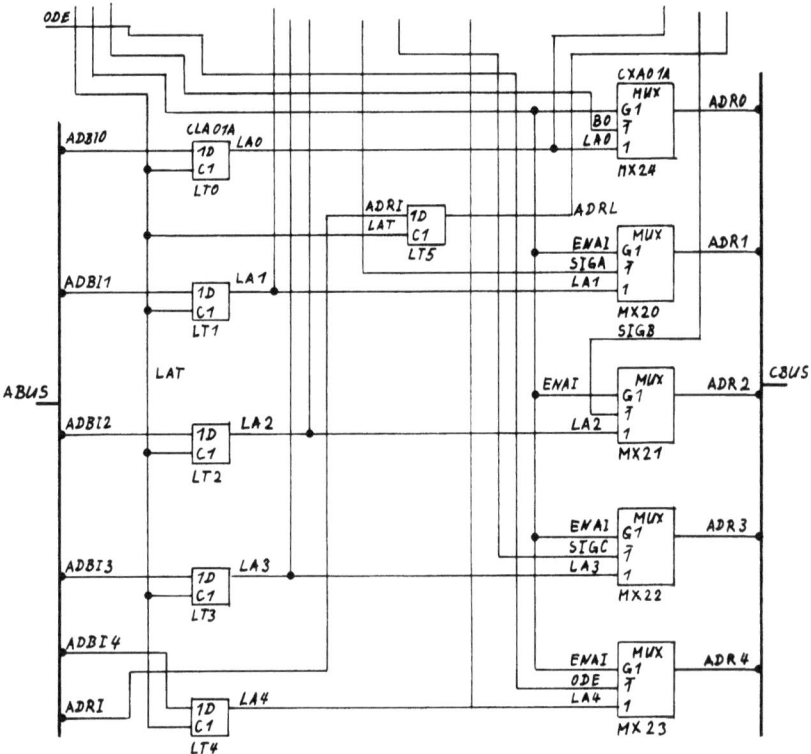

ADUS 1. Handskizze des Logikplans

Besonderheiten bei der Umsetzung von Logikfunktionen in integrierte Schaltungen

Bevor der erarbeitete Logikplan am Graphikschirm dem Entwurfssystem bekanntgegeben wird, müssen in einem ersten Überarbeitungsschritt die besonderen Laufzeitverhältnisse bei integrierten Schaltungen zwischen den Zellen berücksichtigt und bewertet werden. Im Gegensatz zu Logikschaltungen mit Standardbausteinen auf Flachbaugruppen tragen — je nach zurundegelegter Halbleitertechnologie, insbesondere Verdrahtungstechnologie — die Verbindungen zwischen den Zellen auf integrierten Schaltungen durch spürbare Signallaufzeiten und Impulsformverflachungen negativ zum dynamischen Gesamtverhalten bei.

Auf zwei Aspekte muß dabei besonders geachtet werden:
- Die Ausgangsverstärker an den Logikausgängen der sendenden Zellen haben einen nicht zu vernachlässigenden Innenwiderstand. Deshalb geben die kapazitiven und resistiven Lasten der Leitungen zwischen den Zellen selbst sowie die kapazitiven Eingangslasten der empfangenden Zellen Beiträge zu Signallaufzeiten auf diesen Leitungen, die in ungünstigen Fällen die Schaltzeiten der Zellen übertreffen.
- Die im Entwurfsprozeß später erfolgenden und nicht vorhersehbaren Ergebnisse der Plazierung und Verdrahtung der Zellen durch die Entflechtungsprogramme

6.4 Technische Vorbereitung des VENUS-Einsatzes

müssen beachtet werden. Die tatsächlichen Leitungslängen sind nur über Leitungsgewichtung während der automatischen Plazierung und Verdrahtung *indirekt* sowie mittels interaktiver Nacharbeit *direkt* beeinflußbar.

Abhilfe für Probleme aufgrund vorgenannter Ursachen kann durch eine Überarbeitung des Logikplans geschaffen werden. Hierzu einige Empfehlungen:

Die Ausgangstreiber der Logikzellen sind an die echte Belastung anzupassen; nötigenfalls sind neben den eigentlichen Logikzellen Treiberzellen in den Logikplan einzufügen; sie dienen zur Verstärkung der Treiberfähigkeit bei Belastung durch viele Empfänger, insbesondere dann, wenn deren Eingänge eine überdurchschnittliche kapazitive Last darstellen.

Weiterhin sind die Ansteuerungen der Ausgangszellen (Pegelumsetzer zur Umgebung außerhalb des Bausteins) sorgfältig zu prüfen, da zwischen Logikschaltungen im Kern des Bausteins und den Pegelumsetzern am Rand überdurchschnittlich lange Leitungen zu erwarten sind; ein ähnliches Problem bilden die Systemtakte, bei denen zusätzlich noch bedacht werden muß, daß sich durch Bestückung mit Treiberzellen mittels Baumstrukturen eine Art Hierarchie bilden läßt; als letztes Beispiel seien die Takte von Schieberegistern genannt, die aus Einzelelementen gebildet sind; hier können die Taktleitungen durch Einfügen von Treiberzellen in zeitlich gerichtete Leitungen verbessert werden: der Takt läuft günstigerweise dem Signalfluß entgegen.

Prüftechnische Entwurfsregeln

Grundsätzlich müssen schon während der Logikkonstruktion die prüftechnischen Entwurfsregeln ständig beachet werden. Spätestens jetzt ist es an der Zeit, sie in einem zweiten Überarbeitungsschritt abzusichern oder, wenn notwendig einzuarbeiten. Dabei sind sicher gelegentlich funktionale Einbußen der Schaltung oder Erhöhungen der Komplexität hinzunehmen. Letztlich wird jedoch der Baustein an Testbarkeit, Funktionssicherheit und Toleranz gegen Fertigungsstreuungen gewinnen.

Funktionale Bitmuster

Der Logikplan beschreibt die Struktur der Zellenschaltung vollständig und wäre somit ausreichend, die Fertigungsdaten bereitzustellen. Aus dem Logikplan allein und ohne Kenntnis der Anforderungen der Umgebung, in die der Baustein passen muß, kann die korrekte Funktion des Bausteins jedoch nicht nachgewiesen werden.

Der Systementwickler hat deshalb die wichtige Aufgabe, die Eingangsbitmuster, die zugehörigen digitalen Ausgangssollbitmuster sowie deren zeitliche Beziehungen zueinander bereitzustellen und zu dokumentieren. Die Zusammenstellung der funktionalen Anforderungen muß immer so vollständig wie möglich sein, denn es liegt allein in der Verantwortung des Designingenieurs, die später möglicherweise erweiterten oder modifizierten Bitmuster immer wieder auf Vollständigkeit zu überprüfen. Die anschließenden Schritte zur Logikverifikation können den Entwurf immer nur gegenüber dieser durch die Ein-/Ausgangsbitmuster dokumentierten Spezifikation verifizieren. An dieser Stelle unbemerkte Fehler oder nicht erkannte Lücken werden meist erst entdeckt, wenn der fertige Baustein in seiner späteren Systemumgebung getestet wird.

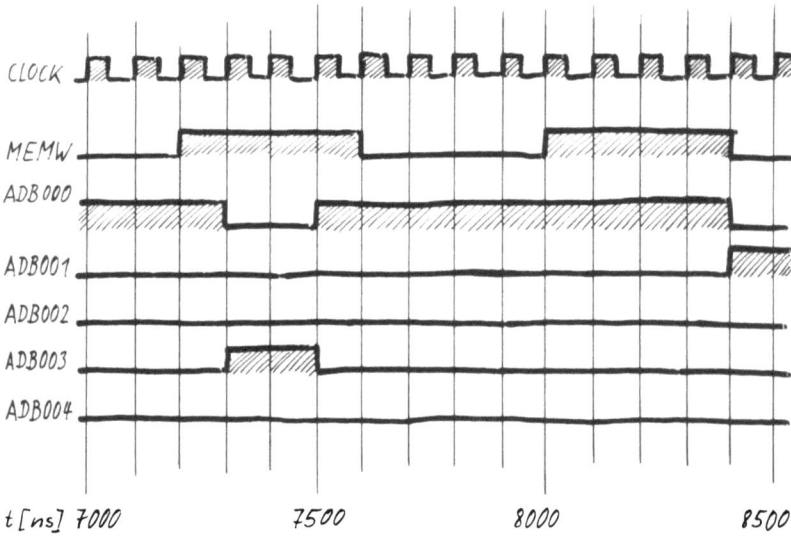

ADUS 2.   Handskizze funktionaler Bitmuster

Vorbereitung der Simulationsbitmuster

Nun müssen funktionale Bitmuster für die Logikverifikation bereitgestellt werden. Die in Bild ADUS 2 dargestellten Bitmuster entsprechen dem vorher gezeigten Ausschnitt des ADUS: Die Eingänge ADB000..ADB004 liegen über Eingngstreiber an den Signalen ADB10..ADB14 des Busses ADUS, MEMW steuert zusammen mit anderen Eingangssignalen das Signal LAT (vgl. auch Bild ADUS 9, Logiksimulation).

6.5 Verfahrensschritte des rechnergestützten Bausteinentwurfs mit VENUS

Nach Erledigung der Vorüberlegungen und Planungen sowie der Skizzierung des Logikplans ist die Schreibtischtätigkeit des Entwicklers beendet. Nunmehr ist ein Zugriff zu Geräten (Arbeitsplatzrechner, Graphikterminal, Zentralrechner) nötig, an denen das Entwurfssystem VENUS zur Verfügung steht.

6.5.1 Auswahl von Zellenbibliothek und Master

Möglichst schon vor Beginn der Logikplaneingabe muß entschieden werden, welche Zellenbibliothek zugrunde gelegt werden soll. Entscheidet man sich für die Gate-Array-Methode, so muß zugleich der geeignete Master bestimmt werden.

Stellt sich jedoch später heraus, daß die einmal getroffene Entscheidung geändert werden muß, so ist das möglich: es bedarf entsprechender Änderungsprozeduren im Erfassungssystem und in der Datenhaltung des CAD-Computers. Selbstverständlich werden der Aufwand um so größer und die notwendigen Wiederholungen von Entwurfsschritten um so zahlreicher, je weiter der Entwurf bei einer Entscheidungsänderung bereits fortgeschritten ist.

6.5 Verfahrensschritte des rechnergestützten Bausteinentwurfs mit VENUS

Bei der Auswahl einer der CMOS-Zellenbibliotheken kann anhand folgender Checkliste vorgegangen werden:

Checkliste 5: Auswahl einer CMOS-Zellenbibliothek

- ☐ In der Regel wird zuerst die Gate-Array-Lösung angestrebt. Denn so erhält man in kürzester Zeit kostengünstig Bausteine für erste Bemusterungen.

- ☐ Ist von Anfang an sichergestellt, daß der Baustein in größeren Stückzahlen benötigt wird, so ist wegen des geringeren Flächenbedarfs ein Standard- bzw. Makrozellenbaustein zu empfehlen.

- ☐ Hat die Schaltung mehr Gatterfunktionen oder mehr Anschlüsse, als auf den verfügbaren Mastern vorhanden sind, kommt eine Gate-Array-Lösung nicht in Frage.

- ☐ Beim Standard- bzw. Makrozellenbaustein muß die Entscheidung zwischen den angebotenen Technologien (Ein-Lagen- oder Zwei-Lagen-Metallisierung) nach Maßgabe der dynamischen Anforderungen fallen.

- ☐ Im mittleren bis oberen Komplexitätsbereich ist der Standard- bzw. Makrozellen-Baustein mit Poly-Si/Al-Verdrahtung immer dann zu empfehlen, wenn keine hohen dynamischen Anforderungen vorliegen. Denn der zugehörige Herstellungsprozeß ist um zwei Fertigungsschritte einfacher und damit kostengünstiger und schneller.

- ☐ Verlangt die Struktur der Logik interne Tristate-Verbindungen, kommen Gate-Array-Lösungen nicht in Frage. Zellen mit geeigneten Logikausgängen sind nur in den Standard- und Makrozellen-Baustein-Katalogen enthalten.

- ☐ Bei Schaltungen mit sehr großer Komplexität stehen Gate-Array-Master nicht zur Verfügung. Sie können also nur als Standard- bzw. Makrozellen-Bausteine entworfen werden.

- ☐ Enthält der Logikplan Makrozellen (RAM, ROM, PLA usw.), kommt nur ein Standard- bzw. Makrozellenbaustein in Frage. Gate-Array-Master mit RAM-Zellen oder dergleichen werden derzeit nicht angeboten.

Sind keine klaren Entscheidungsgründe gegeben, so kann trotzdem nach der Logikplaneingabe eine probeweise Belegung des vorläufig ausgewählten Masters bzw. eine probeweise Entflechtung mit einer der Zellenbausteinbibliotheken ausgeführt werden. Hierbei sollte kein Aufwand im Hinblick auf Optimierung getrieben werden. Wichtig ist allein, daß die richtige Master-Auswahl getroffen ist oder daß eine Chipgröße erreicht wird, die noch in Einklang mit dem ausgewählten Gehäuse gebracht werden kann. Bei negativem Ergebnis ist der Rücksprung zu einem anderen Master bzw. zu einer anderen Standardzellenbibliothek noch ohne zu großen Aufwand möglich.

Probeläufe sind nützlich, da im allgemeinen keine exakten Vorhersagen über erreichbare Belegungsgrade von Mastern bzw. Chipflächen für Zellenbausteine möglich sind. Zu sehr ist der Bedarf an Verdrahtungsfläche von der Vernetzung der Logikelemente untereinander abhängig. Das gilt besonders beim Einsatz von Verdrahtungsbündeln.

Außerdem wird bei Zellenbausteinen durch eine Probeentflechtung deutlich, ob ein Pad-bestimmter Baustein vorliegt. Das ist dann der Fall, wenn die Anzahl der Signal- und Versorgungsanschlüsse (Padzellen) so groß ist, daß deren Summenbreite größer ist als der Umfang des Bausteinkerns, in dem die eigentliche Logik durch das Entflechtungsprogramm konzentriert zusammengefaßt wird.

6.5.2 Systeminitialisierung

Der erste Schritt des VENUS-Verfahrensablaufs besteht in der Mitteilung von verwaltungstechnischen Daten an das CAD-System.

Der Designingenieur vergibt einen Schaltungsnamen, eröffnet die Datenbank für die Schaltung und regelt die Zugriffsberechtigung. Die im Laufe des Entwurfsprozesses entstehenden Dateien werden unter diesen Namen mit Dienstprogrammen verwaltet.

Eröffnung der Datenbank

Zu Beginn des eigentlichen VENUS-Durchlaufs wird mit der Funktion DBNEU eine Datenbank für die Schaltung eröffnet.

Dazu müssen in der VENUS-Monitormaske u.a. die Rechnerkennung des Anwenders ($Benken.) und die Masterkennung ($Masterk.), auf der die VENUS-Programme installiert

```
+---------------------------------------------------------------+
|  VENUS                 MONITOR VERSION XXX              YYY   |
|                                                               |
|  BENUTZER           <ANWENDER  >                              |
|                                                               |
|  DATENBANK    KENNUNG: <$BENKEN. >  NAME: <ADUSDB      >      |
|  BIBLIOTHEK   KENNUNG: <$MASTERK.>  NAME: <ABIB        >      |
|  REGAL        KENNUNG: <         >  NAME: <            >      |
|                                                               |
|  FUNKTION           <dbneu     >                              |
|                                                               |
|  FUNKTIONS-SPEZIFISCHE EINGABEN                               |
|           <                                             >     |
|  FUNKTIONS-SPEZIFISCHE AUSGABEN                               |
|           AUSGABE AUF (DRUCKER, DATEI, TERMINAL) (P,F,T) < >  |
|  BEI AUSGABE AUF DATEI:  DATEINAME    <                 >     |
|                          VOLUME: <     >    DEVICE: <   >     |
|                                                               |
+---------------------------------------------------------------+
|                                                               |
|                                                               |
|                                                               |
+---------------------------------------------------------------+
```

ADUS 3.   Eröffnung der Datenbank: DBNEU

sind, angegeben werden. Mit dem Eintrag ABIB wird auf die Bibliothek mit der Masterkennung verwiesen, die eine Beschreibung der verwendeten Zellenfamilie enthält. Einträge in die VENUS-Maske erfolgen in die Felder < ... > (vgl. Bild ADUS 3).

6.5.3 Logikplanerfassung am Graphikterminal eines Arbeitsplatzrechners

Für diesen Schritt wird vorausgesetzt, daß der Designingenieur einen weitgehend fertig skizzierten Logikplan vorliegen hat, bevor er das Entwurfssystem benutzt. Der Entwurfsschritt „Logikkonstruktion" erfolgt also weitgehend mit Bleistift und Papier. Erst die Erfassung wird vom System unterstützt.

Die Logikplaneingabe geschieht graphisch am Arbeitsplatzcomputer, wobei sämtliche Schaltzeichen je einer Zellenbibliothek verwendet werden können. In den Logikplan werden Zellen- und Signalnamen sowie beliebig viele Kommentare eingetragen. Anschließend wird er in eine Netzliste umgesetzt und nach entsprechenden Prüfungen und Plausibilitätskontrollen in die Datenbank abgespeichert. Die Netzliste ist die Basis für alle weiteren Entwicklungsschritte.

Die Ausgabe von Logikplänen erfolgt am Graphikterminal des Arbeitsplatzcomputers und über Plotter. Netzlisten und andere Schaltungsinformtionen können auch über Drucker aus der Datenbank ausgegeben werden.

Während der Eingabe des Logikplans am Graphikschirm des Arbeitsplatzcomputers muß der Logikplan sinnvoll strukturiert werden. Hierzu zwei Empfehlungen:

- Die funktional nicht wirksamen Pegelumsetzer der Padzellen (Signalanschlüsse) sind von der übrigen Logik zu trennen, indem die Ausgänge der Eingangspegelumsetzer sowie die Eingänge der Ausgangspegelumsetzer jeweils so zu Signalbündeln zusammengefaßt werden, wie es funktional geboten ist.
- Zusätzlich ist die Außenbeschaltung (Signalbelegung) der Pegelumsetzer durch sogenannte Pseudopads zu kennzeichnen. Diese dienen dazu, den Signalen, die den Baustein mit der Außenwelt verbinden, Namen zu geben. Die Namensgebung ist unbedingt erforderlich, denn bei den nächsten Entwicklungsschritten der Logikverifikation und der Prüfbarkeitsanalyse werden diese Namen verwendet.

Die eigentliche funktionale Logik wird auf der obersten Hierarchieebene zu einem Block zusammengefaßt, der von Eingangsleitungsbündeln angesteuert wird und Signale über Ausgangsleitungsbündel nach außen sendet. Diese Trennung der Bündel kann dann beispielsweise dazu dienen, die Elemente der nächst niedrigeren Hierarchiestufe in entsprechende Blöcke zu gruppieren. Jedes von außen zugeführte Leitungsbündel versorgt dazu genau einen Block. Jedes nach außen geführte Leitungsbündel entsteht in einem der Blöcke oder in je einem weiteren Block. Die genannten Bündel dienen nur zur besseren Übersicht und klareren graphischen Dokumentation.

Logikplanerfassung

Mit der Logikplaneingabe wird die Schaltung dem Entwurfssystem übergeben; eine hierarchische Gliederung größerer Schaltungen ist hierbei sinnvoll. Auf der obersten Hierarchieebene wird die Verbindung des ADUS mit dem Chipgehäuse beschrieben. Soll ein Signal über einen Bonddraht nach außen geführt werden, so sind in dem Logikplan neben den eigentlichen Ein-/Ausgangstreibern (z.B. CIN02A) noch sogenannte Pseudopads (PAD 2) einzufügen. Bei

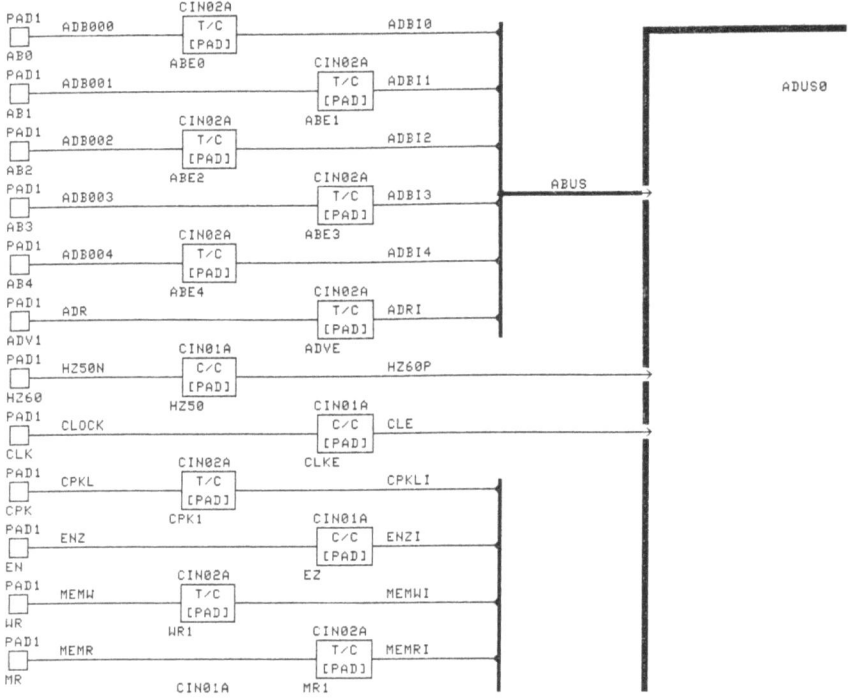

ADUS 4a. Logikplaneingabe: oberste Hierarchieebene

der Logiksimulation und Prüfdatenermittlung werden die Individualnamen der Signale zwischen Pseudopad und Treiber angesprochen (vgl. Bild ADUS 4a).

Die zweite Hierarchieebene enthält eine Gliederung der Schaltung in verschiedene Funktionseinheiten (vgl. Bild ADUS 4b).

Die Auflösung der Schaltung in einzelne Signale und Zellen erfolgt auf der untersten Hierarchieebene (vgl. Bild ADUS 4c). Abgebildet ist der Block ADUS 3 aus Bild ADUS 4b. Die Zelle CLA01A ist ein Latch, CXA01A ein Multiplexer und CBC02A ein Binärzähler.

Jeder Entwickler sollte seine Darstellung der Verknüpfung zwischen den Blöcken einer Hierarchiestufe und über Hierarchiestufen und Blätter der Dokumentation hinweg gewissen Konventionen unterwerfen. Beispielsweise kann gelten:

- Signale und Leitungsbündel anderer Blätter erreichen Blöcke nur von oben bzw. verlassen Blöcke nur nach unten.
- Signale und Leitungsbündel zwischen Blöcken eines Blatts werden von links an einen Block herangeführt und verlassen einen Block rechts.
- Auf der untersten Hierarchiestufe erscheinen schließlich immer die Schaltzeichen der Zellen des Zellenkatalogs. Sie werden ausschließlich von links durch Einzelsignale angesteuert und senden Einzelsignale nach rechts.
- Gleichlaufend soll der hauptsächliche Signalfluß in der untersten Hierarchieebene von links oben nach rechts unten geführt werden.

6.5 Verfahrensschritte des rechnergestüzten Bausteinentwurfs mit VENUS

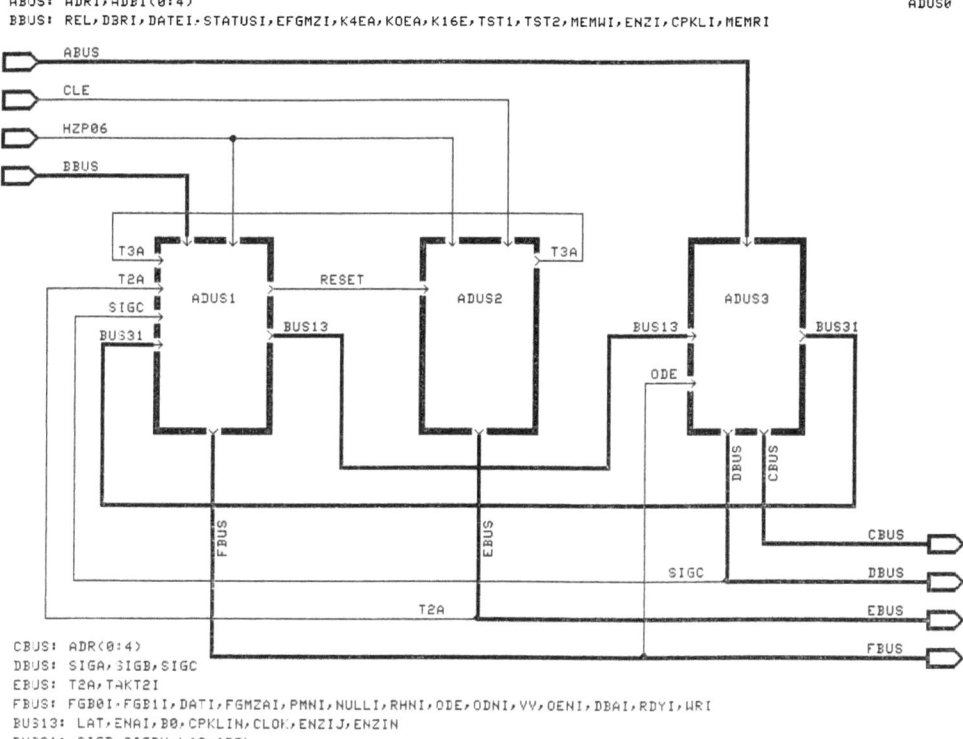

ADUS 4b. Logikplaneingabe: zweite Hierarchieebene

Im übrigen sollte nicht nur für eine Vollständigkeit der beim Entwurf des Logikplans schon eingebrachten Individualnamen für Signale und Zellen (s.o.) sondern auch für eine wohlüberlegte Gestaltung der Kommentartexte gesorgt werden. Jedes Blatt der Dokumentation soll dadurch eindeutig einem bestimmten Entwicklungsprojekt zuzuordnen sein. Weiterhin sind bei der Erfassung genaue Versions-, Datums- und Zeitangaben dringend zu empfehlen.

Die Klarheit und Einfachheit der hier geschilderten Logikplaneingabe ermöglicht es, jede Logikänderung, -korrektur oder -erweiterung sofort nach der Eingabe zu dokumentieren. Somit ist stets eine Übereinstimmung zwischen Dokumentation und Datenhaltung zu erreichen.

Nach Abschluß der Eingabe am Graphikschirm des Arbeitsplatzrechners werden die erfaßten Daten diversen Kontrollen und Plausibilitätsüberprüfungen unterworfen; z.B. werden Warnungen über offene Ausgänge ausgegeben, die der Entwickler nicht unbeachtet lassen sollte, oder es werden offene Eingänge als Fehler gemeldet, die mittels formaler oder inhaltlicher Korrekturen beseitigt werden müssen. Weiterhin verbindet das System nunmehr die Daten der einzelnen eingegebenen Blätter zu einem Gesamtlogikplan.

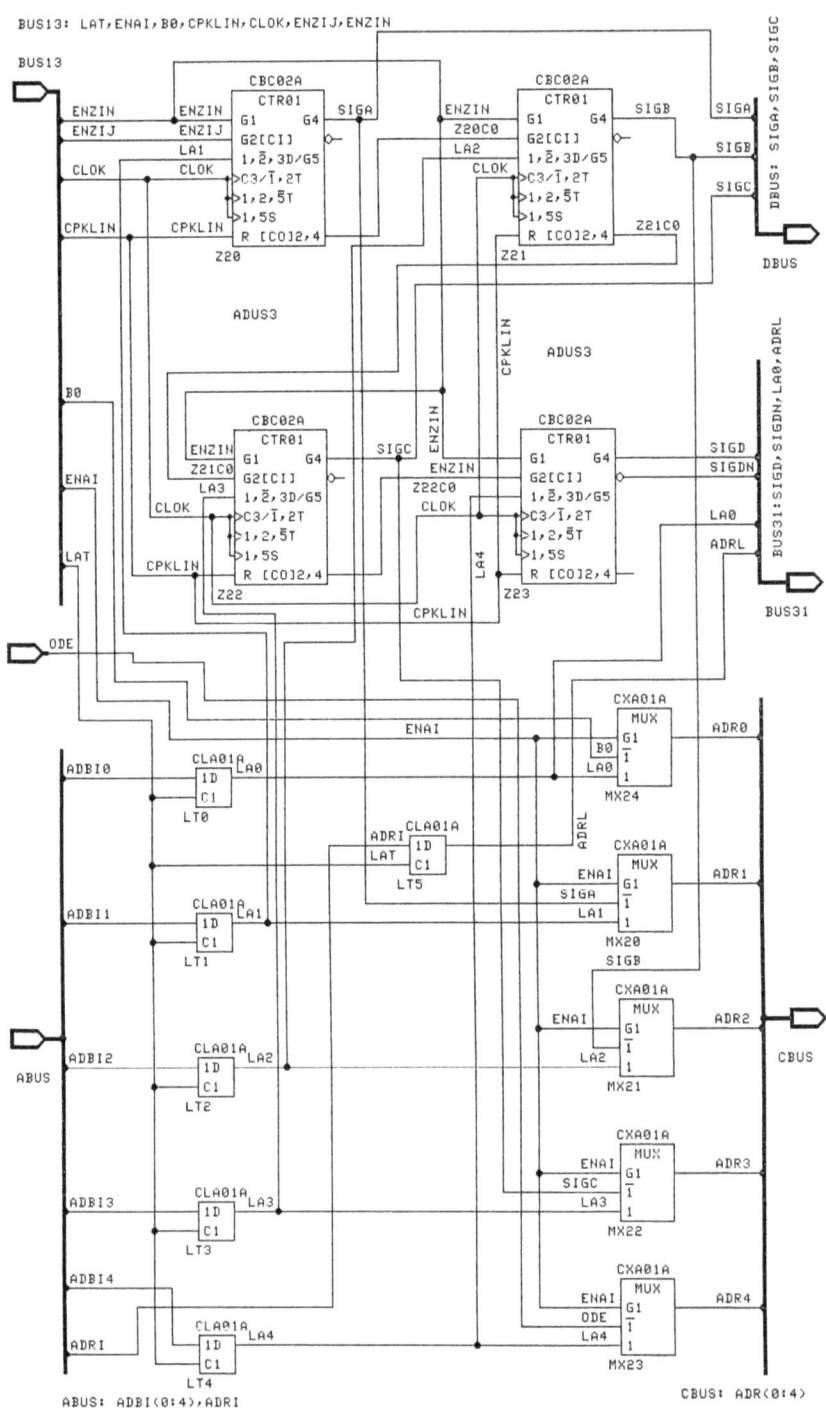

ADUS 4c. Logikplaneingabe: unterste Hierarchieebene

6.5.4 Netzlistenübertragung in den Zentralrechner, Errichten und Bearbeiten der projektbezogenen Datenhaltung

Als nächster Entwurfsschritt folgt das Errichten der projektbezogenen Datenhaltung im Zentralrechner. Aus dem Gesamtlogikplan im Arbeitsplatzrechner wird eine Netzliste, die außer den funktionalen Teilen nur noch die Parameter für die Chipkonstruktion enthält, extrahiert und nach einem File-Transfer zum Zentralrechner in eine vorher definierte Datenhaltung eingetragen.

Dabei werden erneut Kontrollen ausgeführt. Die Struktur der Datenhaltung ist so, daß sie unmittelbar gelesen, statistisch ausgewertet oder auch datentechnisch gesichert werden kann.

Eintrag der Schaltung in die Datenbank

An der Workstation wird aus dem graphisch erstellten Logikplan die Netzliste extrahiert. Der dargestellte Ausschnitt erläutert den Aufbau dieser Datei (vgl. Bild ADUS 5).

```
TEB 224                         CBC02A
LEB                Z20              CBC02A
PNB       A1
SSB SIGA
PNB       A2
SSB
PNB       A3
SSB Z20C0
PNB       E1
SSB ENZIN
PNB       E2
SSB ENZIJ
PNB       E3
SSB LA1
PNB       E4
SSB CLOK
PNB       E5
SSB CPKLIN
```

ADUS 5.   Ausschnitt Netzliste

Die Zählerzelle CBC02A ist mit der fortlaufenden Nummer 224 und ihrem Individualnamen Z20 in den Zellen TEB und LEB eingetragen.

Die Positionierung der Zellen (Schaltzeichen) auf dem Logikplan ist dabei ohne Bedeutung. In die Netzliste wird nur die Zuordnung der Signalnamen zu den Ein-/Ausgängen der Zellen übernommen, beispielsweise in den ersten beiden Zeilen PNB, SSB: Signal SIGA liegt am Ausgang A1 der Zelle. Vgl. auch Zelle Z20 in Bild ADUS 4c.

Mit dem Aufruf der Funktion BUSEIN über die VENUS-Maske wird die Netzliste in die Datenbank eingetragen (vgl. Bild ADUS 6a).

Über den Ablauf des Programms informiert eine Rückmeldung in der Maske (vgl. Bild ADUS 6b).

Die VENUS-Funktion EINKON führt formale Kontrollen der Schaltung in der Datenbank durch (vgl. Bild ADUS 7a).

Das Bild ADUS 7b abgebildete Beispiel eines EINKON-Protokolls zeigt, daß bei der Stromlaufeingabe ein Signal vergessen wurde und infolgedessen einige Zelleneingänge unbeschaltet blieben.

```
+-------------------------------------------------------------------+
|   VENUS              MONITOR VERSION XXX              YYY         |
|                                                                   |
|   BENUTZER           <ANWENDER  >                                 |
|                                                                   |
|   DATENBANK  KENNUNG: <$BENKEN. >  NAME: <ADUSDB      >           |
|   BIBLIOTHEK KENNUNG: <$MASTERK.>  NAME: <ABIB        >           |
|   REGAL      KENNUNG: <         >  NAME: <            >           |
|                                                                   |
|   FUNKTION           <busein  >                                   |
|                                                                   |
|   FUNKTIONS-SPEZIFISCHE EINGABEN                                  |
|             <                                             >       |
|   FUNKTIONS-SPEZIFISCHE AUSGABEN                                  |
|             AUSGABE AUF (DRUCKER, DATEI, TERMINAL) (P,F,T) < >    |
|   BEI AUSGABE AUF DATEI:  DATEINAME    <                  >       |
|                           VOLUME: <    >    DEVICE: <     >       |
|                                                                   |
+-------------------------------------------------------------------+
|                                                                   |
|                                                                   |
|                                                                   |
|                                                                   |
+-------------------------------------------------------------------+
```

ADUS 6a. Netzlistenübertragung: BUSEIN

```
+-------------------------------------------------------------------+
|   VENUS              MONITOR VERSION XXX              YYY         |
|                                                                   |
|   BENUTZER           <ANWENDER  >                                 |
|                                                                   |
|   DATENBANK  KENNUNG: <$BENKEN. >  NAME: <ADUSDB      >           |
|   BIBLIOTHEK KENNUNG: <$MASTERK.>  NAME: <ABIB       ·>           |
|   REGAL      KENNUNG: <         >  NAME: <            >           |
|                                                                   |
|   FUNKTION           <busein  >                                   |
|                                                                   |
|   FUNKTIONS-SPEZIFISCHE EINGABEN                                  |
|             <                                             >       |
|   FUNKTIONS-SPEZIFISCHE AUSGABEN                                  |
|             AUSGABE AUF (DRUCKER, DATEI, TERMINAL) (P,F,T) < >    |
|   BEI AUSGABE AUF DATEI:  DATEINAME    <                  >       |
|                           VOLUME: <    >    DEVICE: <     >       |
|                                                                   |
+-------------------------------------------------------------------+
|   FUNKTION BUSEIN     WURDE                                       |
|   FEHLERFREI AUSGEFUEHRT                                          |
|   ALTE EINGABEPARAMETER:                                          |
|                                                                   |
+-------------------------------------------------------------------+
```

ADUS 6b. Rückmeldung

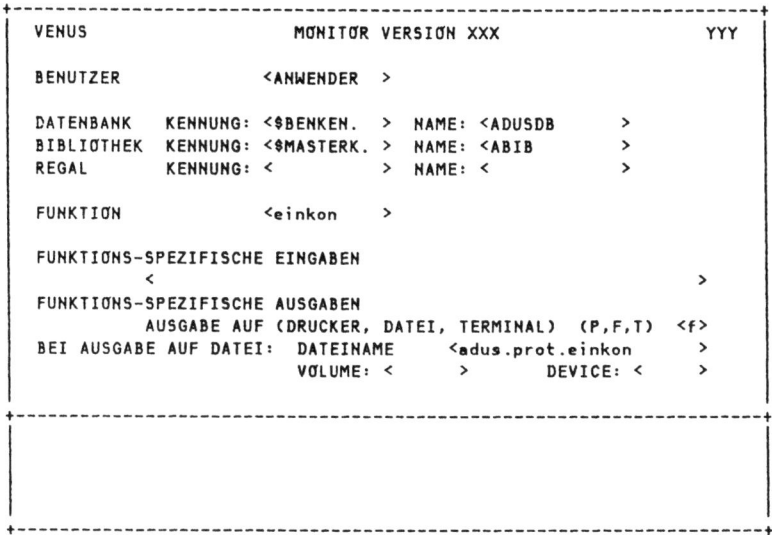

ADUS 7a. Formale Kontrolle der Datenbank: EINKON

6.5.5 Logikverifikation

Die angemessene Art der Verifikation für ein zellenorientiertes Entwurfssystem ist die Logiksimulation. Die Zellen sind so konstruiert, daß ihr Verhalten bis auf die Verzögerungen durch Lastkapazitäten unabhängig von ihrer Beschaltung ist. Individuelle Verzögerungszeiten werden genügend genau durch die Logikmodelle der Zellen erfaßt.

Das Logikmodell eines Schaltungsentwurfs wird automatisch aus der Netzliste und den in der Datenbank abgelegten Logikmodellen der Zellen erzeugt. Der Schaltungsentwickler kann auswählen, ob er nur die vorgegebenen Laufzeiten der Standardzellen oder zusätzlich individuelle, die Lastkapazitäten und Leitungslängen berücksichtigende Signallaufzeiten verwenden will (Resimulation, s.u.). Für die Stimulierung der Simulation des Schaltungsmodells muß der Designingenieur eine Bitmusterdatei erstellen. Sie muß die Eingangsbitmuster, Zeit-, Wiederholungs- und Endebedingungen enthalten.

Beim Simulationslauf kann zwischen einer Zyklen- und einer Laufzeitsimulation gewählt werden. Die Zyklensimulation dient im wesentlichen der Verifizierung des logischen Entwurfs insbesondere im Hinblick auf eine spätere Prüfung am Testautomaten, während die Laufzeitsimulation Voraussagen erlaubt, ob die gewählte Realisierung die spezifizierten Zeiten — einschließlich des Einflusses der Leitungslaufzeiten, die nach der Chipkonstruktion berechnet werden — erfüllen kann. Die Auswertung der Simulationsergebnisse kann über Signaldiagramme erfolgen.

290   6 Einsatz des Entwurfssystems VENUS

```
             RP  = RASTERPLATZ
              B  = BAUELEMENTE-KURZBEZEICHNUNG
             BNA = BAUSTEINNAME
             ELEKTRISCHE PARAMETER
              PT = PUNKTTYP
              BL = STATISCHE BELASTBARKEIT
              SE = ANZAHL DER SENDER
              LA = ANZAHL DER LASTEN
              N  = NAHTSTELLE
             FKZ = FEHLERKENNZEICHEN
             SKZ = SCHLEIFENKENNZEICHEN
              M  = MARKE
             REF = REFERENZBEZEICHNUNG
             GBL = GESAMTBLATT
             PLQ = PLANQUADRAT VOM STOMLAUFORT
             RPN = PIN-REAL
             SNA = SCHALTELEMENTNAME
             SPN = PIN-SYMBOLISCH
```

```
  22.07.85       EINHEIT: ADUS          WGS: 01                         DB-NAME: FADUSDB          DB-TRAEGER:              0002+
A V E N U S    BA-P          E I N K O N                                -BLOCKPRUEFUNG SCHALTELEMENTORIENTIERT-
 MARKE              +------+------+------+------+                                                                          | F|
 REF   GBL      SP | RP   | BNA  | SNA  |PLQX  |                         FEHLERMELDUNGEN                                    |RL|
                +------+------+------+------+------+                                                                       +--+
 AN20                       CAN02A CAN02A           011*EINGANGSPIN LOGISCH NICHT ANGESCHLOSSEN
 END                        COR02A COR02A           011*EINGANGSPIN LOGISCH NICHT ANGESCHLOSSEN
 ENJ                        CDR11A CDR11A           011*EINGANGSPIN LOGISCH NICHT ANGESCHLOSSEN
 UND1                       CAN02A CAN02A           011*EINGANGSPIN LOGISCH NICHT ANGESCHLOSSEN
```

```
  22.07.85       EINHEIT: ADUS          WGS: 01                         DB-NAME: FADUSDB          DB-TRAEGER:              0004+
A V E N U S                   E I N K O N                               -STATISTIK-

 0000 UNTERLAGEN          WURDEN GEPRUEFT. DABEI TRATEN            0 FEHLER
                                                           UND     0 WARNUNGEN AUF.
 0000 BAUSTEINE           WURDEN GEPRUEFT. DABEI TRATEN            0 FEHLER
                                                           UND     0 WARNUNGEN AUF.
 0227 SCHALTELEMENTE      WURDEN GEPRUEFT. DABEI TRATEN            4 FEHLER
                                                           UND     0 WARNUNGEN AUF.
 0218 SIGNALE             WURDEN GEPRUEFT. DABEI TRATEN            1 FEHLER
                                                           UND     0 WARNUNGEN AUF.
```

ADUS 7b. EINKON-Protokoll mit Warnungen

6.5 Verfahrensschritte des rechnergestüzten Bausteinentwurfs mit VENUS

Die Logiksimulationen erlaubt nur eine eingeschränkte dynamische Verifikation. Es werden als zeitliche Elemente die Schaltzeiten der Zellen berücksichtigt. Dafür sind typische, Slow- und Fast-Bedingungen wählbar. Die im Bibliothekselement der Zellenbibliothek eingetragenen Zeiten werden für eine Normbelastung der Ausgänge berechnet. Die aktuellen Belastungen der sendenden Zellen gemäß der Netztopologie (aber nicht der Verdrahtung!) und der damit verbundenen unterschiedlichen Anzahl und Stärke der Empfänger-Eingangsbelastungen können bereits an dieser Stelle berücksichtigt werden. Darüber hinaus sind die Belastungen durch die aktuellen Verdrahtungen zu diesem Zeitpunkt − vor der Chipkonstruktion − noch nicht bekannt.

Die Simulationen können nicht ausführlich genug gestaltet werden. Jede prinzipielle Designschwäche der Logik sollte hier aufgedeckt werden. Werden die Sollbitmuster an den Ausgängen nicht angezeigt, müssen die inneren Knoten ebenfalls untersucht werden, bis klar ist, welche Schaltungsteile sich nicht planmäßig verhalten. Der Systementwickler soll hier sicher sein, alle Anforderungen spezifiziert und verwirklicht sowie jede entbehrliche Funktion beseitigt zu haben. Insbesondere ist auf Vermeidung von Redundanzen im Logikplan zu achten.

Es ist weiterhin sehr zu empfehlen, mit den Slow-Bedingungen der Bibliothekselemente nachzuweisen, daß die dynamischen Spezifikationen im Prinzip auch unter ungünstigen Randbedingungen erfüllbar sind. Endgültige Klärung kann auch hier erst der Entwicklungsschritt Layoutanalyse und die Wiederholung der Logikverifikation mit realen Leitungslaufzeiten bringen (Resimulation).

Logiksimulation

Die Bitmuster für die Logiksimulation werden in der EBIT-Liste niedergelegt. Einen Ausschnitt daraus zeigt Bild ADUS 8:

```
LISTE - EBIT
'FESTLEGUNG DES TAKTES T MITTELS CLOCK-ANWEISUNG'
CLOCK T ,ON=0,W=500,P=1000,E=P,OFF=3000000$
CLIN T CLOCK AT 0$
'LOESCHEN ZAEHLER UND FLIPFLOPS'
CHANGE CPKL,ENZ,TEST1,K0I,K4I,MEMR,MEMW,DATE,DBR,ADB004 TO 0 AT 0$
CHANGE ADB000,ADB001,ADB002,ADB003,ADR,HNREL,STATUS TO 0 AT 0 $
CHANGE HZ50N,TEST2 TO 1 AT 0 $
CHANGE ENZ,TEST1 TO 1 AT 500$
'------------------'
CHANGE ADB000,ADR TO 1 AT 68000 $
CHANGE MEMW TO 1 AT 72000,116000,8000 $
CHANGE MEMW TO 0 AT 76000,116000,8000 $
CHANGE ADB(003-000) TO 8 AT 73000 $
CHANGE ADB(003-000) TO 1 AT 75000 $
CHANGE ADB(003-000) TO 2 AT 84000 $
CHANGE ADB(003-000) TO 4 AT 89000 $
CHANGE ADB(003-000) TO 2 AT 91000 $
```

ADUS 8. Ausschnitt Stimulidatei

Durch die Anweisung CLOCK wird der Takt T definiert mit der Periode p = 1000 Simulationsschritte (1 Simulationsschritt ss = 1ss = 0,1 ns), der Taktbreite W = 500 ss und der Gesamtlänge 3 000 000 ss. Mit CLIN wird der Takt T zur Zeit $t=0$ an das Signal CLOCK angelegt. Zustandswechsel von Signalen werden mit CHANGE beschrieben; die Zustände von Signalbündeln, wie etwa ADB000, ADB001, ..., können hexadezimal dargestellt werden. CHANGE

ADB(003−000) TO 8 liefert beispielsweise

ADB000 = ADB001 = ADB002 = 0, ADB003 = 1.

Die Logikverifikation wird maskengesteuert durchgeführt (vgl. Bild ADUS 9a).

```
V E R D I P U S      FBG-NR,VERS  /$ADUS#-###.T-EST#-##-#.04,001/ FOLGEMASKE/     /
SIMULATIONSMASKE     BIBLIO,VERS  /CMOS,001/    BEARBEITER /FOR/    BATCH (J/N)  /N/

AUFBEREITEN  MODELL      LOBE / /     ENS / /     DB / /
-----------              LAUFZEIT(LS,LM,-S,-M,+S,+M) /  /  LEITUNGSLAUFZEITEN / /
             (DB)        EINHEITSNAME /              / WGS / /  AENDSTAND /        /

             BITMUSTER   BITE / /     EBIT / /    STATISCH / / EZ-MIN /            /

             FKAH                / /  KURZSCHLUSSFEHLER  / /

SIMULATION   LOGIK          /*/         FEHLER        / /
----------   AUFSETZEN      / /         ZUSTSICH(MA)  / /
             LAUFZEITAENDERUNGSFAKTOR   /    %  HAZARDFORTPFLANZUNG / /

AUSWERTEN    FORMAT   | ZYKLEN        / /    SIGNAL01           / /
---------    DA / /   | LUPE          / /    HAZARD             / /
             SA / /   | ZYKLUSLAENGE  / /    FEHLERSTATISTIK    / /
                      | TAKTPROTOKOLL / /    FEHLERKATALOG      / /

SONDERFUNKTIONEN
----------------
             SORTSINA  / /        ERGVOR  / /
QUITTUNG:
```

ADUS 9a. Logiksimulation: VERDIPUS-Maske

```
+------------------------------------------------------------------------------+
|P R O S I M   VERS XXXX       ZEITDIAGRAMM              FOLGEMASKE /SIW/      |
|PROJEKT /ADUS   ,VERS: 001/                TESTPROGRAMM /TEST  ,VERS: 04/     |
|ZEIT / 7750 NS/      RASTER / 25 NS/       BLAETTERN /    /    KOPIE / /      |
|                                                                              |
|CLOCK            --..--..--..--..--..--..--..--..--..--..--..--..--..         |
|                                                                              |
|MEMW             ........----------------.........----------------......      |
|ADB000           ----------------.........----------------...........         |
|ADB001           ................................................-------     |
|ADB002           ..........................................................   |
|ADB003           ........--------..........................................   |
|ADB004           ..........................................................   |
|                  !        !       !       !       !       !       !          |
|                 7000    7250    7500    7750    8000    8250    8500         |
|                                                                              |
|RAM0            XXXXXXXX:------------------------------------------:.....      |
|RAM1            XXXXXXXX:..........................................:------    |
|RAM2            XXXXXXXX:.........................................            |
|RAM3            XXXXXXXX:.........................................            |
|RAM4            XXXXXXXX:.........................................            |
|                                                                              |
+------------------------------------------------------------------------------+
```

ADUS 9b. Logiksimulation: PROSIM-Maske

6.5 Verfahrensschritte des rechnergestützten Bausteinentwurfs mit VENUS

In dem durch Angabe eines Zeitpunkts (hier 7750ns) und eines Zeitrasters (hier 25 ns) festgelegten Zeitintervall können beliebige Signale dargestellt werden. Die Bitmuster in der oberen Hälfte von Bild ADUS 9b entsprechen denen von Bild ADUS 2. RAM0...RAM4 sind Ausgangssignale, die über einen Ausgangstreiber mit ADR0...ADR4 verbunden sind. Die Werte der Signale werden u.a. mit folgenden Symbolen dargestellt:

− logisch 1
. logisch 0
× undefiniert
: im aktuellen Raster nicht darstellbarer Übergang.

Simulationsergebnisse, die unter Berücksichtigung von Leitungslaufzeiten und maximalen Zellenschaltzeiten gewonnen sind, werden in Bild ADUS 13 dargestellt.

6.5.6 Prüfbarkeitsanalyse

Nach Abschluß der Logikentwicklung ist die Prüfbarkeit sicherzustellen. Denn nach der Herstellung müssen die Chips über Nadelkarten auf dem Wafer einer funktionalen Vorprüfung unterzogen werden können. Außerdem muß nach der Montage des Bausteins ein intensiver Test unter den spezifizierten, dynamischen Bedingungen möglich sein.

Dabei stehen jeweils nur die relativ wenigen Versorgungs- und Signalanschlüsse zur Verfügung, die beim Wafertest über die Nadelkarte an den Pads der Chips und beim Bausteintest über die Gehäusepins erreicht werden. Eingriffe in das Innere der Schaltung sind beim Test nicht möglich.

Ein späteres Prüfprogramm muß mit vertretbarem Aufwand zu generieren sein; der Test muß in möglichst kurzer Zeit möglichst jeden Schaltungsknoten in jeder Richtung einmal ändern, um das u.U. fehlerhafte Verhalten von außen beobachten zu können.

Zum Zwecke der Prüfbarkeitsanalyse steht einerseits ein Programm zur Verfügung, das die Einhaltung der prüftechnischen Entwurfsregeln kontrolliert. Die dabei aufgedeckten Verletzungen weisen den Entwickler auf deutliche Entwurfsrisiken hin. Es wird dringend empfohlen werden, den Logikplan entsprechend zu überarbeiten.

Andererseits gibt ein Fehlersimulator für jeden Knoten an, ob dort eventuell vorhandene Fehler durch die bisher bereitgestellten Bitmuster − falls sie als Prüfmuster verwendet werden − erkannt werden. Reicht der Fehlererkennungsgrad nicht aus, weist das den Entwickler möglicherweise auf Redundanzen in der Logik oder bisher nicht berücksichtigte Eingangsbitmuster hin. In diesem Falle sollten zunächst entsprechende weitere Bitmuster vom Entwickler erzeugt werden.

Schließlich kann noch ein Prüfmustergenerator eingesetzt werden. Er generiert − aus der Schaltungsstruktur heraus − für bislang nicht ansteuerbare und nicht beobachtbare Knoten zusammengehörige Eingangs- und Ausgangsbitmuster, die auch diese Knoten zu beeinflussen und zu beobachten gestatten. Diese Bitmuster sind allerdings nicht in jedem Fall funktional sinnvoll. Der Fehlererkennungsgrad wächst dadurch weiter an. Damit ist sichergestellt, daß die Logik nicht nur funktional, sondern auch in bezug auf den notwendigen Fehlererkennungsgrad durch das noch zu generierende Prüfprogramm ausreichend abgedeckt wird.

Prüfbarkeitsanalyse

Der Fehlersimulator ermittelt den Fehlererkennungsgrad, der sich mit vorgegebenen Bitmustern erreichen läßt. Beim Beispiel ADUS wurden zunächst über 5000 Prüfmuster aus der EBIT-Liste der Logiksimulation gewonnen. Der hiermit ermittelte Fehlererkennungsgrad wird vom Fehlersimulator in Bild ADUS 10a graphisch dargestellt:

```
(IN)     EXEC $MASTERK.FEHLERSIMULATOR
(OUT)
(OUT)
(OUT)    START AT 13:21:46 TT/MM/JJ
(OUT)    FAULT SIMULATOR
(OUT)    VER. XXX
(OUT)    ENTER OPTIONS
(IN)     MT 5 END
(OUT)    ***DIAG--THERE IS NO RUN HISTORY
(OUT)    THIS RUN WILL BE STARTED ON PATTERN 1
(OUT)    NUMBER OF COLLAPSED FAULTS         592
(OUT)    PREPROCESSING TIME IN SECONDS        0
(OUT)        1.  19=*********
(OUT)        2.  20=**********
(OUT)        3.  20=**********
(OUT)        4.  21=**********
(OUT)        6.  21=**********
(OUT)       10.  32=****************
                  .
                  .
                  .
(OUT)     5014.  84=*************************************
(OUT)     5022.  85=*************************************
(OUT)     5039.  85=*************************************
(OUT)     5047.  85=*************************************
(OUT)     5527.  86=*************************************
(OUT)    TERMINATED ON PATTERN            5571
(OUT)    LAST DETECTION ON PATTERN        5527
(OUT)    DETECTED COLLAPSED FAULTS         510
(OUT)    NUMBER OF FAULT SETS GENERATED      0
(OUT)    TOTAL NUMBER OF FAULTS            841
(OUT)    TOTAL NUMBER OF DETECTS           733
(OUT)    PER CENT DETECT=                   87
(OUT)    RUN TIME IN SECONDS               301
```

ADUS 10a. Prüfbarkeitsanalyse. Fehlersimulator

Darüberhinaus kann ein Prüfmustergenerator zur Erzeugung weiterer Stimuli herangezogen werden (vgl. Bild ADUS 10b).

Speichernde Zellen in der Schaltung führen dazu, daß zur Festlegung eines Schaltungsknotens auf einen gewünschten Zustand im allgemeinen eine Folge von mehreren Stimuli (SET) benötigt wird. Mit den vom Stimuligenerator ergänzten Prüfmustern ließ sich eine Verbesserung des Fehlererkennungsgrades erreichen (vgl. Bild ADUS 10c).

6.5.7 Chipkonstruktion

Beim zellenorientierten Entwurf besteht die Chipkonstruktion im wesentlichen aus der Plazierung der Zellen — einschließlich der Padzellen am Chiprand — und deren Verdrahtung untereinander (Entflechtung). Plazierung und Verdrahtung erfolgen vollautomtisch. Personelle Eingriffe sind im Rahmen der interaktiven Nacharbeit am Farbgraphikterminal zugelassen. Sie können sowohl die Plazierung der Zellen als auch die Leitungsführung beispielsweise für zeitkritische Signale betreffen.

Der Entwicklungsschritt Chipkonstruktion bringt den Anwender des Entwurfssystems VENUS erstmals mit den typischen Randbedingungen integrierter Schaltungen

6.5 Verfahrensschritte des rechnergestützten Bausteinentwurfs mit VENUS

```
(IN)     EXEC $MASTERK.STIMULIGENERATOR
(OUT)
(OUT)
(OUT)    START AT 14:24:49 TT/MM/JJ
(OUT)    AUTOMATIC STIMULUS GENERATOR
(OUT)    VER. XXX
(OUT)    ENTER OPTIONS
(IN)     ST 30 MT 20 CYCO MPTH 1 END
(OUT)
(OUT)
(OUT)                           MODEL FILE NAME                      ADUS
(OUT)                           NUMBER OF NODES                      1384
(OUT)                           LENGTH OF MODE TABLE                 2214
(OUT)                           NUMBER OF INPUT NODES                  22
(OUT)                           NUMBER OF OUTPUT NODES                 24
(OUT)                           MAXIMUM NUMBER OF PATTERNS PER SET  1000
(OUT)                           SET TIME ALLOTMENT IN SECONDS          30
(OUT)                           RUN TIME ALLOTMENT IN SECONDS        1200
(OUT)                           MAXIMUM PATTERN/DETECTION RATIO    10000
(OUT)                           DETECTION GOAL                        100
(OUT)                           NUMBER OF POSSIBLE FAILURES           107
(OUT)                           PROCESSING WILL BEGIN ON THE FIRST OUTPUT PIN
(OUT)                           PREPROCESS TIME=                     1.35
(OUT)
(OUT)
(OUT)
(OUT)
(OUT)    SET    OUTPUT NODE  STATE   PATTERNS  TOTAL    DETECTS  PERCENT   TIME
(OUT)                                IN SET    PATTERNS
(OUT)     1     SIA          (0)        9       10         1      0.93    1.00
```

ADUS 10b. Prüfbarkeitsanalyse. Stimuligenerator

```
(IN)     EXEC $MASTERK.FEHLERSIMULATOR
(OUT)
(OUT)
(OUT)    START AT 07:57:01 TT/MM/JJ
(OUT)    FAULT SIMULATOR
(OUT)    VER. XXX
(OUT)    ENTER OPTIONS
(IN)     MT 5 END
(OUT)    NUMBER OF COLLAPSED FAULTS       592
(OUT)    PREPROCESSING TIME IN SECONDS      0
(OUT)    >>>CORE EXPANDED TO  601300
(OUT)       5687.  86=*********************************************
(OUT)       5871.  86=*********************************************
(OUT)       6013.  87=*********************************************
(OUT)       6024.  87=*********************************************
(OUT)       6052.  87=*********************************************
(OUT)       6075.  88=*********************************************
(OUT)       6085.  88=*********************************************
(OUT)       6096.  88=*********************************************
(OUT)       6120.  89=*********************************************
(OUT)       6221.  89=*********************************************
(OUT)    TERMINATED ON PATTERN          6250
(OUT)    LAST DETECTION ON PATTERN      6221
(OUT)    DETECTED COLLAPSED FAULTS       531
(OUT)    NUMBER OF FAULT SETS GENERATED    0
(OUT)    TOTAL NUMBER OF FAULTS          841
(OUT)    TOTAL NUMBER OF DETECTS         765
(OUT)    PER CENT DETECT=                 90
(OUT)    RUN TIME IN SECONDS              21
```

ADUS 10c. Prüfbarkeitsanalyse. Fehlersimulator

in Berührung. Auch hier jedoch ist er nicht gezwungen, sich mit Halbleiterphysik oder Halbleitertechnologie zu befassen.

Die Zellen sind, aus der Sicht der Chipkonstruktion, Gebilde einer individuellen Ausdehnung mit örtlich genau definierter Lage der Signaleingänge und -ausgänge. Die logischen Verbindungen der Schaltzeichen im Logikplan sind nunmehr Verdrahtungen, die Längen haben, sich überkreuzen, dazu in eine andere technologische Ebene (Poly-Si und Al bzw. Al1 und Al2) wechseln müssen und deshalb an den Übergangsstellen Kontakte (von Poly-Si nach Al bzw. von Al1 nach Al2) haben.

Weiterhin sind mit geometrisch realisierten Verdrahtungen resistive und kapazitive Lasten verbunden. Zusammen mit den Innenwiderständen der Sender und den Eingangskapazitäten der Empfänger bestimmen sie das dynamische Geschehen zwischen den Zellen auf dem hier zu konstruierenden Baustein.

Erstmals muß der VENUS-Anwender im Rahmen dieses Entwicklungsschritts an die Stromversorgung der Zellen denken, die bekanntlich aktive elektrische Schaltungen sind. Zwar ist vom CAD-System her die Stromversorgung aller Elemente gewährleistet. Die Ausgangstreiber am Chiprand (Pegelumsetzer, Padzellen) jedoch müssen wegen ihrer spürbaren Stromaufnahme nötigenfalls mit zusätzlichen Versorgungsanschlüssen (Pads) versehen werden. Auch bei der Verdrahtung der Signalverknüpfungen ist zu beachten, daß die Versorgung grundsätzlich in einer festen Metallverdrahtungsebene (Al bzw. Al1) geführt wird. Die Signale werden deshalb beim Überqueren durch das Entflechtungsprogramm jeweils in die andere Verdrahtungsebene (Poly- Si- bzw. Al2) gelegt.

Der Entwicklungsschritt Chipkonstruktion umfaßt im einzelnen:

- Automtische Umsetzung der Netzliste in eine Eingabedatei;
- automatische Konstruktionsläufe, welche die *festen Vorgaben*, die Netzliste und *Benutzereingaben* als Parameter berücksichtigen;
- im Falle nicht gefundener Verbindungen: die Vervollständigung des vom Programm gelieferten Ergebnisses — vorzugsweise vom Entwickler interaktiv am Graphikbildschirm ausgeführt;
- qualitative Nachbesserungen des vollständigen Konstruktionsergebnisses durch interaktiv am Graphikbildschirm vollzogene Änderungen.

Die Zellen selbst bleiben dabei stets unverändert, allein ihre Anordnung und die geometrische Realisierung ihrer in der Netzliste vorgegebenen Verknüpfung werden beeinflußt.

Aus der verifizierten Netzliste der Datenhaltung (Konstruktionsvorgaben wie Padanordnung, Nachbarschaftsbeziehungen, Leitungsgewichtung, Master-Auswahl können zusätzlich vorhanden sein) werden — gesteuert von einzugebenden Parametern (z.B. Zeilenzahl bei Standardzellenbausteinen) — vom System Plazierungs — und Verdrahtungsvorschläge geliefert.

Besonders bei komplexen Schaltungen sind gelegentlich einige fehlende Leitungen durch interaktive, jedoch vom System kontrollierte Eingriffe nachzulegen. Diese Modifikationen werden unmittelbar mit den Angaben der Netzliste in der Datenhaltung verglichen und automatisch unter Berücksichtigung der geometrischen Entwurfsregeln ausgeführt und bestätigt. Durch weitere Eingriffe kann der Entwickler — über die Wirkungen der genannten Vorgaben hinaus — versuchen, die Gesamtchipfläche, einzelne Netze oder Zellenanordnungen zu optimieren. Weiterhin ist es möglich, z.B.

6.5 Verfahrensschritte des rechnergestützten Bausteinentwurfs mit VENUS   297

Takte im Falle der Poly-Si/Al-Verdrahtung der Standardzellenbausteine vorzugsweise in Al zu verlegen, wobei jedoch Stromversorgunsschienen weiterhin in Poly-Si zu kreuzen sind.

Das Ergebnis der Chipkonstruktion ist eine Datei, die nach Hinzumischen der Zellenlayouts zur Generierung der Fertigungsdaten dient.

Chipkonstruktion

Die Plazierung und Verdrahtung der Zellen kann, gesteuert durch eine vom Anwender zu erstellende Datei, automatisch durchgeführt werden. Im Beispiel wurde die Zeilenzahl 7 vorgegeben: Siehe ADUS11a auf S. 263. Offensichtlich ist hier die Fläche des Chips durch die Padzellen bestimmt. Eine weitere Eingriffsmöglichkeit in den Entflechtungsablauf über die Steuerdatei ist die Bildung von Clustern; dabei können bestimmte Zellen in einer vorgegebenen Reihenfolge nebeneinander in eine Zeile plaziert werden: Siehe ADUS11b auf S. 263. Den Effekt der Clusterbildung erkennt man an den folgenden beiden Bildern: Das erste zeigt einen Ausschnitt der Schaltung ADUS, in dem vier der Clusterzellen liegen, ohne Clustervorgabe: Siehe ADUS11c auf S. 264. Im zweiten Bild liegen alle sechs Zellen des Clusters, wie vorgegeben, in einer Zeile: Siehe ADUS11d auf S. 265. Die Farben haben dabei folgende Bedeutung: Blau dargestellt sind Aluminiumleiterbahnen, rot die Polysiliziumbahnen und hellblau die Kontaktlöcher Polysilizium-Aluminium.

6.5.8 Layoutanalyse und Resimulation

Die Layoutanalyse beschränkt sich im Fall eines Standardentwurfssystems auf die Laufzeitanalyse, da durch das Entwurfssystem ein korrektes, den geometrischen Designregeln entsprechendes Layout garantiert wird. Dabei werden nur die Verbindungsleitungen zwischen den Zellen analysiert. Die Zellen selbst sind getestet und werden als fehlerfrei vorausgesetzt.

Ein Analyseprogramm entnimmt zu diesem Zweck die geometrischen Daten der realen Leitungsführung. Daraus werden unter Verwendung der bekannten technologischen Werte RC-Baumstrukturen berechnet. Hinzugefügt werden die kapazitiven Lasten der empfangenden Zelleneingänge. Nun wird das zeitliche Verhalten dieser realen Verdrahtungsbaumstrukturen unter Berücksichtigung der Eigenschaften des Senders (innerer Widerstand, unterschiedlich für steigende und fallende Flanken) nach Näherungsformeln berechnet. Für jede Sender-Empfänger-Kombination ergibt sich in weiterer Näherung eine Laufzeit für das betreffende Logiksignal. Diese realen Laufzeiten werden einerseits in Form einer lesbaren Liste abgelegt, andererseits jedoch automatisch der Modellaufbereitung für den Logiksimulator zugeführt.

Die Listenform dieser Laufzeiten gibt dem Entwickler unmittelbar Hinweise auf zu große Verzögerungszeiten, Laufzeitunsymmetrien oder nicht zeitgerechte Taktversorgung. Er kann daraufhin bessernd in die Chipkonstruktion eingreifen oder einen weiteren automatischen Programmlauf mit geänderten Parametern – z.B. über Leitungsgewichtung oder über Lagevorgaben für bestimmte Zellen – anstoßen.

Laufzeitanalyse

Das Programm CALDEL ermittelt die Verzögerungszeit jeder Verbindung unter Berücksichtigung der kapazitiven Lasten der Zelleneingänge (vgl. Bild ADUS 12a).

```
(IN)    EXEC $MASTERK.PH.CALDEL
(OUT)   % P500 CALDEL/XXX/JJ-MM-TT LOADED
(OUT)   PROGRAMM CALDEL  START (VERSION  A.BB.CC  #TT/MM/JJ  HH:MM:SS#) TT/MM/JJ  HH:MM:SS
(OUT)   SCHALTUNGSNAME ?
(IN)    adus
(OUT)   VERSION DER EINGABE-DATEI "ADUS.PAR." ? (NNNN/"NONE"/?)
(IN)    1
(OUT)   BEI WELCHEM ZUSTAND AUFSETZEN? (C<ON>/P<LV>/W<EG>)
(IN)    p
(OUT)   VERSION DER EINGABE-DATEI "ADUS.PLV." ? (NNNN/"NONE"/?)
(IN)    1
(OUT)   PROGRAMM CALDEL  ENDE
```

ADUS 12a. Laufzeitanalyse: CALDEL-Aufruf

	DELAY IN PIKOSEKUNDEN			TYP			SLOW		FAST	
NETZNAME	AZELLE	APIN	EZELLE	EPIN	DELAY RISE	DELAY FALL	DELAY RISE	DELAY FALL	DELAY RISE	DELAY FALL
LAT	DLAT	A1	LT0	E2	3719	3485	6730	6021	2718	2613
LAT	DLAT	A1	LT1	E2	3396	3158	6282	5564	2448	2341
LAT	DLAT	A1	LT2	E2	3720	3486	6737	6023	2719	2614
LAT	DLAT	A1	LT3	E2	3375	3140	6251	5543	2430	2325
LAT	DLAT	A1	LT4	E2	3720	3486	6731	6023	2719	2614
LAT	DLAT	A1	LT5	E2	4285	4045	7551	6822	3175	3069
LA0	LT0	A1	AN44	E2	483	390	1474	1197	213	169
LA0	LT0	A1	MX24	E3	645	552	1698	1420	350	307
LA1	LT1	A1	MX20	E3	1343	1206	3068	2554	839	776
LA1	LT1	A1	Z20	E3	1259	1122	2948	2535	770	708
LA2	LT2	A1	MX21	E3	1714	1547	3871	3362	1077	1002
LA2	LT2	A1	Z21	E3	1762	1594	3940	3431	1117	1041
LA3	LT3	A1	MX22	E3	1952	1775	4266	3735	1257	1178
LA3	LT3	A1	Z22	E3	1817	1643	4071	3544	1149	1070
LA4	LT4	A1	MX23	E3	1944	1772	4231	3711	1255	1179
LA4	LT4	A1	Z23	E3	1978	1806	4278	3756	1283	1206

ADUS 12b. Laufzeitanalyse: CALDEL-Protokoll

6.5 Verfahrensschritte des rechnergestützten Bausteinentwurfs mit VENUS

CALDEL kann vor der Entflechtung (Zustand CON: Berücksichtigung nur der Belastung durch die Zelleneingänge) oder danach (Zustand PLV oder WEG: Berücksichtigung auch der Leitungswiderstände und -kapazitäten) eingesetzt werden. Einen Ausschnitt aus dem CALDEL-Protokoll mit typischen, maximalen und minimalen Verzögerungszeiten zeigt das Bild ADUS 12b.

Durch Vergabe von Leitungsgewichten in der Steuerdatei für die Chipkonstruktion kann der Anwender erreichen, daß die Verzögerungszeiten ausgewählter Signale kürzer werden. Man muß dabei allerdings meist eine Vergrößerung der übrigen Laufzeiten und der Chipfläche in Kauf nehmen (vgl. Bild ADUS 12c und 12d).

```
%-------------------------------%
% S I G N A L G E W I C H T U N G %
%-------------------------------%
#SG
LA0       9
LA1       9
LA2       9
LA3       9
LA4       9
LAT       9
```

ADUS 12c. Laufzeitanalyze: Leitungsgewicht-Befehl

Ist nach einer solchen sehr wertvollen und durch das Wissen des Entwicklers über dynamisch kritische Signalpfade ertragreichen Optimierung die Chipkonstruktion einschließlich wiederholter Layoutanalyse erneut beendet, sollte nicht versäumt werden, unter Verwendung ausgewählter Bitmuster die Logiksimulation nunmehr mit realen Sender-Empfänger-Leitungslaufzeiten nochmals anzustoßen (Resimulation).

Resimulation mit Leitungslaufzeiten

Die Logiksimulation berücksichtigt auf Wunsch die ermittelten Leitungslaufzeiten zusätzlich zu den in der Bibliothek enthaltenen Zellenschaltzeiten. Zum Vergleich werden die Simulationsergebnisse dargestellt

- ohne Leitungslaufzeiten, bei typischen Zellenschaltzeiten (Bild ADUS 13a),
- mit Leitungslaufzeiten, bei maximalen Zellenschaltzeiten (Bild ADUS 13b),
- mit Leitungslaufzeiten, bei typischen Zellenschaltzeiten (Bild ADUS 13c),
- und zusätzlich mit Leitungsgewichten (Bild ADUS 13d):

Das Zeitraster wurde gegenüber Bild ADUS 8 feiner gewählt, um die geringen Zeitunterschiede deutlich werden zu lassen. Die Abweichung zwischen den Fällen a und b ist viel größer als die zwischen a und c bzw. d. Der Fall maximaler Zellenschaltzeiten stellt also den „worst case" dar.

Anschließend werden zwei weitere Verifikationen empfohlen. Da unabhängig von den Bedingungen, die die Slow- und Fast-Werte bestimmen, auch die Leitungslaufzeiten fertigungstechnischen Schwankungen unterliegen, sollen eine Slow-Logiksimulation mit den maximal möglichen und eine Fast-Logiksimulation mit den minimal möglichen Leitungslaufzeiten ausgeführt werden. Durch Plausibilitätsüberlegungen ist anschließend noch zu prüfen, inwieweit die elektrischen Eigenschaften des ausgewählten Gehäuses und der gegebenenfalls nötigen Bonddrähte einen Einfluß auf das dynamische Verhalten des Bausteins haben.

Durch all diese Verifikationsschritte ist in bezug auf das Verhalten des Bausteins eine sichere Überprüfung der vorher niedergelegten dynamischen Spezifikation möglich. Die Signale im Innern werden jedoch weiterhin nach Art eines Logiksimulators

			DELAY IN PIKOSEKUNDEN		TYP		SLOW		FAST	
NETZNAME	AZELLE	APIN	EZELLE	EPIN	DELAY RISE	DELAY FALL	DELAY RISE	DELAY FALL	DELAY RISE	DELAY FALL
LAT	DLAT	A1	LT0	E2	1106	944	2691	2138	674	606
LAT	DLAT	A1	LT1	E2	2430	2240	4594	4025	1734	1648
LAT	DLAT	A1	LT2	E2	1001	839	2553	2000	588	521
LAT	DLAT	A1	LT3	E2	2415	2227	4572	4007	1723	1637
LAT	DLAT	A1	LT4	E2	1128	963	2722	2172	689	624
LAT	DLAT	A1	LT5	E2	2416	2228	4573	4008	1724	1638
LA0	LT0	A1	AN44	E2	722	620	1894	1585	394	347
LA0	LT0	A1	MX24	E3	775	672	1968	1659	438	391
LA1	LT1	A1	MX20	E3	787	678	2045	1717	433	384
LA1	LT1	A1	Z20	E3	787	679	2046	1718	434	384
LA2	LT2	A1	MX21	E3	746	591	2361	1910	308	244
LA2	LT2	A1	Z21	E3	1274	1122	3100	2646	747	677
LA3	LT3	A1	MX22	E3	542	445	1602	1309	254	210
LA3	LT3	A1	Z22	E3	543	445	1602	1309	254	210
LA4	LT4	A1	MX23	E3	639	541	1740	1445	333	287
LA4	LT4	A1	Z23	E3	555	457	1624	1329	263	218

ADUS 12d. Laufzeitanalyse: CALDEL-Protokoll mit LLZ

6.5 Verfahrensschritte des rechnergestützten Bausteinentwurfs mit VENUS

```
+------------------------------------------------------------------------------+
|P R O S I M  VERS XXXX           ZEITDIAGRAMM           FOLGEMASKE /SIW/      |
|PROJEKT /ADUS    ,VERS: 001/              TESTPROGRAMM /TEST    ,VERS: 04/    |
|ZEIT /  7240 NS/         RASTER /  1 NS/      BLAETTERN /      /   KOPIE / /  |
|                                                                              |
|CLOCK          -------------------------------------.......................   |
|                                                                              |
|MEMW           -------------------------------------------------------------  |
|ADB000         -------------------------------------------------------------  |
|ADB001         .............................................................  |
|ADB002         .............................................................  |
|ADB003         .............................................................  |
|ADB004         .............................................................  |
|                !       !       !       !       !       !       !             |
|              7210    7220    7230    7240    7250    7260    7270            |
|                                                                              |
|RAM0           XXXXXXXXXXXXXXXX-------------------------------------------     |
|RAM1           XXXXXXXXXXXXX:.............................................    |
|RAM2           XXXXXXXXXXXXX:.............................................    |
|RAM3           XXXXXXXXXXXXX:.............................................    |
|RAM4           XXXXXXXXXXXXX:.............................................    |
|                                                                              |
+------------------------------------------------------------------------------+
```

ADUS 13a. Resimulation: Ohne LLZ, TYP (PROSIM-Maske)

```
+------------------------------------------------------------------------------+
|P R O S I M  VERS XXXX           ZEITDIAGRAMM           FOLGEMASKE /SIW/      |
|PROJEKT /ADUS    ,VERS: 002/              TESTPROGRAMM /TEST    ,VERS: 02/    |
|ZEIT /  7240 NS/         RASTER /  1 NS/      BLAETTERN /      /   KOPIE / /  |
|                                                                              |
|CLOCK          -------------------------------------.......................   |
|                                                                              |
|MEMW           -------------------------------------------------------------  |
|ADB000         -------------------------------------------------------------  |
|ADB001         .............................................................  |
|ADB002         .............................................................  |
|ADB003         .............................................................  |
|ADB004         .............................................................  |
|                !       !       !       !       !       !       !             |
|              7210    7220    7230    7240    7250    7260    7270            |
|                                                                              |
|RAM0           XXXXXXXXXXXXXXXXXXXXXXXXXXXXXXXXXXXXXXXXXXXXXXXXXXXX:--------  |
|RAM1           XXXXXXXXXXXXXXXXXXXXXXXXXXXXXXXXXXXXXXXXXXXXXXXX...........    |
|RAM2           XXXXXXXXXXXXXXXXXXXXXXXXXXXXXXXXXXXXXXXXXXXXXXXX...........    |
|RAM3           XXXXXXXXXXXXXXXXXXXXXXXXXXXXXXXXXXXXXXXXXXXXXXXX...........    |
|RAM4           XXXXXXXXXXXXXXXXXXXXXXXXXXXXXXXXXXXXXXXXXXXXXXXX...........    |
|                                                                              |
+------------------------------------------------------------------------------+
```

ADUS 13b. Resimulation: Ohne LLZ, TYP (PROSIM-Maske)

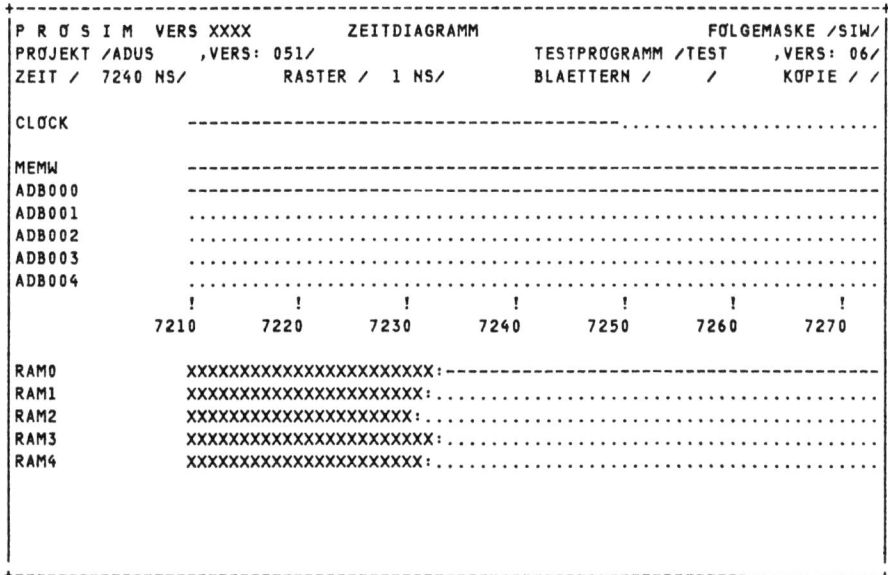

ADUS 13c. Resimulation: Mit LLZ, TYP (PROSIM-Maske)

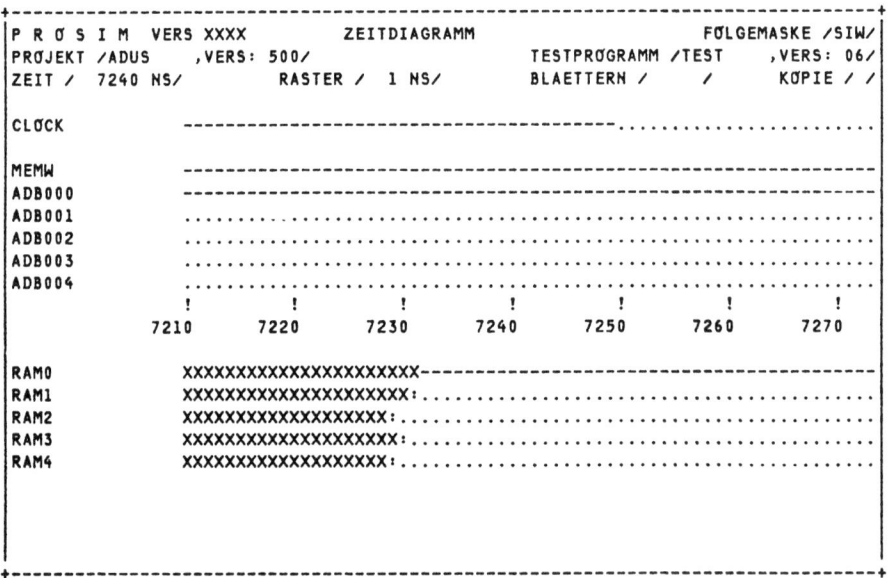

ADUS 13d. Resimulation: Mit LLZ, TYP, mit Leitungsgewicht (PROSIM-Maske)

behandelt: Wirkliche dynamische Effekte wie Abflachungen der Flanken, Überkopplungen oder Spannungseinbrüche durch zu starke dynamische Stromaufnahme werden nicht berücksichtigt. Das wäre im Rahmen der gewöhnlich sehr komplexen Schaltungen auch keine realistische Art der Analyse. Die bisher gewonnenen guten Erfahrungen haben gezeigt, daß genauere Simulationen auf Schaltkreisebene nicht nötig sind. Allerdings muß aus diesem Grunde bei Zellenkonzepten ein gewisser Sicherheitsabstand zum technologisch maximal Machbaren eingehalten werden. Das gilt sowohl für die VENUS zugrundeliegenden Zellen wie auch für die damit aufgebauten Schaltungen.

6.5.9 Fertigungsdatenerstellung

Bevor der nächste Schritt des Entwurfsprozesses, die Erstellung der Fertigungsdaten, begonnen wird, sind folgende Vorarbeiten gemäß Checkliste 6 nötig:

Checkliste 6: Fertigungsvorbereitung

- ☐ Es ist zu klären, ob aus den vorhandenen Konstruktionsdaten lediglich eine Kontrollzeichnung mit oder ohne Darstellung der Zellenlayouts erstellt werden soll. Sind einzelne Ebenen oder vergrößerte Ausschnitte gefordert?

- ☐ Es ist zu entscheiden, ob die Erstellung von Fertigungsdaten zur Maskenfertigung im Maskenzentrum des Halbleiterherstellers gewünscht wird oder ob es sich lediglich um Probeläufe handelt.

- ☐ Die Absprachen mit dem Halbleiterhersteller sind erneut aufzunehmen. Für Gate-Array-Bausteine muß eine auf einen speziellen Master bezogene Projektnummer, für Standardzellen-Bausteine eine Erzeugnisnummer zugeteilt werden. Sie werden jeweils während der Fertigungsdatenerstellung vom Anwender dem System bekanntgegeben und erscheinen später sichtbar auf dem Chip - jeweils in der obersten Aluminiumebene.

- ☐ Vor der Fertigungseinleitung ist die bereits mehrfach erwähnte Spezifikation des Bausteins endgültig mit dem Hersteller abzusprechen. Diese Spezifikation sollte immer deutlich machen, daß es sich um ein Entwicklungsergebnis des Standard-Entwurfsverfahrens VENUS und nicht um einen manuellen Entwurf handelt. Bei VENUS-Bausteinen verzichtet der Hersteller auf eine Reihe sonst zwingend vorgeschriebener Überprüfungen. Grund für die Vereinfachung sind der durch viele interne Qualitätssicherungs-Routinen erreichte Qualitätsstand sowie die bereits vorher vom Hersteller freigegebenen Zellenbibliotheken und gegebenenfalls Master.

☐ Weiterhin steht spätestens jetzt die Entscheidung für ein bestimmtes Gehäuse an. Die genaue Chipgröße ist nun bekannt. Anordnung und Lage der Versorgungs- und Signalanschlüsse können einem sog. "Bondplan" entnommen werden, der im Zusammenhang mit den Fertigungsdaten auf Wunsch automatisch erstellt wird.

☐ Schließlich müssen Absprachen mit dem Hersteller über die auszutauschenden Dokumente (Formulare, Masken-Rückzeichnungen), das Prüfprogramm (elektrische Parameter, Prüfmuster, Testgerät) sowie die Konstruktion der bausteinspezifischen Ansteuerbaugruppe für den ausgewählten Testautomaten getroffen werden.

Das eigentliche Erstellen der gewünschten Zeichnungen und Fertigungsdaten ist innerhalb des Entwurfssystems ein Routinevorgang. Der Anwender hat nur noch die Erzeugnis- bzw. Projektnummer einzugeben.

Während der Fertigungsdatenerstellung wird automatisch zu den vom Anwender entwickelten Bausteindaten (Gesamtlayout) eine Rahmenstruktur hinzugemischt. Diese enthält fertigungsspezifische Justierstrukturen, Ritzrahmen, Meßquadrate usw. Weiterhin wird in das Gebiet des Ritzrahmens – also außerhalb des Verantwortungsbereichs des VENUS-Anwenders – eine vom Halbleiterhersteller beigestellte Technologie – Teststruktur eingeblendet. Sie erlaubt dem Hersteller, bezogen auf jeden Chip des Wafers, den Nachweis über die gewährleisteten Technologieparameter. Bei der Zerteilung der Wafer in Chips vor der Bausteinmontage gehen diese Strukturen verloren.

Ohne daß der Anwender im einzelnen davon Kenntnis nehmen muß, werden während der Maskenbanderstellung sämtliche Konstruktionsdaten – spezifisch für die einzelnen Masken – den jeweiligen Fertigungsgegebenheiten angepaßt, d.h. an den Kanten der Figuren gebläht oder geschrumpft (Vorhalte).

Außer den Fertigungsdaten (Maskenband) sollte der Anwender Kontrollzeichnungen der Gesamtlayouts (sämtliche Ebenen) sowie Kontrollzeichnungen der einzelnen Maskenebenen erstellen lassen. Durch letztere wird ihm die – vom Maskenzentrum verlangte – Freigabe der Masken-Rückzeichnungen erleichtert.

Fertigungsdatenerstellung

Das Programm PLOTMASK ermöglicht die Erstellung von Steuerbändern für Zeichengeräte („PLOT CALCOMP 925 FORMAT") und für die Maskenherstellung („MEBES", „PATTERN-GENERATOR"): Siehe ADUS 14a auf S. 266.

Bild ADUS 14b auf Seite 266 zeigt einen CALCOMP-PLOT der Aluminiumebene des ADUS:

In Bild ADUS 14c auf Seite 267 sind die Ebenen Aluminium (blau), Polysilizium (rot) und Kontaktlöcher Polysilizium Aluminium (hellblau) mit dem in Bild ADUS 11c ausgewählten Ausschnitt dargestellt.

6.5.10 Prüfdatenerstellung

Der Halbleiterhersteller erwartet außer dem Maskenband, das gemäß der Bibliothekswahl einer bestimmten Prozeßtechnologie zugeordnet ist, ein ablauffähiges Prüfprogramm, eine spezifische Ansteuerungsbaugruppe und eine Nadelkarte für den Test der Chips auf dem Wafer. Dabei muß die Zuordnung zu einem vorher verabredeten Testautomaten gewahrt sein.

Da das gesamte Systemwissen über den entwickelten Baustein beim VENUS-Anwender, dem Designingenieur, liegt, ist er selbst am ehesten in der Lage, das Prüfprogramm zu erstellen.

Das Entwurfssystem VENUS bietet dem Anwender die Möglichkeit, das gesamte Prüfprogramm in eigener Verantwortung zu erstellen. Dazu werden ihm die vom Hersteller erwarteten elektrischen Tests vorbereitet bereitgestellt. Die einzutragenden aktuellen Werte sind Teil der jeweiligen Absprachen mit dem Hersteller. Nur der Designingenieur kann dafür sorgen, daß in einem von ihm zu verantwortenden Maße möglichst jeder Knoten im Innern des Bausteins auf unvermeidbare stochastische Fertigungsfehler abgeprüft wird.

Die im Rahmen der Verifikation und Prüfbarkeitsanalyse bereits erwähnten Werkzeuge (Fehlersimultor, Bitmustergenerator) zur Bereitstellung der Prüfmuster werden gegebenenfalls erneut eingesetzt.

Die Funktionsbitmuster sind ein Teil des Prüfprogramms. Sie sind jedoch wegen der rein statischen Prüfung am Testautomaten in Zyklenbitmuster umzuwandeln.

Schließlich sollte eine letzte Fehlersimulation den erreichten Fehlererkennungsgrad dokumentieren. Er ist in die Absprachen mit dem Hersteller einzubringen.

Das Entwurfssystem VENUS bindet sämtliche vorbereiteten Tests, die bibliotheksspezifischen Technologiewerte und die Gesamtheit der erarbeiteten Prüfmuster automatisch zu einem ablauffähigen Prüfprogramm zusammen.

Prüfdatenerstellung

Das Programm PROGENIC erzeugt ein Prüfprogramm für den mit VENUS entwickelten Prüfling. Vom Anwender werden die eingeklammerten Felder (...) ausgefüllt (vgl. Bild ADUS 15a).

Die Eingangsdateien SCHA und REFE enthalten eine für das Prüfsystem spezifische Bausteinbeschreibung, in der BITA-Liste liegen die Prüfmuster, die Datei PINZUORD enthält die Zuordnung der Signalnamen der Ein-/Ausgänge zu den Pinnamen des Prüflings und ICSPEC spezifiziert elektrische Parameter, die bei der Prüfung eine Rolle spielen. Im folgenden werden zwei Ausschnitte aus dem Prüfprogramm erläutert: Kontakttest und Funktionstest:

- Kontakttest (Bild ADUS 15b)
  Bei diesem ersten Test werden alle Anschlüsse auf Unterbrechungs- und Kurzschlußfehler geprüft. Fällt der Kontakttest negativ aus, ist es in der Regel sinnlos, weitere Tests durchzuführen. Mit der Anweisung SET DA* werden die in diesem Test als Eingänge zu behandelnden Pins angegeben. Nach dem Einstellen verschiedener Testparmeter wird zuerst der Pin 25 angewählt und der Strom IFORCE eingeprägt („FORCE CURRENT IFORCE, RNG2"; der Wert von IFORCE ist an anderer Stelle im Meßprogramm definiert, RNG2 gibt einen Meßbereich an). Die dabei abfallende Spannung wird gemessen („MEASURE VALUE"), und der Strom vor Beginn der Prüfung des nächsten Pins wieder auf 0 gesetzt. Ein Unterschreiten der unteren Grenzspannung VLOLIMIT wird als Kurzschlußfehler, ein Überschreiten der oberen Grenzspannung VUPLIMIT als Unterbrechungsfehler gewertet.
- Funktionstest (Bild ADUS 15c, d, e)
  Als Grundlage für den Funktionstest dienen die Prüfmuster der BITA-Datei, die von PROGENIC in die LMI-Datei eingetragen werden. Während der Zeit TCYC wird an die mit der

```
*----------------------------------------------------------------*
* **************************************************************** *
*                    PROGENIC CMOS                                 *
* **************************************************************** *
*                                                                  *
*  BAUSTEINNAME:  (ADUS  )                                         *
*                                                                  *
*  EINGABEDATEIEN:                                                 *
*                                                                  *
*   SCHA           :  (ADUS.SCHA                         )         *
*   BITA           :  (ADUS.BITA                         )         *
*   PINZUORD       :  (ADUS.PINZUORD                     )         *
*   ICSPEZ         :  (CMOS.ICSPEZ                       )         *
*   FALLS DYN. SUPPLY-CURR.-MESSUNG GEFORDERT, NAMEN DER DATEI MIT DYN. BIT- *
*   MUSTERN ANGEBEN : (                                  )         *
*   FALLS SHMOOPLOT GEFORDERT, NAMEN DER DATEI MIT BITMUSTERN FUER SHMOO- *
*   PLOT ANGEBEN   :  (                                  )         *
*   REFE           :  (ADUS.REFE                         )         *
*  VERSIONSNR. DES PRUEFPROGRAMMS (ERLAUBTE EINTRAEGE 1 - Z)  (1)  *
*                                                                  *
*                                                                  *
*   SOLLEN WEITERE PROGRAMME ERZEUGT WERDEN  (J/N) ?   (N)         *
*                                                                  *
* **************************************************************** *
*----------------------------------------------------------------*
```

ADUS 15a. Prüfdatenerstellung: PROGENIC-Maske

```
*                                                                  ;
SET DA* 1111111111111111111 1111111111111111111 1111111000000000000
        000000000000000000  000000000000000000  000000000000000000 ;
SET MA*  (120:0);                    REM DON'T CARE PINS           ;
SET R*   (120:0);                    REM ALL R-RELAIS OPEN         ;
SET S*   (120:0);                    REM CLEAR ALT.REF.VOLTAGE     ;
SET CRO* (120:1);                    REM ALL COMP.RELAIS OPEN      ;
                                                                 REM
    TEST SEQUENCE (PMU-MEASUREMENT):
    ================================
***    MEASURE ON ALL PINS WITHOUT  VDD & VSS  !   ***             ;

ENABLE TRIPI3 GT IDYNMAX,RNG3;
FORCE E0 VI, RNG2;                   REM INPUT VOLTAGE             ;

SET PERIOD DTCYC,RNG0;               REM SET DUMMY-TEST CYCLE      ;
ENABLE DA,MA; SET F 0; ENABLE TEST;  REM
*                                                                  ;
SET DELAY DCTIME, DC;                REM OVERWRITE HARDWARE DELAY  ;
FORCE CURRENT 0, RNG2; SET PMU SENSE, RNG2;
ENABLE DCT0 LT VLOLIMIT; ENABLE DCT1 GT VUPLIMIT;                REM
*                                                                  ;
CPMU PIN 025; CHN = 025;
FORCE CURRENT IFORCE, RNG2; MEASURE VALUE; FORCE CURRENT 0, RNG2;
CPMU PIN 026; CHN = 026;
FORCE CURRENT IFORCE, RNG2; MEASURE VALUE; FORCE CURRENT 0, RNG2;
CPMU PIN 027; CHN = 027;
FORCE CURRENT IFORCE, RNG2; MEASURE VALUE; FORCE CURRENT 0, RNG2;
CPMU PIN 028; CHN = 028;
FORCE CURRENT IFORCE, RNG2; MEASURE VALUE; FORCE CURRENT 0, RNG2;
```

ADUS 15b. Prüfdatenerstellung: Kontakttest

6.5 Verfahrensschritte des rechnergestützten Bausteinentwurfs mit VENUS

```
INF    LM-ADR SET MODULE 4096, SPM; SET MPIN 120; SET REL '   08/02/85';           REM
              *
                  L M I - F I L E  *** 01 ***  F Ü R  F U N C T I O N  T E S T S
              ==========================================================================
              *
              ********************         OOADUS         ********************
              *
              ** LSI-
              ** PIN                11111111112 222 2222233333333334 4444444
              ** ***       12345678901234567890 123 5678901234567890 1234567
              *
              ** LSI-
              ** ***
              ** PIN
              *                                                                      ;
              ENABLE MA;                          REM  MA-REGISTER IS USED FOR LM-LOAD;
              LSET MA (120:0);                    REM  MA-REGISTER IS RESET           ;
       1  000001 LSET DA* 00000011111111010000  00001111111111001000  00100100000000000000
                          00000000000000000000  00000000000000000000  00000000000000000000;
       1  000002 LSET MA* 11111100000000101111  11100000000000110111  11011010000000000000
                          00000000000000000000  00000000000000000000  00000000000000000000;
       1  000003 SET F    00001010101001000000  01100000000001000011  00000000000000000000
                          00000000000000000000  00000000000000000000  00000000000000000000;
       2  000004 SET F    00001010111000000000  01100000000000000011  00000000000000000000
                          00000000000000000000  00000000000000000000  00000000000000000000;
       3  000005 SET F    00001010111000010000  01100000000000000011  00000000000000000000
                          00000000000000000000  00000000000000000000  00000000000000000000;
       4  000006 SET F    00001010111001010000  01100000000010000011  00000000000000000000
                          00000000000000000000  00000000000000000000  00000000000000000000;
       5  000007 SET F    00001010111000010000  01100000000010000011  00000000000000000000
                          00000000000000000000  00000000000000000000  00000000000000000000;
```

ADUS 15c. Prüfdatenerstellung: LMI-File

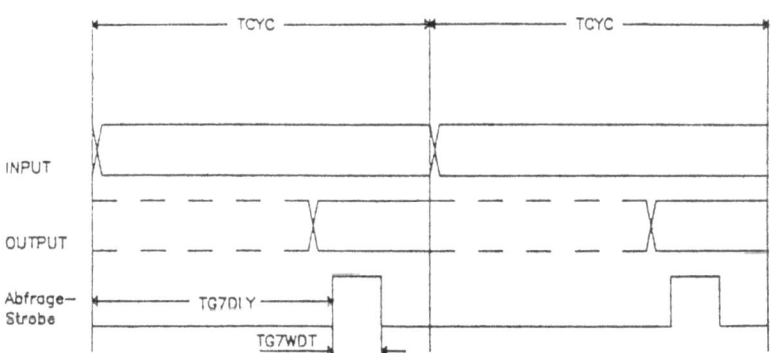

ADUS 15d. Prüfdatenerstellung: Zyklensimulation: Zeitdigramm

SET DA*-Anweisung vorgegebenen Pins das Eingangsbitmuster gelegt, nach der Zeit TG7 DLY werden während des Intervalls TG7 WDT die Zustände der mit der SET MA*-Anweisung ausgewählten Pins gemessen und mit den Daten aus der LMI-Datei für diese Pins verglichen. Die Anweisungsblöcke IFC...ENDC des Prüfprogramms weisen abhängig vom Testautomten die Zeit TG7 DLY und TG7WDT zu. Mit LMLOAD wird die LMI-Datei gelesen, die nächste Zeile bestimmt erstes („0") und letztes („PAMAX01") abzuarbeitendes Bitmuster in diesem Test und ENABLE TEST stößt die eigentliche Prüfung an.

```
                                    REM  CONN. INPUT PINS (I+B)              ;
SET DA* 00000011111111010000 00001111111111001000 00100100000000000000
        00000000000000000000 00000000000000000000 00000000000000000000 ;
SET MA* (120:0);                    REM  DON'T CARE PINS                     ;
                                    REM  SET RELAIS  (VDD & VSS)             ;
SET R*  00000000000000000000 00010000000000000000 00000001000000000000
        00000000000000000000 00000000000000000000 00000000000000000000 ;
                                    REM  SET ALT.REF. INPUT VOLTAGE          ;
SET S*     (120:0);                 REM  CLEAR ALT.REF.VOLTAGE               ;
                                    REM  POWER-PIN(VDD&VSS) COMP.RELAIS OPEN;
SET CRO*00000000000000000000 00010000000000000000 00000001000000000000
        00000000000000000000 00000000000000000000 00000000000000000000
                                                                         REM
*
   TEST SEQUENCE:
   ==============
*                                                                            ;

ENABLE TRIPI3 GT IDYNMAX,RNG3;
FORCE VF1 VSS ,RNG3; FORCE VF3 VDD , RNG3;
FORCE E1  VIH    ,RNG2; FORCE E0  VIL,RNG2;

SET    S0  VOLMAX  ,RNG2; SET    S1  VOHMIN  ,RNG2;
IFC S7 THEN BEGIN
SET TG7 DELAY TG7DLY,RNG0; SET TG7 WIDTH TG7WDT,RNG0;
ENDC;
IFC S8 THEN BEGIN
SET BTG7 DELAY TG7DLY,RNG0; SET BTG7 WIDTH TG7WDT,RNG0;
ENDC;
IFC S20 THEN BEGIN
SET TG7 DELAY TG7DLY,RNG0; SET TG7 WIDTH TG7WDT,RNG0;
ENDC;
SET PERIOD  TCYC,RNG0;              REM SET DUMMY-TEST CYCLE & TCYC  ;
ENABLE DA,MA; SET F 0; ENABLE TEST;


AT 0;
EXEC LMLOAD (001, 2,PAMAX01,FILEID  );
SET START 0; SET MAJOR 1,PAMAX01;
ENABLE TEST;
```

ADUS 15e. Prüfdatenerstellung: Funktionstest

6.6 Musterherstellung

Typisch für Bausteine, die mit Hilfe eines Standardentwurfsverfahrens entwickelt werden, ist oft deren geringe Stückzahl. Entweder werden überhaupt nur wenige Exemplare benötigt; oder es wird innerhalb sehr kurzer Zeit eine erste Musterserie geringer Stückzahl erwartet.

Shared-Silicon, erste Muster

Damit ein kostengünstiger Weg zu Bausteinen in geringen Stückzahlen möglich ist, bietet die Halbleiterfertigung ein angepaßtes Verfahren an. Dazu werden die Masken

6.6 Musterherstellung

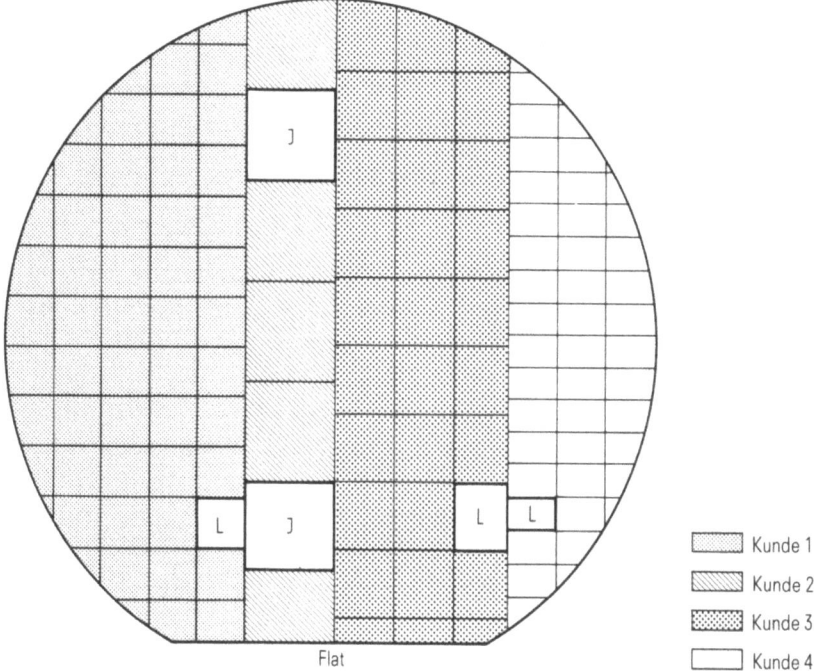

Bild 6.2. Shared-Silicon-Prinzip: Beispiel mit vier verschiedenen Schaltungen (J Justierfelder, L Felder zur Chipbezeichnung)

eines Maskensatzes nicht nur mit den Fetigungsunterlagen (Maskenbändern) *eines* Projekts belegt.

- Bei Gate-Array-Bausteinen werden hierzu die spezifischen Personalisierungsebenen (Al1- und Al2-Ebene sowie Kontaktierungsebene) verschiedener Anwender auf unterschiedlichen Masterpositionen eines Master-Wafers eingeblendet.
- Bei Zellenbausteinen werden auf dem Wafer ein oder einige Streifen unterschiedlicher Breite für je ein Projekt belegt (Bild 6.2).

Damit sind neben den Maskenkosten zugleich auch die Kosten eines Chargendurchlaufs durch die Prozeßtechnologie auf mehrere Anwender aufgeteilt (Shared-Silicon). Jeder Anwender erhält nach der Zerlegung der gefertigten Scheibe die ihm zugeordneten Chips zur Montage. Gleichzeitig ist aber auch sichergestellt, daß die Chips eines Anwenders ausschließlich in seine Hände gelangen. Denn die Masken und die unzerteilten Wafer verlassen den Verantwortungsbereich des Herstellers nicht.

Serienfertigung

Verlaufen Herstellung, Test und Bemusterung der Geräte zur Zufriedenheit des Systementwicklers, so ist — falls kein funktionales Redesign erforderlich ist — zu überlegen, ob und wieviele weitere Bausteine benötigt werden (Checkliste 7).

Checkliste 7: Serienfertigung

- ☐ Ohne erneute *Entwicklungs- und Maskenkosten* und bei auch weiterhin auf mehrere Projekte aufgeteilten Scheiben (Shared Silicon) kann mit den gleichen Masken weitergearbeitet werden.

- ☐ Ohne neue *Entwicklungsarbeiten*, aber bei erneuten Maskenkosten, die dann von einem Projekt allein zu tragen sind, können die Chargen für einen Anwender voll ausgenutzt werden.

- ☐ Bei mittelhohen Stückzahlen ist zu erwägen, ob nicht gegebenenfalls ein Gate-Array-Enwurf wegen der langfristig geringeren Stückkosten in einen Standardzellen-Entwurf umzusetzen ist.

- ☐ Schließlich muß bei langfristig sehr hohen Stückzahlen auch erwogen werden, die Stückkosten durch einen optimierten Neu-Entwurf auf Transistorebene (Full-Custom) zu senken.

Wird eine Entscheidung zugunsten eines optimierten Neuentwurfs getroffen, so ist der dann vergleichweise sehr hohe Vorleistungsaufwand zu bedenken. Das Entwicklungsrisiko (keine konsistente Logikplandokumentation, keine Datenhaltung, kein bewährter Qualitätsstandard, unvorhersehbare Schaltungseffekte, keine Gewährleistung der Prüfbarkeit, kein automatisch generierbares Prüfprogramm) ist größer als beim beschriebenen Standardentwurfsverfahren VENUS. Die Entwicklungsproduktivität liegt beim Full-Custom-Entwurf bei typ. 300 Gatterfunktionen pro Bearbeiter und Jahr. Bei Entwürfen auf der Basis von Standardentwurfsverfahren ist sie etwa zehn- bis zwanzigmal größer! Wegen der im Rahmen eines Full-Custom-Entwurfs jeweils neu entworfenen Transistorschaltungen ist nach der Herstellung außer der Prüfung auf stochastische Fertigungsfehler nach jedem − dann häufig notwendigen − Redesign eine funktionale Verifikation nötig. Diese kann bei schwer durchschaubaren Problemen hohen experimentellen und personellen Aufwand erfordern. Möglicherweise sind dann Experten nötig, die Spezialverfahren (wie z.B. das Elektronenstrahl-Meßgerät/-Potentialkonstrastverfahren) beherrschen. In jeder Terminplanung für Full-Custom-Entwürfe sind deshalb Zeitaufwände für Redesign einschließlich funktionaler Verifikation vorzusehen!

Gefertigter Chip

Bild ADUS 16 zeigt einen fertigen, in das Gehäuse geklebten Chip mit den Bonddrähten, die die Verbindung zwischen den Pads und den Gehäusepins herstellen:

ADUS 16. Chip im Gehäuse

6.7 Test

Jede integrierte Schaltung kann stochastische Fertigungsfehler haben. Da im späteren Einsatzfall solche Fehler nur unter Schwierigkeiten zu erkennen und nur durch Austausch des gesamten Bausteins zu reparieren sind, muß jeder Baustein nach der Fertigung in allen seinen internen Knoten überprüft werden. Dazu dient der Test am Testautomaten.

Die mit Hilfe des Entwurfssystems VENUS entwickelten Bausteine realisieren *die* Funktionen mit Sicherheit, die während der Logiksimulation nachgewiesen wurden. Erst nach Einbringen eines fertigen Bausteins in seine Systemumgebung (Baugruppe, Gerät) kann sich aber möglicherweise herausstellen, daß gewisse funktionale Anforderungen bei der Logikkonstruktion übersehen worden sind. Zur Vermeidung dieses Problems dienen möglichst fruhzeitige Labormessungen.

Die hier angesprochenen Messungen und Tests sind nicht dazu gedacht, Entwurfsfehler oder Entwurfsschwächen zu erkennen. Diese sind während der Logiksimulation aufzudecken.

Messungen erster Chips und Bausteine

Sobald dem Systementwickler erste Exemplare der gefertigten Halbleiterschaltung, oft noch auf der Scheibe, zur Verfügung stehen, kann er einzelne Chips hinsichtlich Stromaufnahme, Pegeln und evtl. einzelner Funktionen überprüfen.

Die ersten gehäusten Bausteine werden üblicherweise frühzeitig in Testaufbauten eingebracht, die als Baugruppe oder Gerät das System mit seinen Betriebsbedingungen gut nachbilden. Hier kann der Systementwickler mit seinem Wissen um die kritischen Pfade und die zugehörigen ausgewählten Befehlssätze als erstes die spezifizierten dynamischen Eigenschaften des Bausteins überprüfen. Solche Prüfungen sind im statischen Fertigungstest am Testautomaten nicht enthalten.

Weiterhin sollte das System in all seinen möglichen Randbedingungen (Temperatur, Versorgungsspannungen) und Eingangsbitmustern so vollständig wie möglich nachgebildet werden, damit der Systementwickler zumindest jetzt auf Fehler oder Lücken seines Logikentwurfs hingewiesen wird.

Einschalten des Prüfprogramms

Das Entwurfssystem VENUS stellt Prüfprogramme in drei Arten zur Verfügung, und zwar zur

- Scheibenprüfung,
- Bausteinprüfung,
- Stichprobenprüfung zur Qualitätssicherung.

Der Anwender des Entwurfssystems VENUS sollte das Einschalten der Prüfprogramme für die ersten beiden Fälle bearbeiten. Der dritte Fall wird vom Hersteller übernommen. Als vorausgehende Tätigkeit sollte der Anwender bereits gemeinsam mit den Betreibern der Testautomaten die für seinen Baustein spezifischen Ansteuerbaugruppen geplant und entwickelt haben.

Die Scheibenprüfung dient zur Vorauswahl der Chips noch auf der Siliziumscheibe unmittelbar nach der Fertigung. Hier werden die Chips durch Nadelkarten über die Pads angesteuert. Grobe Fertigungsfehler können erkannt werden. Damit werden nach der Vereinzelung (d.h. nach dem Trennen auf einer Scheibe befindlichen Chips) nur die Chips in Gehäuse montiert, die voraussichtlich die elektrische Spezifikation erfüllen. So werden Montage- und Gehäusekosten gespart. Die Ansteuerbaugruppe für die Nadelkarte sowie das Zusammenspiel von Prüfprogramm und Testautomat mit seiner Betriebssystem- und Gerätekonfiguration können übrigens vorab schon ohne die Scheiben vorläufig überprüft werden. Das gleiche gilt für die Bausteinprüfung unter Berücksichtigung der dabei erforderlichen Ansteuerbaugruppe. Bild 6.3 auf Seite 268 zeigt eine solche Ansteuerbaugruppe. Diese Bausteinprüfung umfaßt den statischen Test möglichst sämtlicher interner Knoten unter Nutzung der im Entwicklungsschritt Prüfdatenerstellung bereitgestellten Prüfmuster sowie die Überprüfung der elektrischen Spezifikation sämtlicher Padzellen.

Literatur zu Kapitel 6

6.1 SEMICUSTOM. Zellenorientierter Bausteinentwurf. Standardzellen und Gate-Arrays. Handbuch 1: Schaltungsentwicklung, April 1985. Siemens
6.2 VENUS. Arbeitsunterlagen für den Benutzer. Siemens

7 Ausblick

IC-Designsysteme sind in Umgebungen eingebettet, die sehr verschiedenartige Anforderungen stellen und die außerdem einem ständigen Wandel unterworfen sind. Das in diesem Buch behandelte CAD-System VENUS unterstützt den Entwurf integrierter Schaltungen von der Logikebene bis zur Erstellung der Fertigungs- und Prüfdaten. Dabei ist der physikalische Entwurf nahezu vollständig automatisiert, während die Logikkonstruktion noch interaktiv erfolgt. Höhere Entwurfsebenen umfassen Komplexitäten, die heute noch nicht Gegenstand des IC-Entwurfs sind, zumindest nicht mit Standard IC-Designsystemen. Zweifellos werden aber in absehbarer Zeit auch höhere Ebenen, etwa die Modulebene, Teil des IC-Entwurfs sein. Dabei werden die heute noch auf Leiterplatten realisierten Module komplexe Teile (Makrozellen) des Chips sein. Hand in Hand mit dieser Ausweitung des IC-Designs geht eine fortschreitende Automatisierung des Entwurfsprozesses durch Syntheseverfahren und Methoden der Entwurfsautomatisierung: damit vergrößert sich der *Funktionsumfang* von IC-Designsystemen. Diese Erweiterung erfolgt in drei Richtungen:

- Zum einen werden Designmethoden mit mehr Freiheitsgraden im Nutzungsschema bereitgestellt. Sie werden eine bessere Ausnutzung der technischen Möglichkeiten erlauben.
- Zum anderen werden mehr unterstützende Funktionen für den Entwurf auch der höheren Ebenen bis hin zum System- oder Architekturentwurf angeboten.
- Mit wachsender Chipkomplexität werden vermehrt programmierbare Komponenten zur Verwirklichung von Chipfunktionen verwendet. Das Programmieren und Austesten solcher Komponenten erfordert Hilfsmittel, wie wir sie heute bei Mikrocomputerentwicklungssystemen finden.

Über Tendenzen bei der Erweiterung des Funktionsumfangs berichtet Abschnitt 7.1.

Trotz dieser oder ähnlicher Erweiterungen des Leistungsprofils dürfen Standarddesignsysteme nicht zum Werkzeug ausschließlich für Spezialisten werden; ihre Ausrichtung auf die *Breitenanwendung* muß gewahrt bleiben. Einfache Erlernbarkeit, gesicherte Qualität der Ergebnisse und zuverlässige Verfahrensabläufe sind dabei Teilziele. In diesem Buch ist der Breitenanwendung besondere Aufmerksamkeit gewidmet. Über Tendenzen und Problemfelder zu diesem Aspekt berichtet Abschnitt 7.2.

Auf Siliziumchips realisierte integrierte Schaltungen müssen in Gehäuse eingebaut, auf Flachbaugruppen plaziert und verdrahtet und schließlich zu größeren Systemeinheiten verbunden werden. Auch wenn ICs heutiger Technologie mehr Transistoren enthalten als ganze Schränke voll Elektronik zu Beginn der 70er Jahre, hat das nicht dazu geführt, daß alle Computer auf Chipgröße geschrumpft sind: Bei wachsender Anzahl von ICs pro Flachbaugruppe und zurückgegangener Anzahl Flachbau-

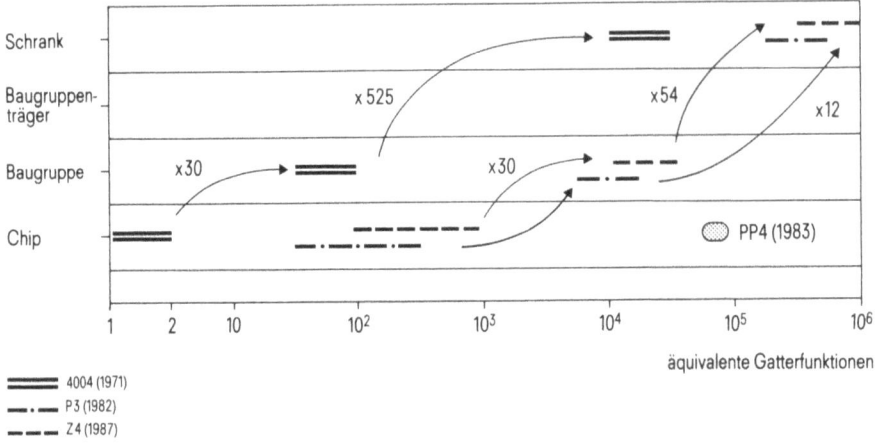

Bild 7.1. Entwicklungstendenz von Großrechnersystemen

gruppen pro System hat sich die Systemkomplexität in ähnlichem Maße erhöht wie die IC-Komplexität. Bild 7.1 zeigt am Beispiel einiger Zentraleinheiten die Entwicklung seit 1971. Zum Vergleich ist auch ein in den Siemens-Forschungslaboratorien 1983 realisierter Chip, der Peripherieprozessor PP4, eingezeichnet. Er entspricht zwar nicht dem Funktionsumfang einer Zentraleinheit, zeigt aber doch eindrucksvoll den Fortschritt. Er enthält etwa 300000 Transistoren, somit etwa fünfmal soviel wie im Jahr 1971 die Zentraleinheit 4004. Auch in Zukunft wird die „Welt" des Elektronikentwurfs nicht an den Chip- oder Bausteingrenzen enden. Das CAD-System für den IC-Entwurf muß also eingebettet werden können in die Umgebungen der entsprechenden Entwicklungsabläufe und CAE-Systeme für Entwurf, Fertigung und Prüfung von Flachbaugruppen, Baugruppenträgern, Schränken usw. Über Tendenzen der *Einbettung* von IC-Designsystemen *in CAD-Systeme für den Systementwurf* berichtet Abschnitt 7.3.

Schließlich muß ein IC-Designsystem die Fähigkeit besitzen, Prozeßvarianten oder gar physikalisch unterschiedliche Prozeßtechniken zu unterstützen. Das CAD-System sollte dabei so anpaßbar sein, daß weder seine Architektur noch seine Bedienoberfläche wesentlich verändert werden müssen. Bei Standarddesignsystemen wird diese Fähigkeit durch angepaßte Zellenbibliotheken und abgestimmte CAD-Funktionsprogramme für die Chipkonstruktion (Plazierung, Verdrahtung, Verifikation) sichergestellt. Dabei ist anzustreben, daß die gleichen Datenstrukturen und möglichst viele Funktionsprogramme gemeinsam verwendet werden können. Die Entwicklung der Zellen selbst wie auch deren Qualitätssicherung müssen allerdings in sehr engem Zusammenwirken mit der Entwicklung und Ausreifung der entsprechenden technologischen Fertigungsprozesse erfolgen. Über die *Einbettung* von IC-Designsystemen *in die Technologieentwicklung* wird in Abschnitt 7.4 berichtet.

7.1 Funktionsumfang

Eine Standardisierung ermöglicht in vielen technischen Bereichen eine Reduzierung der Typenvielfalt und eine Vergrößerung der Produktionszahlen. Dies verringert

7.1 Funktionsumfang

Herstellungs-, Lager-, Vertriebs- und Wartungskosten. Für den IC-Entwurf spielen diese Gesichtspunkte eine untergeordnete Rolle. Abgesehen von der Sonderstellung der Gate-Arrays sind die Herstellungskosten eines integrierten Bausteins unabhängig davon, ob er aus standardisierten oder individuellen Elementen besteht. Einschränkungen der Entwurfsfreiheit dienen hier nicht der Senkung von IC-Herstellungskosten, sondern der Vereinfachung der Entwurfswerkzeuge. Eine drastische Vereinfachung des Entwurfsprozesses war zunächst Voraussetzung, um eine Entwurfsautomatisierung einleiten zu können. Inzwischen hat man einige Jahre Erfahrungen mit Entwurfssystemen gesammelt. Nun können zunehmend leistungsstärkere und dem jeweiligen Anwendungsfall besser angepaßte Strategien implementiert werden.

Ein Teilproblem der Entwurfsautomatisierung ist die automatische Generierung des Layouts einer Zelle. Die bisher bevorzugten Strukturen zeichnen sich durch regelmäßige Anordnung der Transistoren aus, z.B. matrixförmig oder reihenförmig. Da Regelmäßigkeit an sich kein Qualitätsmerkmal ist, sondern nur den Entwurf einfacher und übersichtlicher gestaltet, können durch raffinierte Layoutstrategien mit mehr Freiheitsgraden bezüglich Anordnung, Dimensionierung und Verbindung der Transistoren kompaktere Layouts und bessere Schaltungseigenschaften erreicht werden. Eine solche Umsetzung einer Funktion in eine geeignete physikalische Struktur ist ein kreativer Vorgang, der bisher dem Designingenieur vorbehalten war. Die verbesserten Layoutstrategien und die zunehmend einsatzfähigen Verfahren der „künstlichen Intelligenz" leiten hier einen Wandel ein.

Mit dem Auffinden eines Layouts ist der Entwurf einer Zelle noch nicht abgeschlossen. Vor einem Einsatz der Zelle müssen ihre Eigenschaften analysiert und verfügbar gemacht werden, d.h. aus den geometrischen Layoutdaten und den Kennwerten des beabsichtigten Herstellungsprozesses müssen automatisch und mit ausreichender Genauigkeit die Kennwerte für die einzelnen Schaltungselemente ermittelt werden. Mit diesen Daten kann dann eine automatische Netzwerkanalyse durchgeführt werden, die z.B. Auskunft über Schaltzeiten und Verlustleistung geben kann.

An die Zuverlässigkeit solcher Vorausberechnungen müssen sehr hohe Anforderungen gestellt werden, da eine falsche Charakterisierung einer Zelle die Funktionsfähigkeit des ganzen Chips beeinträchtigen kann. Bisher konnten die Zellen von Zellenbibliotheken vor ihrer Freigabe auf Testchips produziert und gemessen werden. Eine solche Vorgehensweise ist bei flexiblen, parametrisierbaren Zellen nicht mehr praktikabel. Die Vielzahl der möglichen Zellenvarianten läßt eine Realisierung auf Silizium und ein Ausmessen der Zelleneigenschaften nur noch stichprobenartig zu. Die zunehmend genaueren Schaltungsmodelle und die billiger werdende Computerleistung erlauben immer sicherere Vorausberechnungen. Es ist abzusehen, daß in Zukunft auf eine Vorproduktion in Silizium verzichtet werden kann.

Die bei der Netzwerkanalyse gewonnenen Daten sind für die höheren Entwurfsebenen zu vielfältig und zu detailliert. Das Problem der Abstraktion und der Zusammenfassung von Zelleneigenschaften zu wenigen charakteristischen Werten muß für jeden Schaltungstyp individuell gelöst werden. Um hier eine Computerunterstützung oder gar eine Automatisierung zu erreichen, müssen noch grundlegende Forschungsarbeiten durchgeführt werden.

Aus den beschriebenen Tendenzen läßt sich ableiten, daß starre Zellen durch flexible Zellen abgelöst werden, d.h. elektrische und geometrische Eigenschaften werden erst zum Zeitpunkt der Anwendung der Zelle festgelegt. Bei komplexen Zellen werden wesentliche Strukturmerkmale durch die Anforderungen des Anwenders beeinflußt, z.B. Typ und Anzahl der zu realisierenden Funktionsteile, ihre Anordnung und ihre Verbindung untereinander und zu den benachbarten Zellen.

Je besser der physikalische Entwurf von Entwurfssystemen automatisch durchgeführt werden kann, um so eher kann sich der Designingenieur auf die höheren Entwurfsebenen beschränken. Die Verlagerung der Schaltungsbeschreibung von der Gatterebene auf die Register-Transfer-Ebene vollzieht sich gerade. Anstelle von einzelnen Signalen werden Signalbündel betrachtet und die booleschen Funktionen werden durch arithmetische Operationen und Shiftoperationen ergänzt. Auf den nächst höheren Entwurfsebenen sind die Art der Elemente und die Beschreibung ihrer Wechselbeziehungen noch sehr von den jeweiligen Anwendungsgebieten geprägt. Man findet Bausteinspezifikationen in Form von Befehlssätzen, Algorithmen, Kurven (z.B. bei Filtern) oder statistischen Kennwerten (z.B. Durchsatz, Ausnutzungsgrad, Verfügbarkeit).

Die Entwurfswerkzeuge für die höheren Entwurfsebenen werden einen modularen und hierarchischen Entwurfsstil unterstützen. Wie diese Unterstützung konkret aussehen wird, ist noch offen.

Bei einer Bottom-up-Technik werden erst die einzelnen Module präzisiert, bevor aus ihnen komplexere Module zusammengestellt werden. Da hierbei die Strukturierung im wesentlichen vom Designingenieur vorgenommen wird, sind vom Entwurfssystem neben Konstruktionshilfen Aufgaben der *Analyse*, der *Abstraktion* und der *Verifikation* zu leisten. Entwurfssysteme mit einer Bottom-up-Strategie werden oft als Chipassembler bezeichnet.

Der anspruchsvollere Ansatz zur Entwurfsautomatisierung geht von einer Top-down-Technik aus. Eine funktionale Beschreibung des Bausteins wird weitgehend automatisch durch das Entwurfssystem schrittweise verfeinert und konkretisiert. Hierbei sind vom Entwurfssystem schwierige *Syntheseprobleme* zu lösen. Dafür vereinfacht oder erspart man sich die Analyse- und Verifikationsprobleme (*correctness by construction*). Entwurfssysteme dieser Art werden als Chipcompiler oder Siliconcompiler bezeichnet, wobei anzumerken ist, daß durch die Inflation der Begriffe bereits Entwurfssysteme mit diesem Namen belegt werden, die lediglich einen Entwurf auf Register-Transfer-Ebene erlauben.

Die beiden geschilderten extremen Entwurfsstile entsprechen nicht der Praxis des Entwurfsprozesses. Hier findet ein mehrfacher Wechsel zwischen Top-down- und Bottom-up-Entwurf statt, um zu günstigen Ergebnissen zu kommen. Die mit diesem Yo-Yo-Stil verbundenen Abläufe umfassen die obengenannten Probleme und zusätzlich Konsistenzprobleme, die durch Eingriffsmöglichkeiten auf verschiedenen hierarchischen Entwurfsebenen verursacht werden. Da aber dieser Entwurfsstil die beiden anderen Stilarten mit einschließt (je nach Anwendungsfall und Randbedingungen kann die Bottom-up- oder die Top-down-Komponente betont werden), sollte er langfristig für universelle Entwurfssysteme angestrebt werden.

Die Realisierung sehr komplexer Funktionen kann durch die Verwendung programmierbarer Komponenten vereinfacht werden. Hierbei wird eine problemunabhängige Hardwarestruktur durch Belegung mit digitalen Informationen problemspezifisch geprägt. Die „Personalisierung" eines ROMs oder eines PLAs ist dafür ein Beispiel auf unterer Ebene. In Zukunft werden jedoch auch ganze Mikroprozessorkerne und ihre Peripheriebausteine mit auf den Chips integriert sein. Wir erhalten

7.1 Funktionsumfang

Technisches Medium			Systemausprägung der Anwendertechnik	Entstehungszeit
Digitaler Schaltkreis	Prozessor		SW-Programmiersystem	ab 1963
	Integrierter Schaltkreis	Mikroprozessor	µP-Entwicklungssystem	ab 1973
		spezifischer Schaltkreis	IC-Designsystem	ab 1983
		kundenspezifisch integrierter Mikrocomputer	IµC-Entwicklungssystem	?

Bild 7.2. Weiterentwicklung der Anwendertechniken der digitalen Elektronik

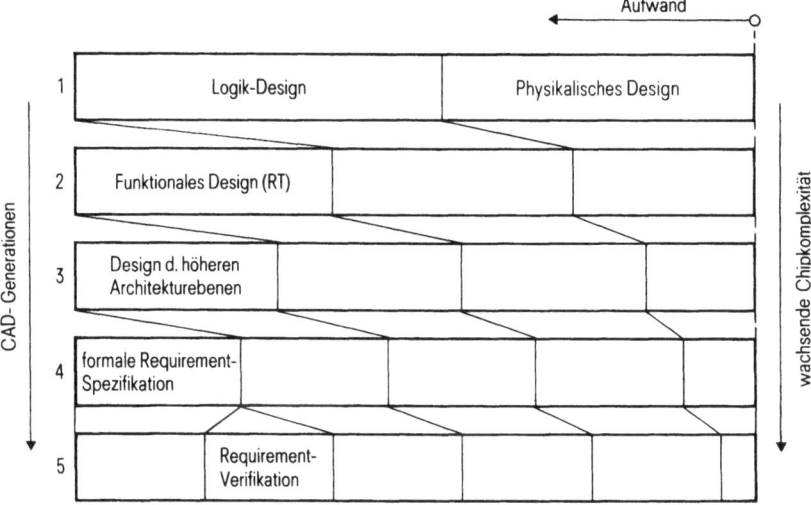

Bild 7.3. Generationenfolge von IC-Designsystemen

damit anwenderspezifische Computersysteme auf einem Chip, die programmiert und getestet werden müssen.

Daraus leitet sich sehr schnell die Forderung ab, auch Entwicklungsunterstützung – entsprechend den µP-Entwicklungssystemen der 70er Jahre – anzubieten: Es zeichnet sich also die Notwendigkeit für eine nächste Anwendertechnik ab, für die „Integrierten Mikrocomputer Entwicklungssysteme" der 90er Jahre (Bild 7.2). Das IµC-Entwicklungssystem muß neben den Werkzeugen zur Unterstützung des Chipentwurfs auch ein SW-Programmiersystem – Programmiersprachen, Compiler, Spezifikations-, Editor-, Test- und Dokumentationswerkzeuge – enthalten sowie Hilfsmittel für die Hardware/Software-Integration und den Systemtest.

Die Entwicklungstendenz bei den funktionalen Erweiterungen ist durch die Generationenfolge der CAD-Systeme (Bild 7.3) verdeutlicht. Die naheliegende Zielsetzung, den Aufwand beim physikalischen Design zu verringern, ist durch die Vorentwicklung von Zellen und durch leistungsfähige Algorithmen für Plazierung und Verdrahtung weitgehend erreicht. Damit gewinnen Hilfsmittel zur Automatisierung des Logikdesigns und zur Unterstützung des funktionalen Designs auf Register-Transfer-Ebene zunehmend an Bedeutung (zweite CAD-Generation). In analoger Weise wird ab der dritten CAD-Generation auch das Design (Konstruktion und Verifikation) der höheren Architekturebenen vom Rechner unterstützt. Der vom Designingenieur zu leistende Aufwand für RT-Design, Logikdesign und Physikalisches Design wird durch zunehmende Automatisierung weiter verringert. Schließlich wird auch noch die Requirementspezifikation weitgehend formalisiert und somit ebenfalls einer Verifikation zugänglich.

Durch die letztendlich vollständige Computerunterstützung aller Entwurfsschritte würde sich − bei gleichbleibender Chipkomplexität − der Gesamtaufwand für den Chipentwurf drastisch verringern. Allerdings spricht die Erfahrung der letzten Jahre mit ihrer rasanten Entwicklung der Integrationstechnik gegen ein Stagnieren der Chipkomplexität. Wir müssen also vielmehr davon ausgehen, daß die wachsende Produktivität beim Entwerfen bei etwa gleichbleibendem Designaufwand zum standardmäßigen Beherrschen komplexer Systeme auf einem Chip führen wird.

7.2 Aspekte zur Breitenanwendung

Das zentrale Anliegen bei der Standardisierung des Designprozesses mit Hilfe von Computerunterstützung ist es, den IC-Entwurf auch dem Nichtspezialisten zugänglich zu machen und es ihm so zu ermöglichen, sich auf sein Anwenderproblem zu konzentrieren. Die Vorgehensweise hierfür ist in vielen technischen Bereichen gleich. Man destilliert aus dem Anwendungsgebiet typische Teilprobleme heraus und entwickelt für sie Standardlösungen. Aus der Kombination dieser Standardlösungen lassen sich dann Lösungen des Anwenderproblems finden.

Es liegt in der Natur von Standardlösungen, daß sie nicht technisch, wohl aber wirtschaftlich gesehen eine optimale Lösung darstellen. Da der Entwicklungsingenieur aber häufig technikorientiert ist, besteht bei ihm eine gewisse Zurückhaltung gegenüber Standardentwurfssystemen. Um diese Zurückhaltung zu durchbrechen, muß ein Entwurfssystem neben einem erheblichen Zeitvorteil vor allem eine gute Bedienoberfläche bieten. Welche (sich teilweise widersprechenden) Anforderungen an zukünftige Entwicklungssysteme sich hieraus ergeben, wird nachfolgend skizziert. Zur Erhöhung der Akzeptanz soll ein Entwurfssystem den gewohnten Arbeitsstil des Entwicklungsingenieurs beibehalten. Bei einem zellenorientierten Entwurfssystem ist dies z.B. der Fall. Der Funktionsumfang und die Handhabung der Zellen sind ähnlich wie bei den SSI- und MSI-Bausteinen gängiger Logikserien. Auch die graphikorientierte Eingabe des Logikplans kommt der Denkweise des Ingenieurs sehr entgegen. Man darf aber diese Ähnlichkeit nicht zu weit treiben. Mit einer neuen Technologie entstehen meist auch neue Schaltungs- und Entwurfstechniken. Bei der VLSI-Technik sind dies vor allem:

- Verwendung von regelmäßigen oder programmierbaren Strukturen,
- Schaltungsentwicklung auf abstrakteren Ebenen,

7.2 Aspekte zur Breitenanwendung

- umfangreiche Simulationen und verstärkte Berücksichtigung der Prüfbarkeit der Schaltung.

Der Entwicklungsingenieur muß seinen Arbeitsstil dieser Verlagerung der Schwerpunkte anpassen.

Eine Hauptforderung ist, daß Anwender mit sehr unterschiedlicher Qualifikation das Entwurfssystem bedienen sollen. Hierbei ist nicht nur an verschiedene Personen zu denken, sondern auch an den Wandlungsprozeß, den der Anwender im Umgang mit dem Entwurfssystem durchmacht. Anfangs will der Designingenieur mit möglichst wenigen Befehlen, aber vielen Hilfestellungen in die Bedienung des Systems einsteigen. Entscheidungen, für die ihm noch die Kenntnisse und der Überblick fehlen, sollen vom System getroffen werden. Im Laufe der Beschäftigung mit seiner Problemstellung und im Umgang mit dem Entwurfssystem lernt er hinzu und will stärker an den Entscheidungen beteiligt werden. Wenn er schließlich mit dem Entwurfssystem vertraut ist, will er verkürzte Bedienungsfolgen und auf seine Anwendungsfälle bezogene Speziallösungen.

Ein so breites Bedienungsspektrum läßt sich realisieren, wenn die meisten Steuerungsparameter zunächst vom System vorbesetzt werden und nur wenige Parameter dem Anwender in Form eines Menues angeboten werden. Wenn der Anwender diesen Freiraum ausgeschöpft hat, kann er das System fragen, welche weiteren Parameter es gibt und welche Auswirkungen sie haben. Ein solches Entwurfssystem muß also die in ihm implementierten Strategien erläutern können. Es übernimmt neben Konstruktionsaufgaben auch Lehrfunktionen.

Der Aufwand für diese Leistungsmerkmale erscheint zunächst sehr hoch. Im Prinzip ist dies aber nur eine Einbettung des Bedienungshandbuches in das Programmsystem. Für den Designingenieur ergibt sich daraus der Vorteil, daß er nur die Dinge lernen muß, die für seine Problemstellung gerade interessant sind. Für den Hersteller des Entwurfssystems ergibt sich als Nebeneffekt, daß das Problem der laufenden Aktualisierung des Bedienungshandbuchs erleichtert wird.

Eine weitere Steigerung des Bedienungskomforts besteht darin, daß Bedienfolgen in Kommandodateien abgelegt werden können. Der erfahrene Anwender kann damit bis zu einem gewissen Grade seine eigene Bedienoberfläche schaffen.

Ein Problem, das sowohl den Funktionsumfang als auch die Bedienung des Entwurfssystems betrifft, ist die Steuerung des Entwurfprozesses durch den Anwender. Je komplexer ein Chip ist, um so abstrakter wird er beschrieben und um so mehr Realisierungsdetails werden dem Einfluß des Anwenders entzogen. Mit den meisten Entwurfsentscheidungen des CAD-Systems wird der Anwender zufrieden sein, denn das implementierte Know-how übertrifft häufig sein eigenes Know-how oder die technisch möglichen Verbesserungen stehen in keinem Verhältnis zu dem dann notwendigen Entwicklungsaufwand für Abweichungen. Es gibt aber auch Fälle, bei denen eine Teilschaltung einen Engpaß bildet und die Leistungsfähigkeit des ganzen Chips beeinträchtigt oder gar in Frage stellt. Die Eigenschaften dieser Teilschaltung können aber nicht auf den oberen Entwurfsebenen eingestellt werden, weil z.B. auf diesen Ebenen für sie keine Einstellparameter vorgesehen sind oder diese Teilschaltung gar nicht sichtbar ist. Als Ausweg könnte man unter Umgehung des hierarchischen Ablaufs „seitliche" Eingriffsmöglichkeiten zulassen. Die Folge sind allerdings erhebliche Konsistenzprobleme. Solange diese nicht generell gelöst sind, sollte man die „seitlichen" Eingriffsmöglichkeiten nicht freigeben. Die Entwurfssicherheit würde erheblich gefährdet werden. Ein anderer Weg besteht darin, das Entwurfssystem in die Lage zu versetzen, Engpässe erkennen und entschärfen zu können. Expertensysteme und lernende Systeme sind hierfür vielleicht ein Ansatz.

7.3 Einbettung in den Systementwurf

In einem großen System, und dies ist meist ein Computer, ist ein Chip eine Komponente. Ein Computer besteht aus mehreren Verarbeitungseinheiten und Modulen, die sich wiederum aus unterschiedlichen Submodulen, z.B. Flachbaugruppen, zusammensetzen. Jede dieser Flachbaugruppen enthält diverse integrierte Schaltungen, die über Leiterbahnen in den Flachbaugruppen zu einer logischen Einheit verknüpft sind. Der Systementwurf erfordert somit die Beherrschung und Unterstützung des Entwurfs weiterer physikalischer Träger. Im Unterschied zum Chipdesign entstehen beim Entwurf großer Systeme zusätzliche Probleme vor allem durch die gleichzeitige Beherrschung unterschiedlicher Schaltungstechniken und die noch größere Komplexität.

Bild 7.4 zeigt die Entwurfsschritte eines Systementwurfsprozesses von der abstrakten Entwurfsebene, der Architekturfindung, bis hin zur Fertigung. Wie man sieht, ist der Chipentwurf nur ein Teil des gesamten Entwurfsprozesses [7.1, 7.2].

Der Entwurf jeder Ebene läßt sich in Teilschritte unterteilen:

- *Zerlegungspfad*
  o Konstruktion,
  o Verifikation,
  o Partitionierung.
- *Synthesepfad*
  o Integration,
  o Verifikation.

Während die Schritte Konstruktion und Verifikation sich auch auf den verschiedenen Ebenen des Chipentwurfs finden, spielt dort die Partitionierung noch eine untergeordnete Rolle: zwar wird auch beim Chipentwurf eine Gruppierung der Elemente der Gesamtschaltung in Teilschaltungen nach funktionalen Gesichtspunkten vorgenommen, aber mit dieser Partitionierung ist kein Wechsel des physikalischen Trägers verbunden. Bei der Partitionierung einer Schaltung auf verschiedene Bausteine ist jedoch z.B. bezüglich der Leitungslaufzeiten mit einem deutlich anderen Verhalten zu rechnen als *on-chip*.

Die Schritte Konstruktion und Partitionierung laufen nicht nacheinander und unabhängig voneinander ab, sondern sind untrennbar miteinander verbunden. Folgt man einer Top-down-Methodik, so ist das Ergebnis jedes Partitionierungsschritts die Spezifikation der Teilschaltungen der darunterliegenden Ebene. Gleichzeitig ist der physikalische Träger und/oder die Verdrahtung zu entwerfen, welche die partitionierten Teilmodule wieder zusammen „bindet". Als Gegenstück zur Partitionierung muß nach erfolgter Konstruktion der Teilmodule (evtl. mehrstufig) wieder die Integration zum Gesamtsystem erfolgen. Bild 7.5 zeigt diesen Ablauf am Beispiel der drei Ebenen Systementwurf, Modulentwurf und Chipentwurf. Zunehmend muß auch auf Chip-

7.3 Einbettung in den Systementwurf

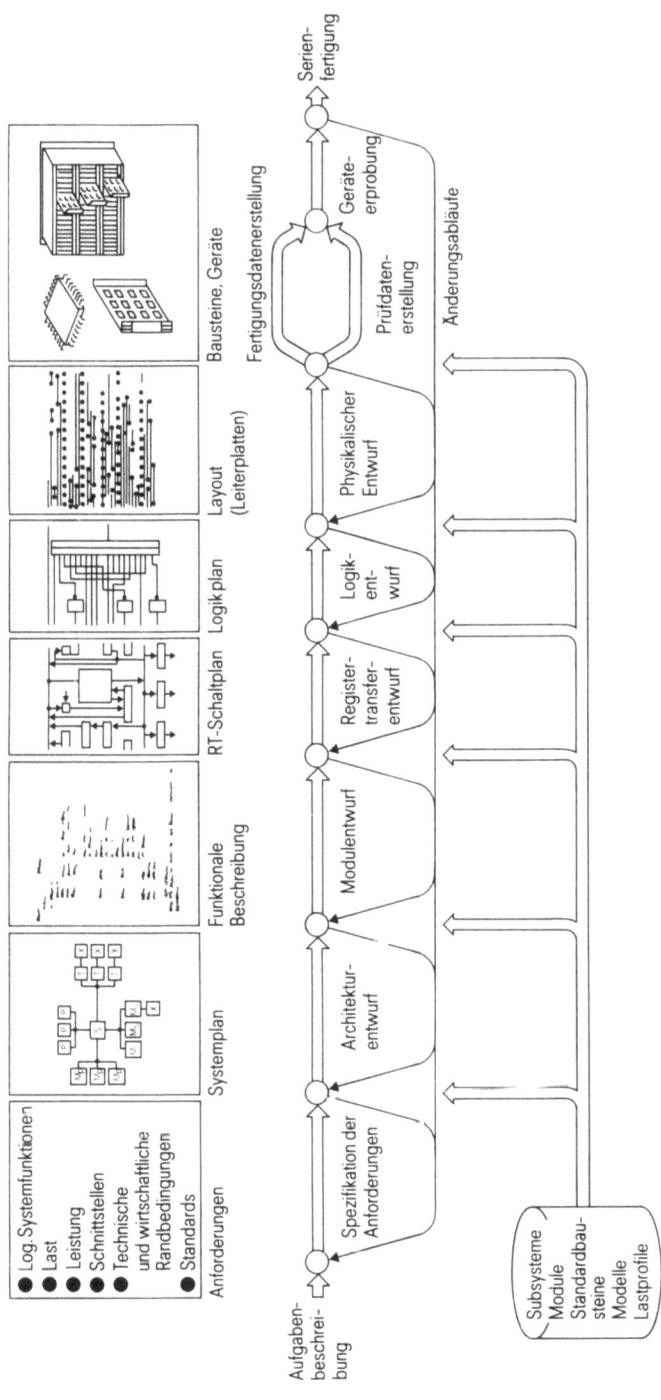

Bild 7.4. Systementwurfsprozeß

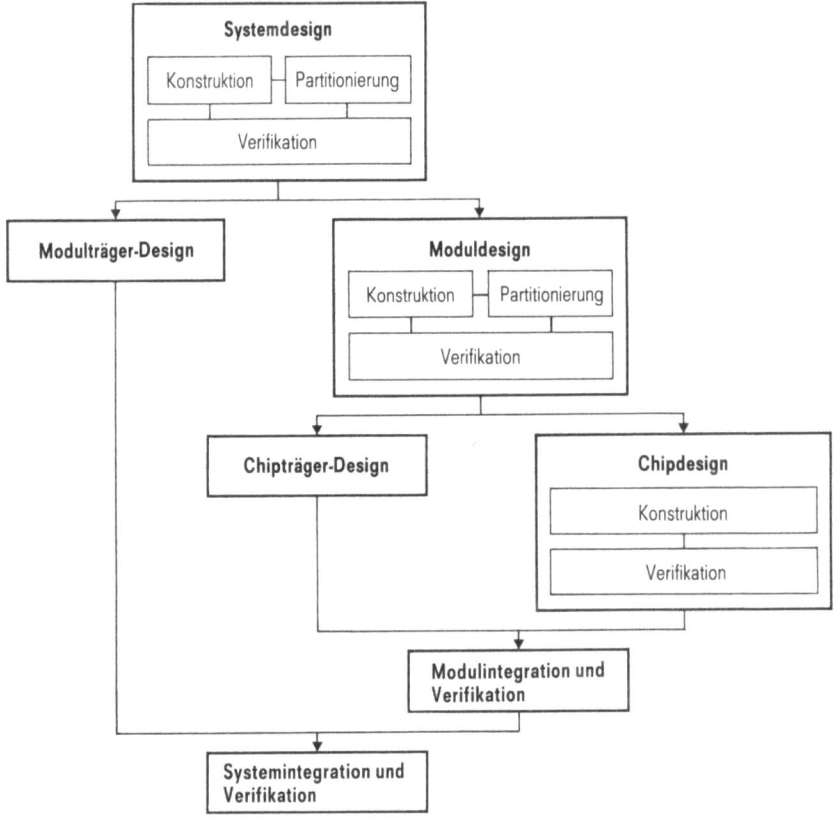

ebene nochmals partitioniert und entsprechend integriert werden; dies ist zur einfacheren Darstellung in Bild 7.5 nicht gezeigt.

Für jeden der drei Teilschritte sind entsprechende CAD-Werkzeuge auf jeder Ebene nötig [7.3], z.B.:

- Interaktive Konstruktionswerkzeuge,
- Verifikationswerkzeuge wie Simulatoren und analytische Verfahren sowie Regel- und Plausibilitätsprüfwerkzeuge,
- Prüfvorbereitungswerkzeuge,
- Partitionierungshilfen auf der Basis von automtischen bzw. interaktiven Methoden.

Durch die zunehmende Komplexität elektronischer Systeme gewinnt eine flexible Kopplung zwischen einzelnen CAD-Subsystemen immer mehr an Bedeutung. Damit verbunden ist die Forderung nach Systemdurchgängigkeit und Datenkonsistenz. Wichtige Kriterien für ein zukünftiges CAD-System zur Entwicklung komplexer Systeme sind daher

- die Verwendung gleicher CAD-Werkzeuge über mehrere Entwurfsebenen hinweg,
- die Nutzung der Entwurfsergebnisse aus einer Ebene in allen anderen Ebenen ohne Datenredundanz.

7.3 Einbettung in den Systementwurf

Diese Ziele können durch einen softwaretechnischen CAD-Architekturrahmen erreicht werden, der ein Konzept zur Definition von Standardschnittstellen sowohl zum Anschluß von CAD-Funktionen wie auch von CAD-Teilsystemen zur Grundlage hat.

Der Austausch bzw. die Mehrfachverwendbarkeit von Funktionswerkzeugen wird durch eine abstrakte funktionale Schnittstelle innerhalb der CAD-Systeme gewährleistet (*systeminterne Schnittstelle*). Die CAD-Funktionen können ihre Anforderung an die Datenhaltung attributsweise formulieren. An dieser Schnittstelle wird die Datenhaltung als abstrakter Datentyp beschrieben, d.h. ein Datenobjekt wird in Verbindung mit bestimmten Operationen definiert und kann nur mit diesen Operationen bearbeitet werden. Die datenhaltungsinterne Struktur bleibt den CAD-Funktionen verborgen.

Durch dieses „funktionale" Konzept lassen sich die Auswirkungen von Änderungen sowohl innerhalb von CAD-Funktionen als auch innerhalb der CAD-Datenhaltung lokal auf diejenigen Komponenten begrenzen, die die Änderungen tatsächlich benötigen und verwenden. Neben der damit gewonnenen Sicherheit ist dieses Schnittstellenkonzept erweiterungs- und änderungsfreundlich.

Der Wechsel von Entwicklungsebenen bzw. CAD-Teilsystemen wird durch eine *funktionale Datenbeschreibungssprache*, durch die Schnittstellen formal beschrieben werden, sichergestellt. Das Sprachkonzept basiert auf den Prinzipien moderner höherer Programmiersprachen und gestattet einen flexiblen Datenaustausch zwischen

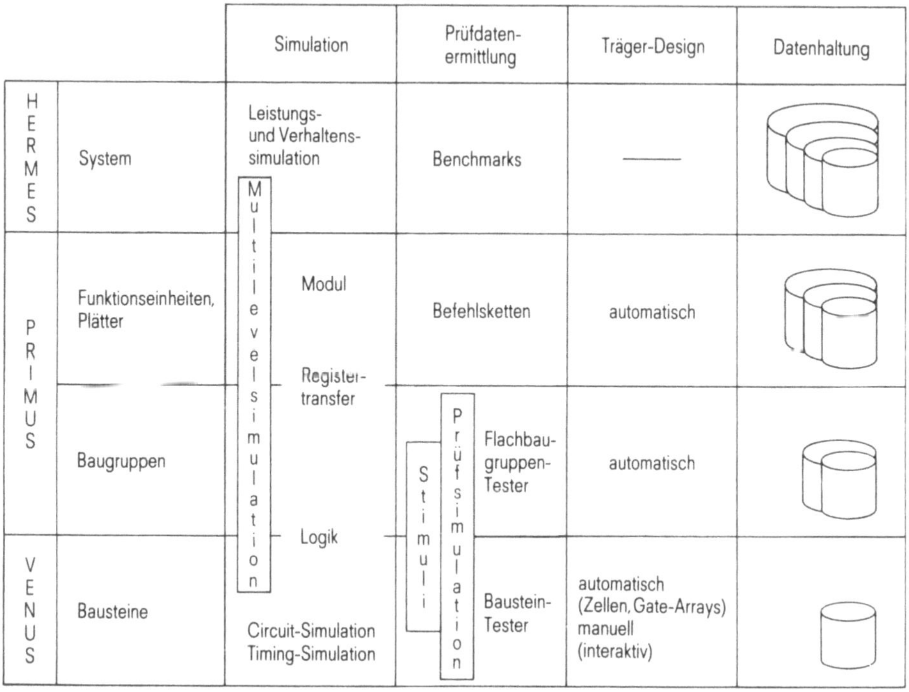

Bild 7.6. CAD-Systemverbund für System-, Modul- und Chipebene

CAD-Systemen. Prinzipiell besteht eine solche Schnittstelle aus einem *Deklarationsteil*, in dem das Format der zu transferierenden Daten beschrieben wird, und einem *Datenteil*, der die Daten in der festgelegten Form enthält. Die Umsetzung in das Zielsystem kann durch *individuelle Koppelbausteine* durchgeführt werden. Die Realisierung wird durch moderne Compilertechniken unterstützt.

Diese *externe Standardschnittstelle* ermöglicht den Austausch von Modellen und Daten zwischen den CAD-Systemen. So ist es z.B. möglich, auf Modelle, die auf Chipebene entworfen sind, von der Modul- bzw. Systemebene zuzugreifen. Ein solches Schnittstellenkonzept ermöglicht auch die Konfigurierung von CAD-Systemen entsprechend ihren Funktions- und Leistungsanforderungen.

Bild 7.6 zeigt als Beispiel einen CAD-Verbund, der aus drei autonomen CAD-Verfahrensabläufen für die Systemebene (HERMES), Modulebene (PRIMUS) und Chipebene (VENUS) bestehen wird. Jedem dieser Systeme werden CAD-Funktionen zugeordnet, die auch in den anderen Systemen Einsatz finden (z.B. Simulatoren [7.4]). Ergebnisse aus den einzelnen Entwurfsebenen (CAD-Teilsystemen) finden auch in den anderen Ebenen weitere Verwendung.

7.4 Einbettung in die Technologieentwicklung

Der Einfluß der Halbleitertechnolgie auf IC-Designsysteme ist wegen der rasch fortschreitenden Entwicklung der Prozeßtechnologien erheblich. Wir unterscheiden zwei Arten des Einflusses der Prozeßtechnik auf das CAD-System:

- Indirekte Auswirkungen der unteren, physiknäheren Entwurfsebenen auf die höheren Ebenen.
- Direkte Abhängigkeit der Zellenentwicklung von der Technologieentwicklung.

Einfluß der Physik auf die höheren Entwurfsebenen

Der Entwurfsprozeß stellt eine schrittweise Konkretisierung in Richtung auf die physikalische Realisierung dar. Physikalische Randbedingungen machen sich aber bereits beim Entwurf auf höherer Ebene bemerkbar. Hier kommt die Erfahrung des Designingenieurs zum Tragen: Ohne alle oder auch nur eine der tieferen Ebenen entworfen zu haben, muß er diese Einflüsse abschätzen. Als Beispiel möge das *floorplanning* dienen: Ausgehend von der Anzahl von Gatterfunktionen und der Komplexität der Verdrahtung läßt sich hochrechnen, welche Fläche voraussichtlich ein bestimmter Block beanspruchen wird. Ähnlich verhält es sich mit der Berücksichtigung geschätzter Leitungslaufzeiten schon beim Logikdesign. „Schätzer", die dem Designingenieur Ratschläge aufgrund ihres Design-Know-hows geben, eignen sich zur Implementierung durch Methoden der „Künstlichen Intelligenz". Der IC-Designprozeß verlangt das Finden von Kompromissen zwischen oft widersprüchlichen Entwurfszielen. Neben dem rein algorithmischen Vorgehen (wie bei der Plazierung und Verdrahtung) spielen dabei heuristische Methoden eine wachsende Rolle. Expertensysteme, die als Designassistenten verschiedene Phasen des Entwurfsprozesses unterstützen, befinden sich im Forschungsstadium [7.5–7.8]. Das Ziel ist eine Integration algorithmischer und heuristischer Verfahren.

7.4 Einbettung in die Technologieentwicklung

Die Komplexität des Entwurfsprozesses beruht unter anderem darauf, daß die zunächst zugrundegelegten Schätzwerte anhand der tatsächlichen Entwurfsergebnisse überprüft und korrigiert werden müssen. Dies führt zu den bekannten Iterationsschleifen, oft über mehrere Ebenen hinweg. Diese zyklische Entwurfsverifikation kann reduziert werden durch simultane Simulation auf verschiedenen Entwurfsebenen (Mixed-mode-Simulation). Dadurch kann man einerseites auf einer klar und übersichtlich strukturierten, also höheren Entwurfsebene schnell simulieren und andererseits für kritische Teile eine verfeinerte und genauere Simulation („*zooming in*") durchführen.

Diese partiell verfeinerte Simulation kann bis in die untersten Ebenen führen und so z.B. den Einfluß physikalischer Parameter berücksichtigen. Dadurch können Probleme, die sonst erst spät aufgedeckt würden, frühzeitig erkannt und behoben werden. Zusätzlich werden durch Mixed-mode-Simulation die Datenmengen und die Rechenzeiten für die Simulation begrenzt, die sonst in den tieferen Ebenen für die in Zukunft zu erwartenden VLSI-Schaltungen kaum mehr handhabbar sein werden.

Realisiert sind Mixed-mode-Simulatoren heute für die Ebenen Logik/Schaltkreis in Form von Timingsimulatoren [7.9] (DIANA, MOTIS, SPLICE). Allerdings treten dabei Probleme bei der Signaltransformation zwischen logischen und elektrischen Signalen und der Ereignissteuerung auf. Eine Entscheidungshilfe, welcher Teil der Schaltung in welcher Ebene simuliert wird, bieten wiederum Expertensysteme [7.10].

Mixed-mode-Simulation befindet sich erfolgreich im Einsatz für die Ebenen Schaltkreis/Device (MEDUSA [7.11]). Erste Ansätze für Mixed-mode-Simulation in mehr als zwei Ebenen (System- bis Schaltkreisebene) sind im CAD-System CASCADE [7.12] implementiert.

Kopplung von Prozeß- und Zellenentwicklung

Die Entwicklung physikalischer Modelle für elektronische Bauelemente ist ein zeitaufwendiger Vorgang. Er wiederholt sich bei jeder neuen Prozeßentwicklung bzw. bei Änderungen bestehender Prozesse. Da die Parameter der Bauelemente die Basis für die Zellenentwicklung und die nachfolgende Chipentwicklung bilden, ergibt sich eine im wesentlichen sequentielle Vorgehensweise (Bild 7.7a): Der Prozeßentwicklung folgt die Bestimmung der Prozeßparameter. Es schließt sich die Bauelement-(Device-)Modellierung mit abschließender Parameterbestimmung an. Die dann folgende Zellenentwicklung wird bereits durch die Entwicklung erster Chips überlappt.

Könnte man nun die Ergebnisse der Prozeß- und Bauelementwicklung und die Bestimmung der entsprechenden Parameter durch schnelle Simulationsverfahren vorwegnehmen, so können Zellen- und Chipentwicklung wesentlich früher beginnen, allerdings nur mit vorläufigen Parametern. Ist die tatsächliche Prozeß- und Bauelementwicklung abgeschlossen, muß die inzwischen teilweise fortgeschrittene Zellenentwicklung bzw. Chipentwicklung den aktuellen Gegebenheiten angepaßt werden (Bild 7.7b). Voraussetzug dafür ist die datentechnische Durchgängigkeit von CAD-Verfahren für Prozeß- und Bauelementwicklung und -simulation.

Neben dieser Tendenz zur Integration von CAD-Verfahrensteilen zeichnet sich aber auch ein Trend zur Vereinfachung der Bauelementmodellierung ab: Zwar sind physikalische Modelle wünschenswert für ein tieferes Verständis der Phänomene, aber für eine schnelle Abschätzung des Verhaltens aus den technologischen Daten sind oft

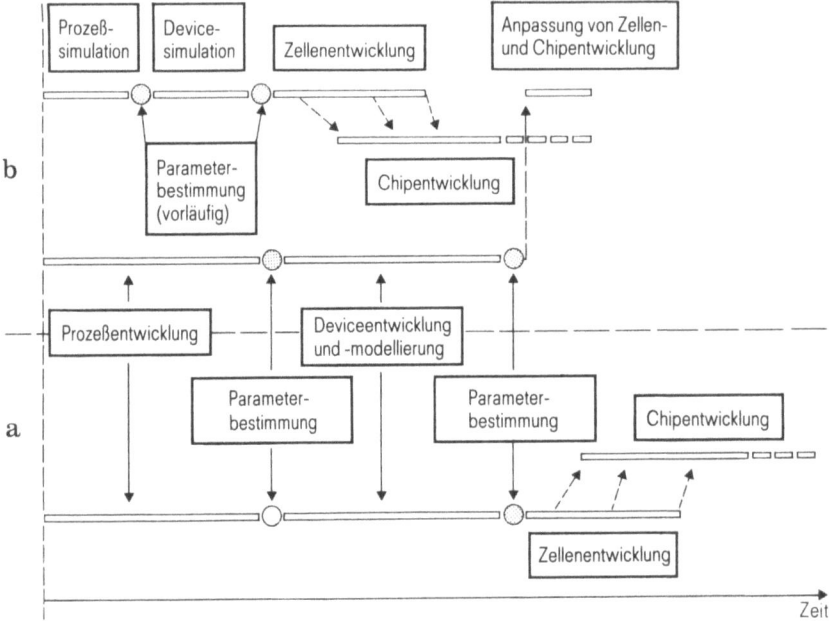

Bild 7.7. Auswirkungen der Kopplung von Prozeß- und Zellenentwicklung

einfachere Tabellenmodelle ausreichend. Dabei werden die relevanten Daten ohne aufwendige Anpassung an physikalische Modellparameter direkt für die Entwicklung und Simulation zur Verfügung gestellt [7.13].

Als Stand der Technik bei der Prozeß- und Devicesimulation befinden sich Simulatoren für ein und zwei (räumliche) Dimensionen im Einsatz [7.14, 7.16]. Da bei feiner werdenden Strukturen weitere physikalische Effekte berücksichtigt werden müssen, wird eine dreidimensionale Simulation notwendig. Ein Prototyp eines 3D-Device-Simulators wurde in [7.17] vorgestellt. Weiterhin sind CAD-Systeme im Einsatz bzw. in Entwicklung, die Prozeß-, Device- und Schaltkreissimulation zusammenfassen [7.18, 7.19].

Die Integration der CAD-Verfahren von der Prozeß- bis zur Chipentwicklung bringt neben der Verkürzung der gesamten Entwicklungszeit einen weiteren Vorteil mit sich: Die Auswirkung prozeßtechnischer Änderungen und Streuungen, wie sie auch bei eingeschwungenen Prozessen immer wieder vorkommen, auf das Verhalten bereits fertig entwickelter integrierter Schaltungen kann schnell und präzise ermittelt werden. Hier deutet sich die Möglichkeit an, den Regelkreis von der Prozeßdatenüberwachung über das funktionale Verhalten der Chips zurück zur Prozeßsteuerung zu schließen.

Literatur zu Kapitel 7

7.1 Gonauser, M.; Kober, R.; Wenderoth, W.: A Methodology for Design of Digital Systems and Requirement for a Computer Aided System Design Environment. Proc. IFIP WG 10.1 Working Conference on Methodology for Computer System Design. Lille, France, 1983
7.2 Siewiorek, D. P.; Guise, D.; Birmingham, W. P.: Proposal of Research on DEMETER: Design Methodology and Environment. Carnegie-Mellon-University, 22.1.1983
7.3 Gonauser, M.; Sauer, A.: Needs for High Level Design Tools. Proc. IEEE International Conference on Computer Design, 1983
7.4 Egger, F.; Frantz, D.; Gonauser, M.: SMILE – A Multilevel Simulation System. Proc. IEEE International Conference on Computer Design (ICCD) 1984, pp. 188–193
7.5 Fujita, T.; Goto, S.: Knowledge – Base and Algorithm for VLSI-Design, Proc. ISCAS 85, pp. 877ff
7.6 Lob, C.; Spickelmier, R.; Newton, A. R.: Circuit Verification Using Rule-Based Expert System Critic, Proc. ISCAS 85, pp. 881ff
7.7 Kowalski, T. J.; Geiger, D. J.; Wolf, W.; Fichtner, W.: The VLSI Design Automation Assistant: A Birth in Industry, Proc. ISCAS 85, pp. 889ff
7.8 Bushnell, M. L.; Director, S. W.: ULYSSES: An Expert System Based VLSI Design Environment, Proc. ISCAS 85, pp. 893ff
7.9 Horneber, E.-H.; Feldmann, U.: Timing Simulation and Mixed-Mode Simulation of MOS Integrated Circuits. Siemens Forschungs- und Entwicklungs-Ber. 11 (1982) pp. 12–21
7.10 De Man, H.; Reynaert, P.; Bolsens, I.: Guided Mixed-Mode Circuit-Timing Simulation, Proc. Europ. Conf. Circuit Theory & Design, pp. 429–432, Stuttgart, Sept. 1983
7.11 Engl, W. L.; Dirks, H. K.: Functional Device Simulation by Merging Numerical Building Blocks. Proc. of NASECODE II, pp. 34–62, Dublin, 1981
7.12 Le Faou, C.: Hierarchial Multilevel Mixed-Mode Simulation in CASCADE. IMAG/ARTEMIS Res. Rep. No. 513, Grenoble, Mars 1985
7.13 Dirks, H. K.; Eickhoff, K.-M.: Numerical Models and Table Models for MOS Circuit Analysis. In: Proc. of NASECODE IV Conf., Dublin, 1985
7.14 Selberherr, S.: Analysis and Simulation of Semiconductor Devices. Springer: Wien, 1984
7.15 Miller, J. J. H. (ed.): New Problems and Solutions for Device and Process Modelling. Boole Press: Dublin, 1985
7.16 Selberherr, S.: Numerical Modelling of MOS Devices: Methods and Problems, pp. 122–137 in [7.15]
7.17 Shigyo, N.; Onga, S.; Dang, R.: A three-dimensional MOS Device Simulator, pp. 138–149 in [7.15]
7.18 Fukuma, M.: Recent activities in process and device modelling in NEC, pp. 24–34 in [7.15]
7.19 Prendergast, J.: An integrated approach to modelling. Proc. of NASECODE IV Conf., Dublin, 1985

Anhang: Glossar

(elektronische) Bauelemente	Transistoren, Kapazitäten, Widerstände, (Induktivitäten), Dioden...
Baustein	Chip mit Gehäuse und Pins
cavity	Vertiefung im Gehäuse zur Aufnahme des Chips
Chip	aus dem Wafer getrennte integrierte Schaltung, bestehend aus Chiprand und Chipkern
Chiprand	wird gebildet von Pad-, Eck- und Füllzellen, sowie in Sonderfällen Logikschaltungen
die	integrierte Schaltung auf der unzerteilten Scheibe, incl. Ritzrahmen
Design ($\equiv$ Entwurf)	a) Tätigkeit des Entwerfens, b) Ergebnis des Entwerfens
device	(elektronisches) Bauelement
Interzellverdrahtung	Verbindungen zwischen den Zellen (auf Metall- oder Polysiliziumebene)
Intrazellverdrahtung	Verbindungen zwischen den Bauelementen innerhalb der Zellen (Metall-, Poly- oder Diffusionsebene)
Layoutkontur	Umriß eines Layoutteils (meist einer Zelle) mit Angabe der Zellanschlüsse und Zellanschlußnamen
Layout, Layoutplan	geometrische Darstellung der Maskenebenen
Pad	Metallfleck (Bondfleck), der zum Anschluß der Bonddrähte dient
Padzellen	Padzellen enthalten: Logikschaltungen, Treiber, Schutzstrukturen, Bondflecken und Stromversorgungen.
(Gesamt-)Schaltung	besteht aus Teilschaltungen. Sie stellt die oberste Schaltungshierarchie dar und wird in der Regel in genau einem Chip realisiert.
Pin	Kontaktstifte (Beinchen) am Gehäuse
(technologischer) Prozeß	zu einem Fertigungsablauf zusammengefaßte technologische Einzelschritte
Schaltelement	Transistor
Schaltungselement	$\equiv$ Bauelement
Signalpfad	Signalpfade sind Verbindungen zwischen den Zellanschlüssen. Sie können vom Benutzer mit Signalnamen versehen werden. Auf Layoutebene kann ein Signalpfad aus mehreren Leitungsstücken zusammengesetzt sein.
Teilschaltung	besteht im allgemeinen aus Zellen, kann aber wiederum Teilschaltungen enthalten. Eine Teilschaltung wird an einer Workstation hierarchisch spezifiziert und kann beim Compilieren für die Netzliste entweder flach expandiert oder als Zellblock übernommen werden.
Technologie	meist kurz für: Halbleitertechnologie
Verdrahtungsmakro	nicht vorgefertigter Teil der Intrazellverdrahtung (für Gate-Arrays)
Wafer	Siliziumscheibe
Zellanschlüsse	für den Anwender zugängliche Ein- oder Ausgänge von Zellen

Anhang: Glossar

Zelle	Eine Zelle ist bestimmt durch ihre logische Funktion, ihr elektrisches Verhalten, ihre geometrische Form und ihre Anschlußstruktur. Sie wird angesprochen durch ihren Zelltypnamen (Aufrufname) und durch ihren Individualnamen. Nur der Individualname kann vom Benutzer angegeben und verändert werden.
Zellelement	allein nicht lebensfähiges Teilstück einer Zelle
Zellprimitive	starre Zelle

Sachverzeichnis

Abstrakter Datentyp 323
Abstraktion 316
Abstraktionsebene 105
Ad-Hoc-Techniken 156
Adreßdekodierer 93
Adreßwort 93
ADUS 12
Affinitätsangaben 277
Allgemeiner IC-Designprozeß 26
Analog-Digital-Mix 101
Analogzellen 99, 142
Analysator 46
Analyse 316
Anschlußflächen (Pads) 81
Anschlußstruktur 54
Ansteuerungsbaugruppe 305
anwenderspezifische Zellen 59, 131, 250
Anwendertechnik 1
anwendungsspezifische Bausteine 64
Anzahl der äquivalenten Gatter 196
äquivalente Gatterfunktion 109
Arbeitsplatzcomputer 106, 260, 280, 283
Architektur-Entwurf 27, 106
Architektur-Verifikation 27
Assertions 35
assoziativer Speicher 93
AULIS 112
Ausgangssollbitmuster 279
Ausgangswiderstand 81
AVESTA 127

Bahnwiderstand 126
Basis 68
Basisstrom 74
Baugruppentest 149
Bausteinprüfung 312
Bausteinspezifikation 259
Bedienoberfläche 318
Belegungsgrad 282
BELLMAC 139
Bibliotheken 31, 105
bipolare Speicher 85
bipolarer Transistor 68, 74
bitweise Organisation 93
Bonddraht 283, 299
boolesche Gleichungen 132
Bottom-up-Methode 11, 42, 316

Breitenanwendung 313, 318
BS 2000 260
buried layer 77
butting 131, 133

CAD 12
CAD-Werkzeuge 322
CALCOS 130
CAM 12
Channel-Router 108, 130
Checker 31, 43
Chipassembler 316
Chipcompiler 43, 316
Chipfläche 282
Chipgenerator 43
Chipkonstruktion 294
Chipperipherie 126
CIF 43
Circuit-Simulator 38
CMOS 72, 183
CMOS-Gate-Array-Bausteine 260
Codierung 9
correctness by construction 51, 53, 316
current mode logic (CML) 84
custom 64
customization 109

Datenblätter 115, 126, 192
Datenhaltung 127
Datenleitung 85, 95
datentechnische Schnittstellen 269
Defektelektronen (Löcher) 75
Design Rule Check 255
Designaufwand 105
Designcenter 260
Designregeln 30, 105, 133 ff
detaillierte Wegesuche 108
Differenzverstärker 101
Diffusion 76
Digitalisiertablett 136
Dokumentation 277
Dotieratome 76
Drain 71
Drucker 283
Durchbruchsfeldstärke 103
Durchbruchsgebiet 79
dynamische Speicher 93

dynamische Prüfung 147
dynamische Schaltungstechnik 89
dynamische Spezifikation 291
dynamische Verifikation 291
dynamischer Inverter 89

ECL 73, 83f, 112, 183
ECL-Gate-Array 112, 260
Ein-Transistor-Zelle 95
einfach parametrisierbare Zellen 131
Eingangsbitmuster 279, 289
Eingangskapazitäten 296
Eingangsstimuli 145
Einsatzspannung U_T 87
Einstell- und Beobachtbarkeit 145
Electrical Rule Check 255
Elektrisch programmierbare Festwertspeicher (PROM, EPROM) 93, 98
Elektrisch umprogrammierbare Festwertspeicher 99
elektrische Schaltkreiskonstruktion 26, 29
elektrische Simulation 137
Elektronenstrahlmeßgerät 175
Emitter 68
emitter coupled logic (ECL) 73, 83f, 112
emittergekoppelte Verstärker 82
Emitterwiderstand R_E 83
endlicher Automat 133
Entflechtung 106, 112, 127, 130, 295
Entflechtungsprogramme 108
Entwurfsebenen 21
Entwurfsfehler 149
Entwurfsprozeß 25
Entwurfsregeln 43
Entwurfssicherheit 320
Epitaxie 76
Extraktor 44, 136

Falten 134
Farbgraphikterminal 260
Fast-Logiksimulation 299
Feed-through-Zelle 126
Fehlererkennungsgrad 293
Fehlermodell 150
Fehlersimulation 169, 293
Feldeffekttransistor (FET) 68, 71, 78
Fertigung 25
Fertigungsdaten 269, 275, 297, 303
Fertigungsdatenerstellung 30
Fertigungsfehler 150
Fertigungstest 149
Festwertspeicher 85, 93
Finite State Machine 132
flexible Zellen 315
Flipflop 93
floating gate 98
floorplanning 30, 41, 49, 324

Flurplan 41, 129, 134
freie Makrozellen 134
freie Zellen 134
Freiheitsgrade 54
Full-Custom 64
funktional parametrisierbare Zellen 132
funktional-strukturelle Stimuli 146
funktionale Beschreibung 132
funktionale Bitmuster 279
funktionale Datenbeschreibungssprache 323
funktionale Logik 283
funktionale Stimuli 146
funktionaler Entwurf 106
Funktionstabelle 34, 135, 137
Funktionsumfang 313

Gate 71
Gate-Array 109, 112, 183
Gate-Array-IC 62
Gate-Array-Methode 60
Gate-Array-Zellen 110
Gate-Matrix 139
Gate-Matrix-Verfahren 135
Gateelektrode 78
Gateisolator 78
Gateoxid 81
Gegentaktausgangsstufe (totempole output) 83
Gehäuse 102, 274, 281, 299
Gehäuseformen 103
Generationsfolge der CAD-Systeme 317
Generatorprogramme 115
generierbare Zellen 106, 131 f
Generierung 168
geometrische Designregeln 137
Gewährleistung 270
globale Wegesuche 108
Graphikterminal 280, 283
graphisch-interaktive Logikplaneingabe 106
graphische Dokumentation 283
Grundmatrix 140
Grundzellen 55, 109 f
guard ring 142

Hardware-Methode 4, 20
Hersteller 260
heuristische Algorithmen 108
Hierarchie 60, 63, 129
hierarchische Strukturierung des Logikplans 277
High-power Schottky 83
HKP 43
horizontale Konsistenz 27
horizontale Verifikation 44

IC-Designsystem 4
Implementierungsphase 9

inhaltsadressierbare Speicher 93
Innenwiderstand 278, 296
2-input NAND-Gatter 91
2-input NOR-Gatter 91
Integration 320
Integrations- und Testphase 9
Integrierte Mikrocomputer-
  Entwicklungssysteme 317
interaktiv 296
interaktive Nacharbeit 106, 108, 279, 294
Interzellverdrahtung 56, 248
Intrazell-Verbindungsschema 55
Intrazellverdrahtung 57, 109f
Inversionsschicht 78
Inverter 81
irreversible Festwertspeicher 86
Isolatorschicht 71
Iterationszyklen 11

JFET, Junction-FET 71

Kapazitäten 142
kapazitive Eingangslast 278
Kernzellen 185
koinzidente Ansteuerung 86
Kollektor 68
Kollektorspannung 74
Kollektorstrom 68, 74
Kompaktierung 139
Kompaktierungsalgorithmen 138
komplementäre MOS-Schaltungstechnik
  (CMOS) 72
Konsistenzprobleme 319
Konstruktionsbibliotheken 31
Konstruktionsvorhaben 296
Kontaktlochbereiche 81
kreuzgekoppeltes Flipflop 96
kritische Pfade 312
Krümmungsgebiet 75
Kühlkörper 103
Kunde 260
kundenspezifische Bausteine 64
Kurzschlußfehler 150

Labormeßplatz 174
Lastwiderstand 81
Latch 93
Latch-up Effekt 142
Laufzeitanalyse 297
Laufzeitanalysemodell 248
Laufzeitsimulation 289
Layout 249
Layoutbeschreibungssprachen 43
Layoutdesign 26
Layoutdesignmethoden 105
Layoutkonstruktion 30
Layoutkonturen 248

Layoutverifikation 30
Leitungsgewicht 277
Leitungslängen 279
linear feedback shift register, LFSR 180
Linear-Anordnung 115
Linear-Schema 58
lineares Gebiet 75
Löcher 78
Logikentwurf 106
Logikkonstruktion 26, 29
Logikmodell 247
Logikmodelle der Zellen 289
Logikplan 106f, 276
Logiksimulation 35, 289
Logikverifikation 26, 29
logische Tiefe 145
logisches Design 26
lokale Wegesuche 108
Low-power Schottky 83

Majoritätsträger 74
Makrozellen 57, 62, 115, 127, 142, 183, 260
Makrozellenentwurf 130
Makrozellenmethode 60
Manhattan-Anordnung 115
Manhattan-Schema 58
manuelles Design 134, 137
manuelles Layout 134f
Masken-Rückzeichnungen 304
Maskenband 26, 30, 304
Maskenebenen 134, 137
Master 55, 58, 62, 109ff, 134, 186, 260
Matrix-Anordnung 115
Matrix-Design-Datei 142
Matrix-Schema 58
Matrixparameter 142
maximale Kollektor-Basis-Spannung
  U_{CBmax} 75
Mikroprozessor-Entwicklungssystem 3
Min-cut-Verfahren 108
Mischgatter 91
Mixed-mode-Simulation 325
MNOS-Transistor 99
MOS-Halbleiterspeicher 93
MOS-Kondensator 95
MOS-Logikschaltungen 87
MOS-Technologie 67
MOS-Transistor 78
MSI-Bausteine 184
Multiemittertransistor 83
multiple input shift register MISR 180
Musterserie 308

n-Kanal-Transistor 71, 78
Nadelkarte 305
NAND-Gatter 73
Netzliste 106, 112, 127, 283, 287, 289

Netzwerkanalyse 135, 315
nichtflüchtige Speicher 94
NMOS-Schaltungstechnik 72
non linear feedback shift register NFSR 180
Nur-Lese-Speicher 97

ohmscher Lastwiderstand 87
Operationsverstärker 100
OR/NOR-Schaltung 73

p-Kanal-Transistor 71, 78
p-Wanne 81
Pad-bestimmter Baustein 282
Padzellen 126, 185
Parametertest 149
parametrisierbare Makrozellen 130
Parametrisierung 59, 131
parasitäre Transistoren 78
Partitionierung 157, 320
Pegelumsetzung 279, 283
Personalisierung 56
Phasenmodell 6
Photolack 76
Photolithographie 75
Photomaske 76
physikalische Zelle 113
physikalisches Design 26
Pilotbausteine 256
PLA 115, 133, 188
Plazierung 106, 108
Plazierungsvorgabe 106
Plazierungsvorschlag 130
Plotter 283
Polysilizium 81
Polysiliziumlastwiderstand 97
Positivlack 76
Produktion 23
Produktionsphase 9
programmable read only memory (PROM) 98
projektbezogene Datenhaltung 287
projektspezifische Bibliothek 131
projektspezifische Zellenbibliothek 115
PROM 86, 98
Prototypentest 149
Prozeßkontrolle 101
Prozessor 112
Prozeßtechnik 314
Prüfautomat 101
Prüfbarkeit 293
Prüfbarkeitsanalyse 26, 29, 36, 166
Prüfdatenerstellung 26, 30
prüffreundlicher Entwurf 152
prüfgerechter Entwurf 145
Prüfmuster 133, 145, 293, 305
Prüfmustergenerator 293

Prüfprogramm 31, 269, 275, 293, 305
Prüfprogrammgenerierung 170
Prüfregelkontrolle 167
prüftechnische Entwurfsregeln 152, 279, 293
prüftechnisches Modell 247
Prüfung 305

Rahmenstruktur 304
RAM 115, 188
Random-Access-Scan 163
Raster 112
Rasterelektronenmikroskop 256
Rasterpunkte 116
ratioless circuit 91
Raumladungszone 95
Redundanz 293
Register-Transferebene 27
Registerspeicher 93
reguläre Struktur 138, 140
regulärer Entwurf 138
Regularitätsfaktor 138
Resimulation 46, 299
resistive Last 278
resistive und kapazitive Lasten 296
Restspannung 88
reversible Festwertspeicher 86
Ritzrahmen 304
ROM 86, 115, 188
ROM-Methode 179
RT-Simulationsmodell 34
Runset 31

Sättigungsgebiet 79
Scan-Path 160
Scan-Path-Entwurfsregeln 162
Scan-Path-Flipflop 160
Scan-Set-Prinzip 159
Schaltkreismodell 38
Schaltkreissimulatoren 38
Schaltkreisverifikation 30
Schalttransistor 95
Schaltungsmodell für die Logiksimulation 127
Schaltzeichen 247
Schaltzeiten der Zellen 278
Scheibenprüfung 312
Schnittstellen 260
Schottky-Barrier-Diode 82
Schreib/Lese-Schaltung 93
Schreib/Lese-Speicher 93
Schulung 269, 276
Schutzmaßnahmen 103
Second-Sourcing 275
selbstjustierende Technik 81
Selbsttest 178
Semi-Custom 64 f
sensibilisiert 168

Sachverzeichnis

sequentielle Tiefe 146
sequentielles Schaltwerk 133
Shared-Silicon 309
Shmooplot 170
Siemens-Computer 260
Signallaufzeiten 278
Siliconcompiler 316
Simulationsbitmuster 280
Simulationsmodell 133
SiO_2-Schicht 76
Slow-Logiksimulation 299
Software-Methode 4
Sollbitmuster 291
Sollwerte 145
Source 71
Source- und Draingebiete 78
Speicher mit dynamischer Informationsspeicherung 95
Speicher mit nichtflüchtiger Informationsspeicherung 97
Speicher mit statistischer Informationsspeicherung 96
Speicher mit wahlfreiem Zugriff 93
Speicherbausteine 63
Speicherkondensator 95
Speichermatrix 93
Spezifikation 279
Spezifikationsphase 7
spezifizierte dynamische Eigenschaften des Bausteins 312
SPICE 40
Splitten 134
SSI-Bausteine 184
Standard 83
Standard-Designverfahren 1, 105
Standard-IC-Designprozeß 46, 51
Standardbausteine 64
Standardisierung 46, 314
Standardschnittstellen 323
Standardzellen 56, 62, 115, 126, 183, 260
Standardzellenentwurf 127
Standardzellenmethode 60
starre Zellen 131
statische Inverterschaltung 89
statische Prüfung 147
statische Schaltungstechnik 246
statische Speicher 94
statische Speicherzelle 85
Stick-Compiler 139
Stick-Diagramm 133 ff
Stimuligenerator 294
Störspannungsabstand 85
Stromversorgung 296
strukturelle Stimuli 146
stuck-at 147
stuck-open 150
Studienphase 6

subcells 131
Subkollektoren 77
Substrat 87
SW-Methode 20
Symbolbibliothek 138
symbolische Layoutmethoden 60
symbolisches Layout 135, 138 f
Syntheseprobleme 316
Syntheseprogramme 60
Systemarchitektur 129
Systemdesign 26
Systemdesignphase 7
Systementwickler 260
Systementwurf 314, 320
Systemlösung auf Flachbaugruppenebene 258
Systemtakte 279
Systemtest 149
Systemumgebung 311

Tabellenverfahren 133
Tablett 106
Taktleitungen 126, 279
technische Spezifikation 275
Technologie-Teststruktur 304
Technologieabhängigkeit 40
Technologieentwicklung 314, 324
Testaufbau 311
Testautomat 176, 305
Testbarkeit 146
Testhilfen 146
Testnormal 253
Testvorbereitung 23
thermische Oxidation 76
Thermokompression 102
Top-down 11, 42, 316
Transfergatter 93
transistor transistor logic (TTL) 83
Transistoren vom Anreicherungstyp 78
Transistornetzliste 43
transistororientierte Designverfahren 105
Treiberstärke 59
Triodenbereich 79
TTL 83

Übertragungskurve 89
Ultraschallschweißung 102
ungesättigter Bereich 82
Unterbrechungsfehler 150
user constraints 139

Verarbeitungsbreite 131
Verarmungstyp 78
Verdrahtung 106
Verdrahtungskanäle 109
Verdrahtungsmakro 55, 62, 110, 112
Verifikation 22, 316

Verifikationsbibliothek 31
Verlustleitungs-Schaltzeitprodukt
  (power delay product) 68
Vermeidung von Redundanzen 291
Verschnitt 109, 112
Versorgungsleitungen 115, 126, 130
vertikale Konsistenz 27
vertikale Verifikation 23, 44
Vollständigkeitsnachweis 146, 169
vollsynchroner Entwurf 152
Vorfertigung 115
Vorhalte 304

Wärmeleitwiderstand 103
Wortleitung 85
wortweise Organisation 93

Yo-Yo 11, 316

Zählercompiler 132
Zählermethode 180
Zählerzellen 110
Zellblöcke 59, 63, 129
Zelle 54f, 105, 134, 183
Zellelement 62, 131, 133
Zellenbibliothek 55, 105, 183
Zellenkatalog 115, 126, 192
Zellenlayout 133, 297
zellenorientierte Designverfahren 105, 115
Zellenschema 54
Zellensymbole 106
Zellenumrisse 115
Zellgeneratoren 60, 133
Zellprimitive 55, 59, 62, 131
Zentraleinheit 314
Zentralrechner 280
Zyklenbitmuster 305
Zyklensimulation 289

MIX
Papier aus verantwortungsvollen Quellen
Paper from responsible sources
FSC® C105338

If you have any concerns about our products,
you can contact us on
ProductSafety@springernature.com

In case Publisher is established outside the EU,
the EU authorized representative is:
**Springer Nature Customer Service Center GmbH
Europaplatz 3, 69115 Heidelberg, Germany**

Printed by Libri Plureos GmbH
in Hamburg, Germany